钢丝绳摩擦学

Tribology of Wire Rope

彭玉兴　常向东　陈国安　著

科 学 出 版 社

北　京

内 容 简 介

本书共分 8 章。首先，基于钢丝绳在实际工程下的摩擦磨损问题，确定研究内容和目标；然后，探究不同滑动参数、接触形式、冲击、润滑和恶劣环境等因素对钢丝绳摩擦系数、摩擦温升和表面磨损形貌的影响规律，综合掌握钢丝绳摩擦特性和磨损机理；接着，探究磨损钢丝绳机械强度和断裂失效机理，分析不同磨损特征类型与钢丝绳机械强度的关联关系和磨损钢丝绳可靠性；最后，基于漏磁场原理，提出钢丝绳摩擦损伤状态准确检测新方法；同时，为降低钢丝绳磨损，研制基于石墨烯添加剂的改性钢丝绳润滑脂。

本书内容详尽，语言通俗易懂，可供从事工程摩擦学、钢丝绳无损检测和润滑等相关领域的科研工作者、技术人员以及相关专业研究生阅读参考。

图书在版编目（CIP）数据

钢丝绳摩擦学/彭玉兴，常向东，陈国安著. —北京：科学出版社，2021.6

ISBN 978-7-03-067616-0

Ⅰ. ①钢…　Ⅱ. ①彭…　②常…③陈　Ⅲ. ①钢丝绳-摩擦学　Ⅳ. ①TG356.4 ②0313.5

中国版本图书馆 CIP 数据核字（2021）第 001470 号

责任编辑：李涪汁　曾佳佳　高慧元 / 责任校对：杨聪敏
责任印制：师艳茹 / 封面设计：许　瑞

科学出版社 出版
北京东黄城根北街 16 号
邮政编码：100717
http://www.sciencep.com
天津文林印务有限公司 印刷
科学出版社发行　各地新华书店经销
*
2021 年 6 月第　一　版　开本：787 × 1092　1/16
2021 年 6 月第一次印刷　印张：17 1/4
字数：400 000

定价：139.00 元

（如有印装质量问题，我社负责调换）

前　言

钢丝绳是由多丝、多股螺旋捻制而成的挠性构件，其结构复杂多样，性能优良，能够同时承受较大拉伸、弯曲和扭转载荷。因此，钢丝绳广泛应用于工业生产和生活的各个领域，且发挥着十分重要的作用。然而，钢丝绳作为重要牵引和承载部件，一旦发生断绳事故，极易造成人员伤亡和重大经济损失。

摩擦磨损是造成钢丝绳服役性能退化和影响其传动稳定性的重要原因之一，且为累积恶化过程，其危害不易察觉，具有一定的隐蔽性。钢丝绳在缠绕提升、牵引或起重过程中，绳间存在严重的挤压接触，在系统振动影响下，造成钢丝绳表面磨损，继而降低钢丝绳承载能力，导致其提前报废。因此，开展钢丝绳摩擦学相关问题的研究，能够为钢丝绳的结构设计与选型、安全使用与维护、减少浪费和延长钢丝绳使用寿命提供重要基础数据和理论支撑。

本书共分 8 章，第 1 章为绪论，概述钢丝绳的工况背景，阐述其在服役过程中存在的摩擦学问题和本书的主要研究内容及目标。第 2 章研究钢丝绳的滑动摩擦磨损特性，基于自制的钢丝绳摩擦磨损试验装置，揭示其在不同滑动速度、振幅、接触载荷、滑动距离、交叉角度和接触位置下的摩擦磨损特性，研究结果能够为钢丝绳的结构设计和使用提供重要基础数据。第 3 章考虑钢丝绳的多层缠绕工况，针对不同类型钢丝绳开展层间过渡摩擦磨损试验研究，分析缠绕工况下钢丝绳摩擦行为的关键影响因素和不同润滑状态对其摩擦学特性的影响规律，研究结果能够为钢丝绳卷筒缠绕系统设计提供参考依据。第 4 章基于钢丝绳冲击摩擦磨损试验装置，主要探究不同参数工况下钢丝绳间冲击摩擦学特性和磨损机理的变化规律。第 5 章结合钢丝绳的恶劣服役工况，揭示不同腐蚀状态、润滑环境与钢丝绳摩擦磨损特性的交互影响机制，分析不同温度对其摩擦磨损演化过程的影响规律，研究结果能够为服役钢丝绳的安全维护提供重要指导。第 6 章探究磨损钢丝绳剩余机械强度及损伤失效机理，利用带有不同磨损特征类型的钢丝绳试样开展破断拉伸试验，研究不同磨损特征参数与钢丝绳剩余强度的关联关系，并分析磨损钢丝绳的断裂失效机理。基于可靠性理论分析磨损钢丝绳服役可靠性，研究结果为钢丝绳安全服役和减少钢丝绳浪费提供基础数据。第 7 章基于漏磁无损检测理论，设计了双级永磁励磁钢丝绳无损检测装置，提出钢丝绳磨损状态检测新方法，为服役钢丝绳的损伤状态检测提供理论支撑。第 8 章研究改性钢丝绳润滑脂，基于复合石墨烯、多层石墨烯和微米石墨润滑添加剂，制备高性能减摩抗磨改性钢丝绳润滑脂，实现降低钢丝绳磨损和延长其服役寿命的目标。

本书凝聚了作者多年来从事钢丝绳摩擦学相关工作的研究成果，得到了国家重点基础研究发展计划项目课题（2014CB049403）、国家重点研发计划课题（2017YFF0210604）和国家自然科学基金项目（51975572、52005272）的资助。常向东老师在本书的撰写过程中查阅了相关文献，统计了大量试验数据，完善了书稿整体内容。中国人民解放军陆军工程大学徐州训练基地陈国安教授对书中试验方案设计和内容安排提出了许多宝贵的意见，并共同完成了书稿的撰写。孙士生、徐雯学、熊力群、施雨雨、刘文华、赵兴宁、王方方和曹爽等研究生参与了本书部分章节的撰写，他们的研究工作为本书的完成提供了大量试验数据和成果，在此一并表示感谢。

由于作者水平有限，本书难免会有疏漏之处，敬请读者批评指正。

彭玉兴

2020 年 12 月

目　　录

第1章 绪　　论

1.1　钢丝绳摩擦学研究的背景及意义

钢丝绳是一种由许多钢丝和其他一些材料（绳芯纤维、钢丝绳用油脂等）捻制成绳股，再由若干绳股围绕绳芯捻制成绳的挠性构件。特殊的结构和生产工艺决定了其具有弯曲性能好、重量轻、承载能力强、弹性好、工作平稳可靠和结构多样等优点。因此，钢丝绳作为牵引、承载构件广泛应用于矿井缠绕提升机、电梯、港口船舶、索道、吊桥、起重机、冶金、石油和航空航天等国民经济建设的各个领域，如图 1-1 所示。然而，作为重要承载部件的钢丝绳一旦出现损伤失效，将导致机毁人亡的重大事故，并严重影响生产、人员生命和国家财产的安全[1-5]。

(a) 吊桥　(b) 索道　(c) 起重机　(d) 矿井缠绕提升机

图 1-1　钢丝绳应用场景

钢丝绳在不同应用领域中的工况参数和环境条件存在较大差异，为保障其安全可靠，不同国家部门和机构制定了相应的国家规范和行业规程[6-9]，对钢丝绳选型、维护、更换时间和报废标准等做了明确规定。但是，由钢丝绳断裂失效造成的安全事故仍然时有发生，因提前更换造成的严重浪费依然普遍存在[10]。例如，《煤矿安全规程》明确规定，摩擦轮式提升钢丝绳的使用年限不应超过 2 年，如果钢丝绳的断丝、腐蚀等损伤满足规定要求，可以继续使用，但不得超过 1 年。这就很可能导致服役钢丝绳在实际使用过程中的不经济（未损伤钢丝绳提前报废）或不安全（具有安全隐患的钢丝绳继续使用）。近几年，由钢丝绳断裂导致的事故时有发生，例如，甘肃省白银市某煤矿发生的升井钢丝绳断裂事故；内蒙古锡林郭勒盟镶黄旗蒙金矿业加布斯铌钽矿发生的一起生产安全事故，提升吊桶钢丝绳断裂，吊桶坠落井下；安徽省合肥市某工地发生的吊车钢丝绳断裂事故等。上述事故均由钢丝绳断裂造成，可以看出：钢丝绳断裂引发的事故一般都会带来人员伤亡，且事故具有普遍性，发生的事故不仅涉及建筑行业塔吊、升降机等设备，还涉及煤矿、工厂、缆车、港口等领域，某些行业还属于技术密集型行业，或者国家重点监察安全生产的领域，但事故仍然时有发生。这主要是因为钢丝绳多丝-多股的空间螺旋结构使其在简单受力条件下也会出现拉伸-扭转-弯曲的耦合作用，内部钢丝接触复杂，加上恶劣的工作环境，造成钢丝绳损伤具有多样性和不确定性，其常见损伤类型如图 1-2 所示。这些特点共同导致钢丝绳损伤识别检测困难、性能退化严重和安全事故多发等问题。在尚未充分掌握钢丝绳损伤特性和失效机理的情况下，难以准确判断服役钢丝绳的剩余安全使用寿命。

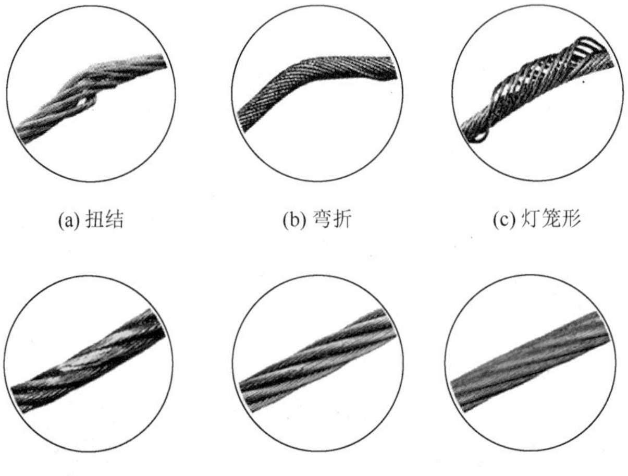

(a) 扭结　(b) 弯折　(c) 灯笼形

(d) 磨损　(e) 断丝　(f) 锈蚀

图 1-2　钢丝绳损伤类型

磨损、腐蚀、疲劳和结构变形是钢丝绳在实际工况下最常见的损伤失效形式，将会导致钢丝绳有效横截面积减小和断丝，严重影响钢丝绳使用强度[11, 12]。其中，磨损在钢丝绳多层缠绕应用中表现最为明显，并且随着深地和深海资源的开采，物料和人员等运送距离的快速增大，钢丝绳的多层缠绕应用将越来越广泛[13, 14]。如图 1-3 所示，多层缠绕传动作业不可避免地会出现上下层钢丝绳间、同层相邻钢丝绳间和钢丝绳与卷筒绳槽间的挤压接触，在系统振动和负载的作用下，造成钢丝绳表面磨损。特别是当卷筒上钢丝绳缠绕层数超过 3 层以后，钢丝绳的缠绕绳槽由下层相邻钢丝绳构成，容易出现跳绳、空槽、骑绳和咬绳等乱绳现象。这将进一步加剧钢丝绳表面磨损，威胁钢丝绳的安全使用。虽然钢丝绳通常会涂抹润滑油脂进行防护，能够有效降低磨损[15-17]，但其工作环境多为露天工况，高温、潮湿、淋水（雨水、海水等）、粉尘等恶劣自然条件极易造成润滑油脂的性能退化和失效[18]，继而引发钢丝绳腐蚀；最终，导致钢丝绳在恶劣润滑条件下发生摩擦磨损，并与腐蚀相互作用加速钢丝绳失效，严重影响钢丝绳服役寿命。

因此，不同服役工况下的磨损成为威胁钢丝绳安全可靠性的重要原因。系统开展钢丝绳摩擦磨损、机械强度预测、探伤检测和润滑脂改性研究，能够为钢丝绳设计、安全使用与维护、减少浪费和延长钢丝绳使用寿命提供重要基础数据和理论支撑。

(a) 多层缠绕　(b) 缠绕乱绳　(c) 磨损断丝

图 1-3　钢丝绳多层缠绕示意图

1.2　钢丝绳摩擦学研究的主要内容

本书主要研究钢丝绳在不同滑动参数、过渡冲击接触形式和恶劣环境等条件下的摩擦特性和磨损机理，利用自制试验机对钢丝绳开展了一系列摩擦磨损试验，揭示了不同工况因素对钢丝绳摩擦学特性的影响规律；同时，定量、定性地分析了钢丝绳表面磨损程度和磨损类型，探析了不同磨损钢丝绳剩余使用强度和断裂失效机理，并进一步探究了钢丝绳的磨损可靠性；探究了基于双级永磁励磁的钢丝绳无损检测装置及方法；最后，研制了钢丝绳复合润滑脂，并探析了其抗磨润滑特性。具体研究内容如下。

（1）设计并搭建钢丝绳滑动、层间过渡和冲击摩擦磨损试验装置和数据采集系统，开展钢丝绳在不同滑动参数、结构特性、接触形式、缠绕冲击、环境和润滑状态下的摩擦磨损试验研究，借助红外热像仪、光学显微镜和三维形貌仪等测量和检测设备，探究不同工况环境因素对钢丝绳摩擦特性（摩擦系数、摩擦温升）和磨损特征（磨损形貌、磨痕尺寸和磨损机理）的影响规律。为钢丝绳结构设计和实际工况中的合理使用与维护、设备系统的结构设计与优化提供重要基础数据。

（2）基于钢丝绳磨损类型、程度和磨痕特征参数，针对磨损试验获得的钢丝绳试样开展破断拉伸试验，揭示磨损钢丝绳机械性能（力-伸长量曲线、拉伸过程温升曲线），探究不同磨损特征类型对钢丝绳剩余使用强度的影响规律；利用光学显微镜和扫描电子显微镜（SEM），分析磨损钢丝绳断裂微观形貌和破断失效机理；基于可靠性相关理论，探究磨损钢丝绳性能退化规律及其磨损可靠性。为减小钢丝绳浪费、保障安全使用和准确预测钢丝绳剩余使用寿命提供重要数据支撑和理论依据。

（3）结合钢丝绳漏磁场检测励磁强度要求，确定无损检测装置外观及内部励磁结构，实现检测装置结构可靠、方便拆卸的目标，并保障钢丝绳提升系统正常运行，满足钢丝绳损伤漏磁场励磁强度要求；对设计的新型钢丝绳励磁结构励磁优化，使其满足钢丝绳励磁强度要求，进而产生有效损伤漏磁场；基于漏磁场检测原理，设计完成漏磁场信号采集电路模块，将损伤磁场信号转换为电信号，并编写相应程序记录采集信号与位移信号，实现磁场信号与位移信号对应，保证信号采集的精确性，减少噪声信号干扰；结合磨损钢丝绳损伤特性，开展漏磁场检测试验研究，验证检测装置的有效性。为钢丝绳损伤定量识别提供可靠数据支撑，最终为实现钢丝绳寿命准确预测提供技术支撑。

（4）基于现有石墨烯制备方法和理论，进行复合石墨烯制备；开展复合石墨烯检测试验，分析自制复合石墨烯形貌、层数及缺陷等特征参数；设计润滑脂改性试验方案，开展润滑脂改性试验研究；以石墨烯作为润滑添加剂，选取添加比例为试验变量，开展润滑脂改性试验；基于润滑脂检测方法及理论，对改性润滑脂的极压润滑性能、抗腐蚀性能及抗氧化性能进行检测评价；开展以改性抗磨润滑脂为试验变量的四球摩擦磨损试验，分析不同润滑脂状态下钢球磨痕形貌、直径、体积以及最大磨损深度，优选抗磨效果最佳的润滑脂；开展不同润滑脂状态下钢丝绳摩擦磨损试验研究，进一步改进石墨烯润滑脂添加剂，提高其减摩抗磨性能。为钢丝绳减摩抗磨提供重要基础数据和技术支撑。

参 考 文 献

[1] 潘志勇，邱煌明. 钢丝绳生产工艺[M]. 长沙：湖南大学出版社，2008.

[2] Cruzado A，Hartelt M，Wäsche R，et al. Fretting wear of thin steel wires. Part 1：Influence of contact pressure[J]. Wear，2010，268（11/12）：1409-1416.

[3] Cruzado A，Hartelt M，Wäsche R，et al. Fretting wear of thin steel wires. Part 2：Influence of crossing angle[J]. Wear，2011，273（1）：60-69.

[4] Argatov I I，Gómez X，Tato W，et al. Wear evolution in a stranded rope under cyclic bending：Implications to fatigue life estimation[J]. Wear，2011，271（11/12）：2857-2867.

[5] 谭继文. 钢丝绳安全检测原理与技术[M]. 北京：科学出版社，2009.

[6] 杨正旺. GB 8903—2005《电梯用钢丝绳》修订编制及问题探讨[J].金属制品，2007，33（1）：46-49.

[7] 国家煤矿安全监察局. 煤矿安全规程[M].北京：国家煤矿安全监察局，2011.

[8] 冶金工业部. 冶金矿山安全规程[M]. 北京：冶金工业出版社，1980.

[9] 国家标准化管理委员会. 起重机 钢丝绳 保养、维护、检验和报废（GB/T 5972—2016）[S]. 北京：中国标准出版社，2016.

[10] Weischdel H R. The inspection of wire ropes in service：A critical review[J]. Materials Evaluation，1985，43（13）：1592-1605.

[11] Verreet R，Ridge I. Wire rope forensics[EB/OL]. http://www. casar. de/english/service/service. htm [2018-04-18].

[12] Singh R P，Mallick M，Verma M K. Studies on failure behaviour of wire rope used in underground coal mines[J]. Engineering Failure Analysis，2016，70：290-304.

[13] Peng X，Gong X，Liu J. Vibration control on multilayer cable moving through the crossover zones on mine hoist[J]. Shock and Vibration，2016：1-7.

[14] Peng X，Gong X S，Liu J J. The study on crossover layouts of multi-layer winding grooves in deep mine hoists based on transverse vibration characteristics of catenary rope[J]. Proceedings of the Institution of Mechanical Engineers，Part I：Journal

of Systems and Control Engineering，2019，233（2）：118-132.

[15] 殷艳，张德坤，沈燕. 润滑油脂对钢丝微动磨损特性的影响[J]. 摩擦学学报，2011，31（5）：492-497.

[16] 崔影. 润滑对钢丝绳使用寿命的影响机制[J]. 金属制品，2013，1：60-62.

[17] Peng Y，Chang X，Sun S，et al. The friction and wear properties of steel wire rope sliding against itself under impact load[J]. Wear，2018，400：194-206.

[18] Kopanakis G A. Basic lubrication and re-lubrication for steel wire ropes[C]. Characteristics and Inspection of Ropes，Grenoble，2006.

第 2 章　钢丝绳滑动摩擦磨损特性研究

2.1　概　　述

钢丝绳在不同应用领域中，不可避免地会出现表面摩擦磨损，这将严重影响钢丝绳安全服役性能。并且在使用过程中，钢丝绳所处环境多样、接触复杂，进一步加剧了磨损的严重程度。因此，很难从现有相关理论中找到揭示钢丝绳摩擦磨损特性的相关方法，开展不同参数条件下钢丝绳摩擦磨损试验研究成为探究其相关性能的最佳选择。为探究钢丝绳摩擦磨损特性及磨损对钢丝绳力学特性和剩余使用强度的影响，需要结合钢丝绳接触特性和运动行为，研发钢丝绳摩擦磨损行为模拟的试验装置。此外，为应对恶劣复杂的服役环境，钢丝绳在使用前会涂抹一层润滑油脂进行防护。这在初期能够很好地保护钢丝绳免受外界损伤，但随着工作时间增加，润滑油脂防护性能逐渐退化，导致钢丝绳磨损和腐蚀侵害，造成服役钢丝绳多在润滑恶劣的条件下产生磨损和腐蚀损伤。为探究钢丝绳基础摩擦学性能，揭示不同参数对钢丝绳摩擦磨损特性的影响规律，首先开展了干摩擦条件下钢丝绳摩擦磨损模拟试验。

钢丝绳摩擦磨损主要包括表面磨损和内部磨损，且随服役时间增加，是一个不断累积恶化的过程。影响钢丝绳摩擦磨损的因素主要包括接触参数、接触形式和接触环境。针对钢丝绳微动磨损行为，Kumar 等[1]系统论述了不同环境参数对钢丝绳微动摩擦磨损特性的影响，指出影响钢丝绳微动磨损的关键参数主要包括钢丝绳结构参数、材料特性、微动接触、疲劳和润滑状态等。Harris 等[2]开展了大量试验研究，探究了接触载荷对钢丝微动磨损的影响规律，发现磨损造成的应力疲劳容易导致钢丝绳断裂失效。为揭示钢丝绳内部钢丝间的相对运动特性，Nabijou 等[3]计算了钢丝绳弯曲过程中绳股间和钢丝间的最大相对滑动，为钢丝绳摩擦磨损分析提供了重要参考数据。由于丝间摩擦力的存在会影响钢丝绳整体受力特性，Inagaki 等[4]在考虑摩擦力的条件下，采用分层方法对螺旋结构电缆进行了建模分析，发现弯曲载荷下，钢丝间的相对滑动会对其使用寿命产生重要影响。张德坤等[5-8]利用自制试验机开展了大量钢丝微动摩擦磨损试验，探究了不同载荷、循环次数、微动速度等试验参数对钢丝微动摩擦系数和磨损特征机理的影响规律。研究结果表明，接触载荷增大会导致摩擦系数减小，钢丝的主要损伤机制表现为磨粒磨损、疲劳磨损和摩擦氧化。Cruzado 等[9-13]通过摩擦磨损试验、有限元仿真和磨损模型相结合的方法，探析了不同接触载荷和交叉角度对钢丝微动摩擦磨损过程的影响。研究发现，磨合磨损阶段对钢丝微动磨损量起关键作用，所建立有限元模型能够对钢丝微动磨痕特征尺寸进行准确预测。基于矿井提升工况的具体参数条件，Wang 等[14-18]探究了提升动力学参数和终端载荷对钢丝绳内部钢丝微动行为的影响，并在自制的试验机上开展了钢丝在不同微动振幅、循环频率和应变幅值等条件下的微动磨损疲劳试验，利用声发射技术、三维扫描和计算机断层扫描技术，分析了钢丝微动磨损和疲劳裂纹扩展的变化过程。研究发现，钢丝微动磨损以及裂纹的萌生、扩展随着滑动振幅（简称振幅）的增大而加速恶化，增大微动摩擦和疲劳参数会缩短钢丝绳服役寿命。为准确掌握钢丝绳损伤程度、确定最佳换绳周期和减少钢丝绳浪费，Styp-Rekowski 等[19]通过试验研究，分析了矿井提升钢丝绳的磨损过程问题，研究发现，电磁检测技术能够实现钢丝绳严重磨损位置的定位，通过强度试验，可精确获得磨损钢丝绳损伤程度。

考虑接触形式和摩擦磨损之间的相互影响，Sun 等[20]通过建立有限元计算模型，分析了钢丝绳摩擦系数和扭转比对其接触应力的影响。Jiang[21]在考虑丝间摩擦力的条件下，利用 Ansys 软件建立了弯曲钢丝绳有限元模型，并分析了弯曲绳股的变形和应力分布特性。Zhang 等[22]利用三维有限元方法分析了丝间接触摩擦力对单层螺旋钢丝绳弯曲刚度的影响。张德坤等[23-25]结合试验探究和有限元模型验证的方法，分析了微动磨损过程中接触面积、接触应力对钢丝磨损深度的影响，并揭示了不同交叉角度和应变比对钢丝摩擦磨损特性的影响规律。研究发现，微动导致的钢丝疲劳断裂表面分为疲劳源区、裂纹扩展区和瞬态断裂区。Oksanen 等[26, 27]对球墨铸铁卷筒和钢丝绳之间的摩擦特性及磨损机理开展了试验研究和有限元分析，发现磨损表面裂纹萌生深度随接触压力的增大而增大。考虑摩擦提升工况下钢丝绳与衬垫间的接触摩擦特性，Wang 等[28-30]对提升钢丝绳和摩擦衬垫间的动态摩擦传动、动态接触特性和蠕动特性进行了理论分析和试验探究，探析了钢丝绳提升参数（有效提升载荷、加速度和减速度等）对钢丝绳与衬垫动态接触的影响规律。研究发现，提升参数增大会导致钢丝绳和衬垫间滑动角度、蠕变幅度和速度增大。Feng 等[31, 32]利用自制的试验台开展了钢丝绳和摩擦衬垫在干摩擦和水润滑条件下的摩擦磨损试验，分析了两者之间的动态黏弹性摩擦磨损特性。考虑到提升过程波动载荷对钢丝绳结构变形的影响，Zhang 等[33]对矿井提升钢丝绳的动态扭转特性进行了理论分析，探究了钢丝绳捻角和捻距随提升高度的变化规律，并通过试验研究对理论模型进行了验证分析。Wang 等[34, 35]利用自制的试验机，开展了钢丝在拉伸、扭转以及拉伸-扭转同时出现下的微动摩擦磨损试验，比较分析了复合作用下钢丝摩擦磨损特性。研究发现，当拉伸和扭转在微动过程中同时出现时，钢丝的磨痕尺寸和磨损率最大，且表面损伤最严重。

通过上述分析发现，现有研究主要集中在钢丝绳内部丝间接触和摩擦磨损特性的研究，关于钢丝绳外部磨损的研究则很少涉及。因此，本章对钢丝绳接触和相对滑动特性进行分析；介绍了钢丝绳间滑动摩擦磨损试验装置，确定钢丝绳摩擦磨损试验方案和参数；借助试验机，开展了钢丝绳在不同滑动参数和接触形式下的摩擦磨损试验研究[36-41]，通过分析摩擦系数、摩擦温升、磨损形貌和磨痕特征参数的变化规律来探究不同因素对钢丝绳摩擦磨损特性的影响规律，掌握钢丝绳摩擦学性能，从而为钢丝绳在不同工况环境下使用的选型、设计和结构优化提供重要数据参考。

2.2　钢丝绳滑动摩擦磨损试验装置及方法

2.2.1　钢丝绳接触行为特性

钢丝绳在不同应用领域，其接触形式和环境参数存在较大差别。钢丝绳的拉力多通过卷筒缠绕提供，在导向轮的控制下，完成一定功能要求的牵引或提升等操作。因此，钢丝绳接触主要包括钢丝绳与导向滑轮、钢丝绳与卷筒绳槽、钢丝绳与卷筒侧壁和钢丝绳与钢丝绳接触。钢丝绳在完成连续传动、运输工作过程中，缠绕接触副间不可避免地会出现相对滑动和摩擦磨损。

图 2-1 所示为卷筒缠绕过程中钢丝绳接触示意图。对于同层钢丝绳之间，特别是最外层，相邻钢丝绳间和靠近缠入、缠出口的钢丝绳间会出现不同程度的挤压接触。此外，最外层钢丝绳在缠入和缠出卷筒过程中，沿下层钢丝绳的排绳导向，会从下层钢丝绳顶端滑入相邻钢丝绳组成的凹槽中。这一缠绕过程同样存在钢丝绳间滑动接触，造成钢丝绳表面钢丝和绳股损伤。当缠绕层数超过三层后，会出现中间层钢丝绳与上、下两层钢丝绳挤压接触(图 2-1(b))，在牵引载荷和系统振动的影响下，中间层钢丝绳在上层和下层相邻钢丝绳间的绳槽中会出现相对挤压滑动，造成钢丝绳表面损伤。加上钢丝绳结构参数多样，随着钢丝绳直径、捻距、捻角等参数变化，同一接触工况将会造成钢丝绳间不同的接触形式。

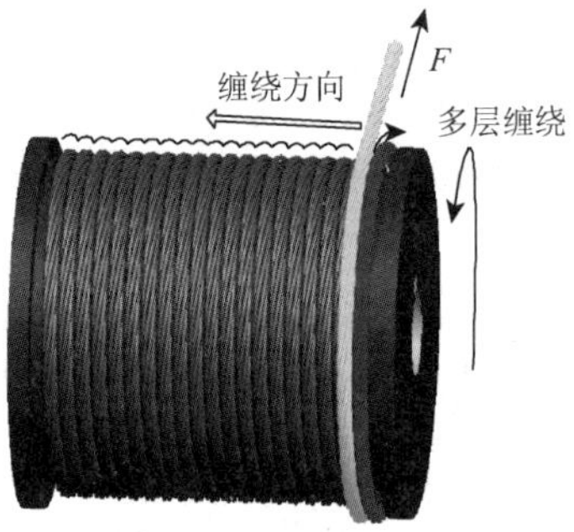

(a) 外层接触

(b) 层间接触

图 2-1 钢丝绳接触形式

然而，钢丝绳接触和滑动摩擦磨损问题，归根结底还是钢丝绳表面钢丝和绳股的接触滑动问题。在实际工况中，表现为多丝和多股同时滑动接触，因此，所造成磨损表面同样是由多根磨损的绳股和钢丝组合构成的。为在实验室环境下对钢丝绳多丝-多股滑动摩擦磨损行为进行模拟，本章将多根钢丝绳在实际工况下的接触形式简化为两根钢丝绳间的交叉接触滑动，揭示不同接触参数对钢丝绳滑动摩擦磨损特征机理的影响规律。

2.2.2 钢丝绳滑动摩擦磨损试验机

自制的钢丝绳滑动摩擦磨损试验机主要包括驱动装置、滑动装置、加载装置、旋转装置和张紧装置，其整体结构如图 2-2 所示。该摩擦磨损试验机结构主要由曲柄滑块机构演化而来，能够实现 2 根钢丝绳在不同接触载荷、滑动速度（也称为滑速）、振幅、交叉角度、交叉方向和张紧力等条件下的滑动摩擦磨损行为模拟。

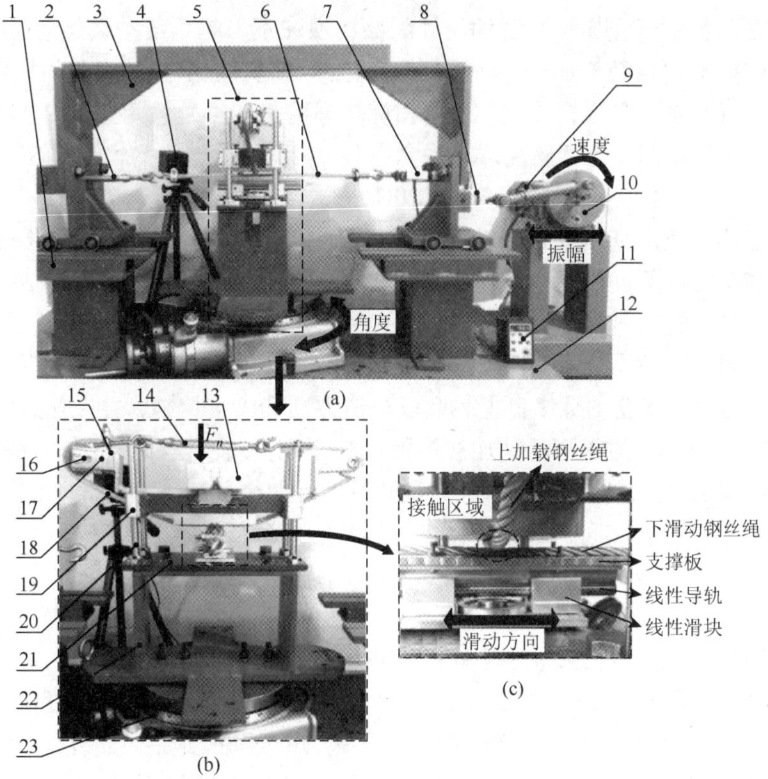

图 2-2 钢丝绳滑动摩擦磨损试验机

1-下固定支架；2-花篮螺丝 1；3-上滑动支架；4-红外热像仪；5-滑动加载装置；6-下滑动钢丝绳；7-拉力传感器；8-拉-压力传感器；9-调速电机；10-偏心圆盘；11-调速控制器；12-试验机底座；13-加载重块；14-花篮螺丝 2；15-压力传感器；16-张紧滑轮；17-上钢丝绳浮动张紧夹具；18-上加载钢丝绳；19-浮动滑块；20-加载导轨；21-滑动加载底座；22-旋转支架；23-旋转分度盘

驱动装置主要包括调速电机（9）、偏心圆盘（10）和调速控制器（11），通过连接在偏心圆盘（10）上的连杆将驱动装置与滑动装置连接。滑动装置主要包括上滑动支架（3）和下固定支架（1），上滑动支架（3）底端安装有 8 个尺寸较小的轴承，可以在下固定支架（1）上端车削的对应轨道内做直线往复滑动。对磨试样是 2 根相同材质的钢丝绳，其中下滑动钢丝绳（6）通过花篮螺丝 1（2）张紧在上滑动支架（3）上，在驱动装置推动下，能够随上滑动支架（3）沿下固定支架（1）上的凹槽轨道共同做往复运动。因此，上滑动支架（3）和下滑动钢丝绳（6）等同于曲柄滑块机构中往复运动的滑块。

滑动加载装置（5）如图 2-2(b)所示。主要包括能够上下自由滑动的上钢丝绳浮动张紧夹具（17）、上加载钢丝绳（18）和滑动加载底座（21）。上加载钢丝绳（18）通过花篮螺丝 2（14）与上钢丝绳浮动张紧夹具（17）张紧固定。同时，上钢丝绳浮动张紧夹具（17）安装有四个浮动滑块（19），能够沿固定在滑动加载底座（21）上的四根加载导轨（20）做竖直方向滑动。滑动加载底座（21）上安装有支撑板、线性导轨和线性滑块，用于支撑下滑动钢丝绳（6）并保证其在限制竖直方向位移的前提下，能够完成往复滑动和水平面内旋转。由于钢丝绳表面凹凸不平，在滑动过程中绳间接触位置会在竖直方向上出现小幅度波动，此处关于钢丝绳加载装置的设计能够实现在不影响下滑动钢丝绳（6）水平方向往复运动的前提下完成稳定加载，且载荷不会随钢丝绳表面磨损的变化而变动。此外，滑动加载底座（21）固定在旋转支架（22）和旋转分度盘（23）上。当旋转分度盘（23）按一定方向和角度转动时，上钢丝绳浮动张紧夹具（17）和上加载钢丝绳（18）会随之转动，从而实现上、下 2 根钢丝绳以不同角度和方向交叉接触。

钢丝绳滑动摩擦磨损试验机在功能上除需要实现绳间接触滑动行为，还需要控制试验过程中的不同参数。绳间滑动速度主要通过调速控制器（11）设定调速电机（9）的转速来改变。安装在电机输出轴上的偏心圆盘（10）主要用来控制绳间往复滑动振幅，其单个滑动行程的距离取决于圆盘上螺纹孔至圆心的距离。安装在试验机旋转支架（22）下方的旋转分度盘（23）能够控制分度盘上表面以一定方向和角度旋转，并在任意位置固定。安装在旋转支架（22）上的整个滑动加载装置（5）和上加载钢丝绳（18）会随之转动，而下滑动钢丝绳（6）能够始终保持在水平张紧条件下做往复运动。因此，钢丝绳试样间的滑动接触角度和方向能够通过旋转分度盘（23）实现调节。拉力传感器（7）一端连接上滑动支架（3），另一端连接下滑动钢丝绳（6）并与其轴线保持在同一水平面内，通过调节花篮螺丝 1（2）能够实现对下滑动钢丝绳（6）张紧力的控制。上加载钢丝绳（18）张紧力的调节则主要通过花篮螺丝 2（14）和压力传感器（15）来控制。张紧滑轮（16）能够横向自由移动，在上加载钢丝绳（18）被螺丝拉紧时，张紧力能够通过滑轮传递到压力传感器（15）上，达到间接测量和调节钢丝绳张紧力的目的。最后，安装在上滑动支架（3）外侧并与之连接的拉-压力传感器（8）能够在试验过程中对整个滑动装置的滑动阻力进行实时监测，从而实现对钢丝绳间滑动摩擦力的测量和计算。

图 2-3 所示为钢丝绳摩擦磨损试验数据采集系统。数据采集系统主要包括传感器、变送器、电源、LabJack 数据采集卡、红外热像仪和计算机等。稳压电源主要为安装在试验机上

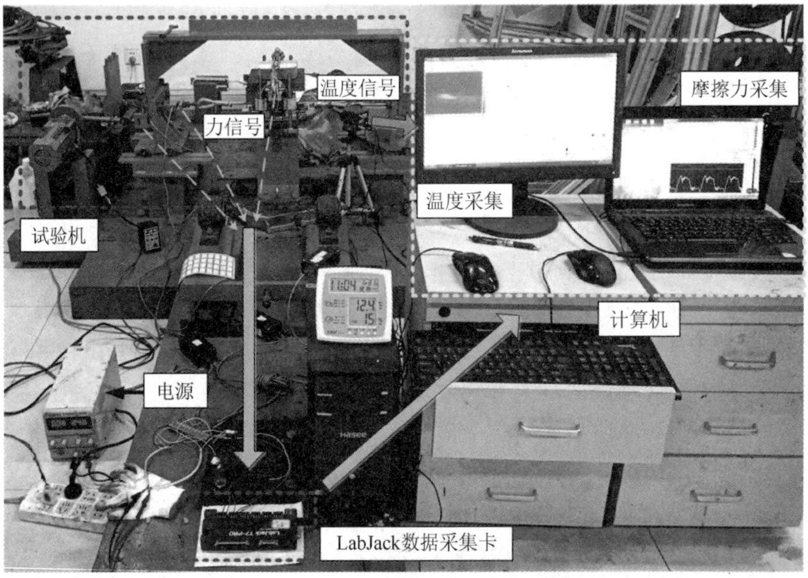

图 2-3　钢丝绳摩擦磨损试验数据采集系统

的三个力传感器供电，传感器获得的电压信号通过变送器放大后传送到 LabJack 数据采集卡上，实现摩擦力信号和钢丝绳张紧力信号采集。最后通过计算机和配套软件将表示力的电压信号进行转换和记录。通过调节红外热像仪采集滑动过程中钢丝绳摩擦温升。

2.2.3　摩擦磨损试验方案设计

1. 试验材料

试验选择应用较为广泛的 6×19+FC 右交互捻热镀锌麻芯钢丝绳为研究对象，其结构如图 2-4 所示。这种钢丝绳包含 6 根独立钢丝绳股和一根由人造纤维制成的麻芯。每根钢丝绳股由 19 根钢丝分三层捻制而成（1+6+12）。钢丝材料成分（质量分数）主要包括：94%Fe，4.53%Zn，0.87%C，0.39%Mn，0.02%Si，0.01%Ni 以及极少量的 S 和 P。纤维绳芯使得钢丝绳具有较好的弯曲柔韧性，且在润滑条件下能够起到存储润滑油的功能，保障钢丝绳内部持续供油。钢丝绳详细结构参数如表 2-1 所示。由于钢丝绳结构复杂且在试验过程中需要对试样两端进行固定和张紧，将试验用钢丝绳两端加工成钢丝绳扣形式，便于钢丝绳摩擦磨损试验和磨损钢丝绳后续试验研究的顺利开展。

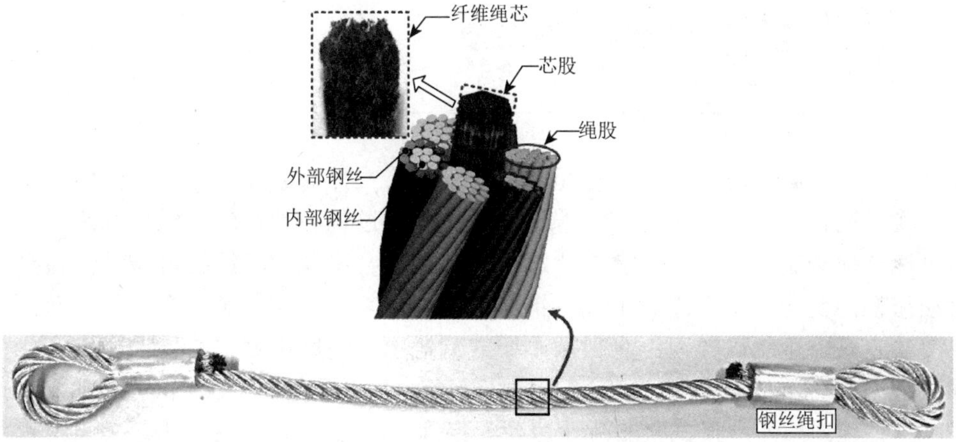

图 2-4　钢丝绳试样结构

表 2-1　钢丝绳结构参数

参数	数值
钢丝绳直径/mm	9.3
钢丝直径/mm	0.6
绳股捻角/(°)	15.5
绳股捻距/mm	70
抗拉强度/MPa	1570
破断拉力/N	52500

2. 试验参数

钢丝绳应用领域广泛，服役环境复杂多样，造成钢丝绳摩擦磨损等损伤行为的因素种类繁多。通过对工况环境的考察和分析，本章主要考虑钢丝绳接触载荷、滑动速度、滑动振幅、交叉角度、交叉方向、滑动距离和接触环境等变化参数，如表 2-2 所示。

表 2-2　钢丝绳摩擦磨损试验参数

试验参数	数值
接触载荷 P/N	50；100；150；200；250
滑动速度 v/(mm/s)	6；12；18；24；30；42
滑动振幅 x/mm	10；20；30；50；70
交叉角度 α/(°)	7；14；21；28；40；50；60；70；80；90
张紧力 F/N	2000
交叉方向	左；右
滑动距离 l/mm	3600～43200
润滑状态	干摩擦
试验温度	室温
相对湿度/%	50～75

拉伸、扭转和弯曲载荷是钢丝绳常见的受力形式，绳索在卷筒上的缠绕使得钢丝绳间出现不同程度的挤压作用，随着钢丝绳在使用过程中的振动，钢丝绳与钢丝绳之间不可避免地会出现滑动摩擦磨损。这一过程中，会出现钢丝绳接触载荷、滑动速度和滑动振幅的变化。由于实际工况下钢丝绳负载非常大，接触载荷会在很大范围内变化，实验室条件下难以实现。为揭示不同载荷对钢丝绳摩擦磨损特性的影响规律，接触载荷选为 50～250 N。滑动速度同样随系统振动而不断变化，考虑试验机的驱动结构形式，将钢丝绳摩擦磨损试验的滑动速度设定为 6～42 mm/s，实现滑动速度对钢丝绳摩擦磨损影响规律的揭示。由于钢丝绳间滑动多由设备系统振动、运行速度改变和结构特性引发，滑动幅度较小，本章为探究振幅对钢丝绳摩擦磨损的影响规律，振幅的变化范围设定为 10～70 mm。钢丝绳在卷筒上的缠绕过程中，作用力方向随重物和设备的移动而改变，缠绕层数增多后，钢丝绳在卷筒上会出现咬绳、跳绳、骑绳等乱绳现象，这将导致钢丝绳出现不同程度的交叉接触，并引起钢丝绳表面磨损。因此，选取了不同的交叉角度（7°～28°和 40°～90°）作为探究钢丝绳摩擦磨损特性影响因素。考虑到钢丝绳的交叉接触存在两种情况，对左交叉接触和右交叉接触两种情况分别开展了研究。为揭示钢丝绳在不同滑动阶段的摩擦磨损过程特性，设定了不同的滑动距离来分析钢丝绳表面磨损演化特性。通过反复的试验观察，将滑动距离的变化范围控制为 3600～43200 mm。

2.3　不同滑动参数下钢丝绳摩擦磨损特性

2.3.1　滑动速度和振幅对摩擦磨损特性的影响规律

1. 滑动速度

首先探究滑动速度对钢丝绳摩擦学特性的影响规律，控制钢丝绳间滑动速度为唯一变量，主要试验参数如表 2-3 所示。

表 2-3　不同滑动速度下钢丝绳滑动摩擦试验参数

参数	数值
滑动速度/(mm/s)	6；12；18；30；42
振幅/mm	70
交叉角度/(°)	90
接触载荷/N	100
张紧力/N	2000
滑动距离/mm	12600

图 2-5 所示为不同滑动速度条件下钢丝绳间摩擦系数随滑动距离的变化曲线和相对稳定阶段摩擦系数随滑动速度的变化曲线。在整个试验过程中，不同滑动速度下钢丝绳摩擦系数变化曲线具有一定相似性。在试验初期，滑动距离小于 3000 mm 左右时，摩擦系数增长缓慢且比较集中，约为 0.25。随着滑动距离继续增大，从大约 4000 mm 增长到 10000 mm，摩擦系数呈快速增大趋势。在不同滑动速度下，曲线均有较大增长，但增长幅度逐渐出现明显差异，曲线重合度变低。当滑动速度为 18 mm/s 时，摩擦系数增长最快，而当滑动速度为 30 mm/s 和 42 mm/s 时，摩擦系数增长较慢。接着，摩擦系数随滑动距离增长开始进入短暂的缓慢增长阶段，出现在 10000～11000 mm，不同滑动速度对应滑动距离略有差异。

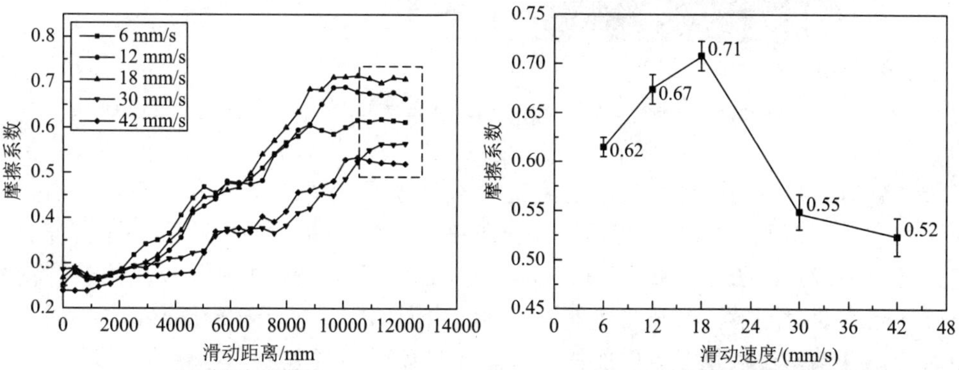

(a) 过程变化曲线　　(b) 相对稳定阶段摩擦系数

图 2-5　不同滑动速度下钢丝绳摩擦系数

符号“I”表示测量结果误差范围

最后，当滑动距离超过 11000 mm 后，各组试验对应摩擦系数曲线逐渐进入相对稳定状态。图 2-5(b)所示为不同滑动速度下，钢丝绳摩擦系数在相对稳定阶段的平均值。能够清楚看到摩擦系数随滑动距离增大呈先增大后减小变化趋势。当滑动速度从 6 mm/s 增大到 18 mm/s 时，相对稳定阶段摩擦系数从 0.62 增长到 0.71 左右。当滑动速度从 18 mm/s 继续增大到 42 mm/s 时，摩擦系数则从 0.71 减小到 0.52。因此，摩擦系数在滑动速度为 18 mm/s 时出现最大值。

摩擦热是反映钢丝绳摩擦特性的另外一个重要参数，可从摩擦温升角度对钢丝绳摩擦学行为进行研究。图 2-6 所示为不同滑动速度条件下钢丝绳滑动摩擦磨损红外热像图。图中所示图像为红外热像仪在各组试验进入相对稳定阶段后拍摄得到的。图中颜色明亮区域表示钢丝绳滑动接触区域。可以发现，随着滑动速度的增大，热像图颜色变化明显。当滑动速度为 6 mm/s 时，钢丝绳接触区域颜色虽然比未磨损区域亮，但高亮区域面积较小。当滑动速度为 42 mm/s 时，钢丝绳滑动接触区域颜色明显更亮，且覆盖范围更大。这表明高速状态下产生的摩擦热明显大于低速状态下的试验结果。这种颜色的变化过程直观反映了钢丝绳接触位置和磨损区域的变化特点，能够将摩擦热的变化规律转化为有形的图谱来进行钢丝绳摩擦学特性的实时监测和分析。

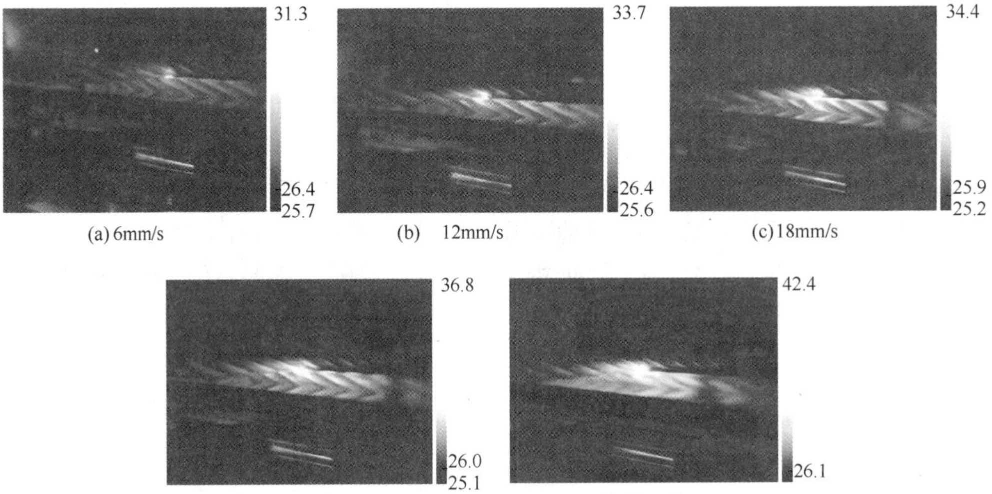

(a) 6mm/s　(b) 12mm/s　(c) 18mm/s　(d) 30mm/s　(e) 42mm/s

图 2-6　不同滑动速度下钢丝绳红外热像图（彩图见二维码）

通过对钢丝绳滑动摩擦磨损温度流文件的处理，可提取并计算得到钢丝绳磨损区域最大温升，并绘制温升随钢丝绳滑动距离的变化曲线和相对稳定阶段平均温升随滑动速度的变化曲线，如图 2-7 所示。与摩擦系数相比，温升变化曲线呈现出不一样的变化趋势。不同滑动速度下，温升曲线差异明显。当滑动距离小于 10000 mm 左右时，各组试验对应温升均呈线性增长，但曲线增长斜率呈现明显的差异。当滑动速度为 42 mm/s 时，温升增长最快，且当滑动速度为 6 mm/s 时温升增长最慢。因此表明，温升是能够从另一角度更加清晰地反映出摩擦特性的变化规律，并与摩擦系数的变化规律形成对比，从而更加丰富和准确地揭示钢丝绳摩擦学特性。随着滑动距离继续增加，各组试验的温升增长速度开始减缓并逐渐趋向稳定。试验后期钢丝绳平均摩擦温升随速度的变化曲线如图 2-7(b)所示。随着滑动速度从 6 mm/s 增长到 42 mm/s，最大摩擦温升从 3.4℃变为 13.7℃，增长幅度较大，几乎呈线性关系。这表明滑动速度对钢丝绳摩擦温升的影响比较明显，大的滑动速度较容易产生和积累更多的摩擦热量。

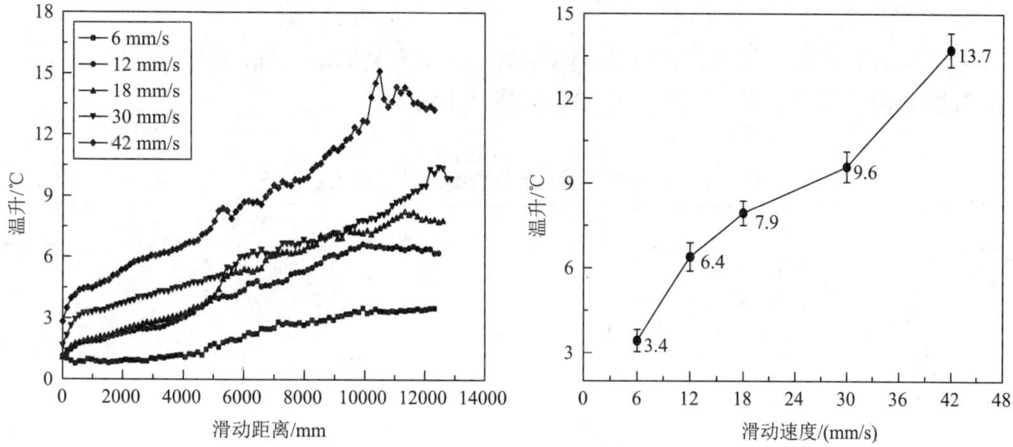

(a) 过程变化曲线　(b) 相对稳定阶段摩擦温升

图 2-7　不同滑动速度和滑动距离下钢丝绳摩擦温升

为进一步分析钢丝绳磨损特性，对试验后钢丝绳表面磨痕特征参数进行提取和计算。图 2-8 所示为不同滑动速度下钢丝绳表面磨痕最大磨损深度和磨损面积。本章选取上加载钢丝绳表面磨痕作为测量和分析对象。随着滑动速度的增大，磨痕最大磨损深度从 0.22 mm 减小到 0.15 mm，且减小幅度越来越小。由于各组试验滑动距离相等，且基本进入相对稳定阶段，所以最大磨损深度差别较小。此外，钢丝绳磨痕轮廓形状不规则，分布区域具有随机性，因此，磨损面积同样能够反映磨损程度和分布类型差异。如图 2-8(b) 所

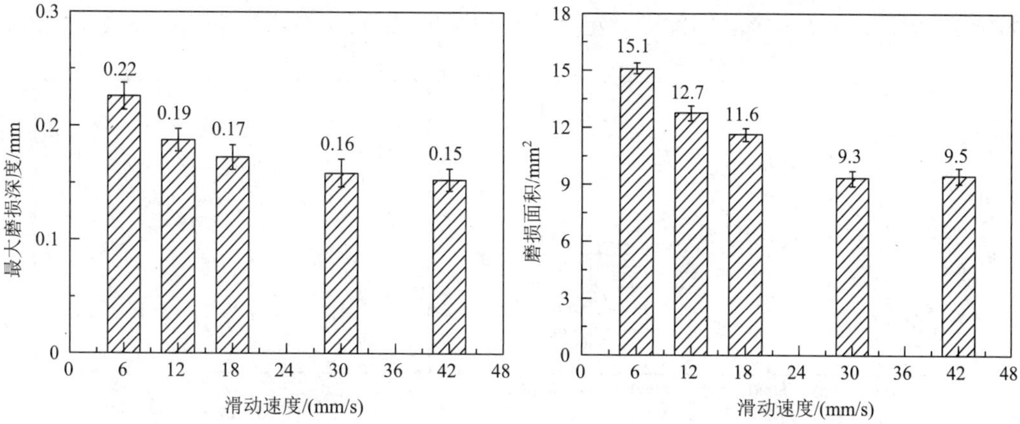

(a) 最大磨损深度　(b) 磨损面积

图 2-8　不同滑动速度下钢丝绳磨损特征参数

示，随着滑动速度的增大，钢丝绳磨损面积呈减小趋势，从大约 15.1 mm^2 减小到 9.5 mm^2。当滑动速度从 6 mm/s 增大到 30 mm/s 时，磨损面积减小幅度较大，约为 6 mm^2。随着滑动距离继续增大，磨损面积比较稳定，几乎没有变化。表明在滑动距离相等的条件下，较大的滑动速度能够起到降低钢丝绳表面磨损程度的效果。

2. 滑动振幅

钢丝绳滑动接触条件下，滑动振幅同样是一个多变且影响表面磨损的重要因素。不同滑动振幅下钢丝绳摩擦磨损试验主要参数如表 2-4 所示。

表 2-4　不同滑动振幅下钢丝绳滑动摩擦试验参数

参数	数值
振幅/mm	10；20；30；50；70
滑动速度/(mm/s)	6
交叉角度/(°)	90
接触载荷/N	100
张紧力/N	2000
滑动距离/mm	12600

图 2-9 所示为不同滑动振幅下钢丝绳摩擦系数随滑动距离的变化曲线和相对稳定阶段平均摩擦系数随滑动振幅的变化曲线。与不同滑动速度下的试验结果有所不同，各组试验对应摩擦系数变化曲线没有经历初期的缓慢增长阶段，而是直接进入近似线性的快速增长阶段，并且各曲线增长速度差异较大。摩擦系数在滑动振幅为 10 mm 时增长最快，在振幅为 70 mm 时增长最慢。当滑动距离大于 5000 mm 左右时，不同振幅下摩擦系数增长速度均开始减慢，进入缓慢增长的过渡阶段，并持续到距离为 10000 mm 左右。最后，摩擦系数逐渐进入相对稳定阶段。分析发现，滑动振幅越大，摩擦系数增长速度越慢，但快速增长阶段持续时间更长，进入相对稳定阶段也更慢。这主要是因为大滑动振幅下，有更多的钢丝绳表面参与磨损，因此需要更大的滑动距离来实现摩擦磨损的相对平衡，使摩擦

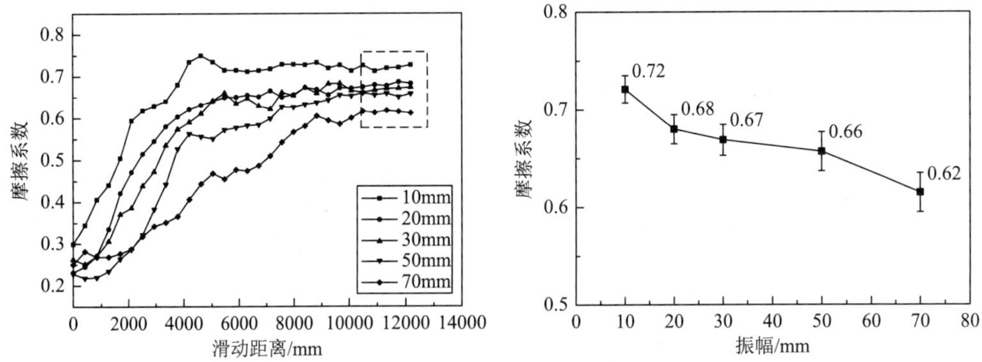

(a) 过程变化曲线　(b) 相对稳定阶段摩擦系数

图 2-9　不同滑动振幅下钢丝绳摩擦系数

副进入相对稳定状态并实现摩擦系数的稳定。通过对相对稳定阶段摩擦系数的计算，得到稳定摩擦系数与滑动振幅的关系，如图 2-9(b)所示。随着滑动振幅从 10 mm 增大到 70 mm，钢丝绳摩擦系数从 0.72 减小到 0.62 左右。

图 2-10 所示为不同滑动振幅下钢丝绳滑动磨损红外热像图。可以发现高温区域集中在上、下 2 根钢丝绳滑动接触区域，且滑动区域对应的颜色随着振幅增大变得越来越暗，明亮范围也越来越小。表明钢丝绳滑动接触区域的累积摩擦热随振幅增大而减小。由图 2-10(c)可知，当滑动钢丝绳从上加载钢丝绳表面垂直滑过时，部分产生的摩擦热会被下钢丝绳的滑动区域所吸收（单程滑动距离为 30 mm）。因此，滑动振幅越大，摩擦热的散热表面越大，热量耗散也越快。导致钢丝绳滑动接触区域累积摩擦热减少，热像图高温区域颜色偏暗。

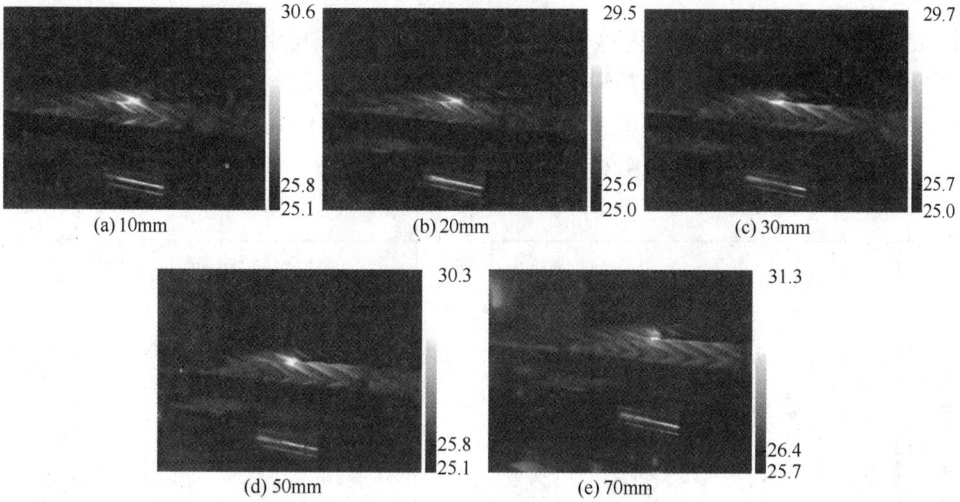

图 2-10　不同滑动振幅下钢丝绳红外热像图（彩图见二维码）

通过对接触区域最大温升进行提取和计算分析，可从定量角度揭示振幅对钢丝绳摩擦热的影响规律。图 2-11 所示为不同滑动振幅条件下钢丝绳最大摩擦温升随滑动距离的变化曲线和相对稳定阶段摩擦温升随滑动振幅的变化曲线。可以发现温升变化曲线与摩擦系数变化曲线十分相似。摩擦温升同样经历了线性的快速增长阶段（0～5000 mm）、缓慢的过渡增长阶段（5000～10000 mm）和最后的相对稳定阶段（10000～12600 mm）。同时，滑动振幅较小时，温升变化曲线间的差异越明显。进入相对稳定阶段之后，随着滑动振幅增大，摩擦温升先快速减小，约从 5.4℃减小到 3.7℃。然后，随着滑动振幅从 30 mm 增大到 70 mm，摩擦温升呈现出先增大后降低的趋势。因此，振幅对摩擦温升的影响主要体现在小振幅条件下，当滑动振幅较大时，钢丝绳间摩擦温升几乎不受滑动振幅影响。

图 2-12 所示为不同振幅条件下加载钢丝绳表面磨痕特征尺寸参数。与滑动速度对应试验结果的变化特性相反（见图 2-8），随着滑动振幅增大，磨痕最大磨损深度和磨损面积基本上呈增长趋势。最大磨损深度从 0.16 mm 变为 0.23 mm，磨损面积则从 10.3 mm^2 增长到 15.1 mm^2。

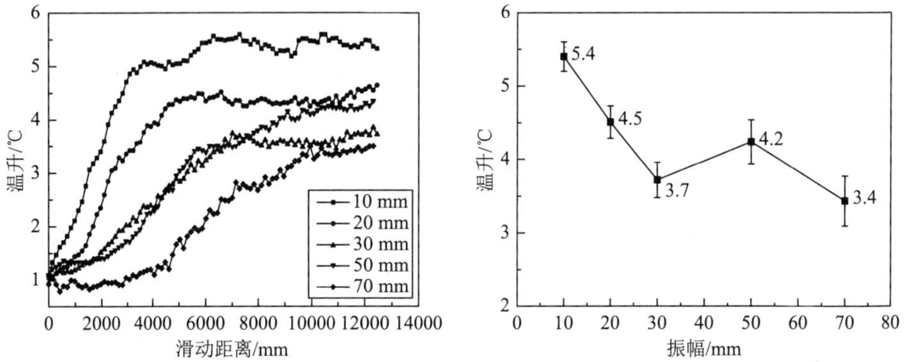

(a) 过程变化曲线　　(b) 相对稳定阶段摩擦温升

图 2-11　不同滑动振幅下钢丝绳摩擦温升

此外，最大磨损深度和磨损面积随振幅的变化过程基本一致，在小振幅条件下（小于 30 mm），磨损参数相对比较稳定，最大磨损深度和磨损面积的变化幅度分别稳定在 0.02 mm 和 1 mm^2 之内。随振幅继续增加到 70 mm，最大磨损深度快速增大了约 0.06 mm，磨损面积则增大了接近 3.9 mm^2。表明大的滑动振幅对钢丝绳磨痕特征尺寸参数的影响更加明显。

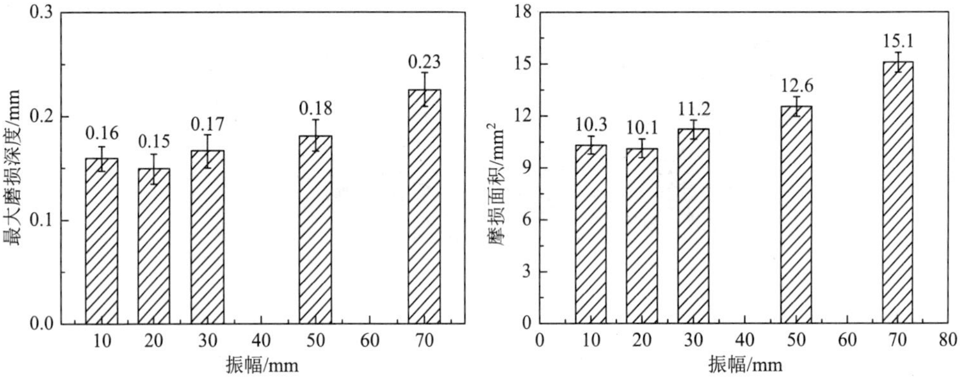

(a) 最大磨损深度　　(b) 磨损面积

图 2-12　不同滑动振幅下钢丝绳磨损特征参数

3. 滑动速度和振幅同时变化对摩擦磨损的影响

通常情况下，影响钢丝绳摩擦磨损的因素是同时出现和变化的。在多因素共同影响下，钢丝绳摩擦磨损特性会表现出不同的变化规律。本章考虑了滑动速度和振幅同时变化对钢丝绳摩擦磨损的影响。各参数的选取参照前面所述，设计试验的滑动振幅和滑动速度分别从 10 mm 和 6 mm/s 同时增大，其中最大振幅和速度分别为 70 mm 和 42 mm/s。

图 2-13 所示为振幅和滑动速度同时变化时，钢丝绳摩擦系数随滑动距离的变化曲线和相对稳定阶段平均摩擦系数随滑动参数的变化曲线。摩擦系数的变化曲线不同于滑动速度和振幅单独变化时的试验结果，但保留了两组试验的部分特点。除滑动参数为 10 mm 振幅和 6 mm/s 速度之外，其他参数下摩擦系数在试验初期均增长缓慢，持续约 2000 mm 的滑动距

离，而后进入快速的线性增长阶段。当滑动距离超过大约 9000 mm 后，摩擦系数逐渐进入相对稳定阶段。此外，当滑动振幅和滑动速度均较大时，摩擦系数进入相对稳定阶段所经历的滑动距离明显增大，且整个过程中摩擦系数增长速度较慢。在相对稳定阶段，随着滑动振幅和滑动速度同时增大，钢丝绳摩擦系数从 0.72 减小到 0.52 左右，其减小幅度明显大于振幅和滑动速度单独变化时的试验结果（见图 2-5 和图 2-9）。通过对比分析发现，钢丝绳摩擦系数会随着滑动参数增大而减小，但在减小幅度上，滑动速度起到更重要的影响作用。

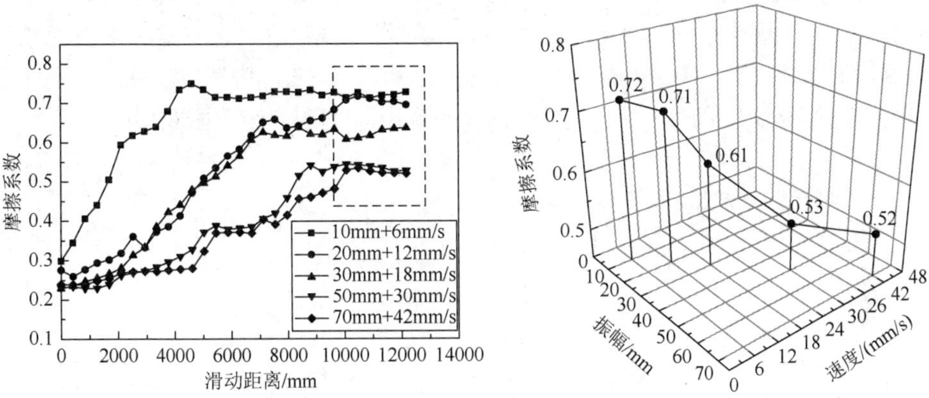

(a) 过程变化曲线　(b) 相对稳定阶段摩擦系数

图 2-13　摩擦系数随滑动速度和振幅的变化曲线

图 2-14 所示为不同滑动参数条件下钢丝绳滑动接触区域最大摩擦温升的变化规律曲线。在滑动速度和振幅同时增大条件下，摩擦温升随滑动距离的变化曲线明显不同于前面所述两种情况。温升曲线在试验初期阶段明显呈线性增长，且斜率相似，重合度较高。当滑动距离超过大约 8000 mm 后，不同参数下摩擦温升曲线差异逐渐明显。进入相对稳定阶段后，温升间差异则更加明显。由图 2-14(b)可知，在相对稳定阶段，随着滑动参数增大，平均摩擦温升从大约 5.4℃增大到 13.7℃，这与图 2-11 中变振幅条件下温升变化趋势不同，

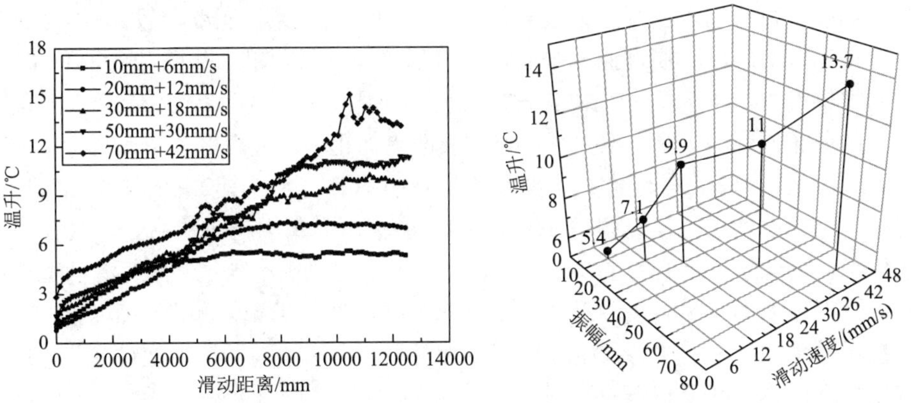

(a) 过程变化曲线　(b) 相对稳定阶段摩擦温升

图 2-14　摩擦温升随滑动速度和振幅的变化曲线

与图 2-7 中变速度条件下温升变化趋势相似。这表明滑动速度对摩擦温升的影响明显大于振幅。因此，控制钢丝绳间摩擦温升，应首先考虑降低绳间滑动速度。

滑动速度和振幅同时变化对钢丝绳表面磨痕特征尺寸的影响并不明显。图 2-15 所示为振幅和滑动速度同时变化条件下磨痕特征参数变化曲线。在相同滑动距离条件下，随着滑动参数增大，钢丝绳最大磨损深度几乎保持不变，稳定在 0.15 mm 左右。同时，钢丝绳磨损面积虽呈减小趋势，但减小幅度较小，约从 10.3 mm^2 减小到 9.5 mm^2。这与滑动速度和振幅单独变化时磨损参数的变化规律完全不同（见图 2-8 和图 2-12）。因为滑动速度和振幅增大导致磨痕参数的变化规律相反，因此，当两种滑动参数同时增大时，影响作用相互抵消，造成磨损参数几乎不变。由于图中磨损面积呈现减小趋势，与图 2-8 中速度单独变化条件下试验结果的变化趋势一致，因此，滑动速度对钢丝绳磨损程度的影响起主导作用。

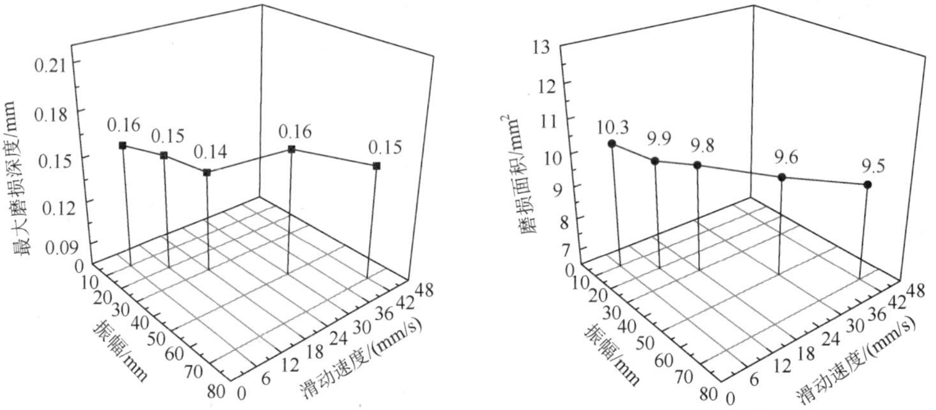

(a) 最大磨损深度　　(b) 磨损面积

图 2-15　不同滑动速度和振幅下钢丝绳磨损特征参数

图 2-16 所示为光学显微镜下钢丝绳在不同滑动振幅和滑动速度下的磨损形貌图。在 2 根钢丝绳交叉滑动过程中，下滑动钢丝绳表面磨损区域的长度主要由振幅决定，而宽度则由钢丝绳股直径决定。在不同参数条件下，滑动钢丝绳磨损宽度一般由 3～4 根钢丝组成，且磨损比较均匀，磨痕近似为平面，但磨损表面非常粗糙。如图 2-16(a)～(e)所示，随着滑动振幅增大，磨损表面越来越平整。虽然磨损区域均出现点蚀、剥落、表面裂纹和沿滑动方向分布的犁沟，但小振幅下，磨损表面更加粗糙，形貌更复杂，这将造成更大的摩擦阻力。因此，随着振幅增大，摩擦系数呈减小趋势，这与图 2-9 的结果相对应。当振幅不变且滑动速度增大时，见图 2-16(e)～(i)，磨损表面犁沟越来越明显，且在滑动速度较大条件下，犁沟分布错乱无序。表明此时钢丝绳滑动轨迹不固定，快速滑动造成磨损位置的随机性，导致钢丝绳间接触不充分，摩擦系数降低。当振幅和滑动速度同时增大时，发现磨损表面犁沟越来越明显，滑动轨迹更加随机，出现较为严重的塑性变形。因此，钢丝绳磨损机理以黏着磨损和磨粒磨损为主。

图 2-17 所示为光学显微镜下加载钢丝绳试样的表面磨痕形貌，分别给出了不同滑动参数下磨痕的宏观轮廓分布图和局部微观放大图。磨损形貌特征类型和变化规律明显大于

下滑动钢丝绳。由图可知，磨痕轮廓近似为椭圆形，倾斜着分布在钢丝绳股上表面。这是因为钢丝绳垂直交叉接触时，接触形式以绳股接触为主。由于磨损程度和区域面积存在差异，磨痕中所包含磨损钢丝数为 3～6 根不等。此外，大多数磨痕表面凹凸不平，存在数量不等、大小均匀的小凹槽，沿着下钢丝绳滑动方向紧密排列在磨损区域内。小凹槽由下滑动钢丝绳股表面发生滑动磨损的钢丝造成。因为相邻钢丝间存在由钢丝几何结构和绳股捻制工艺造成的间隙，所以将各钢丝滑动磨损区域分开。钢丝接触区域先发生磨损，造成磨痕内紧密排列的圆弧形凹槽。此外，当滑动轨迹相对稳定时，凹槽彼此独立，形状完整，各滑动钢丝沿凹槽轨迹完成稳定的往复滑动。当滑动参数发生一定改变时，钢丝绳间往复运动轨迹不再稳定，出现不同程度的波动和随机变化，凹槽形状遭到破坏，导致磨痕表面过渡平稳，形成一个比较大且完整的圆弧形凹槽。

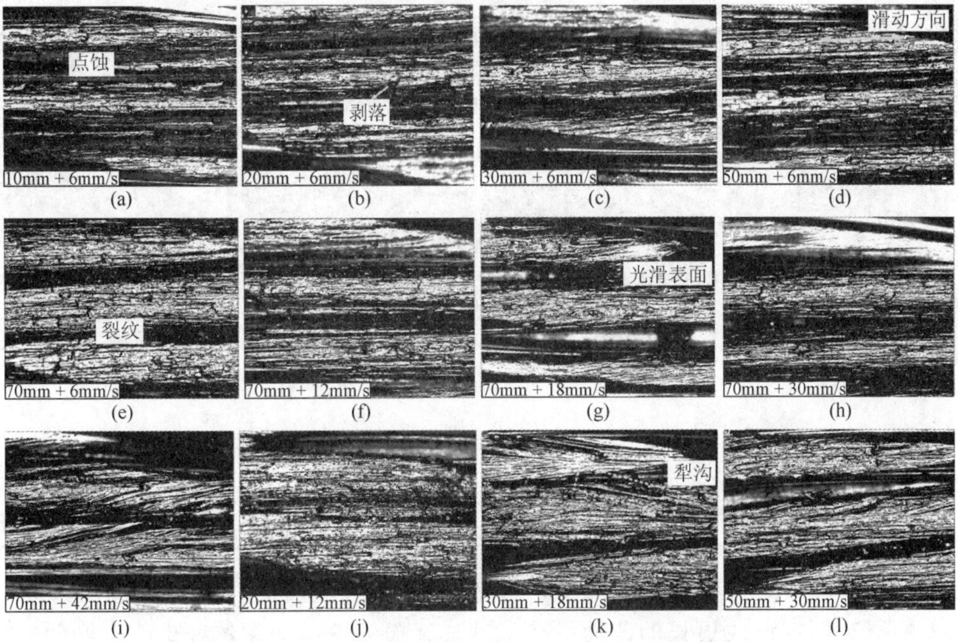

图 2-16　不同滑动速度和振幅下滑动钢丝绳磨损形貌

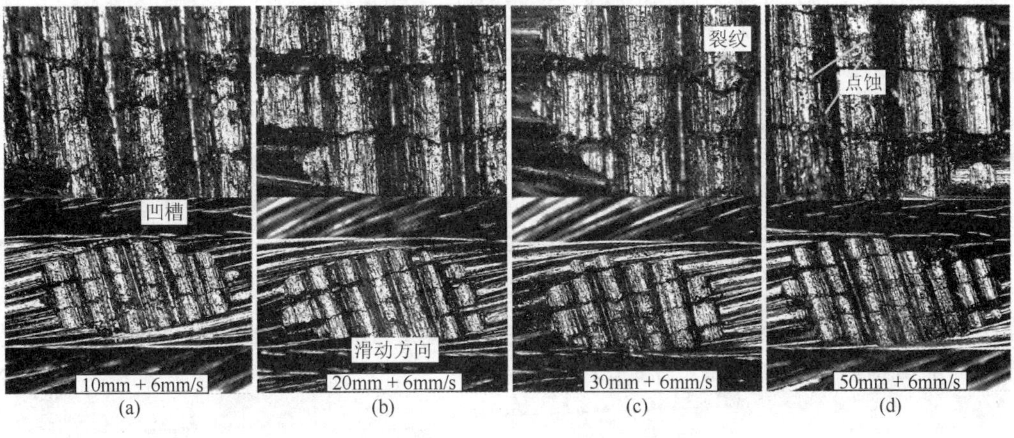

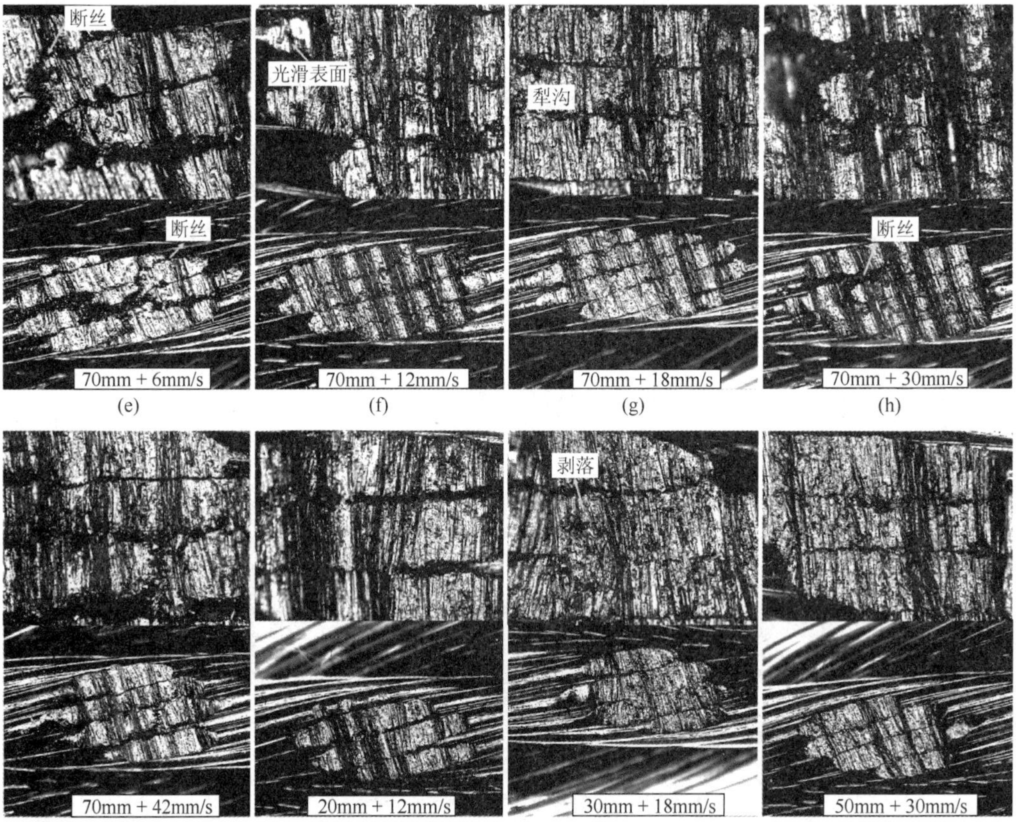

(e)　(f)　(g)　(h)

(i)　(j)　(k)　(l)

图 2-17　不同滑动速度和振幅下加载钢丝绳磨损形貌

对比不同滑动参数下钢丝绳磨痕形貌特征可以发现，当滑动速度为 6 mm/s，振幅从 10 mm 增大到 70 mm 时，磨痕轮廓越来越宽，更多钢丝出现在磨损区域内，且磨损深度不断增大。当振幅达到 70 mm 时，磨损深度最大，表面出现明显断丝现象。这是因为大的滑动振幅造成更长的连续滑动，参与磨损的下滑动钢丝绳更长，剧烈磨损阶段持续时间更长，在相同滑动距离条件下产生更大的磨损量。然而，对于速度的增大而言，可明显发现，磨损面积和深度变化不大，呈略微减小趋势。这主要是因为随着滑动速度增大，下滑动钢丝绳快速滑过加载钢丝绳，容易造成表面塑性变形，表面比较光滑且产生的磨屑在磨损表面残留较少，能够起到一定的润滑保护。因此，较大速度下钢丝绳摩擦系数较小、磨损程度较轻，这与图 2-5 和图 2-8 的研究结果相对应。当滑动振幅和滑动速度同时增大时(见图 2-17(a)、(i)～(l))，磨痕轮廓变化不大，且区域均较小。但磨痕表面多呈较大圆弧形凹槽。这是因为大的滑动速度和振幅会造成钢丝绳间往复滑动轨迹不稳定，形成紊乱的犁沟和复杂的磨损形貌。这在一定程度上造成钢丝绳表面免受严重局部磨损，降低了磨损危害。通过分析钢丝绳磨损形貌，发现钢丝绳磨损特征主要包括点蚀、犁沟、剥落和断丝。其磨损机理主要是黏着磨损和磨粒磨损，且出现轻微的疲劳磨损。

2.3.2　接触载荷对摩擦磨损特性的影响规律

接触载荷是钢丝绳在使用过程中最常见的受力形式且变化频繁，导致不同程度的钢丝绳表面摩擦磨损。因此，探究不同接触载荷对钢丝绳摩擦磨损特性的影响规律十分必要。不同接触载荷下钢丝绳摩擦磨损试验的主要参数如表 2-5 所示。

表 2-5　不同接触载荷下钢丝绳滑动摩擦磨损试验参数

参数	数值
接触载荷/N	50；100；150；200；250
滑动速度/(mm/s)	6.4
交叉角度/(°)	90
振幅/mm	10
张紧力/N	2000
滑动距离/mm	7660

图 2-18 所示为不同接触载荷下钢丝绳摩擦系数随往复循环滑动次数的变化曲线和相对稳定阶段平均摩擦系数随接触载荷的变化曲线。由图可知，摩擦系数随循环次数的变化曲线十分相似，各曲线重合度较高，难以区分，且变化过程基本一致。在前 90 次循环左右，摩擦系数快速增长，此后经历了接近 90 次循环的缓慢增长阶段，最后逐渐进入相对稳定阶段。通过对相对稳定阶段摩擦系数平均值的计算，发现随着接触载荷从 50 N 增大到 250 N，摩擦系数几乎不变，稳定在 0.61 左右。因此，接触载荷对相对稳定阶段钢丝绳摩擦系数几乎没有影响。

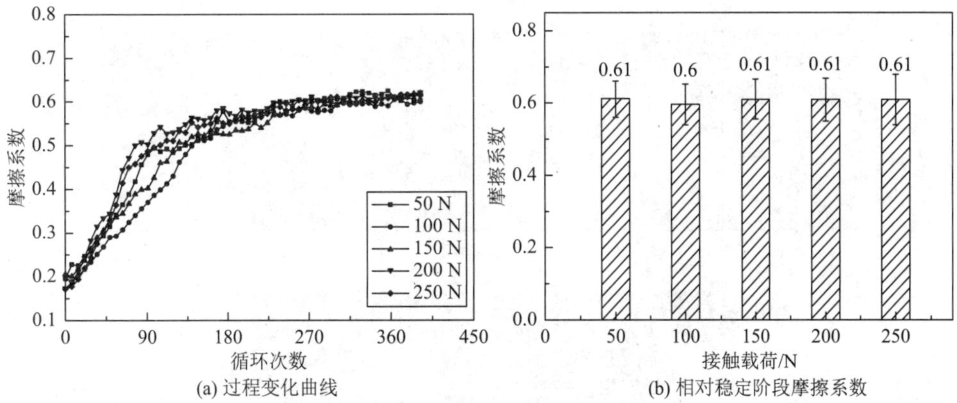

(a) 过程变化曲线　　(b) 相对稳定阶段摩擦系数

图 2-18　不同接触载荷下钢丝绳摩擦系数

与摩擦系数变化趋势对比明显，接触载荷对钢丝绳摩擦温升的影响则十分明显。图 2-19 所示为不同载荷下钢丝绳摩擦温升随载荷的变化曲线。当载荷小于 200 N 时，各组摩擦温升变化曲线差异明显。而当载荷为 200 N 和 250 N 时，两条温升变化曲线则几乎完全重合。整个试验过程中，各曲线对应的三个变化阶段比较平均。前 100 次循环左右，温升快速增长，随后 150 次循环，温升缓慢增长，最后 130 次循环左右，温升进入相对稳定阶段。对比相对稳定阶段不同接触载荷对应的平均温升发现，随着接触载荷增大，温升整体上呈快速增长趋势，从大约 4.8℃增大到 12.2℃，且先大幅增长，而后缓慢稳定增长。因此，接触载荷对钢丝绳摩擦温升起到十分重要的影响作用。在实际服役过程中，小的载荷波动往往会引起较大的温升变化。

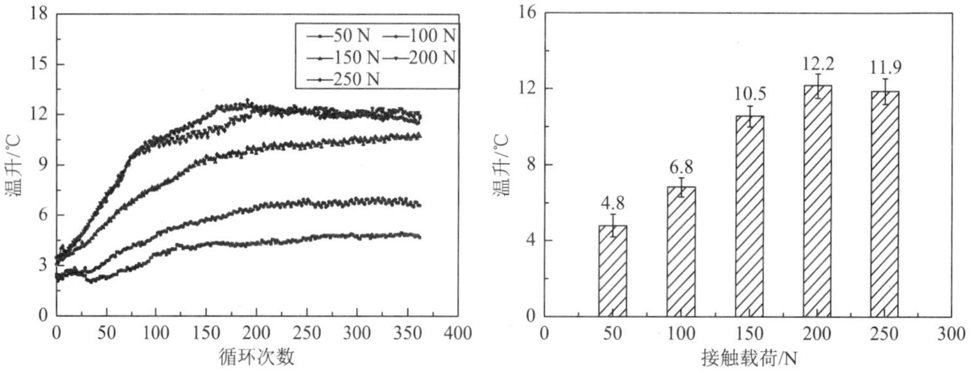

(a) 过程变化曲线　(b) 相对稳定阶段摩擦温升

图 2-19　不同接触载荷下钢丝绳摩擦温升

图 2-20 所示为不同接触载荷下滑动钢丝绳表面磨损光学显微形貌图。随着接触载荷增大，钢丝绳表面磨损特征变化不大，主要以点蚀和犁沟为主。但磨损程度却存在明显差异。当载荷较小时，钢丝绳磨损部分较少，钢丝间隙较大。当载荷增大后，磨损更加剧烈，磨损面积增大，相邻钢丝间隙减小，表明钢丝绳磨损深度增大。

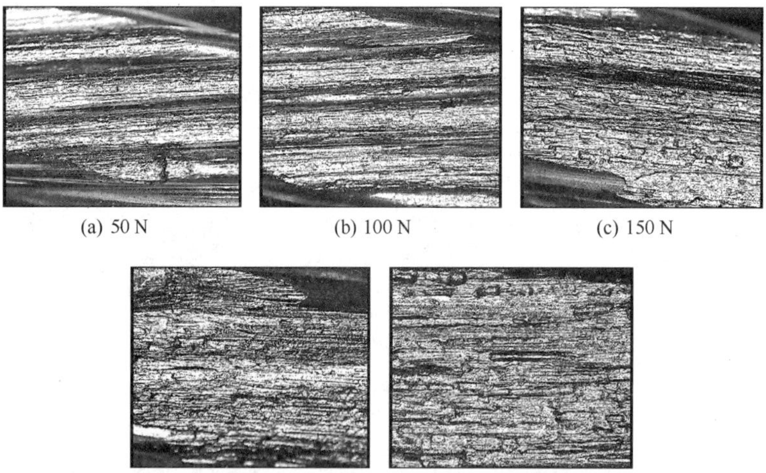
(a) 50 N　(b) 100 N　(c) 150 N　(d) 200 N　(e) 250 N

图 2-20　不同接触载荷下滑动钢丝绳磨损形貌

加载钢丝绳磨痕轮廓形貌如图 2-21 所示。能够明显看出，随着载荷增大，磨痕形状越来越规则，轮廓面积也越来越大。当载荷为 50 N 时，磨痕较小，只有 3 根钢丝出现磨损，表面凹槽形状完整清晰。随着载荷增大到 150 N，磨痕形状更加规则，小凹槽合并成较大的圆弧形凹槽。同时，表面犁沟沿滑动方向非常完整，且深度较大。说明磨损非常剧烈。当载荷增大到 200 N 和 250 N 时，钢丝绳磨痕表面轮廓相对稳定，变化不大，但磨损深度明显增大，出现外层钢丝材料的大量缺失，内部钢丝出现明显磨损。因此，载荷对钢丝绳摩擦磨损的影响主要体现在磨损深度上，大载荷会造成较大的表面材料去除，同时产生更多摩擦热量造成滑动区域温度升高。但钢丝绳表面磨损形貌特征变化不大，摩擦系数几乎不变。为保证钢丝绳的安全可靠性，应重视大接触载荷下钢丝绳滑动磨损的日常检测与维护，降低钢丝绳表面磨损程度。

(a) 50 N　(b) 100 N　(c) 150 N

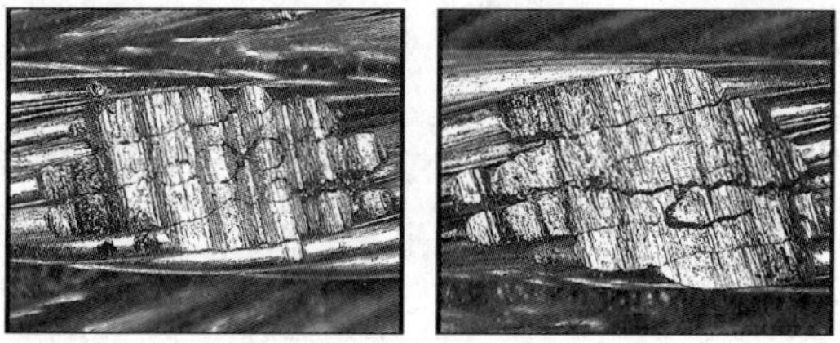

(d) 200 N　(e) 250 N

图 2-21　不同接触载荷下加载钢丝绳磨损形貌

2.3.3　滑动距离对摩擦磨损演化过程的影响

钢丝绳摩擦磨损是一个不断变化且累积的过程。随着钢丝绳间滑动距离增加，磨损不断恶化，钢丝绳摩擦磨损特性随之产生不同的变化。因此，为探究钢丝绳摩擦特性和磨损机理的演化过程，设计并开展了钢丝绳在不同滑动距离、时间、振幅和载荷下的摩擦磨损试验，其具体试验参数如表 2-6 所示。

表 2-6　不同滑动距离和时间下钢丝绳摩擦试验参数

参数	数值
试验时间/min	5；10；20；30
交叉角度/(°)	90
接触载荷/N	50；100；150
滑动速度/(mm/s)	12

续表

参数	数值
振幅/mm	20；30
滑动距离/mm	3600；7200；14400；21600
张紧力/N	1000

为对比不同试验阶段钢丝绳滑动状态的变化差异，对不同试验条件下钢丝绳滑动摩擦力变化曲线进行提取，得到不同试验时间下单次往复滑动下摩擦力变化曲线，如图 2-22 所示。试验分为两组，当接触载荷为 100 N 时，滑动振幅选取 20 mm 和 30 mm，见图 2-22(a)和(b)。当振幅设定为 20 mm 时，接触载荷分别选取 50 N 和 150 N，见图 2-22(c)和(d)。可以发现，不同试验参数和时间下，摩擦力曲线变化差异明显。随着试验时间增加，在推程和回程过程中，摩擦力曲线的波动越来越小，表明接触表面更加平整。同一组试验，在不同试验阶段下摩擦力曲线变化明显，反映出钢丝绳滑动接触状态随滑动距离是不断变化的。当振幅为 20 mm 时，摩擦力曲线在试验初期阶段存在两处较大波动，而在滑动振幅为 30 mm 时，摩擦力曲线则出现 3 处明显波动。主要是因为钢丝绳股捻距为 70 mm，每滑动 10 mm

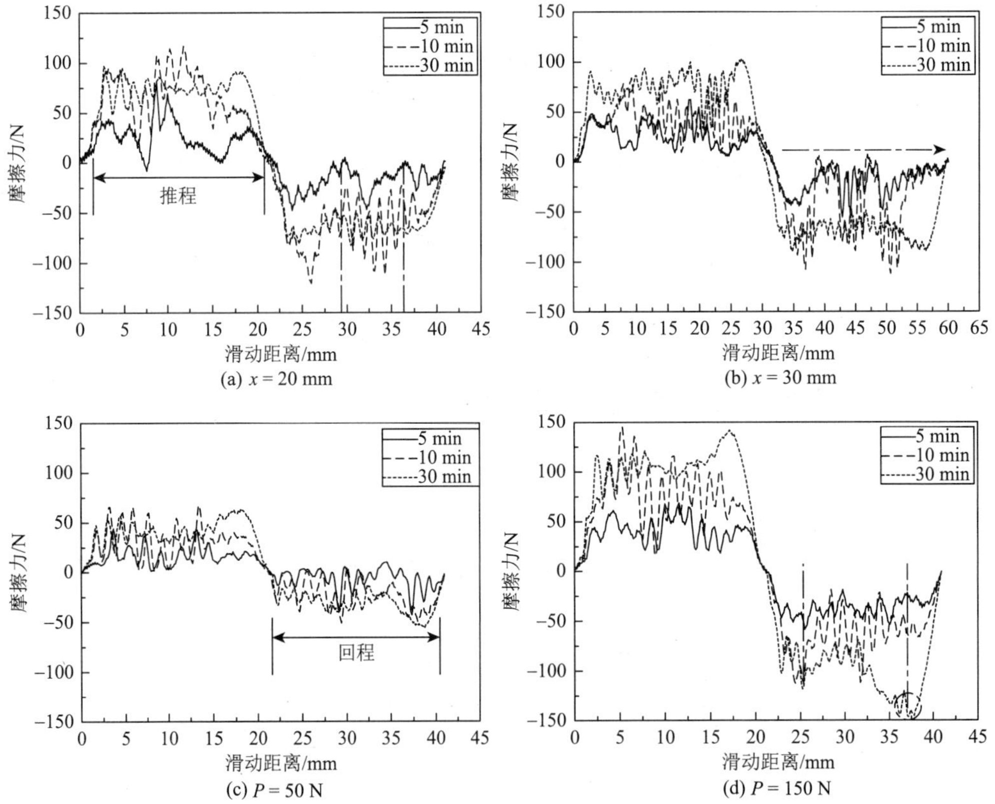

图 2-22　单次循环摩擦力过程变化曲线

(a)和(b)接触载荷 100 N；(c)和(d)振幅 20 mm

会经过一个绳股间隙，造成较大波动，滑动振幅越大，则波动越多。随着试验的进行，表面磨损深度增大，降低了绳股间隙对滑动波动的影响。当载荷较大时，不同阶段对应曲线的数值差距较大。表明大载荷下，接触状态随滑动距离变化较大，磨损速度更快。

图 2-23 所示为不同滑动距离下钢丝绳摩擦系数过程变化曲线。虽然接触载荷有所不同，但钢丝绳在不同阶段所经历的滑动距离基本相似。随着滑动距离增大，摩擦系数先快速增长（约 7200 mm），而后进入过渡阶段（持续约 2000 mm），最后，在 10800 mm 左右开始进入相对稳定阶段。这与钢丝绳磨损接触的变化过程相对应。试验初期，钢丝绳接触面积较小，以多丝、多股间点接触为主，大的接触应力导致钢丝绳表面磨损率加快，接触区域增大，摩擦阻力随之增大。因此，钢丝绳摩擦系数一开始增长较快，同时造成接触应力减小。随着滑动距离增大，磨损率开始减慢，试验进入过渡阶段。磨损区域扩大导致接触应力减小，两者逐渐平衡并进入相对稳定阶段。此时磨损虽仍在加剧，但接触面积变化不大，接触状态相对稳定，摩擦系数基本保持不变。

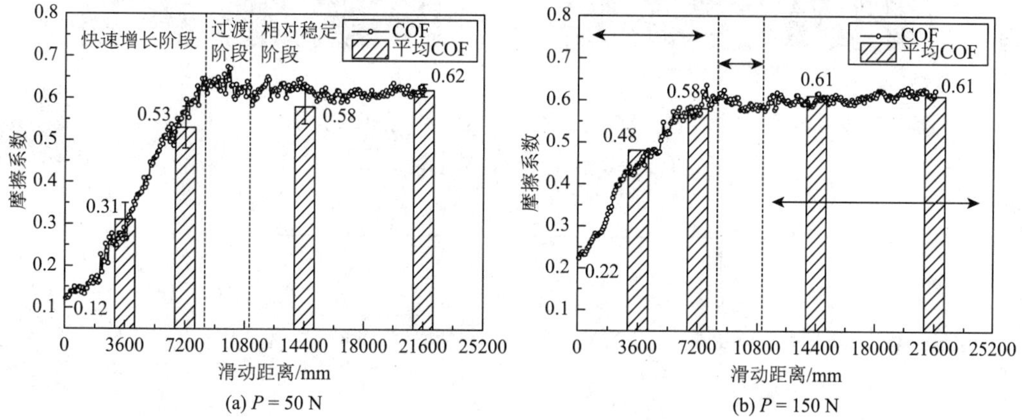

图 2-23　摩擦系数过程变化曲线

图 2-24 所示为钢丝绳滑动摩擦红外热像图随试验时间的变化过程。可以发现，高温区域在不同试验阶段下差异明显。在试验时间为 5 min 时，接触区域高温集中不明显，随着试验时间增加，接触区域颜色越来越亮，覆盖面积也更大，说明接触区域的摩擦热是一个不断增加和积累的过程。滑动距离越大，磨损越严重，则产生的摩擦热越多。此外，不同载荷下钢丝绳摩擦热的变化过程差异明显。当载荷为 150 N 时，钢丝绳滑动接触区域在不同试验阶段均表现出明显的高温集中，且温度数值较大。

图 2-25 为不同载荷下钢丝绳最大摩擦温升随滑动距离的变化过程曲线。当滑动距离在 3600 mm 时，温升处在快速增长阶段中期，在到 7200 mm 时，温升处于短暂的过渡阶段。当滑动距离继续增大到 14400 mm 后，温升则进入相对稳定阶段。虽然曲线在各阶段的增长速度和幅度存在差异，但变化趋势基本一致。这与摩擦系数的过程变化特性相似，说明温升变化与钢丝绳磨损和接触行为的变化过程密切相关。在磨损快速增长阶段，摩擦温升随之快速增长，在磨损相对稳定阶段，温升变化也比较平稳。说明摩擦热的产生和积累与磨损量的变化正相关，大的磨损量将造成较大的摩擦温升。

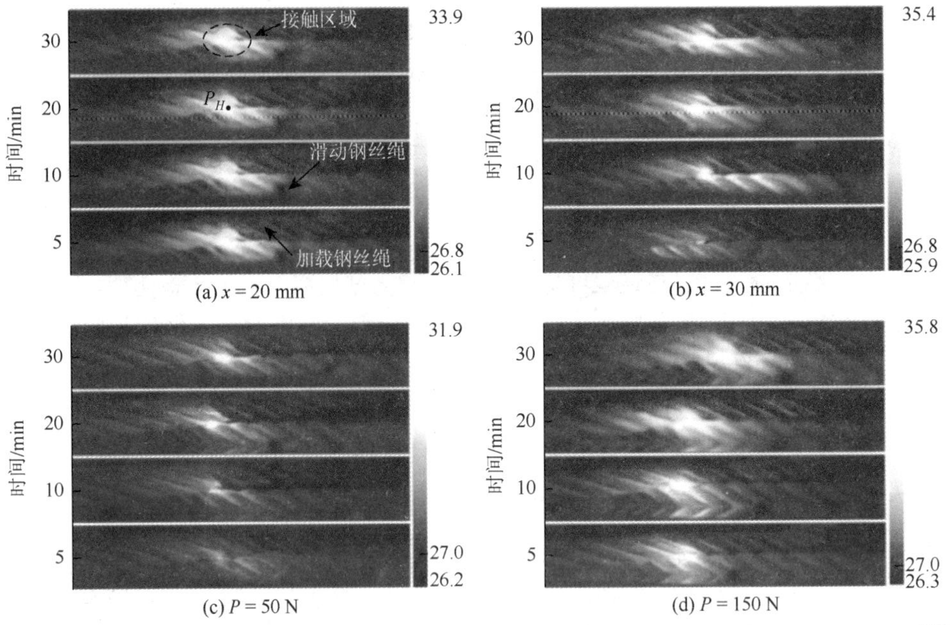

图 2-24　钢丝绳滑动摩擦红外热像图（彩图见二维码）

(a)和(b)接触载荷 100 N；(c)和(d)振幅 20 mm

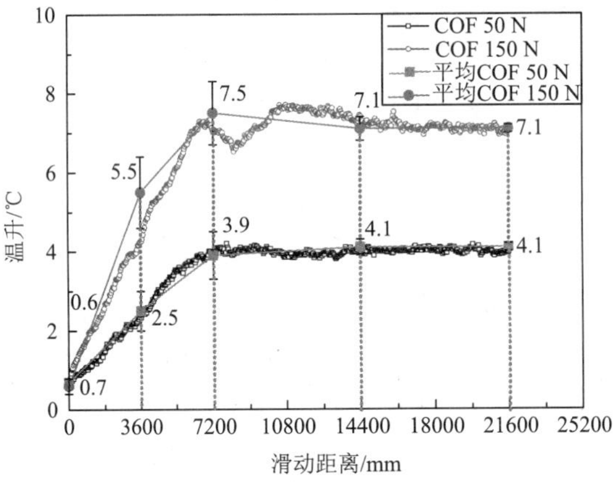

图 2-25　不同载荷下摩擦温升过程变化曲线

图 2-26 所示为不同滑动振幅和载荷下，钢丝绳磨痕剖面曲线随试验时间的过程变化图。钢丝绳表面凹凸不平，为多丝-多股螺旋结构，造成磨损表面不规则，但磨痕剖面曲线近似为圆弧形。随着试验时间增长，磨痕弧度也越来越大，曲线更加光滑、规则。这表明，试验初期钢丝绳间滑动接触并不充分，多以钢丝间的点接触为主，接触面积较小，剖面曲线波动较大，磨损表面的多凹槽结构表现明显。随着试验时间延长，磨损深度增大，表面钢丝被磨平，磨痕更加完整，曲线更加平滑。通过对比剖面曲线的变化过程，能够直观、定量地反映磨损表面演化过程。

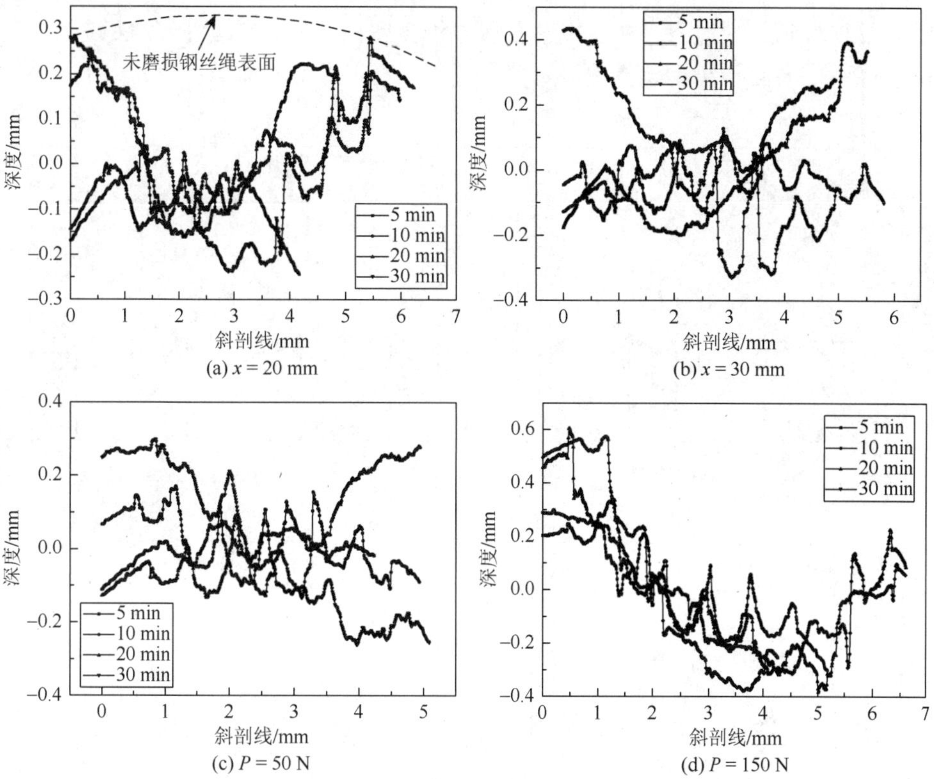

图 2-26　钢丝绳磨痕剖面曲线

(a)和(b)接触载荷 100 N；(c)和(d)振幅 20 mm

为进一步掌握不同滑动距离下钢丝绳磨损程度的演化过程，对不同试验阶段加载钢丝绳最大磨损深度和磨损量进行测量计算，其统计结果如图 2-27 所示。当接触载荷为 100 N 时，大滑动振幅（30 mm）下最大磨损深度增长幅度较大，从大约 0.18 mm 增大到 0.56 mm。磨损量也呈现出相同变化趋势，从大约 6 mg 增大到 46 mg。当滑动振幅为 20 mm 时，接触载荷变化对最大磨损深度和磨损量的影响更加明显，如图 2-27(b)和(d)所示。当接触载荷为 150 N 时，钢丝绳磨损程度明显增大。随着试验时间延长，钢丝绳最大磨损深度从 0.26 mm 增大到 0.75 mm 左右。磨损量从 13.1 mg 增大至 65.5 mg。表明在试验相对稳定阶段（摩擦系数和摩擦温升基本稳定不变的情况下），磨损参数仍不断增大，并未出现相对稳定阶段。因此，磨损程度随滑动距离的增大是一个持续恶化过程，且增长速度越来越快。

不同参数下钢丝绳磨痕形貌随滑动距离的演化过程如图 2-28 和图 2-29 所示。随着滑动距离增大，钢丝绳磨痕轮廓分布变化差异明显，特别是在磨损试验初期。当滑动距离为 3600 mm 时，磨损区域较小，只包含 2～3 根轻微磨损的钢丝，表面比较光滑。当滑动距离继续增大到 7200 mm 和 14400 mm 时，磨损区域扩大明显，磨损区域宽度与钢丝绳股直径相等，表明磨损面积基本稳定。随着滑动距离增大到 21600 mm，磨损区域变化较小，但磨损深度增大，表面出现磨损断丝现象。此外，不同滑动距离下，接触载荷对钢丝绳磨损区域的影响更加明显。因此，随滑动距离增大，磨损区域从钢丝表面扩大到绳股表面，从 1 根绳股扩大到 2 根绳股，磨损接触面积先快速增长，然后减缓并逐渐稳定。表明在相同工况条件下，表面损伤钢丝绳更容易产生进一步磨损恶化。

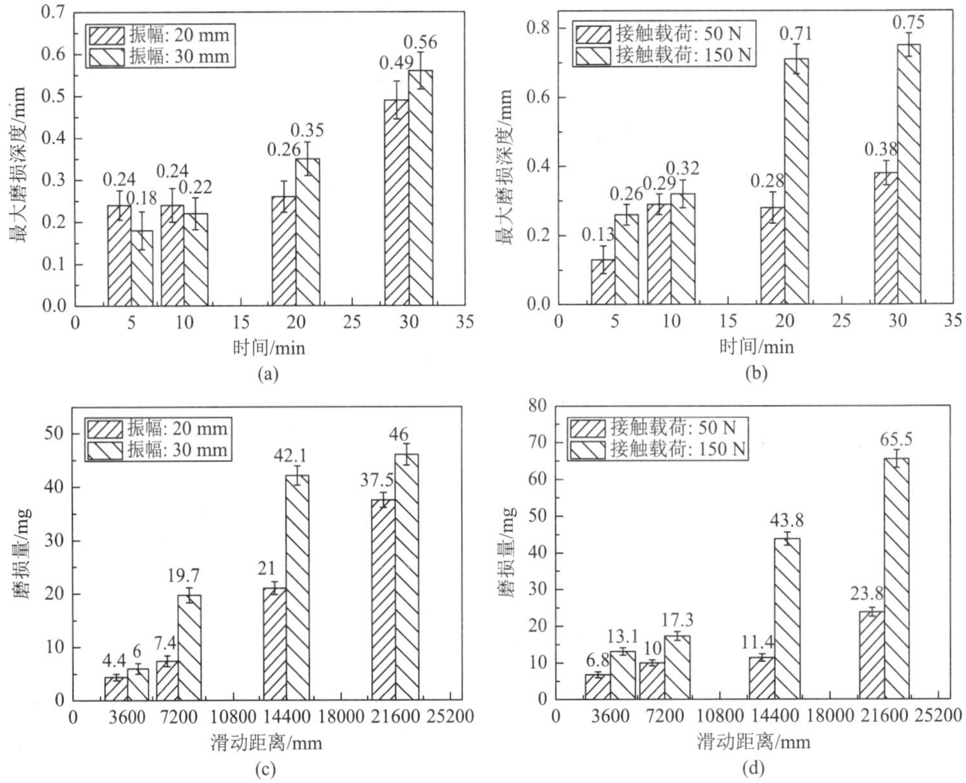

图 2-27　钢丝绳最大磨损深度和磨损量变化

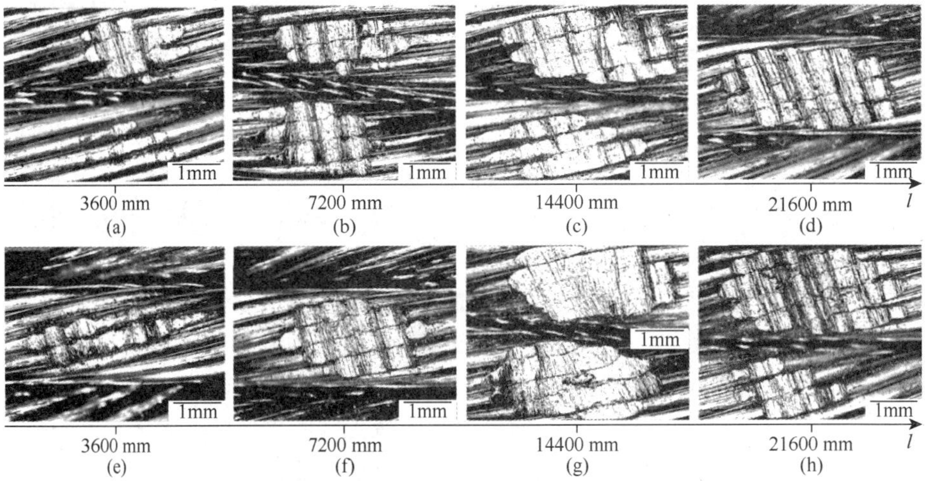

图 2-28　钢丝绳磨痕形貌图（一）

(a)～(d)振幅 20 mm；(e)～(h)振幅 30 mm

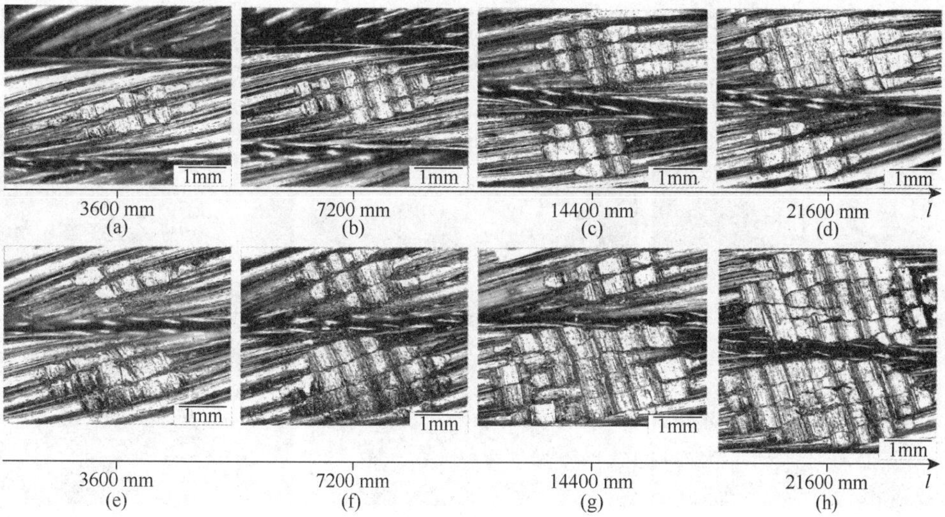

图 2-29　钢丝绳磨痕形貌图（二）

(a)～(d)接触载荷 50 N；(e)～(h)接触载荷 150 N

借助扫描电子显微镜对磨损钢丝表面形貌进行微观观察和分析，得到钢丝绳微观磨损形貌特征，如图 2-30 所示。磨损形貌可分为试验初期多出现的相对规则表面和后期多出现的不规则表面。如图 2-30(a)～(c)所示，磨损钢丝绳边缘比较整齐，表面相对平整，磨损特征以犁沟和剥落为主。表明钢丝绳间接触应力较大，滑动过程容易出现微观切削，造成片状磨屑，并且滑动路径比较稳定，犁沟较为完整。随着滑动距离增长，接触面积扩大和接触应力减小，磨损表面变得凹凸不平，出现由滑动挤压造成的塑性变形，犁沟轨迹错乱。因此，随着滑动距离增大，钢丝绳磨损形貌特征不断变化，并且黏着磨损和疲劳磨损特征在钢丝绳磨痕表面表现明显。

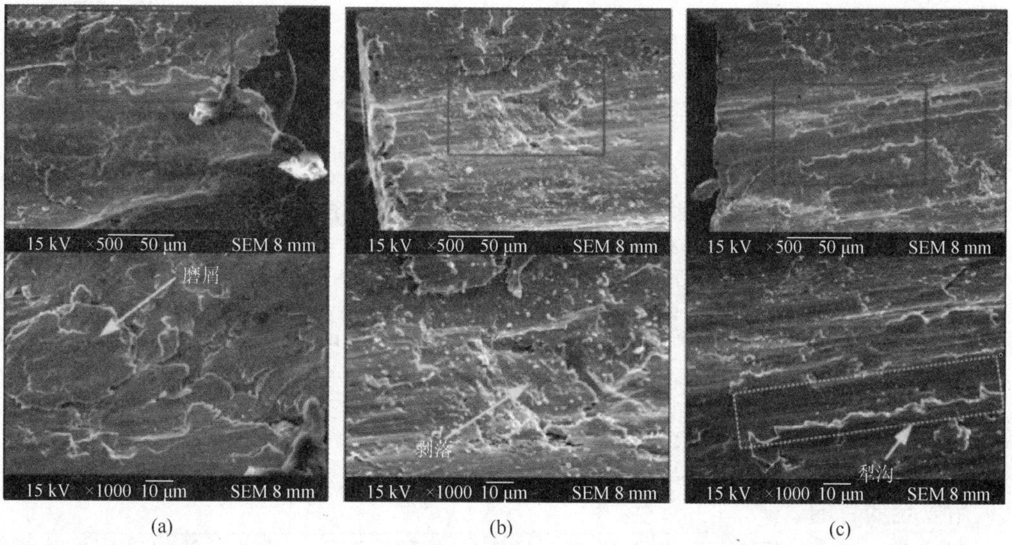

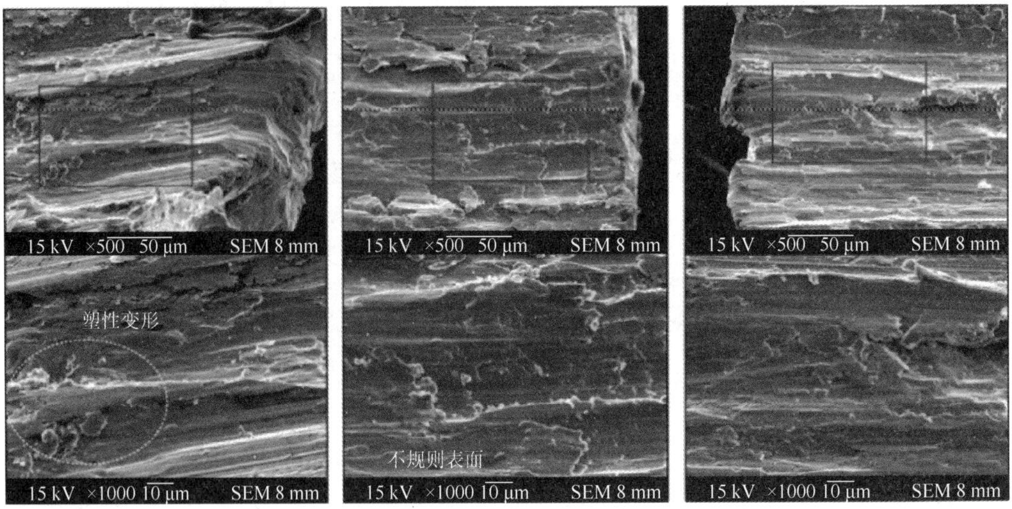

(d)　　(e)　　(f)

图 2-30　钢丝绳磨损形貌扫描电镜图

通过以上对不同滑动参数下钢丝绳摩擦磨损行为开展试验研究，得到钢丝绳摩擦磨损特性整体变化规律，如表 2-7 所示。合理控制钢丝绳间滑动参数能够有效实现钢丝绳的减摩降磨，从而更好地保护钢丝绳，延长其服役寿命。

表 2-7　不同滑动参数下钢丝绳摩擦磨损特性整体变化规律

试验参数	摩擦系数	摩擦温升/℃	磨损程度
滑动速度↑	0.62↑0.71↓0.52	3.4↑13.7	↓
振幅↑	0.72↓0.62	5.4↓3.4	↑
滑动速度↑振幅↑	0.72↓0.52	5.4↑13.7	→
接触载荷↑	0.61→0.61	4.8↑12.2	↑
滑动距离↑	↑→	↑→	↑

注：↑表示增大；→表示不变；↓表示减小；↑→表示先增大后保持不变。

2.4　不同接触形式下钢丝绳摩擦磨损特性研究

钢丝绳几何结构复杂，由多丝、多股螺旋捻制加工而成。在使用过程中，2 根钢丝绳会出现不同的接触形式，并影响其摩擦磨损特性。本章所探究接触形式主要包括钢丝绳交叉角度、交叉方向和绳股接触位置。掌握不同接触形式对钢丝绳摩擦磨损特征变化规律的影响，不仅能够为钢丝绳结构的设计与选型提供参考，还能为卷筒等钢丝绳操作设备的结构优化提供指导，实现改善钢丝绳摩擦磨损状态，降低钢丝绳表面磨损和保障其使用安全的目的。

本节开展了钢丝绳在不同交叉角度、交叉方向和绳股接触位置下的滑动摩擦磨损试验，探究了不同接触形式对钢丝绳摩擦系数、温升、磨损形貌和磨痕分布类型的影响规律，定量分析了不同接触形式下钢丝绳磨损程度的变化差异。

2.4.1　钢丝绳交叉接触形式和滑动试验参数

考虑到钢丝绳在卷筒上多出现由各种乱绳现象造成的绳间交叉接触，且钢丝绳股存在一定的捻向和捻角，造成两种典型的钢丝绳交叉接触形式，如图 2-31 所示。交叉接触的两根钢丝绳会出现交叉方向与钢丝绳股捻向相同(见图 2-31(b))和交叉方向与绳股捻向相反(见图 2-31(a))两种接触形式。试验用钢丝绳中绳股为右向捻，因此定义两种接触形式分别为右交叉接触和左交叉接触。针对两种接触形式开展了钢丝绳在不同交叉角度和方向下的摩擦磨损试验。由于钢丝绳交叉角度变化范围较大，分别设计了小交叉角度和大交叉角度两组试验方案，其主要试验参数如表 2-8 所示。

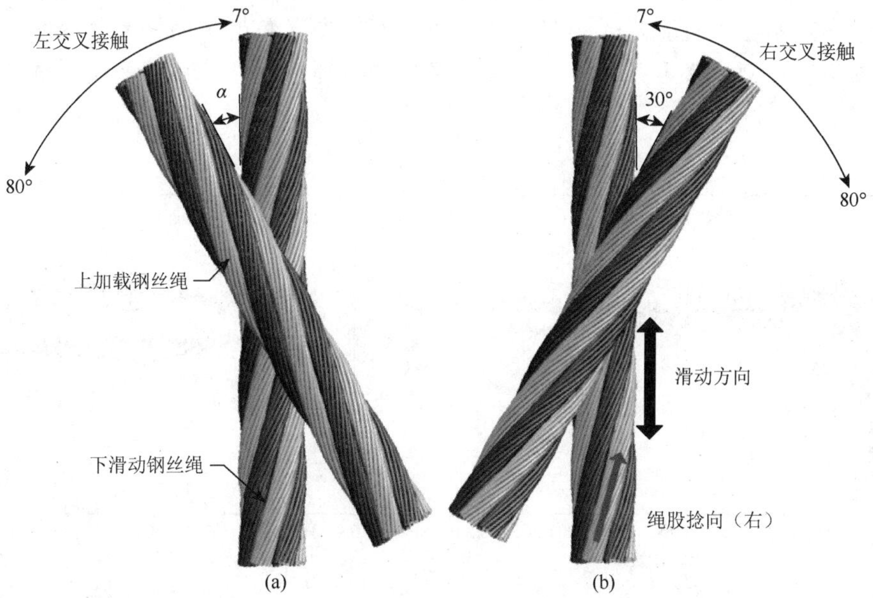

图 2-31　钢丝绳交叉接触形式

表 2-8　不同交叉角度和方向下钢丝绳滑动摩擦试验参数

参数	小角度	大角度
交叉角度/(°)	7；14；21；28	40；50；60；70；80
交叉方向	左；右	左；右
接触载荷/N	150	150
滑动速度/(mm/s)	6	12
振幅/mm	10	20
滑动距离/mm	22720	22720
张紧力/N	2000	2000

2.4.2 不同交叉角度和方向下钢丝绳摩擦磨损特性

1. 小交叉角度下钢丝绳摩擦磨损特性

图 2-32 所示为小交叉角度条件下钢丝绳摩擦系数随试验循环次数的变化曲线。交叉角度对钢丝绳摩擦系数的影响差异主要体现在摩擦相对稳定阶段。在右交叉接触条件下，摩擦系数变化曲线在试验前半段差别较小，重合度较高。当滑动循环次数超过大约 700 次后，摩擦系数基本进入相对稳定阶段，此时曲线差异变得明显。当交叉角度为 28°时，摩擦系数曲线明显最低。这表明随着交叉角度的变化，钢丝绳在右交叉接触条件下磨损表面特征类型在磨合磨损阶段十分相似，在相对稳定阶段出现一定差异。然而，在左交叉接触条件下，摩擦系数曲线差异明显更大。曲线在大约前 450 次循环内重合度较高，但小交叉角度下钢丝绳摩擦系数更大。随着循环次数继续增加，曲线间差异越来越明显，直到进入相对稳定阶段，不同交叉角度下摩擦系数曲线基本完全分开。说明在左交叉接触条件下，交叉角度对钢丝绳滑动摩擦系数变化过程的影响更加明显。

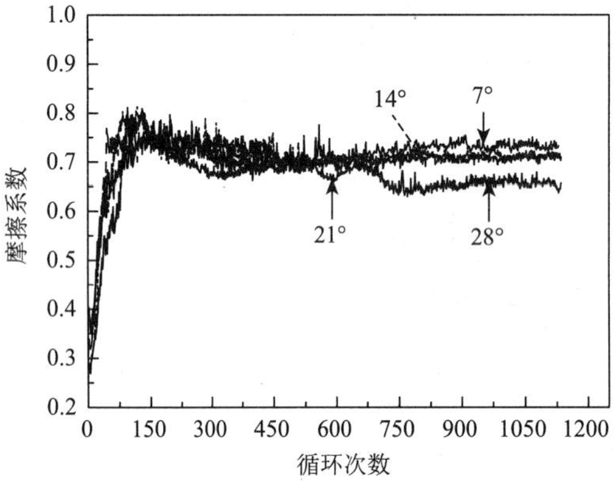

(a) 右交叉接触

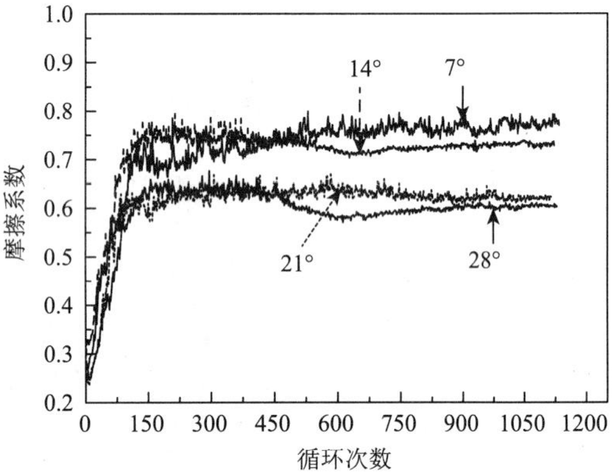

(b) 左交叉接触

图 2-32　小交叉角度下钢丝绳摩擦系数

图 2-33 所示为摩擦相对稳定阶段钢丝绳平均摩擦系数随交叉角度和方向的变化直方图。可以发现，随着交叉角度增大，摩擦系数在两种交叉方向下均呈减小趋势。在左交叉接触条件下，摩擦系数大约从 0.77 减小到 0.6，并且当交叉角度从 14°增大到 21°时，摩擦系数下降明显，从 0.73 减小到 0.62 左右。当交叉方向为右交叉接触时，摩擦系数减小幅度较小，从约 0.73 减小到 0.66，减小速度比较均匀。此外，对比两种工况下的试验结果发现，当交叉角度较小时，左交叉接触下摩擦系数较大，当交叉角度大于 14°时，右交叉接触下摩擦系数更大。因此，小交叉角度试验条件下，左交叉接触时交叉角度对摩擦系数的影响更明显。

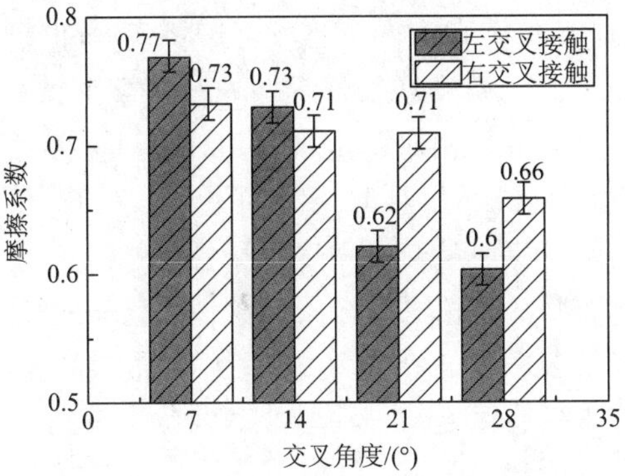

图 2-33　相对稳定阶段钢丝绳摩擦系数

图 2-34 所示为不同交叉角度和方向下钢丝绳摩擦磨损试验红外热像图。观察滑动磨损区域温度场分布特性，能够间接得到钢丝绳接触特性随交叉角度的变化规律。在右交叉接触条件下，随着钢丝绳交叉角度增大，高温区域从集中在 2 根钢丝绳表面之间，逐渐倾斜，并沿钢丝绳股螺旋方向分布。这表明钢丝绳间滑动接触区域从钢丝绳上表面逐渐移动到相邻绳股间隙当中。当 2 根钢丝绳左交叉接触时，随着交叉角度增大，高温区域始终分布在 2 根钢丝绳中间位置，且越来越集中。表明钢丝绳接触区域始终集中在绳股上表面，但接触面积越来越小。

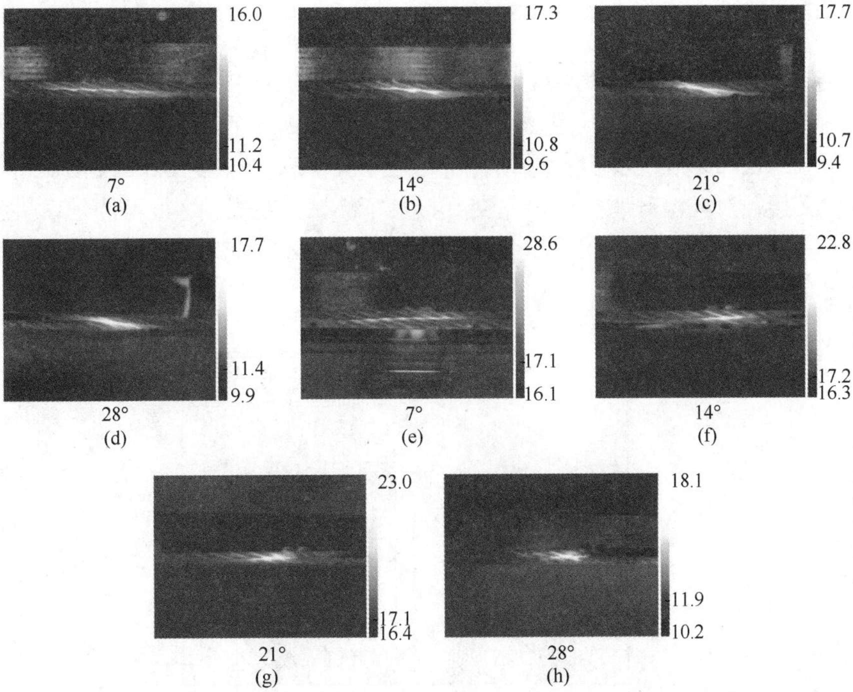

图 2-34　不同交叉角度和方向下钢丝绳红外热像图（彩图见二维码）

(a)～(d)右交叉接触；(e)～(h)左交叉接触

图 2-35 所示为不同交叉角度和方向下钢丝绳摩擦温升随滑动循环次数的过程变化曲线。与摩擦系数变化规律相似，温升增长过程并未贯穿整个试验，在前 200 次循环左右，摩擦温升增长迅速，而后很快进入相对稳定阶段。对比两种接触形式，左交叉接触时，温升到达相对稳定阶段的速度更快，而且曲线波动更小。在右交叉接触下，温升曲线在前 500 次循环左右重合度较高，特别是交叉角度大于 14°之后。但随着滑动循环次数继续增大，温升曲线经过一定波动后，逐渐稳定在不同数值，且差距比较明显。在左交叉接触条件下，曲线进入相对稳定阶段较早。在交叉角度为 14°和 21°时，曲线重合度较高，且在相对稳定阶段，不同温升曲线的稳定值差距较小。因此，右交叉接触下，交叉角度对钢丝绳摩擦温升变化的影响更加明显。

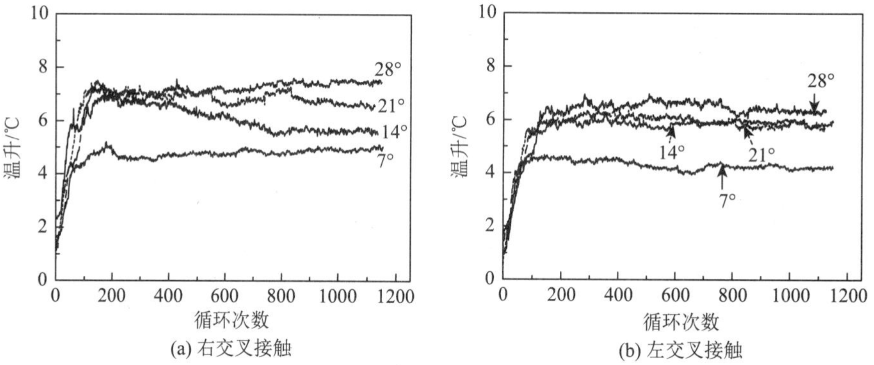

图 2-35　不同交叉角度和方向下钢丝绳摩擦温升

不同交叉角度下钢丝绳相对稳定阶段的平均摩擦温升如图 2-36 所示。随着交叉角度增大，两种接触形式下摩擦温升整体上呈增大趋势。右交叉接触下温升增长幅度更大，约从 4.9℃增大到 7.5℃。在左交叉接触条件下，温升从 4.2℃增大至 6.3℃左右。相同交叉角度下，右交叉接触对应温升明显大于左交叉接触下的试验结果。这很可能是由接触位置不同造成的，与图 2-34 所示试验结果相对应，钢丝绳右交叉接触下对应的倾斜接触更容易导致摩擦热聚集和温度升高。

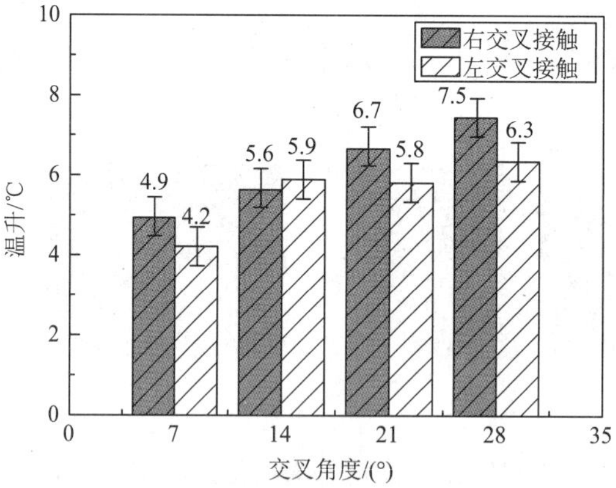

图 2-36　相对稳定阶段钢丝绳摩擦温升

图 2-37 所示为小交叉角度条件下加载钢丝绳表面磨痕的三维形貌图。磨痕表面相对高度以颜色变化的形式体现，并且能够反映出形貌的几何结构。偏白色部分表示相对位置较高，颜色偏暗的部分则表示相对位置较低。在右交叉接触条件下，随交叉角度增大，磨痕轮廓分布变化差异十分明显。当交叉角度较小时，钢丝绳表面磨损轻微，且磨痕分布较为均匀，可看到少数钢丝出现材料缺失。当交叉角度增大到 21°和 28°时，表面磨损加剧，磨痕主要分布在相邻钢丝绳股侧面。表明钢丝绳股螺旋捻制结构对接触和磨损影响显著，使磨损出现在绳股间隙当中。当钢丝绳交叉方向和绳股捻向相反时，磨痕分布变化规律则比较单一。随着交叉角度增大，磨损始终集中在钢丝绳上表面，但磨损程度越来越严重，并且滑动磨损区域更加集中。当交叉角度为 7°和 14°时，磨损表面出现多个紧密排列的弧形凹槽。与右交叉接触相比，可看出两种接触形式下往复滑动轨迹差异明显。同向交叉接触时，滑动方向与钢丝捻向相同，磨损区域受钢丝间隙影响。反向交叉接触时，滑动方向与钢丝捻向几乎垂直，滑动轨迹受钢丝间隙影响较小。同时，交叉角度增大造成钢丝绳滑动接触区域压强增大，导致磨损加剧。如图 2-37(g)和(h)所示，磨损区域出现轻微断丝，

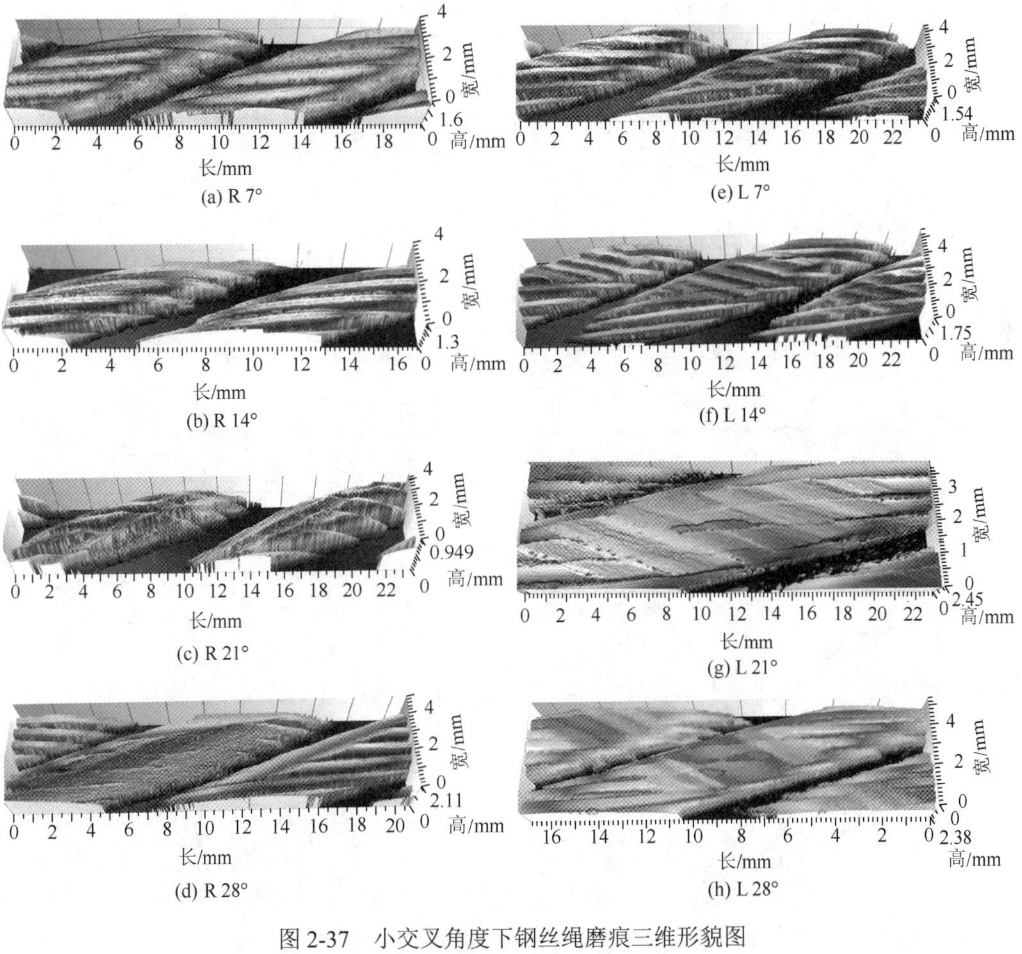

图 2-37　小交叉角度下钢丝绳磨痕三维形貌图

(a)～(d)右交叉(R)接触；(e)～(h)左交叉(L)接触

露出部分内部钢丝。因此，小交叉角度条件下，交叉接触方向对钢丝绳磨痕轮廓分布和磨损程度均起到重要影响作用。

通过上述钢丝绳磨痕三维形貌图，提取得到小交叉角度下磨损区域典型剖面曲线，如图 2-38 所示。分析剖面曲线能够从定量角度准确掌握不同交叉角度和方向对钢丝绳磨损形貌的影响规律。当钢丝绳交叉滑动方向与绳股捻向相同时，磨损区域剖面曲线倾斜分布。当交叉角度较小，磨损轻微时，磨损出现在滑动钢丝侧面，集中在钢丝间隙当中。随着交叉角度增大，磨损加剧，磨痕分布在整根绳股表面，但磨损程度并不均匀，出现了如

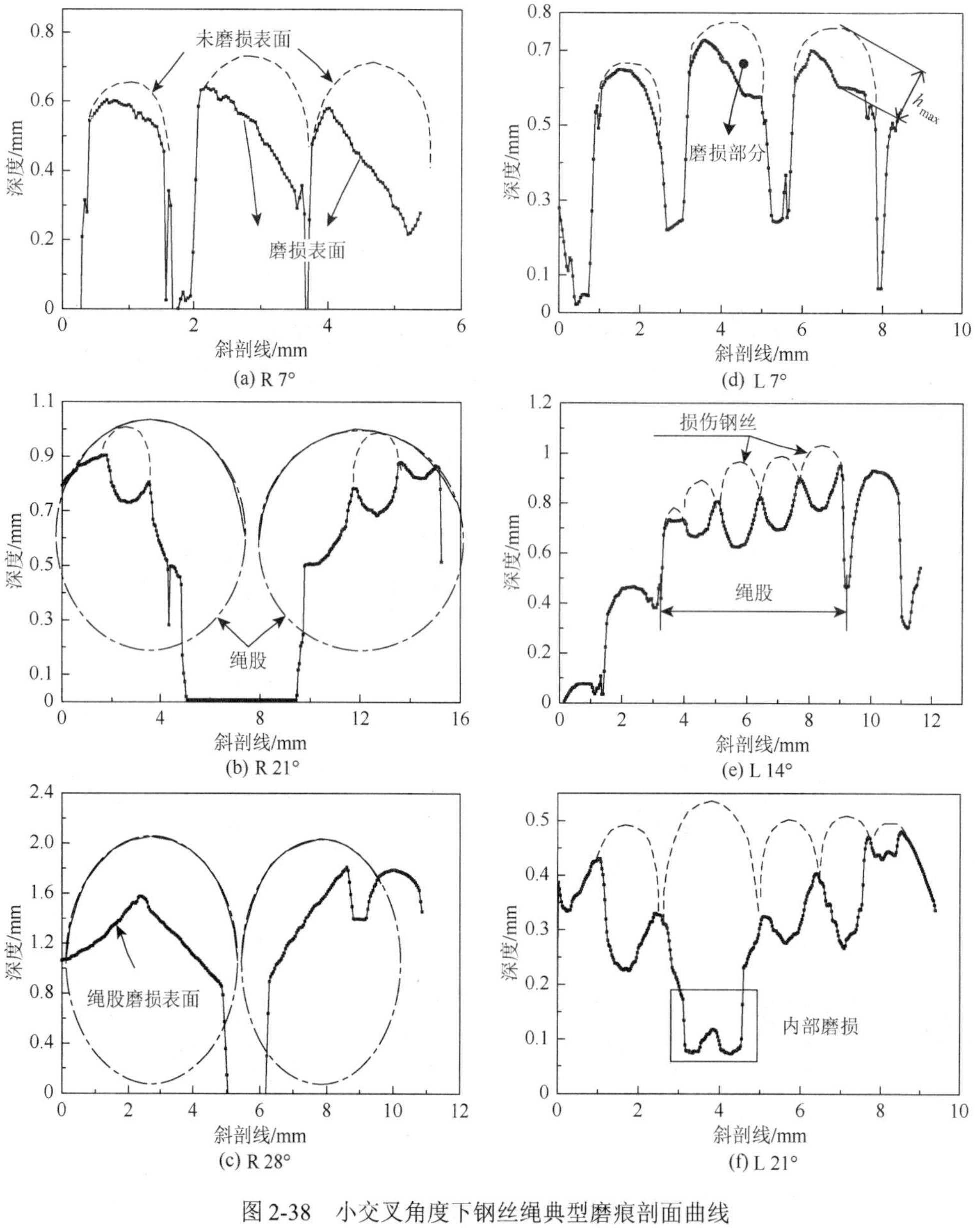

图 2-38　小交叉角度下钢丝绳典型磨痕剖面曲线

(a)~(c)右交叉接触；(d)~(f)左交叉接触

图 2-38(c)所示剖面曲线，磨损绳股剖面近似为三角形。表明该钢丝绳股滑动区域集中在绳股间隙中，造成侧面磨损严重。在左交叉接触条件下，剖面曲线则相对比较规则，虽然表面凹凸不平，但磨损均分布在上表面，滑动钢丝造成的磨损形貌明显。当交叉角度达到 21°时，剖面曲线中间位置出现明显的凹陷区。表明外部钢丝磨损严重，出现了内部钢丝磨损。从定量角度证明左交叉接触下钢丝绳表面磨损更加严重。

图 2-39 所示为光学显微镜下不同交叉角度所对应钢丝绳表面磨损形貌图。不同交叉方向对其形貌特征影响非常明显。通过宏观形貌图和局部放大图可以发现，点蚀、犁沟是钢丝绳磨痕的主要磨损特征。当 2 根钢丝绳右交叉接触时，滑动磨损方向与绳股捻向相似，接触面积较大，磨损相对较轻。随着交叉角度增大，接触区域集中在绳股间隙中，容易积累更多热量。因此，充分接触使磨损表面更加光滑，摩擦力较小。而相对凹陷的接触区域更容易导致摩擦温升增大。右交叉接触条件下钢丝绳接触状态变化更大，从上表面移至绳股间隙当中，造成温升曲线差异明显，与图 2-35 试验结果对应。左交叉接触条件下，钢丝绳间接触形式多以线接触为主，造成试验初期钢丝绳表面磨损速度较快，磨损更加剧烈，形貌复杂，容易导致较大的摩擦力。但随着交叉角度增大，钢丝绳接触

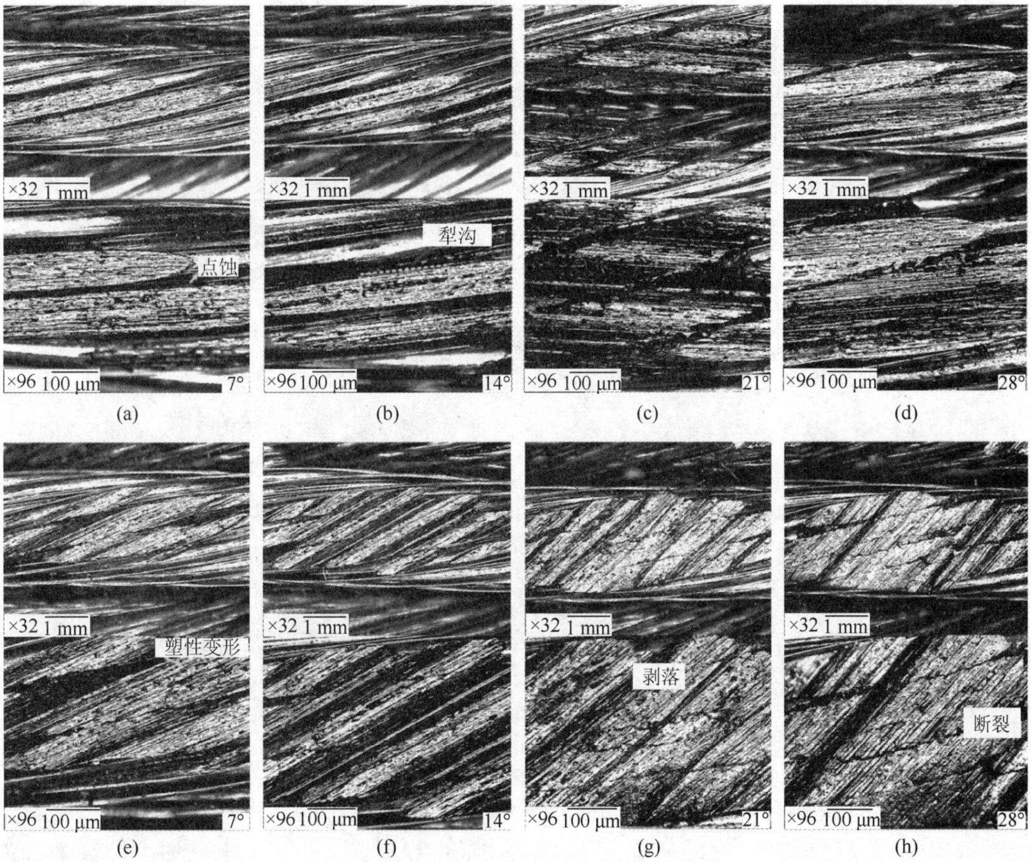

图 2-39　小交叉角度下钢丝绳磨损形貌图

(a)～(d)右交叉接触；(e)～(h)左交叉接触

压强增大，磨损剧烈，形成如图 2-39(h)所示的严重磨损表面。出现了钢丝断裂和较大的塑性变形，但表面更加完整和光滑，降低了钢丝绳间摩擦力。因此，在左交叉接触条件下，钢丝绳摩擦系数随交叉角度的变化更加明显。

试验结束后，对钢丝绳磨损产生的磨屑进行收集和测量，得到磨损量随钢丝绳交叉角度和方向的变化曲线，如图 2-40(a)所示。随着交叉角度从 7°增大到 28°，磨损量均呈增大趋势。在右交叉接触条件下，磨损量从 11.3 mg 增大到 85.3 mg 左右。左交叉接触条件下，磨损量从大约 29.5 mg 增大到 62.5 mg。可明显看出，右交叉接触条件下钢丝绳磨损量随交叉角度的变化幅度更大。虽然左交叉接触条件下钢丝绳表面磨损更剧烈，磨损深度更大，但右交叉接触条件下绳间滑动磨损面积更大，容易产生更多的磨屑，特别是在交叉角度较大情况下，不同交叉方向下磨损量差距更加明显。图 2-40(b)所示为通过钢丝绳三维形貌图测量得到的钢丝绳最大磨损深度随交叉角度的变化规律。可清楚发现，左交叉接触下最大磨损深度整体较大，随着交叉角度增大，最大磨损深度整体趋势从大约 0.26 mm 增大到 0.51 mm。

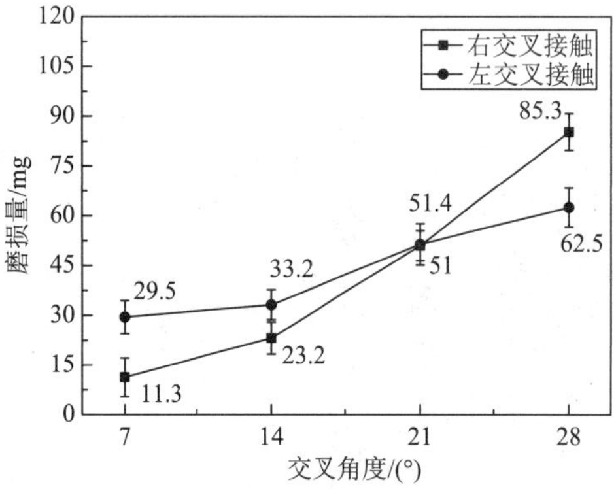

(a) 磨损量

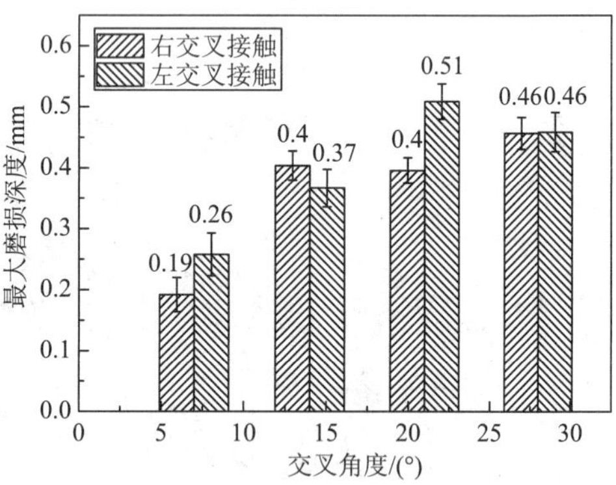

(b) 最大磨损深度

图 2-40　小交叉角度下钢丝绳磨损参数

图 2-41 所示为小交叉角度下钢丝绳磨屑微观形貌图。可以发现，钢丝绳磨屑多为薄片状颗粒，且表面带有不同程度的犁沟、剥落和塑性变形等磨损特征。可初步判断钢丝绳磨屑主要由大的挤压塑性变形和钢丝间切削造成。在右交叉接触条件下，磨屑颗粒形状比较规则，轮廓清晰且表面相对比较光滑。左交叉接触下磨屑形状更加复杂多样，表面凹凸不平，出现较多细小裂纹。这表明左交叉接触下钢丝绳间接触压强更大，磨损更剧烈。右交叉接触下往复滑动相对比较平稳，磨痕边缘更规则，容易导致材料微观切削，产生更多的磨屑。

2. 大交叉角度下钢丝绳摩擦磨损特性

为更加全面地掌握交叉接触形式对钢丝绳摩擦磨损的影响，进一步开展了大交叉角度下钢丝绳滑动摩擦磨损试验研究。图 2-42 所示为大交叉角度下钢丝绳摩擦系数随滑动循环次数的变化曲线。可以清楚发现，右交叉接触条件下，钢丝绳摩擦系数进入相对稳定阶段更快，在 150 次循环左右。此外，曲线的缓慢增长阶段更短，约为 50 次循环左右，并且曲线间层次分明，差异明显。左交叉接触下钢丝绳摩擦系数变化曲线则相对比较接近，重合度较高。在大约前 100 次循过程中，摩擦系数快速增长，接着进入缓慢增长阶段（持续约 100 次循环），直到大约 230 次循环后才进入相对稳定阶段。各曲线变化过程基本相似，彼此重叠。因此，钢丝绳右交叉接触条件下，交叉角度对摩擦系数的影响更加明显。

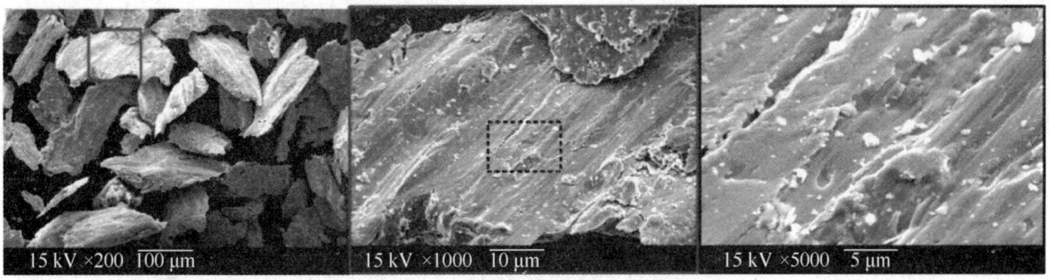

(a) R 7°

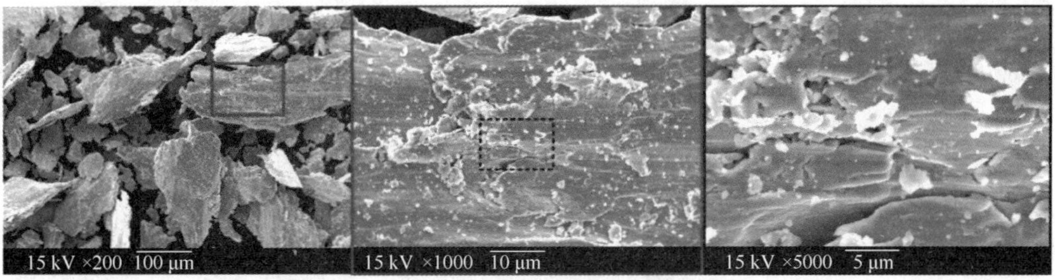

(b) R 21°

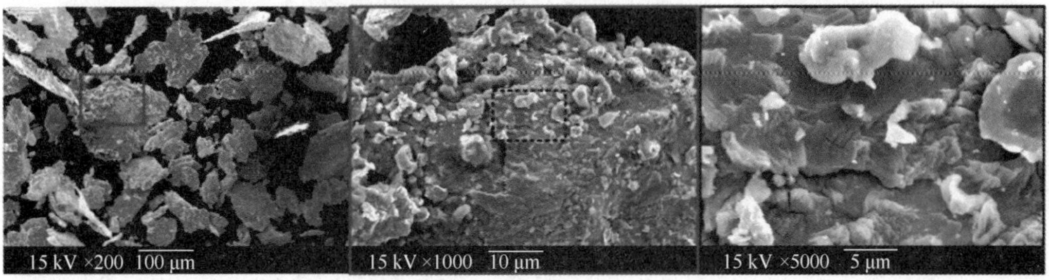

(c) L 7°

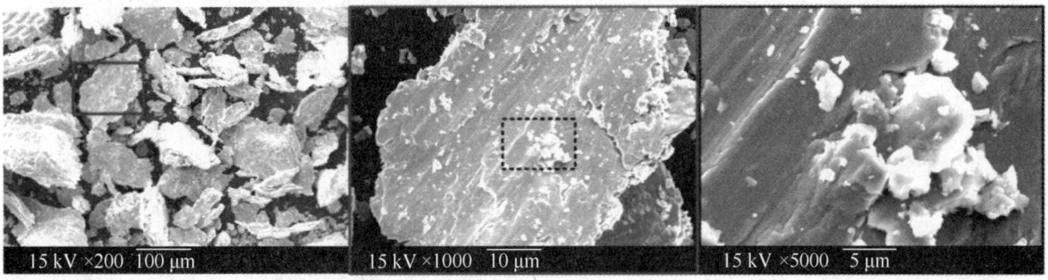

(d) L 28°

图 2-41　小交叉角度下钢丝绳磨屑扫描电镜图

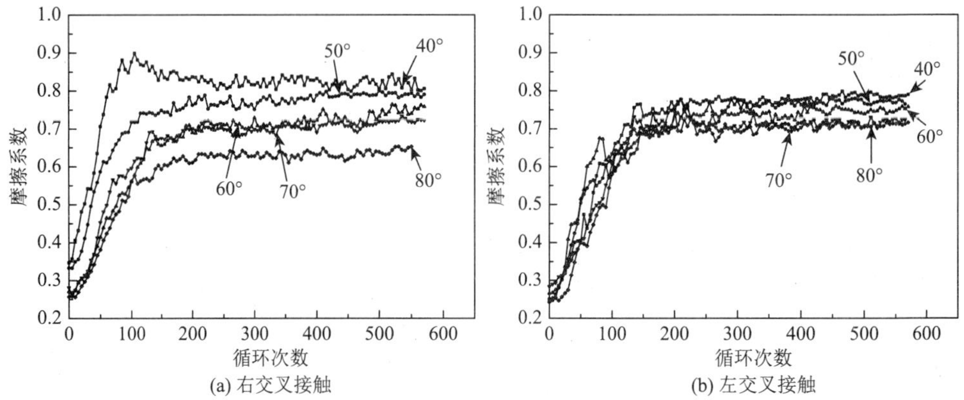

图 2-42　大交叉角度下钢丝绳摩擦系数

相对稳定阶段钢丝绳平均摩擦系数随交叉角度的变化规律如图 2-43 所示。随着交叉角度从 40°增大至 80°，摩擦系数在两种交叉接触方向下均呈下降趋势，但右交叉接触条件下，摩擦系数下降幅度更大，从大约 0.82 减小到 0.64 左右。左交叉接触条件下，摩擦系数降低幅度相对较小，从 0.79 下降到 0.71 左右。

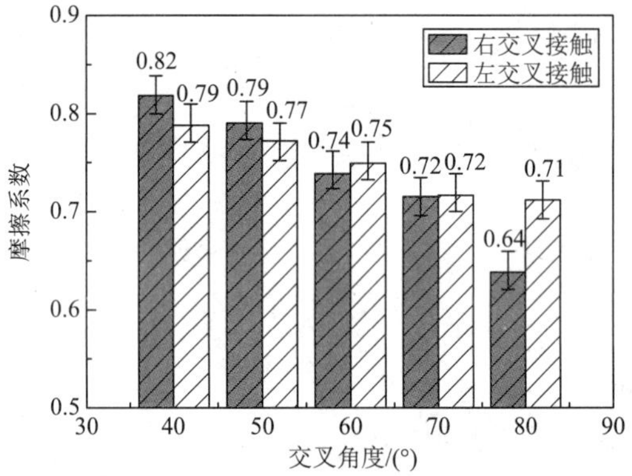

图 2-43　相对稳定阶段钢丝绳摩擦系数

图 2-44 所示为大交叉角度条件下钢丝绳滑动摩擦红外热像图。可以发现，和小交叉角度条件相比，图中滑动接触区域的颜色更加明亮，说明温升更加明显。在右交叉接触条件下，随着交叉角度增大，图中高温区域的变化趋势与小交叉角度条件下的变化规律相反。高温区域从沿着绳股捻向倾斜分布，逐渐移动到钢丝绳上表面，分布也越来越集中。表明钢丝绳间接触区域从绳股间隙表面变为绳股上表面，接触区域更加集中，磨损更加剧烈。在左交叉接触条件下，高温区域颜色更加明亮，范围也更大，特别是在交叉角度达到 70°和 80°时，高温集中非常明显。随着交叉角度增大，钢丝绳间滑动接触位置变化不大，始终出现在两根钢丝绳中间位置。因此，右交叉接触时，不同交叉角度下钢丝绳滑动接触特性差异明显，造成摩擦系数变化幅度较大，且左交叉接触下，摩擦系数相对比较接近，试验结果与图 2-43 所示摩擦系数变化规律一致。

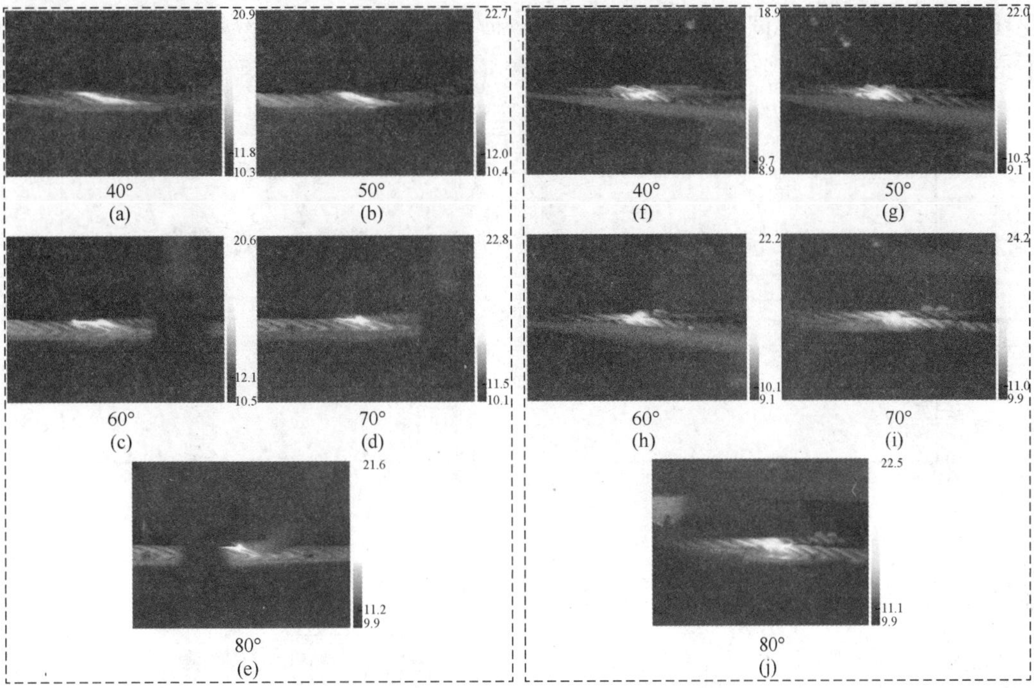

图 2-44　大交叉角度下钢丝绳红外热像图（彩图见二维码）

(a)～(e)右交叉接触；(f)～(j)左交叉接触

为定量分析不同交叉接触形式下钢丝绳摩擦温升，提取并绘制了大交叉角度下钢丝绳滑动摩擦温升随循环次数的变化曲线，如图 2-45 所示。温升变化曲线与摩擦系数变化曲线相似。右交叉接触时，曲线比较分散，差异明显。左交叉接触时，曲线集中且重合度高，难以区分。如图 2-45(a)所示，在大约前 100 次循环中，摩擦温升快速增长，但不同交叉角度下温升增长速度存在明显差异。当循环次数增大到 300 次后，温升曲线相继进入相对稳定阶段，且交叉角度为 60°、70°和 80°对应的温升曲线基本重合，而交叉角度为 40°和 50°时，所对应曲线则完全分开。表明较大交叉角度下，滑动接触形式比较接近，相对稳定阶段温升相似。当钢丝绳左交叉接触时，温升曲线在试验前半段高度重合，进入相对稳定阶段后，彼此逐渐分离。快速增长阶段持续大约 150 次循环，缓慢过渡阶段不明显，并很快进入相对稳定阶段。表明左交叉接触下钢丝绳磨损较快，且滑动接触表面特征差异较小，造成相似的温升增长规律。因此，大交叉角度下，右交叉接触对钢丝绳滑动摩擦温升的影响更明显。

图 2-46 所示为相对稳定阶段钢丝绳平均摩擦温升随交叉角度的变化规律图。通过对比不同交叉接触方向下的试验数据结果，发现当交叉角度相等时，左交叉接触下摩擦温升明显大于右交叉接触下的试验结果，随着交叉角度增大，温升从 11℃增大到 12.8℃左右。在右交叉接触条件下，摩擦温升随着交叉角度增大，整体趋势从 7.9℃增大到 10.1℃左右，且在交叉角度小于 60°时，温升增长较快。随着交叉角度继续增大，温升变化较小，基本稳定在 10.1℃左右。这与钢丝绳交叉接触形式的改变密切相关。在左交叉接触条件下，随着交叉角度从 40°增大到 80°，温升增长速度先慢后快。温升变化差异主要由交叉角度变

化所引起的接触压强不同造成。因此，虽然两种接触形式均导致摩擦温升呈增长趋势，但右交叉接触下，温升主要由钢丝绳接触位置差异造成，而左交叉接触下，温升变化则主要由钢丝绳滑动表面接触压强决定。

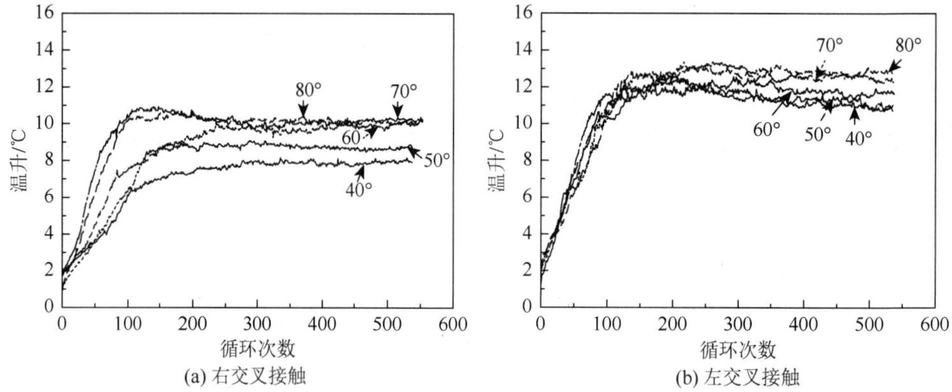

图 2-45　大交叉角度下钢丝绳摩擦温升

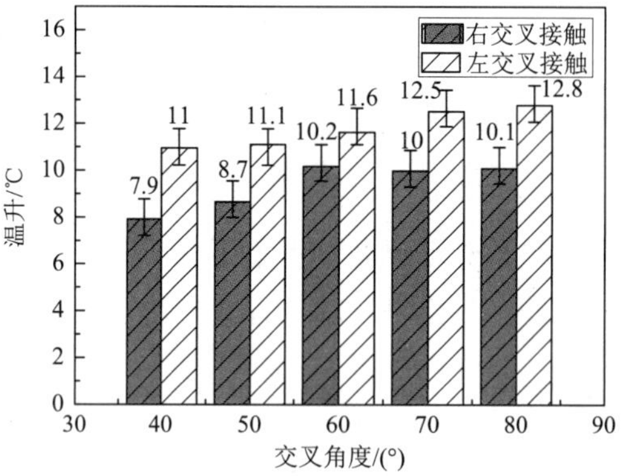

图 2-46　相对稳定阶段钢丝绳摩擦温升

图 2-47 所示为大交叉角度下钢丝绳表面磨痕三维形貌图，能够清晰地看出不同交叉角度下钢丝绳磨痕轮廓分布的特征规律。在右交叉接触条件下，钢丝绳磨痕分布特性的变化规律与红外热像图中钢丝绳高温区域的分布特性一致。当交叉角度为 40°和 50°时，磨损主要集中在钢丝绳股侧面，绳股原有结构被完全破坏，变成中间凸起，两边倾斜，近似为三棱柱结构。当交叉角度增大到 60°和 70°时，磨损逐渐向绳股上表面转移，虽仍能看出磨痕在绳股上表现出一边高一边低的特点，但绳股间隙的影响开始减小。当交叉角度继续增大到 80°时，磨损完全转移到钢丝绳股上表面，并出现明显断丝现象。表明此时接触压强较大，磨损剧烈。在左交叉接触条件下，磨损则全部集中在绳股上表面，且出现多个凹凸不平的小凹槽，钢丝绳滑动磨损方向与绳的夹角明显更大。这表明左交叉接触条件下，钢丝绳的滑动轨迹更加稳定，接触区域相对较少，容易造成严重磨损。当交叉角度大于 50°后，磨损区域开始出现不同程度的断丝现象。表明在相同交叉角度下，左交叉接触造成的磨损程度更加严重。

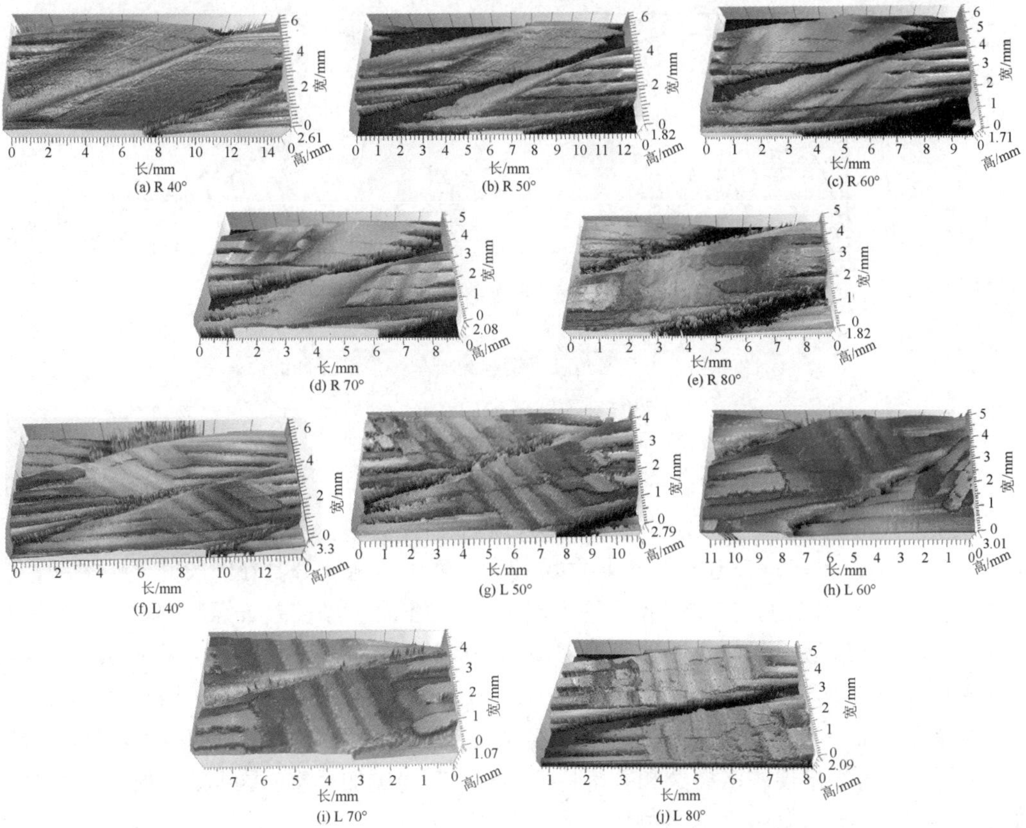

图 2-47　大交叉角度下钢丝绳磨痕三维形貌图

(a)～(e)右交叉接触；(f)～(j)左交叉接触

图 2-48 所示为大交叉角度下钢丝绳磨痕表面典型剖面曲线。可清楚看出钢丝绳表面磨痕已完全连接成一个整体，无法分辨单根钢丝的磨损特征。在右交叉接触条件下，磨痕剖面曲线相对比较光滑，但曲线构成的弧形并不对称，可明显看出磨痕是由滑动钢丝绳的整根绳股造成的，保留了绳股形状。左交叉接触条件下磨痕剖面曲线为比较对称的圆弧形，但曲线凹凸不平，随着交叉角度增大，曲线更加规则。两种典型剖面曲线能够定量且直观地反映出不同交叉方向对钢丝绳磨痕分布类型的影响。

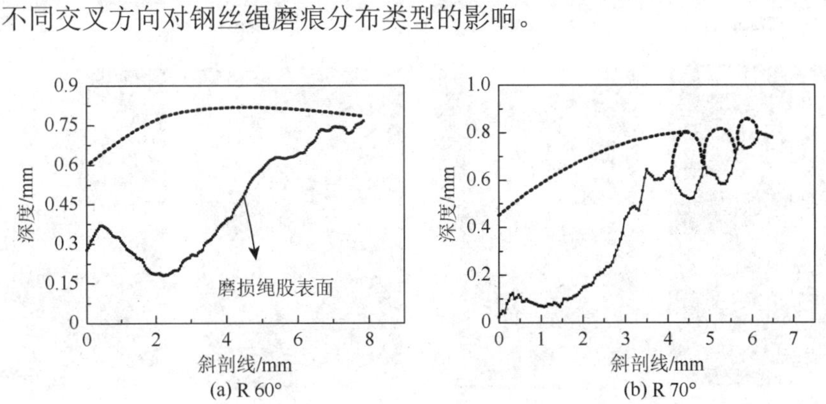

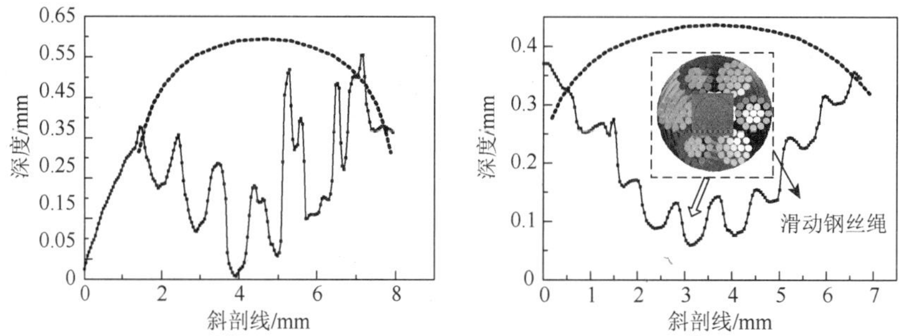

(c) L 50° (d) L 70°

图 2-48 大交叉角度下钢丝绳典型磨痕剖面曲线

(a)和(b)右交叉接触；(c)和(d)左交叉接触

图 2-49 所示为大交叉角度下加载钢丝绳表面磨损形貌。在光学显微镜下两种接触形式所对应磨损形貌特征差异明显。在右交叉接触条件下，表面形貌复杂，犁沟长且深度较大。当交叉角度为 40°和 50°时，磨损区域较大，绳间接触充分且在绳股间隙中滑动，容易产生较大的摩擦阻力。当交叉角度增大到 60°和 70°时，摩擦副表面压强增大，且接触位置上移，磨损区域出现明显塑性变形和局部光滑的形貌特征，犁沟相对比较杂乱。表明此时绳间滑动轨迹不稳定，接触面积减小，导致绳间摩擦力较小。因此，随着交叉角度增大，钢丝绳摩擦系数呈下降趋势。左交叉接触条件下，磨损形貌随交叉角度变化不明显，但表面犁沟更深，出现较多裂纹和剥落特征，表明磨损更加严重。这很好地解释了左交叉接触下，钢丝绳摩擦温升更大的原因。

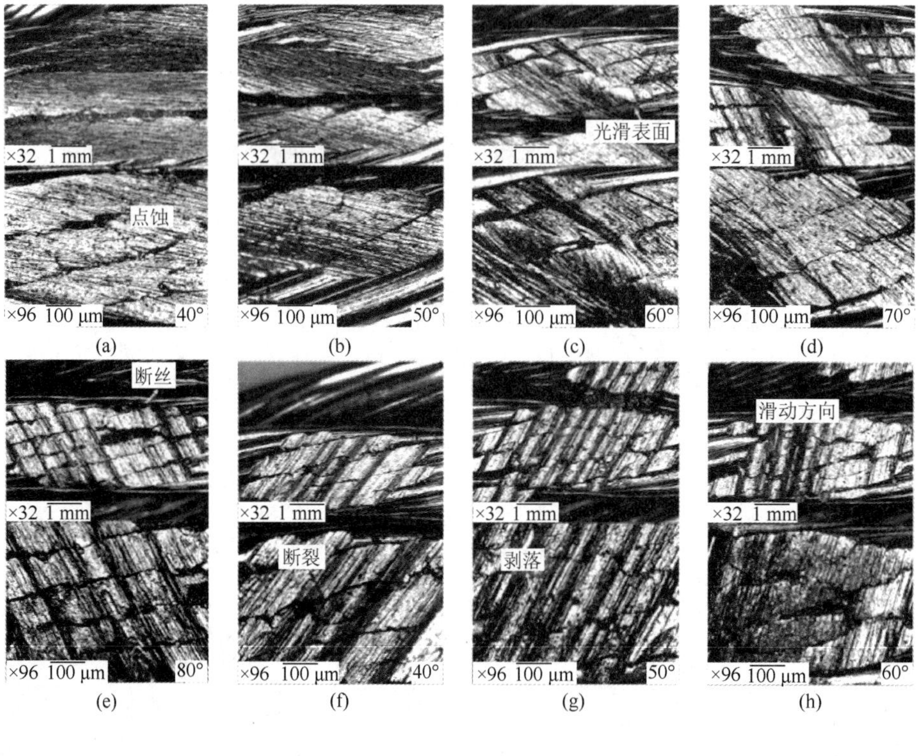

(a) (b) (c) (d)

(e) (f) (g) (h)

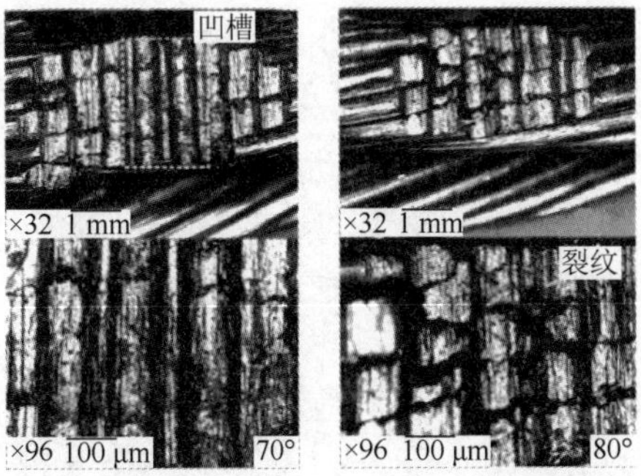

(i)　(j)

图 2-49　大交叉角度下钢丝绳磨损形貌图

(a)～(e)右交叉接触；(f)～(j)左交叉接触

对试验过程中产生的钢丝绳磨屑进行收集和测量，得到大交叉角度下钢丝绳磨损量随交叉角度的变化规律，如图 2-50(a)所示。右交叉接触下，磨损量随交叉角度的增加从 117.2 mg 减小到 49.3 mg 左右。在左交叉接触条件下，磨损量则从大约 93.8 mg 下降到 61.7 mg。可以发现，右交叉接触下钢丝绳磨损量随交叉角度的减小幅度更大。这是因为在交叉角度为 40°和 50°时，钢丝绳接触磨损区域较大，因此产生了较多的磨屑。随着交叉角度的继续增大，钢丝绳的滑动接触区域在右交叉接触条件下逐渐上移，接触面积减小，且接触形式不稳定，导致磨损量开始减小。钢丝绳间接触状态变化较大，造成磨损量变化幅度较大。而左交叉接触条件下滑动接触形式比较相似，磨损量变化幅度较小，但总体磨损程度相对较大。图 2-50(b)所示为不同交叉角度下钢丝绳磨损深度的变化规律图。在大交叉角度条件下，钢丝绳磨损深度较大，但变化幅度较小。在右交叉接触条件下，随着交叉角度增大，磨损深度从 0.51 mm 增大到 0.58 mm 左右，并且在相同交叉角度条件下，钢丝绳左交叉接触时磨损深度更大，整体趋势从 0.49 mm 增大到 0.61 mm 左右。这表明交叉角度增大虽造成磨损量减小，但磨损深度却呈轻微增长趋势，且左交叉接触对磨损深度的影响更加明显。

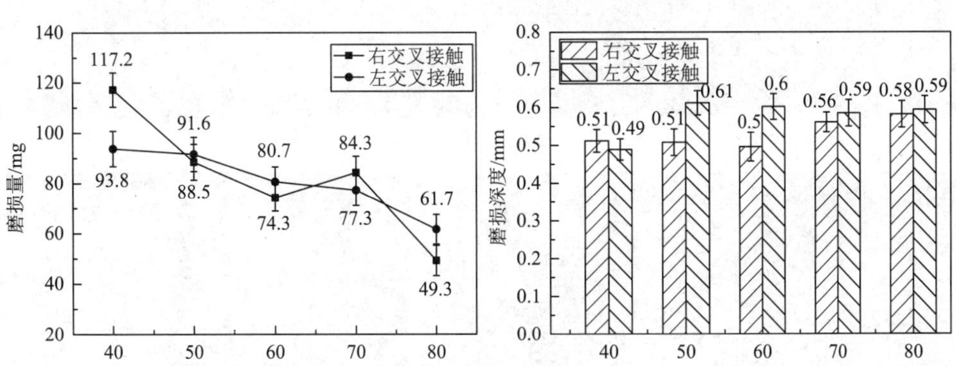

(a) 磨损量　(b) 磨损深度

图 2-50　大交叉角度下钢丝绳磨损参数

图 2-51 所示为钢丝绳磨屑在扫描电子显微镜下的微观形貌图。由于大交叉角度下钢

压强相对较大，磨屑在滑动表面受到较大作用力的反复挤压，表面塑性变形严重。在右交叉接触条件下，磨屑形貌差异更加明显。当交叉角度为40°时，磨屑表面比较粗糙，出现材料剥落。这是因为钢丝绳在绳股间隙中滑动磨损，大面积的挤压接触容易造成疲劳剥落。当交叉角度和压强增大时，磨屑受到更大的疲劳挤压，颗粒更薄且表面出现明显裂纹。在左交叉接触条件下产生的磨屑表面则以塑性变形和疲劳裂纹为主，并且随交叉角度变

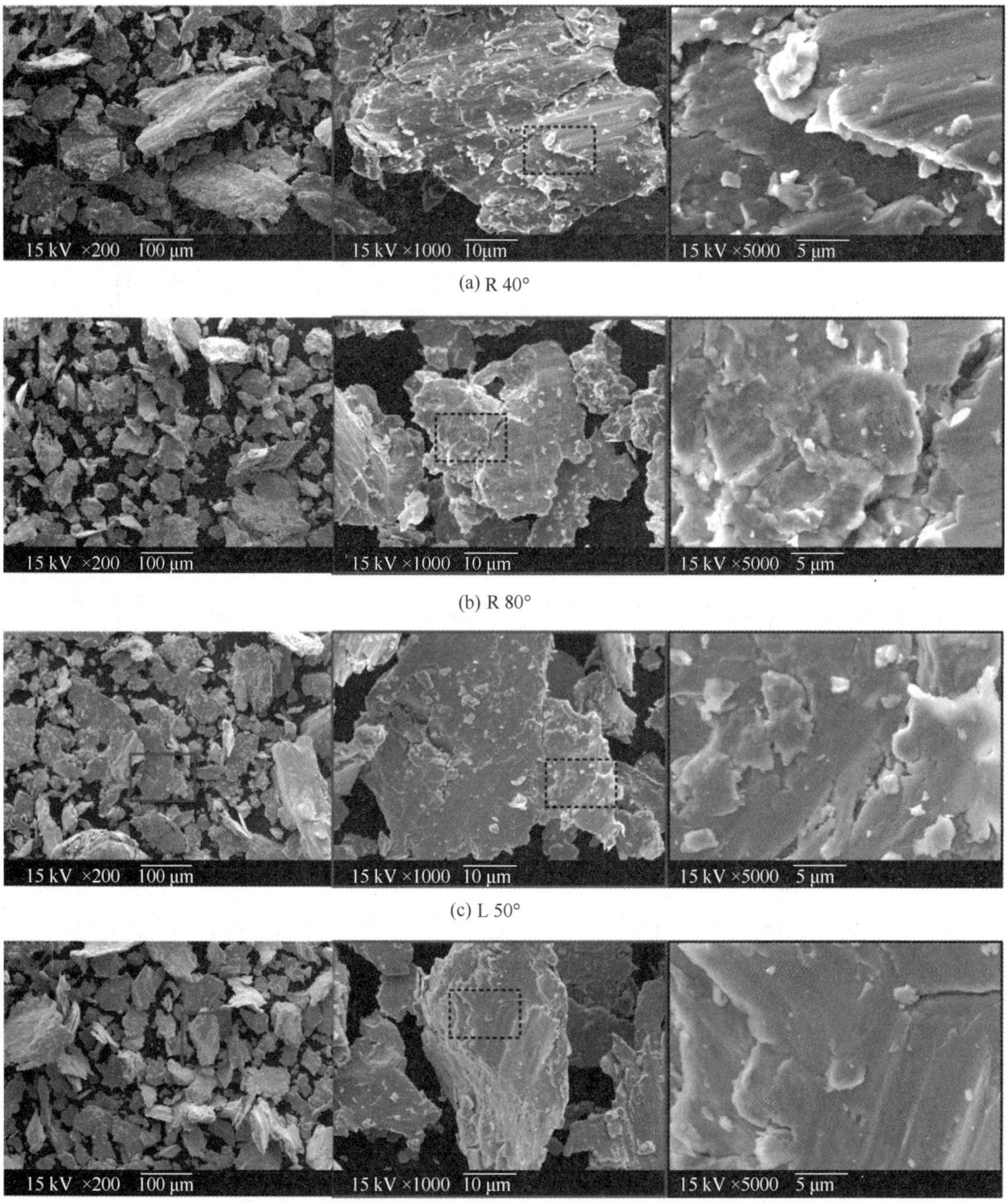

(a) R 40°

(b) R 80°

(c) L 50°

(d) L 80°

图 2-51　大交叉角度下钢丝绳磨屑扫描电镜图

化不明显。因此，钢丝绳交叉接触形式对磨屑的颗粒形状和表面形貌起到重要的影响作用，表明接触差异将造成材料去除过程不同。控制钢丝绳交叉接触方向，能够有效改善表面材料磨损过程。

2.4.3　接触位置对磨痕分布的影响

通过分析钢丝绳摩擦磨损试验结果，发现钢丝绳磨痕分布存在两种主要形式：磨损区域全部集中在 1 根绳股表面和磨损分布在 2 根相邻绳股表面。分析发现，这主要是由钢丝绳结构和接触位置共同决定的。图 2-52 所示为两种典型钢丝绳接触形式和磨痕分布类型。钢丝绳表面由钢丝和绳股构成，水平方向上，凸峰和凹谷交替循环出现，造成钢丝绳在交叉接触条件下，会出现凸峰接触和凹谷接触两种滑动接触位置，并导致不同的磨痕分布特性。因此，基于钢丝绳磨损试验结果，探究了不同绳股接触位置对钢丝绳磨痕轮廓特性的影响规律。

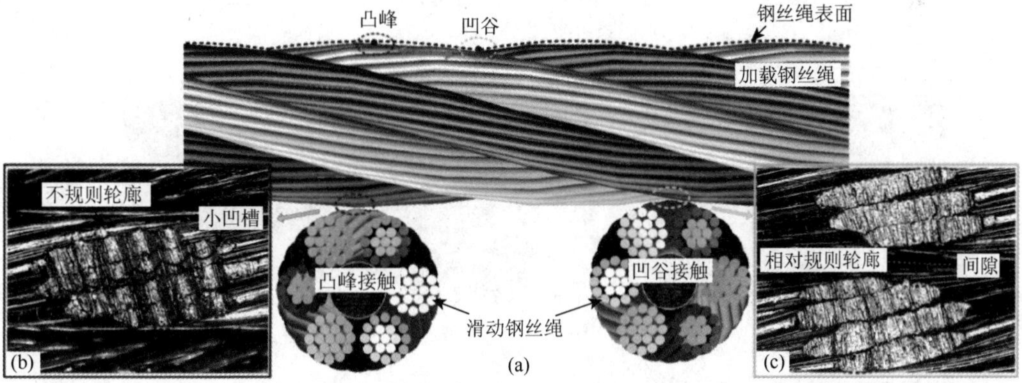

图 2-52　钢丝绳典型接触位置和磨痕分布

图 2-53 所示为钢丝绳在绳股凸峰处滑动接触时产生磨痕的三维形貌图。由于单根绳股相对位置较高，只有 1 根绳股参与滑动磨损，磨痕则全部集中在 1 根绳股表面。试验参数不同，造成磨损面积和最大磨损深度略有差异。同时磨损表面分为凹凸不平的不规则磨痕和相对光滑的规则磨损表面。绳股凸峰接触条件下，钢丝绳接触应力更加集中，容易产生恶劣的表面磨损，造成钢丝绳磨损断丝，严重降低钢丝绳的安全使用性能。

图 2-54 所示为钢丝绳在绳股凹谷附近接触时产生磨痕的三维形貌图。可以明显看出，钢丝绳表面磨损均分布在 2 根相邻绳股表面，且被绳股间隙均匀地分成两个部分。磨痕同样可分为相对规则表面和不规则表面。这是因为钢丝绳在凹谷位置滑动接触时，2 根相邻钢丝绳股在水平方向上基本处于同一高度，导致绳股同时出现在滑动接触表面，并造成相似的磨损类型。相同试验条件下，凹谷接触钢丝绳滑动磨损面积较大，接触应力较小，绳股磨损程度相对较轻。但 2 根钢丝绳同时出现磨损，在很大程度上降低了整根钢丝绳的承载能力。

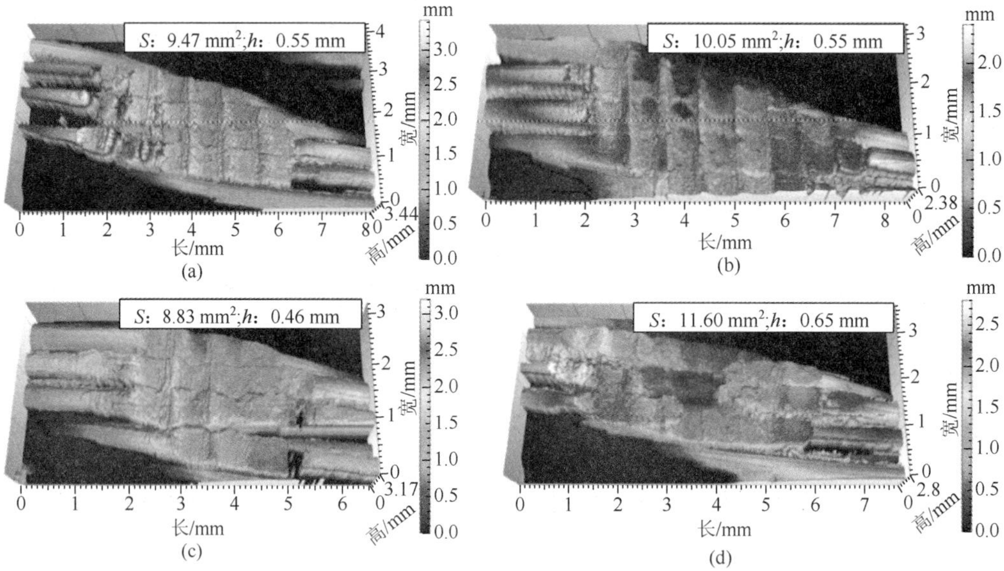

图 2-53　凸峰接触下钢丝绳磨痕三维形貌图（彩图见二维码）

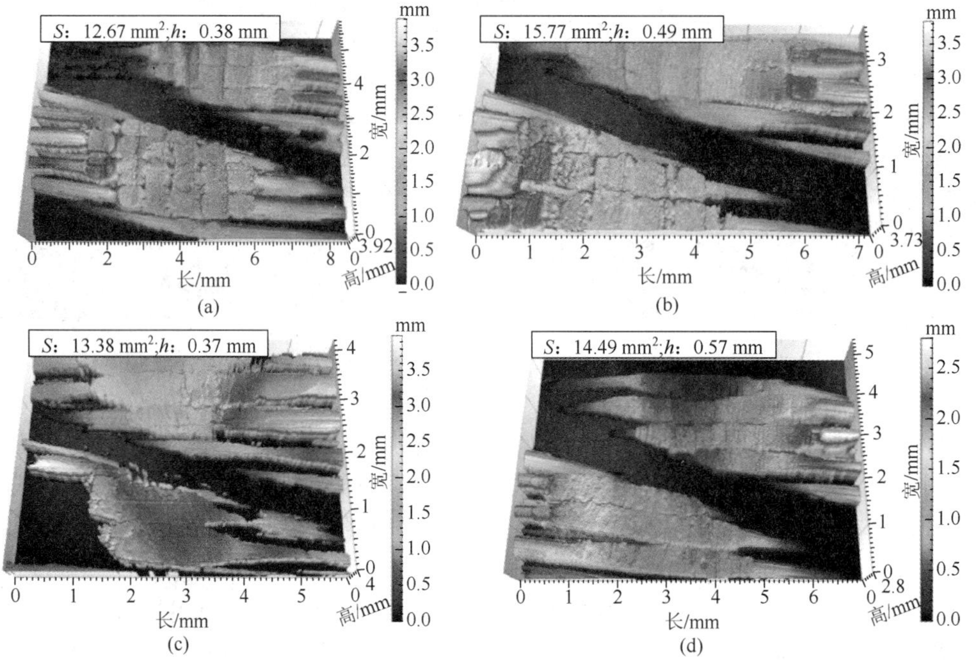

图 2-54　凹谷接触附近钢丝绳磨痕三维形貌图（彩图见二维码）

S 为磨损面积；*h* 为最大磨损深度

图 2-55 所示为凸峰接触下钢丝绳磨痕轮廓曲线。磨痕为一个整体，近似为椭圆形。随着磨损面积增大，几何形状越来越规则。当磨损区域较小时，磨痕轮廓形状受钢丝间隙影响明显，曲线波动较大。当磨损面积较大时，虽然曲线并非规则的弧线，但轮廓相对比

较完整。因此，在单股滑动接触条件下，钢丝绳磨损面积增大对磨痕宽度和长度影响较小，对其轮廓曲线几何完整性影响较大。此外，凸峰接触下磨损面积和最大磨损深度变化相关性较大，随着磨损面积从大约 8.8 mm^2 增大到 11.9 mm^2 左右，最大磨损深度从 0.46 mm 增大到 0.65 mm。

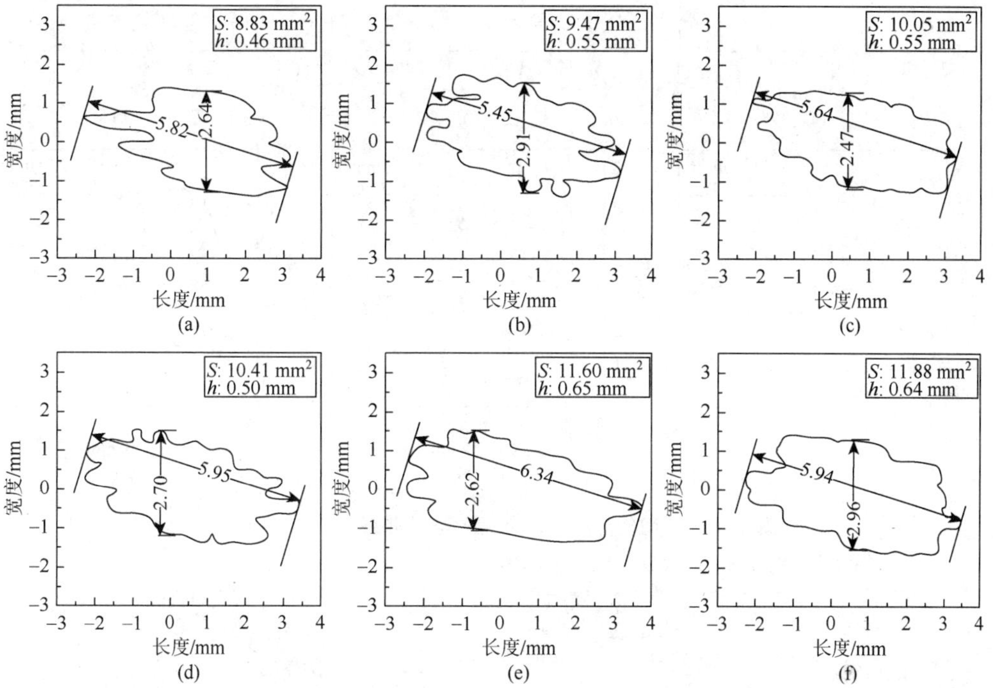

图 2-55　凸峰接触下钢丝绳磨痕轮廓曲线（单位：mm）

图 2-56 所示为钢丝绳在绳股凸峰和凹谷之间滑动接触下产生的磨痕轮廓曲线。此时，钢丝绳磨痕不均匀地分布在 2 根相邻绳股表面。这主要是因为钢丝绳相邻绳股表面高度沿同一水平方向变化趋势相反，导致钢丝绳在凸峰和凹谷之间滑动磨损时，首先与表面高度较大的绳股发生磨损，随着最大磨损深度增加，相邻绳股才会产生滑动磨损，造成磨痕在 2 根绳股表面分布不均。此外，当接触位置靠近凸峰时，相邻绳股高度差异较大，相同滑动距离下，磨痕分布严重不均，磨损主要集中在高度较大的绳股表面，如图 2-56(a)和(d)所示。当滑动位置靠近凹谷时，相邻绳股表面高度差异较小，磨损较早出现在 2 根绳股表面，因此磨痕在 2 根绳股上的面积分布相对均匀，如图 2-56(c)所示。这种滑动接触条件下，磨痕分布具有一定的随机性，并且磨损面积和最大磨损深度的变化相关性不大，单一尺寸参数无法准确评价钢丝绳磨损程度。

图 2-57 所示为钢丝绳在绳股凹谷处滑动接触时产生的磨痕轮廓分布曲线，磨痕相对均匀地分布在 2 根相邻绳股表面。此时，2 根绳股在水平方向的表面高度均达到最低，表面磨损几乎同时发生。两股同时接触和磨损造成钢丝绳表面接触应力减小较快，最大磨损深度增加缓慢。在磨损面积相同时，凹谷接触条件下钢丝绳最大磨损深度最小。

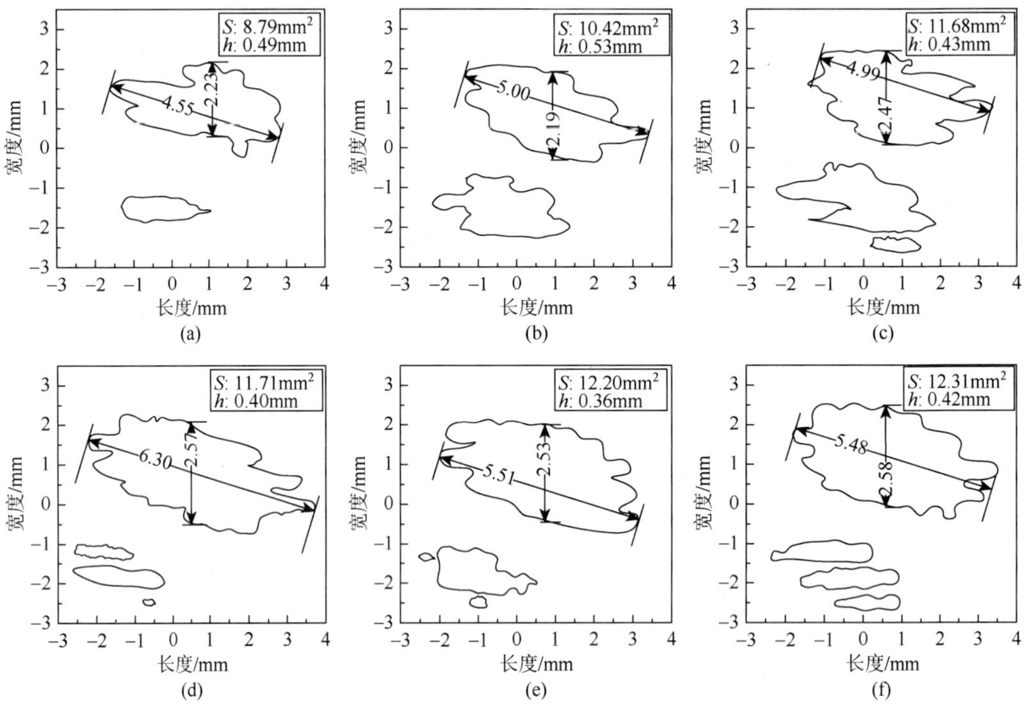

图 2-56　不均匀分布钢丝绳磨痕轮廓曲线（单位：mm）

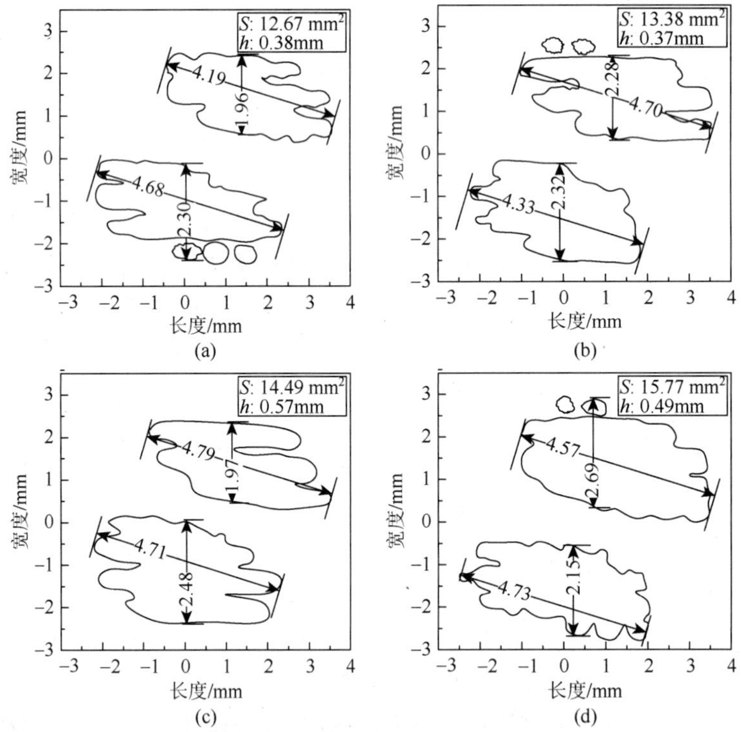

图 2-57　凹谷接触下钢丝绳磨痕轮廓曲线（单位：mm）

参 考 文 献

[1] Kumar K，Goyal D，Banwait S S. Effect of key parameters on fretting behaviour of wire rope：A review[J]. Archives of Computational Methods in Engineering，2020，27：549-561.

[2] Harris S J，Waterhouse R B，McColl I R. Fretting damage in locked coil steel ropes[J]. Wear，1993，170（1）：63-70.

[3] Nabijou S，Hobbs R E. Relative movements within wire ropes bent over sheaves[J]. The Journal of Strain Analysis for Engineering Design，1995，30（2）：155-165.

[4] Inagaki K，Ekh J，Zahrai S. Mechanical analysis of second order helical structure in electrical cable[J]. International Journal of Solids and Structures，2007，44（5）：1657-1679.

[5] 张德坤，葛世荣，熊党生. 矿井提升机用提升钢丝绳的微动磨损行为研究[J]. 摩擦学学报，2001，21（5）：362-365.

[6] 张德坤，葛世荣，朱真才. 提升钢丝绳的钢丝微动摩擦磨损特性研究[J]. 中国矿业大学学报，2002，31（5）：367-370.

[7] 张德坤，葛世荣，朱真才. 评定钢丝的微动摩擦磨损参数研究[J]. 中国矿业大学学报，2004，33（1）：33-36.

[8] 沈燕，张德坤，王大刚，等. 接触载荷对钢丝微动磨损行为影响的研究[J]. 摩擦学学报，2010，30（4）：404-408.

[9] Cruzado A，Hartelt M，Wäsche R，et al. Fretting wear of thin steel wires. Part 1：Influence of contact pressure[J]. Wear，2010，268（11/12）：1409-1416.

[10] Cruzado A，Hartelt M，Wäsche R，et al. Fretting wear of thin steel wires. Part 2：Influence of crossing angle[J]. Wear，2011，273（1）：60-69.

[11] Cruzado A，Leen S B，Urchegui M A，et al. Finite element simulation of fretting wear and fatigue in thin steel wires[J]. International Journal of Fatigue，2013，55：7-21.

[12] Cruzado A，Urchegui M A，Gómez X. Finite element modeling and experimental validation of fretting wear scars in thin steel wires[J]. Wear，2012，289：26-38.

[13] Cruzado A，Urchegui M A，Gómez X. Finite element modeling of fretting wear scars in the thin steel wires：Application in crossed cylinder arrangements[J]. Wear，2014，318（1/2）：98-105.

[14] Wang D G，Zhang D，Ge S. Fretting–fatigue behavior of steel wires in low cycle fatigue[J]. Materials & Design，2011，32（10）：4986-4993.

[15] Wang D G，Zhang D，Ge S. Effect of displacement amplitude on fretting fatigue behavior of hoisting rope wires in low cycle fatigue[J]. Tribology International，2012，52：178-189.

[16] Wang D G，Zhang D，Zhang Z，et al. Effect of various kinematic parameters of mine hoist on fretting parameters of hoisting rope and a new fretting fatigue test apparatus of steel wires[J]. Engineering Failure Analysis，2012，22：92-112.

[17] Wang D G，Zhang D，Ge S. Effect of terminal mass on fretting and fatigue parameters of a hoisting rope during a lifting cycle in coal mine[J]. Engineering Failure Analysis，2014，36：407-422.

[18] Wang D G，Li X，Wang X，et al. Dynamic wear evolution and crack propagation behaviors of steel wires during fretting-fatigue[J]. Tribology International，2016，101：348-355.

[19] Styp-Rekowski M，Manka E，Matuszewski M，et al. Tribological problems in shaft hoist ropes wear process[J]. Industrial Lubrication and Tribology，2015，67（1）：47-51.

[20] Sun J F，Wang G L，Zhang H O. FE analysis of frictional contact effect for laying wire rope[J]. Journal of Materials Processing Technology，2008，202（1/2/3）：170-178.

[21] Jiang W G. A concise finite element model for pure bending analysis of simple wire strand[J]. International Journal of Mechanical Sciences，2012，54（1）：69-73.

[22] Zhang D S，Ostoja-Starzewski M. Finite element solutions to the bending stiffness of a single-layered helically wound cable with internal friction[J]. Journal of Applied Mechanics，2016，83（3）：031003.

[23] 张德坤，葛世荣. 钢丝微动磨损过程中的接触力学问题研究[J]. 机械强度，2007，29（1）：148-151.

[24] Zhang D K，Geng H，Zhang Z，et al. Investigation on the fretting fatigue behaviors of steel wires under different strain ratios[J]. Wear，2013，303（1/2）：334-342.

[25] Zhang D K，Yang X，Chen K，et al. Fretting fatigue behavior of steel wires contact interface under different crossing angles[J]. Wear，2018，400：52-61.

[26] Oksanen V，Andersson P，Valtonen K. Characterization of the wear of nodular cast iron rollers in contact with wire ropes[J]. Wear，2013，308：199-205.

[27] Oksanen V，Valtonen K，Andersson P，et al. Comparison of laboratory rolling–sliding wear tests with in-service wear of nodular cast iron rollers against wire ropes[J]. Wear，2015，340：73-81.

[28] Wang D G，Zhang D，Mao X，et al. Dynamic friction transmission and creep characteristics between hoisting rope and friction lining[J]. Engineering Failure Analysis，2015，57：499-510.

[29] Wang D G. Dynamic contact characteristics between hoisting rope and friction lining in the deep coal mine[J]. Engineering Failure Analysis，2016，64：44-57.

[30] Wang D G，Li X，Wang X，et al. Effects of hoisting parameters on dynamic contact characteristics between the rope and friction lining in a deep coal mine[J]. Tribology International，2016，96：31-42.

[31] Feng C A，Zhang D K，Chen K，et al. Effect of water on the interfacial contact and tribological properties of hoist linings[J]. Journal of Tribology，2018，140（6）：061604.

[32] Feng C A，Zhang D K，Chen K，et al. Study on viscoelastic friction and wear between friction linings and wire rope[J]. International Journal of Mechanical Sciences，2018，142：140-152.

[33] Zhang J，Wang D，Zhang D，et al. Dynamic torsional characteristics of mine hoisting rope and its internal spiral components[J]. Tribology International，2017，109：182-191.

[34] Wang X R，Wang D G，Li X W，et al. Comparative analyses of torsional fretting，longitudinal fretting and combined longitudinal and torsional fretting behaviors of steel wires[J]. Engineering Failure Analysis，2018，85：116-125.

[35] Wang X R，Wang D G，Zhang D K，et al. Effect of torsion angle on tension-torsion multiaxial fretting fatigue behaviors of steel wires[J]. International Journal of Fatigue，2018，106：159-164.

[36] Peng Y X，Chang X D，Zhu Z C，et al. Sliding friction and wear behavior of winding hoisting rope in ultra-deep coal mine under different conditions[J]. Wear，2016，368：423-434.

[37] Chang X D，Peng Y X，Zhu Z C，et al. Tribological properties of winding hoisting rope between two layers with different sliding parameters[J]. Advances in Mechanical Engineering，2016，8（12）：1-14.

[38] Chang X D，Peng Y X，Zhu Z C，et al. Effects of strand lay direction and crossing angle on tribological behavior of winding hoist rope[J]. Materials，2017，10（6）：1-20.

[39] Chang X D，Peng Y X，Zhu Z C，et al. Evolution properties of tribological parameters for steel wire rope under sliding contact conditions[J]. Metals，2018，8（10）：743.

[40] Chang X D，Peng Y X，Zhu Z C，et al. Experimental investigation of mechanical response and fracture failure behavior of wire rope with different given surface wear[J]. Tribology International，2018，119：208-221.

[41] Chang X D，Peng Y X，Zhu Z C，et al. Effect of wear scar characteristics on the bearing capacity and fracture failure behavior of winding hoist wire rope[J]. Tribology International，2019，130：270-283.

第3章　钢丝绳层间过渡摩擦磨损特性研究

3.1　概　　述

在工程应用中，多层缠绕钢丝绳承受多种形式的载荷，如拉伸、扭转、弯曲、冲击以及挤压等，恶劣的工作环境下（高温高湿、粉尘等问题）和复杂的载荷状态共同作用导致钢丝绳出现不同程度损伤，加剧钢丝绳摩擦磨损，并严重影响其使用寿命和工作稳定性。在该过程中，卷筒上的钢丝绳不可避免地出现层间过渡行为，且换层爬升钢丝绳的摩擦磨损性能直接影响运行安全可靠性。目前，在应用领域中多使用圆股、三角股钢丝绳。由于圆股钢丝绳和三角股钢丝绳自身特点的不同（如抗弯曲、抗疲劳性能和挠性等），造成多层缠绕层间过渡摩擦磨损性能存在差异。目前，人们还没有掌握两种绳股在层间过渡阶段的摩擦磨损特性，钢丝绳选型设计缺乏理论依据，将给实际生产应用埋下潜在安全隐患。

在理想的多层缠绕钢丝绳排列中，随着卷筒的旋转，新绕入的钢丝绳恰好落在下面一层钢丝绳的绳圈之间。但在实际多层缠绕中，上下层钢丝绳沿卷筒轴线前进方向不同，造成部分区域上下层钢丝绳反向重叠，无法实现理想的多层缠绕钢丝绳排列。常见的钢丝绳多层缠绕形式按卷筒绳槽的不同可分为钢丝绳光面卷筒式多层缠绕、螺旋线式多层缠绕和折线式多层缠绕[1]。

无论何种多层缠绕方式，卷筒上钢丝绳间的接触状态均比单层缠绕时复杂，因此国内外研究学者和一些研究机构对钢丝绳多层缠绕状态下的接触力学及接触摩擦磨损问题开展了大量研究。张本初[2]对钢丝绳多层缠绕工作条件的改善问题进行了研究，剖析了钢丝绳多层缠绕使用寿命缩短的原因，提出了改善钢丝绳双层缠绕工作条件的途径。杨厚华[3-5]对双层缠绕提升钢丝绳进行了相关研究，研究了双层缠绕时偏角对钢丝绳磨损的影响，双层缠绕提升钢丝绳咬绳力的计算以及多层缠绕提升钢丝绳的使用，认为双层缠绕时的偏角变化对钢丝绳磨损没有显著影响，双层缠绕时咬绳力可由相邻钢丝绳圈相交时的挤压力近似确定，同时分析多层缠绕提升钢丝绳失效的主要原因并提出延长钢丝绳使用寿命的措施。刘大强[6]分析了多层缠绕时钢丝绳相互摩擦产生的磨损和断丝现象，给出多层缠绕钢丝绳卷筒设计及检测维护的注意事项。Matejić 等[7]对绞车卷筒上多层缠绕钢丝绳的摩擦进行了理论研究，认为多层缠绕钢丝绳在层间过渡阶段摩擦力最大。

此外，不同结构类型钢丝绳的缠绕特性存在一定差异，并会对其摩擦磨损特性产生较大影响。为掌握钢丝绳结构特性，Erdönmez 等[8, 9]使用 MATLAB、Hypermesh 与 ABAQUS 等软件将钢丝绳一次螺旋线与二次螺旋线的数学表达式分别进行编码并成功实现了钢丝绳的三维建模及有限元分析。田春伟等[10]利用 ADAMS 软件对钢丝绳的建模方法做了系统的阐述，探讨了几种不同的钢丝绳建模方法的优劣对比及其适用场合，为钢丝绳的建模提供经验。此外，针对不同结构绳股，国内外众多学者开展了相关研究。秦万信等[11]对由内层 3 根股、外层 9 根股组成的特殊结构钢丝绳的结构特性、破断拉力、线质量进行研究，认为其仍属于平行捻密实钢丝绳，对平行捻密实钢丝绳范围提出了新的解释。Song 等[12, 13]给出了三角股钢丝绳捻制内部钢丝中心线的参数方程，并通过 MATLAB 与 Pro/E 软件构建了三角股钢丝绳的实体模型，分析三角股钢丝绳内部几何特性，但并未对其力学性能进行深入研究。在 Song 等研究工作的基础上，Stanová[14, 15]推导了椭圆股钢丝绳内组成椭圆螺旋股钢丝中心线的参数方程数学表达式，并基于此建立了三维模型进行了相关分析。孟凡明等[16]对椭圆股和三角股钢丝绳的扭转和弯曲性能进行了有限元分析，结果表明：两类钢丝绳股的扭转刚度均随捻角和侧丝直径的增大而增大，椭圆股钢丝绳的扭转刚度和弯曲刚度低于三角股钢丝绳，而在相同的扭转载荷作用下，椭圆股钢丝绳比三角股钢丝绳更易达到应力屈服，与弯曲载荷作用下的现象相反，该仿真结果为不同类型绳股的适用场合提供一定依据。

通过以上分析可知，国内外学者对提升钢丝绳的摩擦磨损性能及疲劳性能等开展了大量的研究，并取得了一定的成果。但在实际应用中，钢丝绳的多层缠绕会造成上下层钢丝绳接触摩擦，已有研究尚未见针对不同层间钢丝绳摩擦磨损特性的研究。

为此，本章以钢丝绳的相关理论知识为基础，基于自制试验台，开展圆股、三角股钢丝绳在层间过渡阶段的摩擦磨损试验研究，掌握钢丝绳摩擦系数、摩擦温度及表面磨损形貌等评价指标在不同参数下的变化规律，对比分析不同绳股钢丝绳摩擦磨损特性，旨在揭示不同类型钢丝绳在层间过渡过程中的摩擦磨损机理，研究成果将为钢丝绳选型设计提供重要基础数据和理论支撑。

3.2 钢丝绳多层缠绕理论特性

在多层缠绕中，钢丝绳损伤形式及程度不仅与钢丝绳结构有关，同时也受钢丝绳的服役条件及接触形式的影响。在单层缠绕时，钢丝绳通常只与卷筒及天轮绳槽接触摩擦；但在多层缠绕时，相邻层间钢丝绳以及新绕入钢丝绳与已缠绕钢丝绳绳圈间的接触摩擦副具有复杂性[17]，并且随缠绕位置的变化，钢丝绳间接触状态存在差异。因此，本节从以工程实际中广泛应用的双折线式卷筒多层缠绕为例，分析钢丝绳在卷筒上多层缠绕的特点，并对缠绕过程中钢丝绳运动及受力情况展开研究。

3.2.1 钢丝绳缠绕过程运动分析

图 3-1 为双折线式卷筒周向展开的绳槽结构示意图，分为平行段区域以及两个折线段区域。在平行段区域，除了第一层钢丝绳沿着卷筒绳槽缠绕之外，其余各层钢丝绳沿着底层钢丝绳所形成的绳槽缠绕，此区域钢丝绳沿卷筒轴向无偏移；而在折线段区域，钢丝绳周向缠绕的同时沿着卷筒轴线横向推移，因此钢丝绳每在卷筒上缠绕一圈，沿卷筒轴线方

向恰好前进一个节距，实现钢丝绳的稳定排列。因此，本节针对卷筒绳槽结构特征，分析多层缠绕钢丝绳的运动特点[18]。

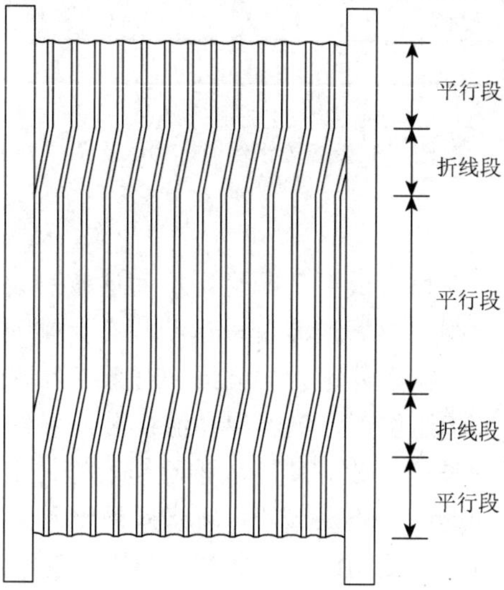

图 3-1　卷筒绳槽周向展开示意图

1）平行段稳定排列

卷筒表面绳槽 70%～80%为平行段绳槽，在此区域各层钢丝绳均紧密规则地缠绕在底层绳圈形成的绳槽中，呈“金字塔式”排列，如图 3-2 所示。由于在卷筒上分布的平行段钢丝绳均平行于卷筒法兰，因此，参与缠绕的钢丝绳轴线处于平行状态，很大程度上避免钢丝绳沿卷筒轴向的滑动现象，有效保证了钢丝绳排列的规则性及稳定性。

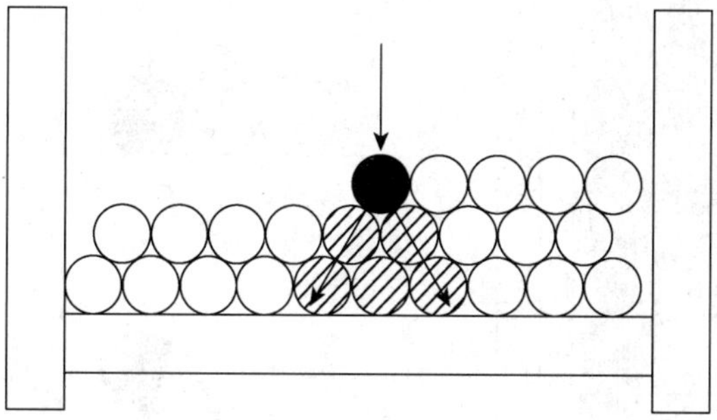

图 3-2　平行段钢丝绳排列示意图

2）折线段交叉排列

在多层缠绕中，除层间过渡阶段的折线段区域外，最外层钢丝绳与次外层钢丝绳缠绕旋向相反，其余折线段区域的上下层钢丝绳为交叉排列形式。该类型的卷筒折线段两末端与平行段相连接，由于平行段的钢丝绳排列十分稳定，因此折线段钢丝绳两端在平行段的固定以及承载周向绕紧的影响下，折线段钢丝绳上、下层交叉排列形式处于临界稳定状态（图 3-3）。

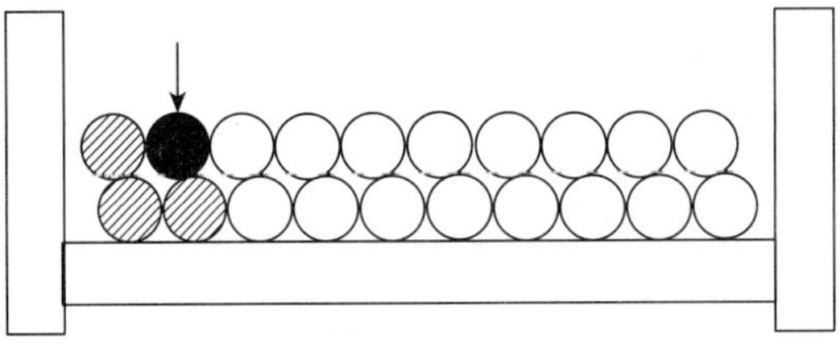

图 3-3 折线段钢丝绳排列示意图

3）层间过渡排列

在多层缠绕中，钢丝绳在每层最后一圈经历层间过渡阶段实现换层爬升。图 3-4 揭示了从爬升初始至结束钢丝绳在层间过渡阶段运动状态及排列方式的变化，其中对新绕入钢丝绳起推挤、导向作用的钢丝绳称为导向绳，对新绕入钢丝绳提供支持力的钢丝绳称为支承绳。首先，在爬升起始位置，钢丝绳在缠绕至某层最后一圈时，导向绳和卷筒法兰的距离为钢丝绳直径的长度，此时新绕入钢丝绳恰好处于该间隔中（位置 A-A）；随着导向绳和卷筒法兰之间的间隔不断减小，新绕入钢丝绳会在二者的挤压作用下向上爬升，形成“斜楔式”排列（位置 B-B）；直至导向绳和卷筒法兰的间隔减小至零，新绕入钢丝绳与底层钢丝绳绳圈处于短暂的叠绳状态（位置 C-C），但这种状态下钢丝绳排列并不稳定，极易在挤压力作用下改变排列状态；最终新绕入钢丝绳将会在卷筒法兰的作用下继续缠绕，直至滑入底层相邻绳圈形成的绳槽中实现稳定排列（位置 D-D），最终完成层间过渡阶段。

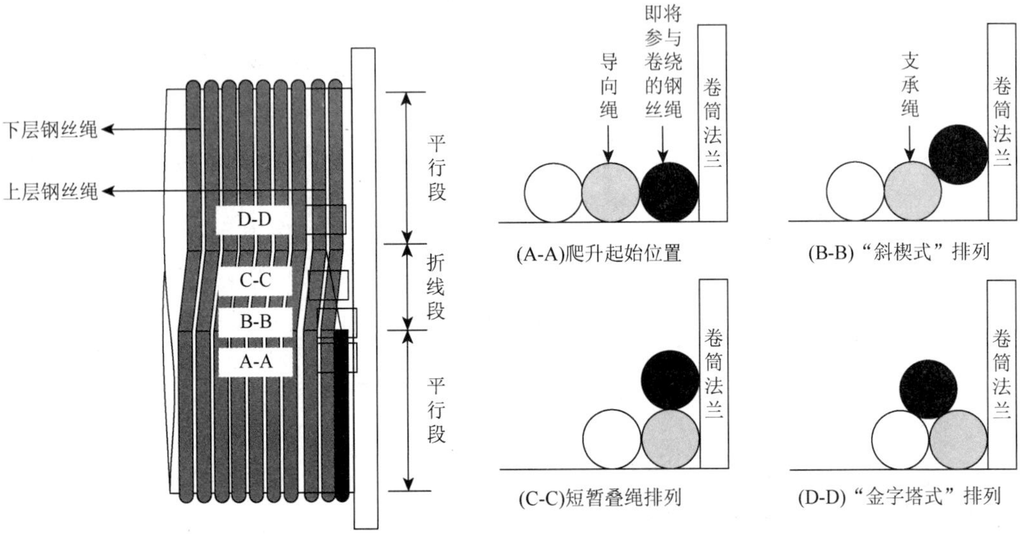

图 3-4　截面方向钢丝绳的排列状态简图

钢丝绳在缠绕时出现乱绳也是多层缠绕中亟须避免的，因此缠绕时钢丝绳的导向十分重要。对于双折线式卷筒来说，卷筒外表面机加工的连续绳槽为第一层钢丝绳的缠绕提供导向，除第一层外的钢丝绳，其他层钢丝绳的缠绕导向依靠卷筒中已缠绕的绳圈来实现。

分析钢丝绳缠绕过程可知：卷筒上钢丝绳缠绕位置不同，导向绳也不相同。主要分为以下两种情形。

1）导向绳为下一层钢丝绳

图 3-5 给出了卷筒上每层前半层平行段钢丝绳缠绕过程。新绕入的钢丝绳 O 在截面 A-A 状态下开始缠绕，并与下一层钢丝绳绳圈 P 接触，向天轮所在直线方向偏折；随缠绕过程进行，绕入钢丝绳分别经过截面 B-B、C-C 状态，最终完全绕入绳槽中完成缠绕。这整个过程中，下一层绳圈 P 始终对钢丝绳 O 起到导向作用。由此可知，当钢丝绳缠绕至卷筒每层前半层时导向绳为下一层钢丝绳。

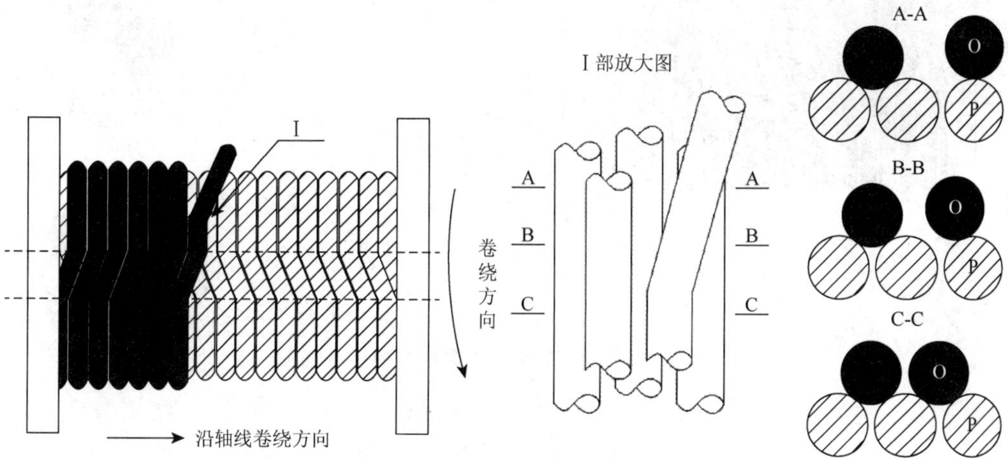

图 3-5　卷筒前半层平行段钢丝绳缠绕示意图

2）导向绳为同层前一圈钢丝绳

图 3-6 为卷筒上每层后半层平行段钢丝绳缠绕过程。此过程中因天轮位于卷筒横向中垂线上的约束影响，后半层新绕入钢丝绳也向天轮所在直线方向偏折。由图可知，新绕入钢丝绳 O 始终与同层前一圈钢丝绳 Q 相接处，并在其导向、推挤作用下经过截面 B-B、C-C 状态完全绕入绳槽。此时卷筒中每层后半层平行段新绕入钢丝绳缠绕过程的导向绳为同层前一圈钢丝绳 Q。

3.2.2　钢丝绳缠绕过程受力分析

钢丝绳完全绕入绳槽后，卷筒上已缠绕的支承绳对钢丝绳产生支持力。支承绳对钢丝绳的支持力与钢丝绳在卷筒上排列方式相关。根据钢丝绳在卷筒上的三种缠绕排列方式，分别对钢丝绳与支承绳间的作用力进行分析。

1. 平行段区域钢丝绳受力分析

在双折线式卷筒上，平行段钢丝绳稳定地缠绕在下一层两相邻绳圈形成的绳槽内，“金字塔式”的排列状态能够使邻圈钢丝绳轴线呈现稳定平行排列，此时钢丝绳的受力如

图 3-7 所示。图中：N_1 为支承绳对钢丝绳的支持力；β 为钢丝绳接触面法向与钢丝绳绕紧力 F_N 方向的夹角；μ_s 为钢丝绳绳圈之间的摩擦系数。

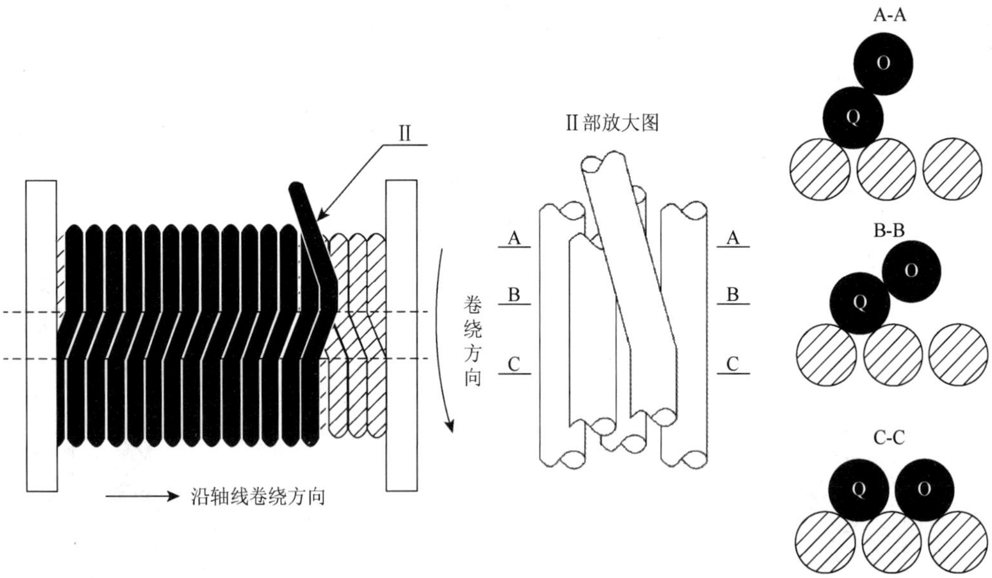

图 3-6　卷筒后半层平行段钢丝绳缠绕示意图

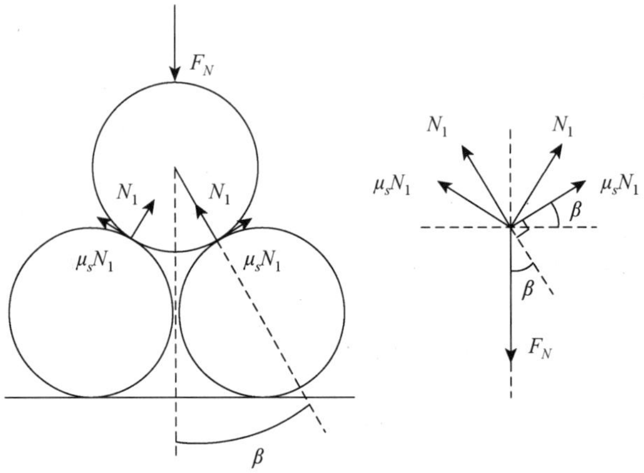

图 3-7　钢丝绳在卷筒平行段区域的受力分析

此情况下，支承绳对新绕入钢丝绳的支持力 N_1 可表示为

$$N_1 = \frac{1}{2\left(\cos\beta + \mu_s \sin\beta\right)} F_N \tag{3-1}$$

为了进一步探究支持力 N_1 的变化特点，对平行段区域中夹角 β 的变化展开分析。如图 3-8 所示，从钢丝绳横截面方向看，“金字塔式”排列使层间钢丝绳轴线连线接近于稳定的等边三角形。图中，d 为钢丝绳直径，δ 为相邻绳圈之间的绳隙。

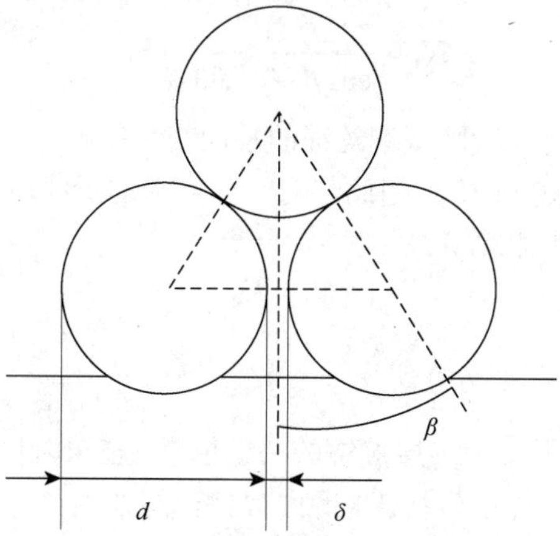

图 3-8　平行段钢丝绳截面排列简图

那么钢丝绳所受径向压力与钢丝绳绳圈接触面的法线方向所形成的夹角 β 为

$$\beta = \arcsin\frac{d+\delta}{2d} \tag{3-2}$$

根据相关资料可知，在钢丝绳缠绕过程中，相邻圈间绳隙很小，基本取值为 $\delta = 0.015d$，与钢丝绳直径 d 相比，其大小几乎可忽略不计，因此 β 值近似于 $\pi/6$。因此，处于平行段区域的钢丝绳所受到的支持力 N_1 为

$$N_1 = \frac{1}{\sqrt{3}+\mu_s}F_N \tag{3-3}$$

2. 折线段区域钢丝绳受力分析

在卷筒折线段，新绕入钢丝绳与下一层钢丝绳反向交叉重叠，呈轴线交叉排列形式。此时新绕入钢丝绳与支承绳挤压接触，受力情况如图 3-9 所示。

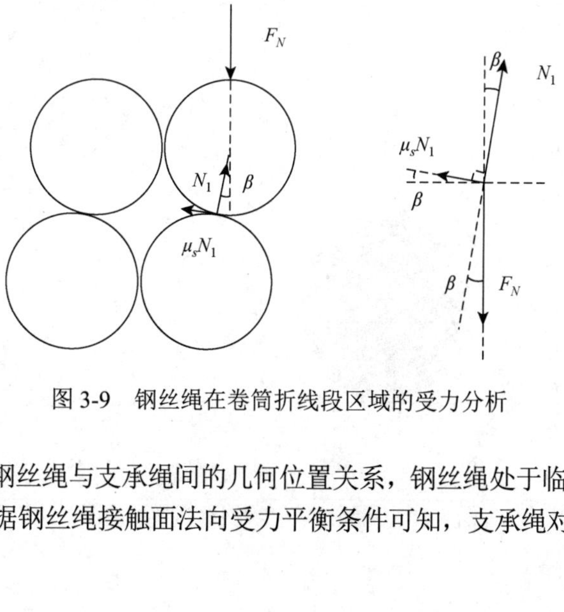

图 3-9　钢丝绳在卷筒折线段区域的受力分析

由图可知，此时钢丝绳与支承绳间的几何位置关系，钢丝绳处于临界稳定状态，有向下滑入绳槽的趋势。根据钢丝绳接触面法向受力平衡条件可知，支承绳对钢丝绳的支持力为

$$N_1 = \frac{1}{\cos\beta + \mu_s \sin\beta} F_N \tag{3-4}$$

与平行段区域相比，折线段区域钢丝绳的反向交叉排列导致在该位置 β 值非常小，并在折线段区域的中间位置达到 0°。因此，对于卷筒上的折线段区域来说，层间钢丝绳之间的支持力与径向压力近似相等：

$$N_1 = F_N \tag{3-5}$$

3. *层间过渡阶段钢丝绳受力分析*

层间过渡阶段是钢丝绳实现多层缠绕的关键位置。在该阶段，新绕入钢丝绳与卷筒侧挡板接触的同时，也与导向绳产生挤压接触。以钢丝绳在卷筒上从第二层层末缠绕至第三层起始位置时为例，此时钢丝绳的受力如图 3-10 所示。其中 $N_{3,1}$ 为支承绳施加的支持力；N_3 为卷筒法兰对钢丝绳的挤压力；$F_{3,1}$ 为第三层第一圈钢丝绳的绕紧力；μ_w 为层间过渡时卷筒法兰和钢丝绳之间的摩擦系数。

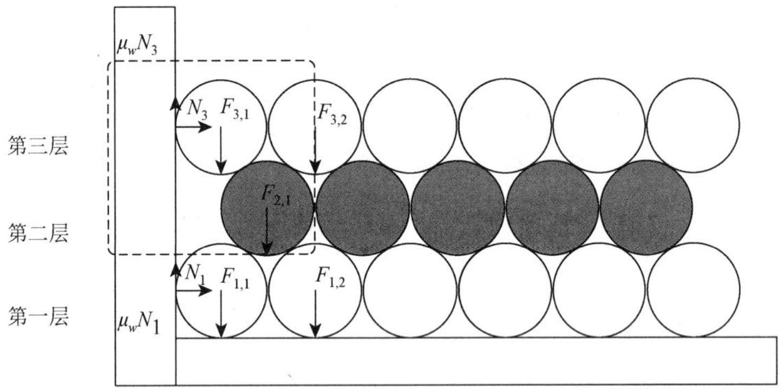

(a)

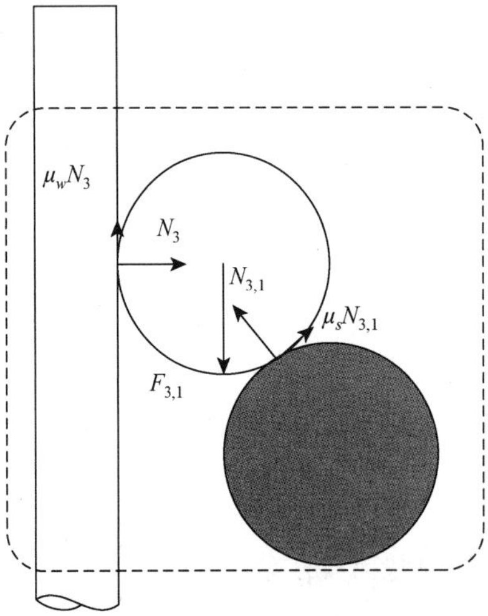

(b)

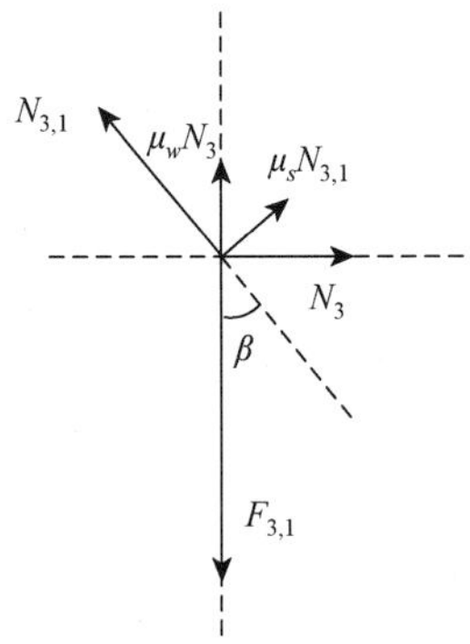

(c)

图 3-10　层间过渡阶段钢丝绳受力简图

在层间过渡阶段，相邻层间支承绳施加的支持力为

$$N_{3,1}=\frac{1}{(1-\mu_w\mu_s)\cos\beta+(\mu_w+\mu_s)\sin\beta}F_{3,1} \tag{3-6}$$

而在爬升过程中，卷筒法兰对钢丝绳的挤压力为

$$N_3=\frac{\sin\beta-\mu_s\cos\beta}{(1-\mu_w\mu_s)\cos\beta+(\mu_w+\mu_s)\sin\beta}F_{3,1} \tag{3-7}$$

在层间过渡阶段，随着支承绳与卷筒法兰之间的间隙不断变小，从爬升起始点到最终稳定状态，夹角 β 从$\pi/2$减小到$\pi/6$左右，此时支承绳和卷筒法兰对钢丝绳所施加的挤压力显著增加，因此钢丝绳在该阶段产生较为严重的磨损。

3.3　钢丝绳层间过渡摩擦磨损试验系统研制

3.3.1　钢丝绳层间过渡摩擦磨损试验机

实际工况中钢丝绳在卷筒绕满一圈仅产生一次层间过渡，过程较为短暂，不便于重复测量取值，且由于其结构特点，数据难以采集。为解决上述问题，试验台功能实现时采用独立的钢丝绳搭载在卷筒钢丝绳上模拟其层间爬升行为，顶层钢丝绳每翻越一绳圈相当于模拟一次爬升行为，便于试验取值。对于因试验条件改变而产生微小变化的被测量，单次爬升时可能不易被察觉，而反复多次爬升时微小变化得以累积而变得明显，有利于传感器的布置和数据采集，使得试验条件更容易控制。该试验台结构图如图 3-11 所示，整体分为四部分：动力系统、传动系统、加载系统和数据采集系统。该摩擦磨损试验机能够实现钢丝绳在不同卷筒转速、推移速度、接触角度、交叉角度和压紧力条件下换层爬升时的摩擦磨损行为模拟。

该试验台的运行过程为：将试验选用的钢丝绳紧密卷绕在卷筒（1）上并保证一定的预张紧力。通过变频器启动变频电机（11），电机带动滚珠丝杠（12）旋转，丝杠滑块将滚珠丝杠的旋转运动转化成滑块的平移运动，通过拉压传感器（13）将动力传递到推移机构（10）上，推移机构（10）上侧固定有垂直光轴（6），下侧固定有水平导轨滑块（15），导轨滑块（15）可沿水平“工”字导轨（16）自由平稳地滑动，因此推移机构（10）可沿水平“工”字导轨（16）运动，拉压传感器（13）可以测量推移机构的水平推力。通过控制变频电机（11）正反向旋转可以将推移机构调整到合适的试验位置。张紧装置（2）将试验所用钢丝绳轴向张紧，模拟钢丝绳在使用时所受到的张力。张紧力大小可通过拉压传感器的实时测量数据进行监测。随后通过螺栓连接将张紧装置（2）与重力加载装置（8）相连。重力加载装置（8）配有导向通孔和圆弧形通槽，在通槽允许的范围内角度可变，模拟钢丝绳摩擦时交叉角度的变化，这个交叉角度是连续可调的。将重力加载装置（8）和张紧装置（2）视为加载系统。加载装置通过光轴滑块（9）可在垂直光轴（6）上竖直滑动，不施加其他外力时其重力提供钢丝绳间摩擦时的压紧力，重力加载装置（8）上侧

配有两根螺纹杆（7），配合螺母和小型固定压片可以挂载不同质量的配重块，以此控制钢丝绳之间不同的压紧力。通过变频器设定好试验所需电机频率，调试好传感器和数据采集设备，则可进行钢丝绳摩擦试验。此外，通过红外热像仪（3）可以实现钢丝绳接触区域的摩擦温度的实时监测。

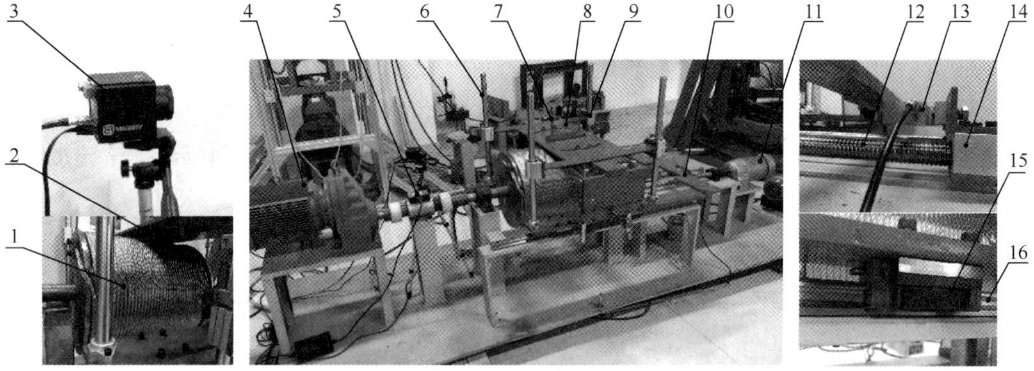

图 3-11　层间过渡钢丝绳摩擦磨损试验台结构

1-卷筒；2-张紧装置；3-红外热像仪；4-23.5kW 变频电机；5-动态扭矩传感器；6-垂直光轴；7-螺纹杆；8-重力加载装置；9-光轴滑块；10-推移机构；11-1.1kW 变频电机；12-滚珠丝杠；13-拉压传感器；14-丝杠支座；15-导轨滑块；16-“工”字导轨

3.3.2　钢丝绳层间过渡摩擦磨损试验方案

1. 试验原理

试验台运行时，随着推移机构的运动，钢丝绳受到沿卷筒轴向的摩擦力 f_1，随着卷筒转动，钢丝绳受到沿卷筒周向的摩擦力 f_2，这对摩擦力的方向在水平面内互相垂直，其合力为 f，如图 3-12 所示。由于装置的结构特点，重力并不直接加载于钢丝绳之间，而是转化为钢丝绳两端所受拉紧力 F_1、F_2（数值相等），其竖直方向上的合力提供压紧力 F，即加载装置的总重力。摩擦力 f 和压紧力 F 之比为摩擦系数 μ。这里的 f_1 由拉压传感器测得，f_2 由动态扭矩传感器测得的扭矩折算得到，F 则通过电子台秤测得的加载装置和配重块自重得到。

$$\mu=\frac{f}{F}=\frac{\sqrt{f_1^2+f_2^2}}{F}=\frac{\sqrt{f_1^2+[T/(R+d/2)]^2}}{F} \tag{3-8}$$

式中，T 为动态扭矩传感器测得的扭矩；R 为卷筒半径；d 为钢丝绳直径。

2. 试验工况

该试验台可以实现多种工况下的因素可控摩擦磨损试验，结合实际工况选取较为重要的参数进行研究，表 3-1 所示为模拟工况和实际工况的对应关系，主要包括卷筒转速、推移速度、交叉角度、接触角度和压紧力等工况。

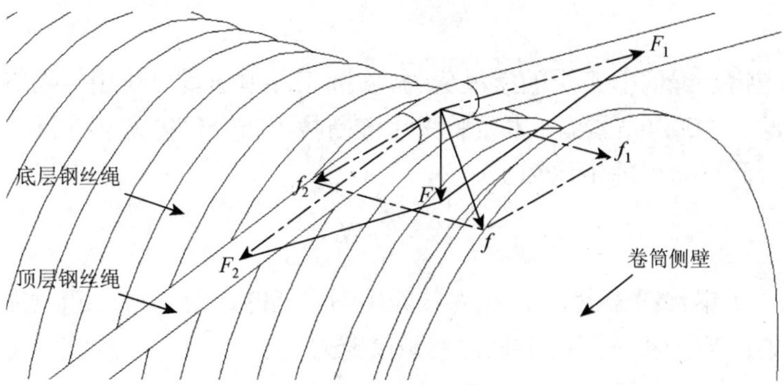

图 3-12　钢丝绳受力分析示意图

表 3-1　模拟工况和实际工况对应关系

参数	所对应的实际工况
卷筒转速	钢丝绳沿卷筒周向缠绕时的滑动速度
推移速度	钢丝绳换层爬升时沿卷筒轴线方向的速度
交叉角度	钢丝绳与底层绳圈间的夹角
接触角度	钢丝绳压紧在卷筒上与水平面之间形成的角度
压紧力	钢丝绳间上下层的接触应力

1）卷筒转速

该参数对应钢丝绳在缠绕时的周向滑动速度。卷筒转速计算公式如下：

$$n = \frac{v}{2\pi \cdot (R + r)} \tag{3-9}$$

式中，v 为钢丝绳周向滑速；r 为钢丝绳半径。

2）推移速度

该参数对应钢丝绳在换层爬升阶段沿卷筒轴向的水平速度。在实际工作中，在钢丝绳缠绕均匀的前提下，卷筒每旋转一周，钢丝绳沿卷筒轴向推进一个直径的距离。在相同时间 t 的基础上，可得到卷筒转速 n 和推移速度 v' 之间的关系为

$$\frac{N}{n} = \frac{L}{v'} \tag{3-10}$$

式中，N 为时间 t 内卷筒所转圈数；L 为时间 t 内钢丝绳的水平滑动距离。

3）交叉角度

该参数对应钢丝绳与底层绳圈间的夹角。在试验台上重力加载装置顶板上开有两个对称分布的弧形槽，通过螺栓将张紧装置与重力加载装置连接，二者之间的夹角即可模拟交叉角度。在螺栓连接并不紧固的情况下重力加载装置可沿弧形槽转动达到调整交叉角度的目的。

4）接触角度

该参数对应钢丝绳压紧在卷筒上与水平面之间形成的角度。接触角度不同，钢丝绳磨损位置和磨损区域均不同。

5）压紧力

该参数对应钢丝绳间上下层的接触应力，实际工况中压紧力是由钢丝绳承受张紧力引起的，因此需要首先确定张紧力。本试验采用破断拉力折合的办法将实际工况中的钢丝绳最大静张力折合到试验用的钢丝绳上。

$$Z_x = \frac{Z_c}{N_c} \cdot N_x \tag{3-11}$$

式中，Z_x 为试验用钢丝绳张紧力；N_x 为试验用钢丝绳的破断拉力；Z_c 为实际工况下钢丝绳的最大静张力；N_c 为实际工况下钢丝绳破断拉力。

3.4　基于正交试验的层间过渡摩擦磨损试验

3.4.1　正交试验方案设计

本试验至少有 5 个条件对试验指标具有影响，假设每个条件取 3 个变化参数进行单一变量试验，则需要 3^5=243 组试验，工作量较大，因此，拟采用正交试验法开展初期试验。正交试验法是从试验设计到试验结果分析的一套科学方法，以概率论和数理统计知识为依托，通过标准化的正交试验表格安排试验，并具有系统的处理方法和试验结果分析。在正交表中，不同的试验条件称为因素，每个条件数值的变化称为水平，而试验结果则称为评价指标。本试验选取摩擦系数 μ 为评价指标，取卷筒转速、推移速度、交叉角度、接触角度和压紧力 5 个可变量作为试验因素，每个因素取 3 个水平，构成 5 因素 3 水平正交试验，各因素水平结合试验条件并根据实际工况的折算在其结果附近选取。根据正交试验表的选取要求，本试验采用 L_{18}（3^7）正交表，该表格共有 18 组试验，可容纳 7 个因素 3 个水平。试验因素水平选取情况如表 3-2 所示。

表 3-2　试验因素水平选取表

因素	卷筒转速	推移速度	交叉角度	接触角度	压紧力
水平 1	0.5 r/s	5 mm/s	0°	8°	700 N
水平 2	1.0 r/s	10 mm/s	5°	16°	800 N
水平 3	1.5 r/s	15 mm/s	10°	24°	900 N

考虑到试验台空载运行时传感器即产生数据，因此需要除去空载值给试验结果造成的影响。由于空载运行时试验台所用的传感器互不影响，所以一组空载试验可以测得多个空载量，经分析空载试验设计如表 3-3 所示。

表 3-3　空载试验表

因素	推移速度	电机频率	卷筒转速	电机频率	压紧力	所测空载量
试验 1	5 mm/s	10Hz	0.5 r/s	3Hz	700 N	A、B
试验 2	10 mm/s	20Hz	—	—	700 N	A、C

续表

因素	推移速度	电机频率	卷筒转速	电机频率	压紧力	所测空载量
试验 3	15 mm/s	30Hz	—	—	700 N	A
试验 4	5 mm/s	10Hz	1.0 r/s	6Hz	800 N	A、B
试验 5	10 mm/s	20Hz	—	—	800 N	A
试验 6	15 mm/s	30Hz	—	—	800 N	A
试验 7	5 mm/s	10Hz	1.5 r/s	9Hz	900 N	A、B
试验 8	10 mm/s	20Hz	—	—	900 N	A
试验 9	15 mm/s	30Hz	—	—	900 N	A

注：A 表示空载水平推力；B 表示空载卷筒扭矩；C 表示空载钢丝绳张紧力。

3.4.2　正交试验结果

正交试验的结果分析流程在选定正交表的时候已经随之确定，根据试验类型不同可以灵活选择分析方法，分析方法有很多种，如直观分析法、方差分析法、交互作用法等。本试验选择直观分析法。直观分析法主要计算各个因素下各个水平的总响应值 K 和平均响应值 k，并根据平均响应值 k 计算该因素下各水平对试验指标的效应极差 O，然后可根据极差大小判断主次因素顺序。设第 1 因素第 1 水平的总响应值为 K_{1-1}，平均响应值为 k_{1-1}，各组试验的结果为 $y_1, y_2, y_3, \cdots$。根据试验指标摩擦系数 μ，通过比较每一个因素下的平均响应值，可以找出对应因素的最佳水平，将每一个因素下的最佳水平全取出即可得到符合试验指标的最优组合。这个最优组合可以是正交试验表中出现过的，也可以是没有出现过的，如有需要还可以在取出的最优组合附近进一步开展试验研究。表 3-4 即为正交试验所得直观分析表。

表 3-4　直观分析表

因素	接触角度	推移速度	卷筒转速	交叉角度	压紧力	空载试验 1	空载试验 2	结果
试验 1	8°	5 mm/s	0.5 r/s	0°	700 N	1	1	0.442
试验 2	8°	10 mm/s	1.0 r/s	5°	800 N	2	2	0.593
试验 3	8°	15 mm/s	1.5 r/s	10°	900 N	3	3	0.439
试验 4	16°	5 mm/s	0.5 r/s	5°	800 N	3	3	0.451
试验 5	16°	10 mm/s	1.0 r/s	10°	900 N	1	1	0.404
试验 6	16°	15 mm/s	1.5 r/s	0°	700 N	2	2	0.493
试验 7	24°	5 mm/s	1.0 r/s	0°	900 N	2	3	0.432
试验 8	24°	10 mm/s	1.5 r/s	5°	700 N	3	1	0.558
试验 9	24°	15 mm/s	0.5 r/s	10°	800 N	1	2	0.343
试验 10	8°	5 mm/s	1.5 r/s	10°	800 N	2	1	0.435
试验 11	8°	10 mm/s	0.5 r/s	0°	900 N	3	2	0.420
试验 12	8°	15 mm/s	1.0 r/s	5°	700 N	1	3	0.611

续表

因素	接触角度	推移速度	卷筒转速	交叉角度	压紧力	空载试验 1	空载试验 2	结果
试验 13	16°	5 mm/s	1.0 r/s	10°	700 N	3	2	0.437
试验 14	16°	10 mm/s	1.5 r/s	0°	800 N	1	3	0.452
试验 15	16°	15 mm/s	0.5 r/s	5°	900 N	2	1	0.528
试验 16	24°	5 mm/s	1.5 r/s	5°	900 N	1	2	0.614
试验 17	24°	10 mm/s	0.5 r/s	10°	700 N	2	3	0.335
试验 18	24°	15 mm/s	1.0 r/s	0°	800 N	3	1	0.441
K_{i-1}	1.470	1.404	1.260	1.341	1.437	1.434	1.404	
K_{i-2}	1.383	1.380	1.458	1.677	1.356	1.407	1.449	
K_{i-3}	1.362	1.428	1.497	1.197	1.419	1.374	1.359	
k_{i-1}	0.490	0.468	0.420	0.447	0.479	0.478	0.468	
k_{i-2}	0.461	0.460	0.486	0.559	0.452	0.469	0.483	
k_{i-3}	0.454	0.476	0.499	0.399	0.473	0.458	0.453	
O	0.036	0.016	0.079	0.160	0.027	0.020	0.030	

根据直观分析表可得效应极差 $O_4>O_3>O_1>O_5>O_2$，这说明各因素对于试验指标的影响力大小排序为：交叉角度＞卷筒转速＞接触角度＞压紧力＞推移速度。此外，平均响应值排序为 $k_{1-3}<k_{1-2}<k_{1-1}$，$k_{2-2}<k_{2-1}<k_{2-3}$，$k_{3-1}<k_{3-2}<k_{3-3}$，$k_{4-3}<k_{4-1}<k_{4-2}$，$k_{5-2}<k_{5-3}<k_{5-1}$，而本试验的指标摩擦系数 μ 越小越好，因此通过平均响应值排序可得各因素的最优水平，分别是卷筒转速 0.5 r/s、推移速度 10 mm/s、交叉角度 10°、接触角度 24°、压紧力 800 N，以平均响应值 k 为纵坐标，各因素为横坐标绘制效应曲线图，则各因素最优水平对应效应曲线中纵坐标值最低点所在的横坐标，如图 3-13 所示。其中从左到右依次为接触角度、推移速度、卷筒转速、交叉角度和压紧力的效应曲线。

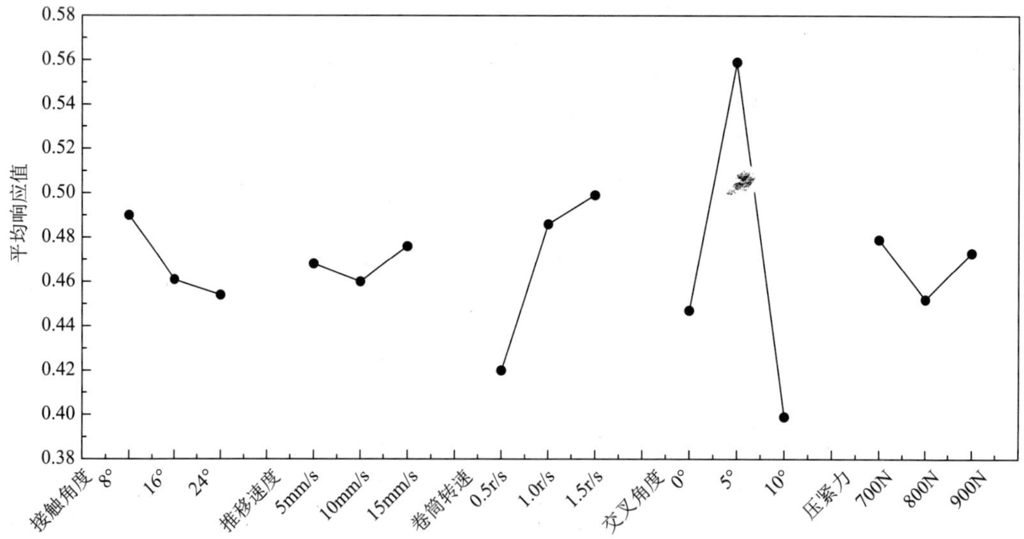

图 3-13　效应曲线图

在效应曲线图中对应的是各因素曲线纵坐标的跨度，由图可知交叉角度所对应曲线的纵坐标跨度最大，卷筒转速次之，其后分别是接触角度、压紧力，而推移速度跨度最小。由此可知，交叉角度和卷筒转速对摩擦系数有较强的影响。因此有必要针对这两个因素进一步开展单一变量试验研究。卷筒转速和推移速度具有比例关系，满足式（3-10）的要求，因此本章将由此制定试验参数（表 3-5）。

表 3-5　试验参数的设定

温度	润滑状态	卷筒转速/（r/s）	推移速度/（mm/s）	交叉角度/（°）
室温	干摩擦 润滑	0.4 0.8 1.2 1.6 2.0	4.4 8.8 13.2 17.6 22.0	0 4 8 12

3.5　圆股钢丝绳摩擦磨损特性

圆股钢丝绳具有良好的柔韧性和承载能力，在工程实际中应用广泛。本节针对干摩擦和润滑状态的圆股钢丝绳在层间过渡阶段的摩擦磨损特性展开研究，干摩擦工况为模拟钢丝绳在使用过程中润滑不良的情况。试验所用钢丝绳类型为热镀锌钢丝绳，其结构参数如表 3-6 所示。

表 3-6　圆股钢丝绳结构参数

钢丝绳型号	直径/mm	钢丝直径/mm	抗拉强度/MPa	最小破断拉力/kN
6×19+FC	11	0.7	1670	66.6

3.5.1　干摩擦状态钢丝绳摩擦行为研究

1. 卷筒转速和交叉角度对钢丝绳摩擦系数的影响

摩擦系数是钢丝绳摩擦学行为研究中最重要的指标，是钢丝绳性能分析的重要依据。图 3-14 给出了干摩擦圆股钢丝绳层间摩擦系数在不同工况下的变化曲线图。

图 3-14(a)中，0°曲线介于 4°、8°和 12°曲线之间，在摩擦系数为 0.4 上下浮动，4°曲线在摩擦系数为 0.5 上下浮动，数值最高，12°曲线在摩擦系数为 0.3 上下浮动，数值最低。随着卷筒转速的不断提高，曲线基本呈现水平波动，总体波动幅度为 0.1 左右。由图 3-14(b)可知，摩擦系数最大值出现在卷筒转速为 0.4 r/s 时，略高于 0.8 r/s、1.2 r/s、1.6 r/s 和 2.0 r/s。在各卷筒转速下，钢丝绳间摩擦系数随交叉角度的增加呈现出先升高后降低的趋势，总体升速约为 0.15/4°，降速约为 0.1/4°，峰值出现在交叉角度 4°，此时摩擦系数随卷筒转速的依次升高分别达到了 0.51、0.48、0.51、0.46 和 0.51。

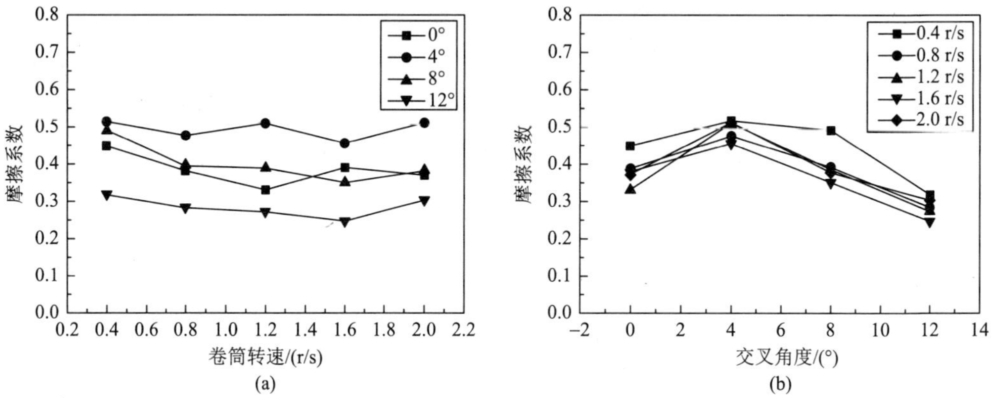

图 3-14　钢丝绳间摩擦系数随交叉角度和卷筒转速变化图

2. 卷筒转速和交叉角度对钢丝绳摩擦温度的影响

层间过渡阶段的钢丝绳在相对滑动时会引起局部区域温度升高，摩擦热的变化对钢丝绳的磨损情况具有一定影响，该参数也是摩擦磨损特性分析的重要参考指标之一。图 3-15 给出了定交叉角度下不同卷筒转速摩擦温度随摩擦行程的变化规律。

卷筒转速分别为 0.4 r/s、0.8 r/s、1.2 r/s、1.6 r/s 和 2.0 r/s，图 3-15(a)～(d)分别对应 0°、4°、8°和 12°定交叉角度情形。在干摩擦圆股钢丝绳层间过渡摩擦磨损试验中，确定摩擦行程为 300 mm。由图可知，随着摩擦行程的增加，摩擦温度呈现不断上升的趋势。当交叉角度为 0°和 4°时，不同的卷筒转速对应的摩擦温度曲线近似直线，斜率较为稳定，处于稳定上升阶段。而在交叉角度为 8°和 12°时，不同的卷筒转速对应的摩擦温度曲线斜率增大，温升幅度比较明显，但在摩擦行程达到 260 mm 左右时温升速率有减小的趋势，最后趋于平稳。这是因为随着摩擦温度不断升高，钢丝绳与环境温差不断增大，系统热量散失也不断增快，当摩擦生热和系统散热趋于平衡时温度趋于稳定。由此可知，卷筒转速对摩擦温度的影响较大。当交叉角度从 0°增加至 12°时，最低和最高卷筒转速的最

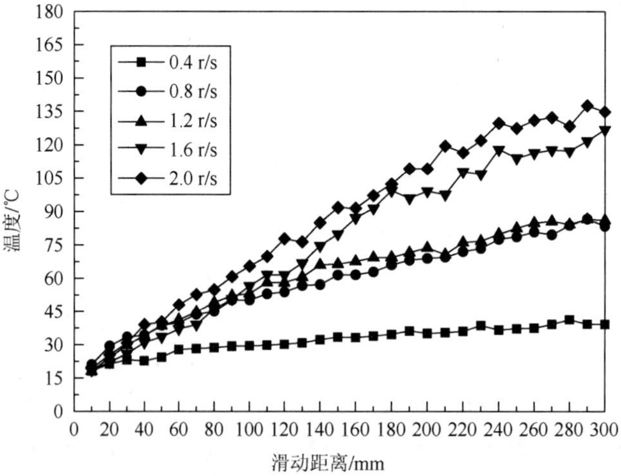

(a)

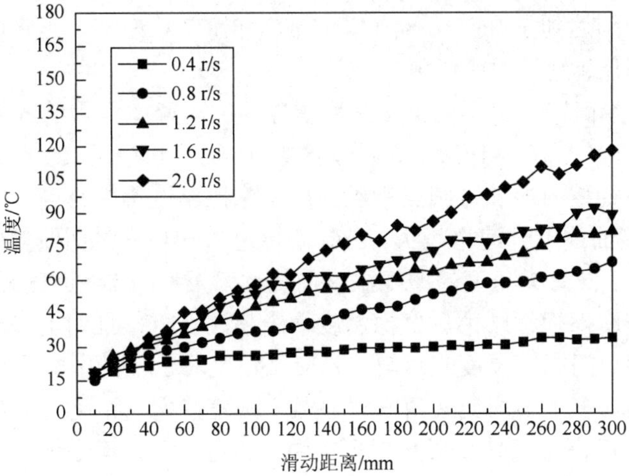

(b)

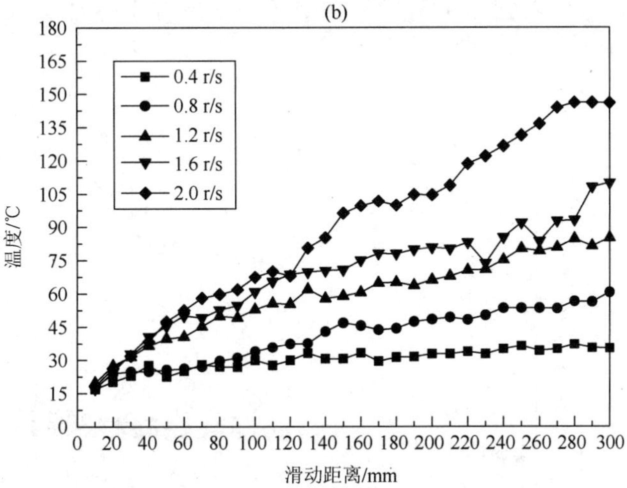

(c)

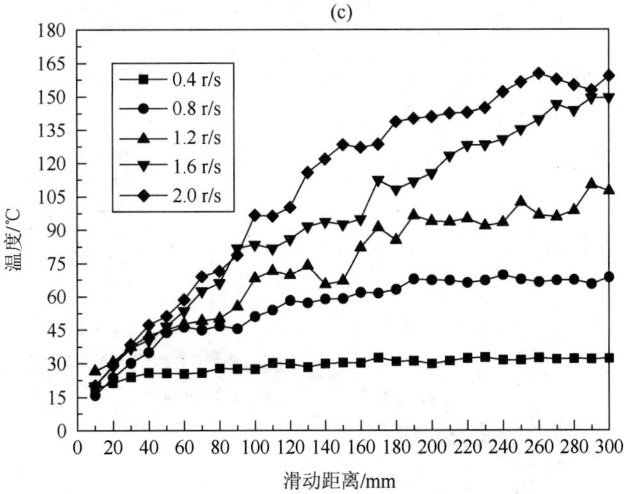

(d)

图 3-15　定交叉角度下不同卷筒转速摩擦温度随摩擦行程变化图

高摩擦温度差值分别达到了 96°C、84°C、110°C 和 127°C 左右，这说明钢丝绳在卷筒的周向滑动对摩擦温升起到了关键作用。

图 3-16 为定卷筒转速下不同交叉角度摩擦温度随摩擦行程的变化规律，交叉角度分别为 0°、4°、8°和 12°，图 3-16(a)～(e)分别对应 0.4 r/s、0.8 r/s、1.2 r/s、1.6 r/s 和 2.0 r/s。由图可知，随摩擦行程的增加，圆股钢丝绳层间摩擦温度不断升高，且卷筒转速越高，图(a)～(e)摩擦温度曲线上升速率越大。当卷筒转速为 0.4 r/s 时曲线集中呈束状分布，随着卷筒转速升高，不同交叉角度的摩擦温度曲线逐渐发散，曲线间间距不断增大。0.4 r/s 时各交叉角度下在摩擦行程结束后摩擦温度均未超过 45°C，此时卷筒转速低，摩擦生热少，不同交叉角度之间摩擦温度差距较小，交叉角度对于温升影响不显著。随着卷筒转速增加，摩擦生热增多，不同交叉角度摩擦温度相差较大。卷筒处于较低转速时，交叉角度为 0°时摩擦温度高于其他交叉角度下的温度；随卷筒转速增加，摩擦温度最高值出现在交叉角度为 12°的工况下，这是由于温升不仅受摩擦生热量影响，还与钢丝绳的散热量紧密相关。

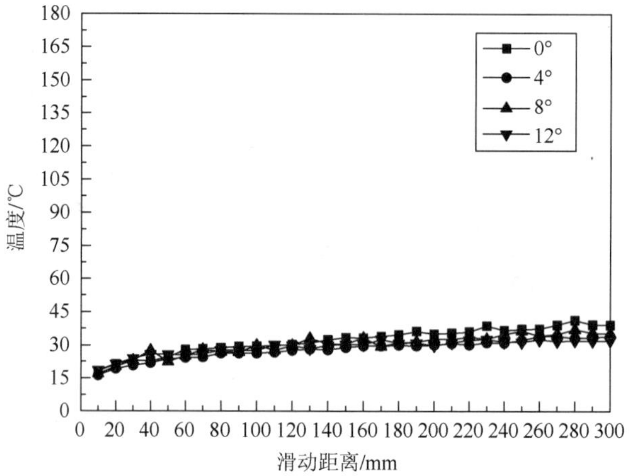

(a)

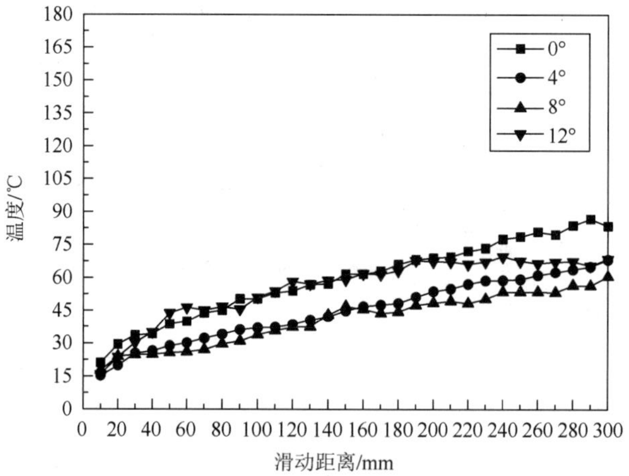

(b)

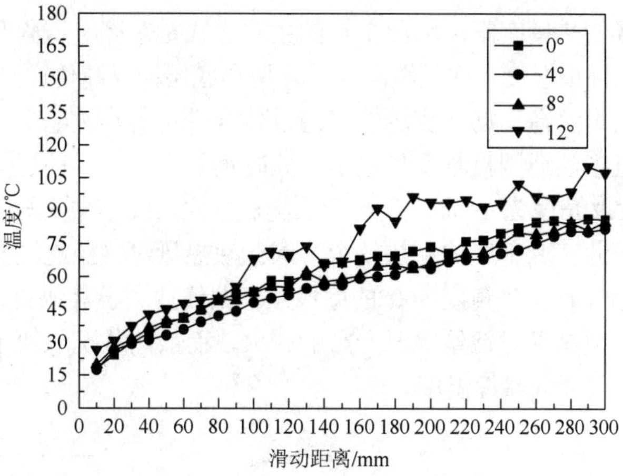

(c)

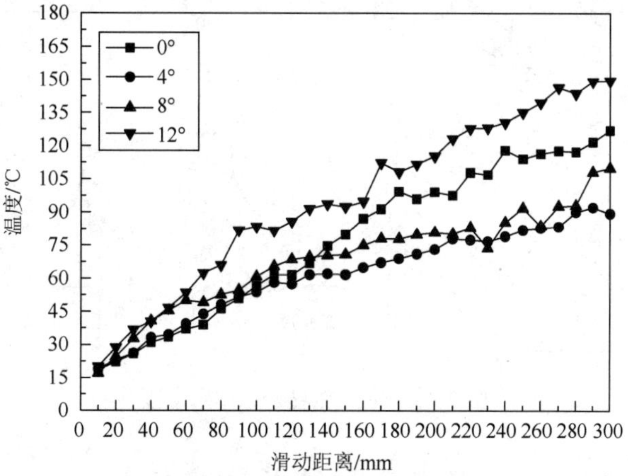

(d)

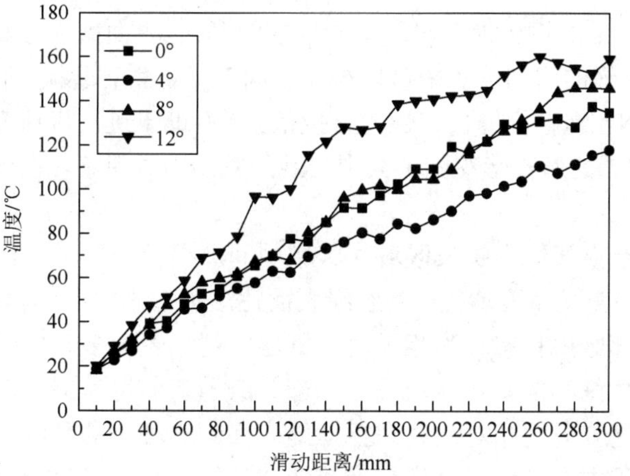

(e)

图 3-16　定卷筒转速下不同交叉角度摩擦温度随摩擦行程变化图

图 3-17 为钢丝绳摩擦试验温升原理图。钢丝绳摩擦产生的热量会向周围环境扩散。由

于外界向钢丝绳传导的热量有限，因此生热的主要方式是摩擦。试验开始后，钢丝绳摩擦温度迅速上升并高于环境温度，钢丝绳向外界环境和底层钢丝绳传递热量。卷筒转速越高，摩擦生热越快，底层钢丝绳运动速度越快，通过传导带走的热量越多。同时，交叉角度越大，生热越集中，且钢丝绳间接触面积越小，此时钢丝绳与外界环境接触面积增大，对散热量产生影响。当交叉角度为 0°时，顶层钢丝绳嵌入底层绳槽中，与其他交叉角度相比，散热速度较慢，由于此工况下摩擦生热较少，因此散热量对钢丝绳温升影响较大，故卷筒转速为 0.4 r/s 和 0.8 r/s 时交叉角度为 0°的摩擦温度曲线均高于其他曲线。由此可知，在钢丝绳周向滑动较小时散热量对钢丝绳温升影响较大，而散热状况取决于交叉角度，因此控制好交叉角度即可有效降低摩擦温度。

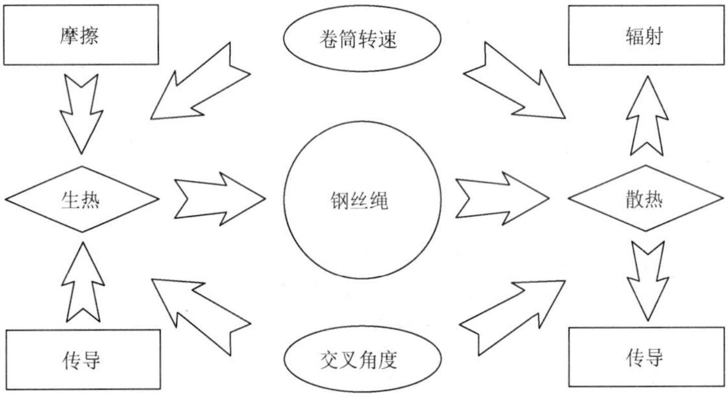

图 3-17　钢丝绳温升原理示意图

3. 卷筒转速和交叉角度对钢丝绳磨损形貌的影响

经历过摩擦实验后的钢丝绳会出现不同程度的磨损，表面磨损形貌是钢丝绳磨损程度的直观反映。从钢丝绳的磨损形貌中可以得到不同工况下黏着磨损、磨粒磨损等磨损机理的差异，这是研究钢丝绳摩擦磨损特性的直接依据，有助于进一步探究钢丝绳摩擦磨损规律。图 3-18 为钢丝绳的磨损形貌图，其中宏观形貌为肉眼观察，微观形貌取自电子显微镜下 32 倍放大图像。

从宏观上看，磨损部位为狭长区域，区域中间磨损较为严重，在压紧力相同的情况下，随着卷筒转速和交叉角度增大，钢丝绳表面逐渐被磨出弧形凹槽，磨损情况较严重。从微观上看，当局部磨损状态较为相近时，钢丝绳磨损表面多为平行犁沟状。这是因为钢丝绳摩擦时会产生细小的颗粒状磨屑，一部分磨屑随着钢丝绳运动被带走，一部分则滞留在接触区域，随着绳间相对运动在钢丝绳表面划出细小的犁沟，加剧了钢丝绳的磨损。此外在摩擦过程中，当交叉角度和卷筒转速都较大时，局部摩擦过热导致钢丝绳磨损区域内烧伤，表面材质出现一定程度的熔化，磨损区域边缘出现粘连的熔渣，呈现出深蓝黑色斑状疤痕。此时钢丝绳材质产生严重氧化，力学性质发生变化，磨损区域局部钢丝极易断裂失效。这将直接影响到钢丝绳的正常使用，因此在实际工况下必须避免润滑不良的情况发生。

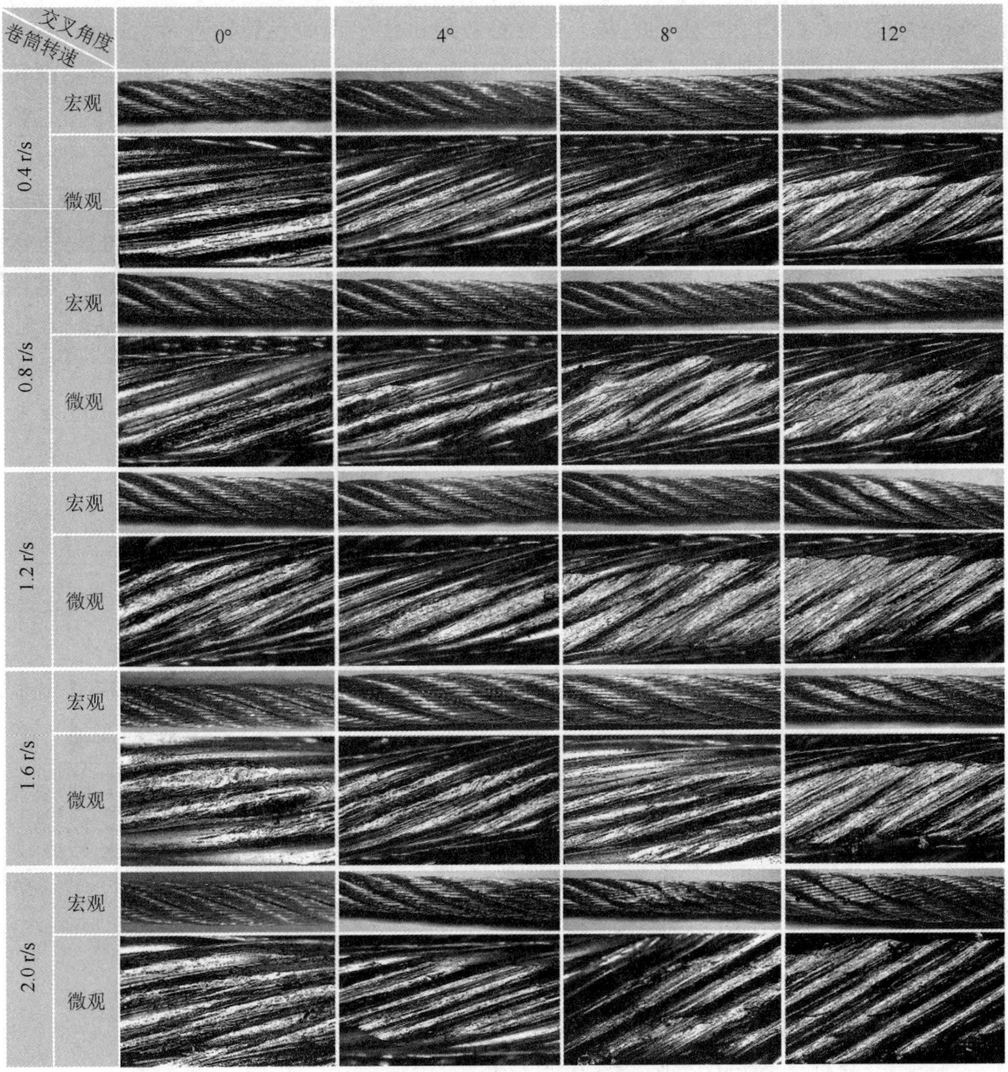

图3-18　钢丝绳磨损形貌图

3.5.2　润滑状态钢丝绳摩擦行为研究

在工程实际中，一般在钢丝绳表面涂有润滑油脂以达到减摩抗磨的效果。因此为进一步掌握圆股钢丝绳在层间过渡阶段的摩擦磨损特性，本节在干摩擦圆股钢丝绳试验的基础上，将摩擦行程定为1760 mm，研究润滑状态下圆股钢丝绳在层间过渡阶段的摩擦磨损特性。

1. 卷筒转速和交叉角度对摩擦系数的影响

图3-19为不同工况下润滑圆股钢丝绳层间平均摩擦系数的变化曲线图。由图可知，当交叉角度一定时，随着卷筒转速升高，底层钢丝绳与爬升钢丝绳之间摩擦系数曲线呈现

出先减小后增大最终趋于平缓的趋势。摩擦系数最小值出现在卷筒转速为 1.2 r/s，各交叉角度之间的摩擦系数差值很小，数值集中在 0.22～0.24。对于其他交叉角度，当卷筒转速小于 1.2 r/s 时，摩擦系数整体降低了 0.05 左右；当卷筒转速大于 1.2 r/s 时，摩擦系数整体升高幅度约为 0.1，在转速为 2.0 r/s 时分布在 0.3～0.33。当卷筒转速恒定时，摩擦系数在交叉角度为 0°时取得最大值，分别为 0.32、0.25、0.23、0.38、0.33，在交叉角度为 12°时取得最小值，分别为 0.23、0.205、0.21、0.28、0.31，总体均呈现不断下降的趋势。但变化幅度在不同的交叉角度下有一定差异。当交叉角度不超过 4°时，较低转速下钢丝绳层间摩擦系数差值在 0.05 以内，在卷筒转速为 1.6 r/s 时，摩擦系数降低幅度达到 0.13；当交叉角度大于 4°时，层间平均摩擦系数趋于平缓，整体趋势近似于水平线，定转速条件下不同交叉角度之间的差值在 0.02 左右。随着交叉角度的增大，不同转速下的摩擦系数之间的差值也在不断减小，呈收敛趋势。由此可见，在圆股钢丝绳爬升过程中，转速恒定时，随着交叉角度的增大，钢丝绳的摩擦系数减小趋势由快变慢。

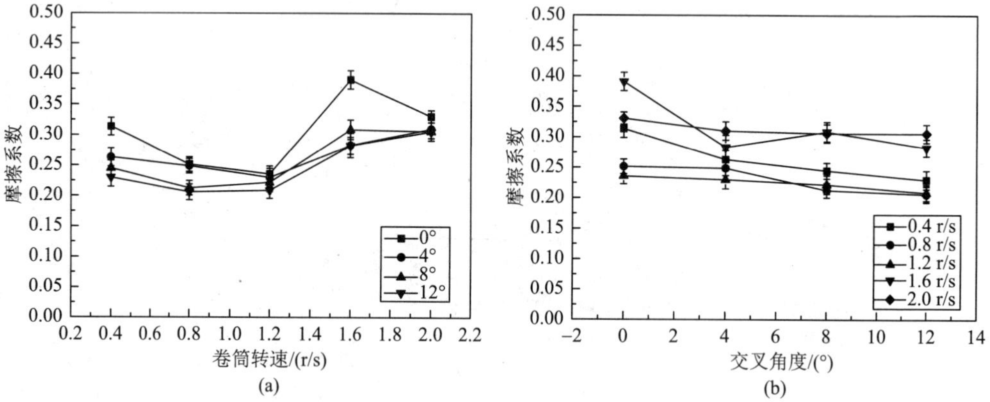

图 3-19　钢丝绳间摩擦系数随交叉角度和卷筒转速变化图

2. 卷筒转速和交叉角度对摩擦温度的影响

在层间过渡阶段，摩擦温度和钢丝绳摩擦磨损情况密切相关：爬升钢丝绳和底层钢丝绳间的滑动摩擦会造成接触区域摩擦温度升高，同时多次爬升引起的热量聚集影响钢丝绳层间摩擦磨损性能。因此，考虑到润滑脂的影响，本节进一步探究层间过渡阶段钢丝绳摩擦温度的变化规律。

图 3-20 给出了润滑圆股钢丝绳的摩擦温度在交叉角度恒定、不同卷筒转速下的变化曲线。由图可知，摩擦行程在 400 mm 以内时，润滑状态下圆股钢丝绳摩擦温度随摩擦行程增大迅速上升，在摩擦行程达到 700 mm 之后，摩擦温度曲线增速不断降低并趋于平稳，稳定在恒定温度。随着卷筒转速的不断升高，摩擦温度曲线的分布由集中变为分散。当交叉角度为 0°时，摩擦温度分布较为集中，试验结束后当卷筒转速从 0.4 r/s 增大至 2.0 r/s 时，摩擦温度分别为 33.0℃、47.7℃、40.3℃、55.8℃、89.3℃(图 3-20(a))。且当卷筒转速为 1.2 r/s 时，摩擦温度曲线斜率最小，即温升最小。说明该工况下钢丝绳的摩擦温度情况最为稳定，与图 3-19 中转速为 1.2 r/s 时摩擦系数值最小相对应，进一步证明了摩擦温度

能够间接表明钢丝绳的摩擦性能。当交叉角度为 4°时，卷筒转速对爬升过程中摩擦导致的钢丝绳温度影响较小，钢丝绳层间润滑状况良好，摩擦温度平稳增加(图 3-20(b))。当交叉角度为 8°和 12°时，卷筒转速对摩擦温度的影响较为显著，随着卷筒转速升高，摩擦温度曲线波动十分明显，在转速为 2.0 r/s 时最高摩擦温度为 190℃，严重影响到润滑脂的使用性能(图 3-20(c)、(d))。分析认为当卷筒转速不超过 1.2 r/s 时，产生的热量较少，润滑脂起到充分润滑的效果，改善了钢丝绳层间摩擦情况。当卷筒转速高于 1.2 r/s 时，摩擦温度的升高改变了润滑脂的物理状态，处于爬升过程中的圆股钢丝绳几乎处于干摩擦状态，使钢丝绳层间润滑不良，摩擦介质发生变化，直接影响到摩擦系数。

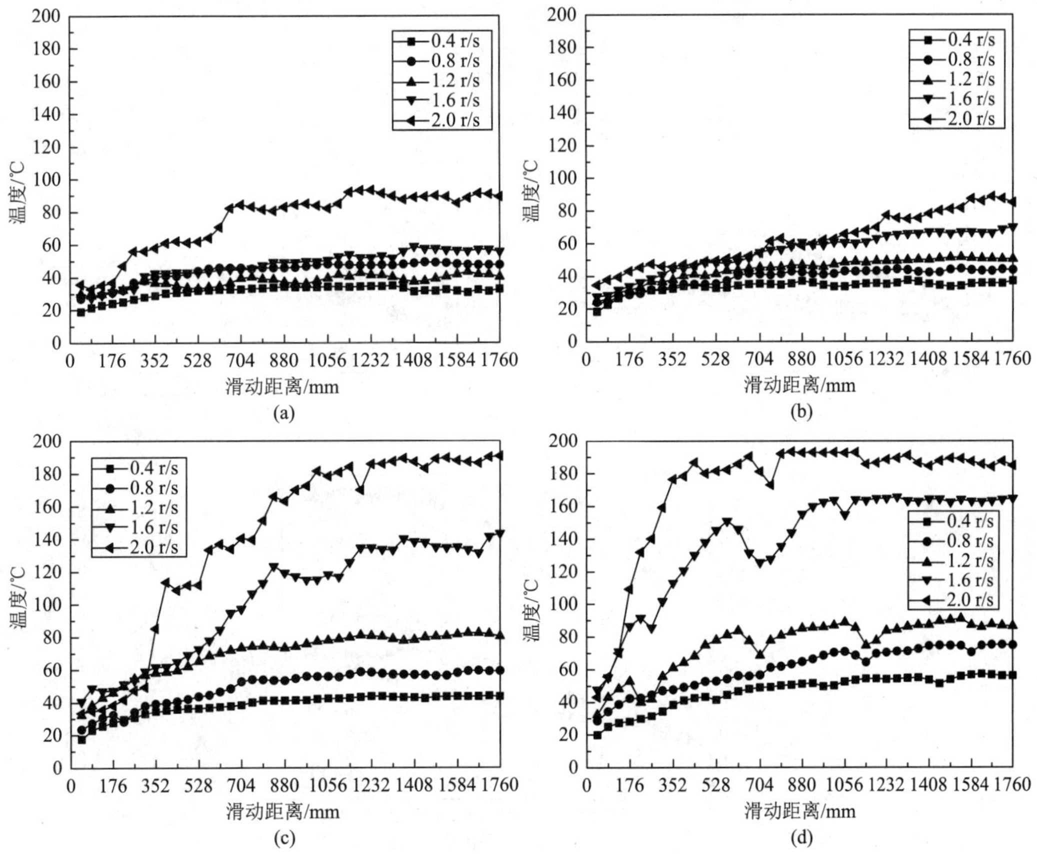

图 3-20　润滑圆股钢丝绳在不同转速下的摩擦温度曲线图

图 3-21 为卷筒转速恒定时，润滑圆股钢丝绳摩擦温度在不同交叉角度下的变化曲线。总体来看，在恒定的卷筒转速下，随着交叉角度的增加，整体呈现“迅速上升-小幅波动-趋于稳定”的规律。由图 3-21(a)可知，交叉角度从 0°增加到 12°时，相对稳定阶段的摩擦温度分别为 33.0℃、37.1℃、43.6℃、56.2℃，交叉角度每增加 4°，温度差值变大，但都在 15℃以内。但随着卷筒转速的增加，摩擦温度曲线趋于分散，在卷筒转速为 2.0 r/s 时，摩擦温度分别为 89.3℃、90.0℃、190.6℃、187.4℃，温度差值较大。此外，层间过渡阶段

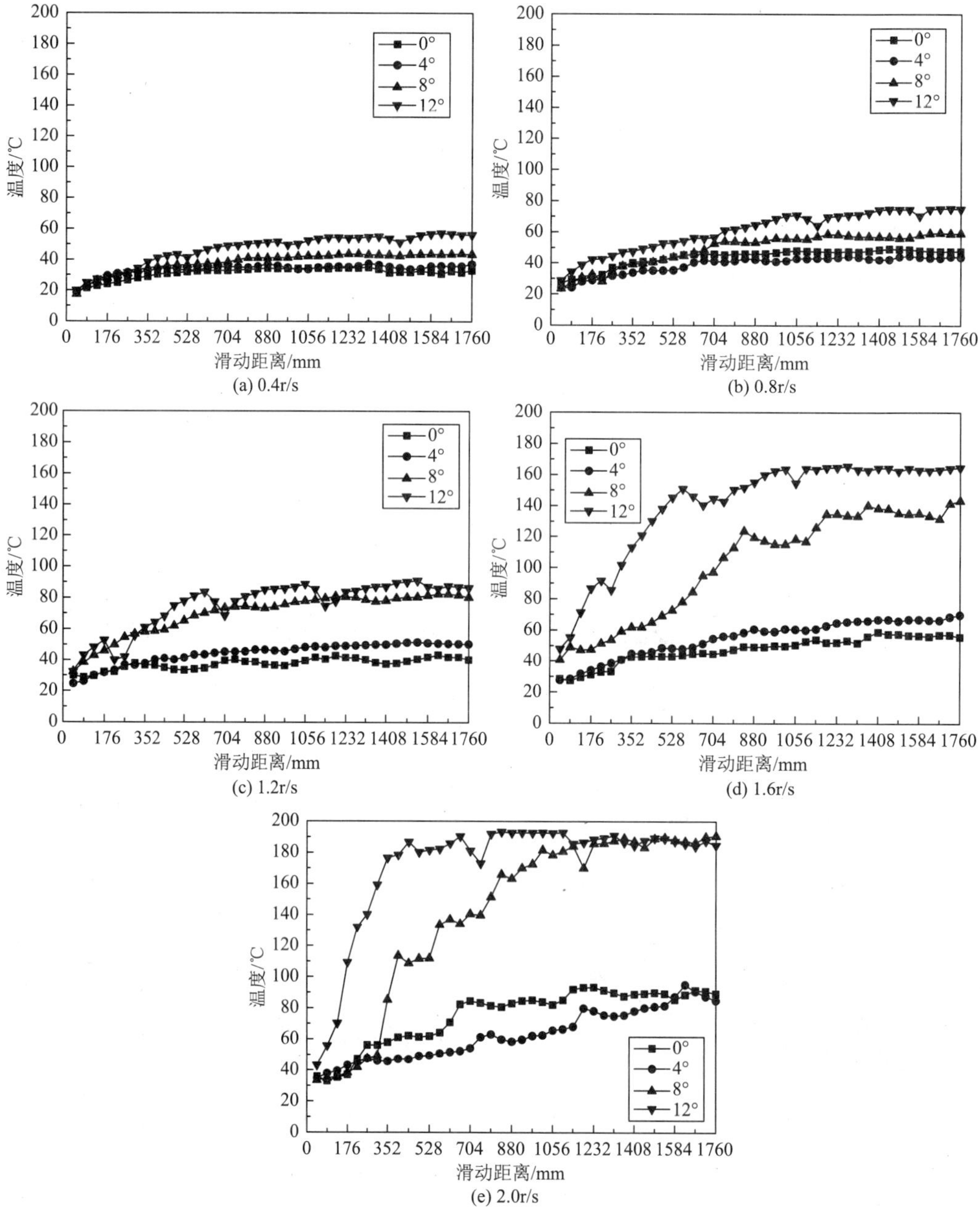

图 3-21 润滑状态圆股钢丝绳在不同交叉角度下的摩擦温度曲线图

钢丝绳交叉角度越大，摩擦温度趋于稳定的时间就越短。分析认为：随着摩擦行程增大，交叉角度越大，层间钢丝绳之间的接触面积越小，生热越集中，导致温度越高。与此同时，层间钢丝绳之间产生的磨屑量也随之上升，在较大交叉角度下，携带热量的磨屑更容易随着卷筒转动脱离接触区域被挤压排出，带走热量。因此，在较大交叉角度下摩擦温度虽然处于最高水平，但却最先达到稳定状态。由此可见，摩擦温度不仅与接触摩擦产生的热量相关，散热状况的好坏也直接影响到摩擦温度的高低。在层间过渡中，交叉角度是影响散热面积的直接因素，因此交叉角度的大小对钢丝绳爬升时摩擦温度有一定影响。

3. 卷筒转速和交叉角度对磨损形貌的影响

为深入研究爬升钢丝绳的摩擦磨损机理，对试验后钢丝绳磨损形貌的分析是定性研究钢丝绳摩擦磨损特性最直观的方法。图 3-22 为不同工况下润滑圆股钢丝绳的表面磨损形貌图，包括宏观表面磨损形貌和电子显微镜 32 倍放大倍数下的微观表面磨损形貌。

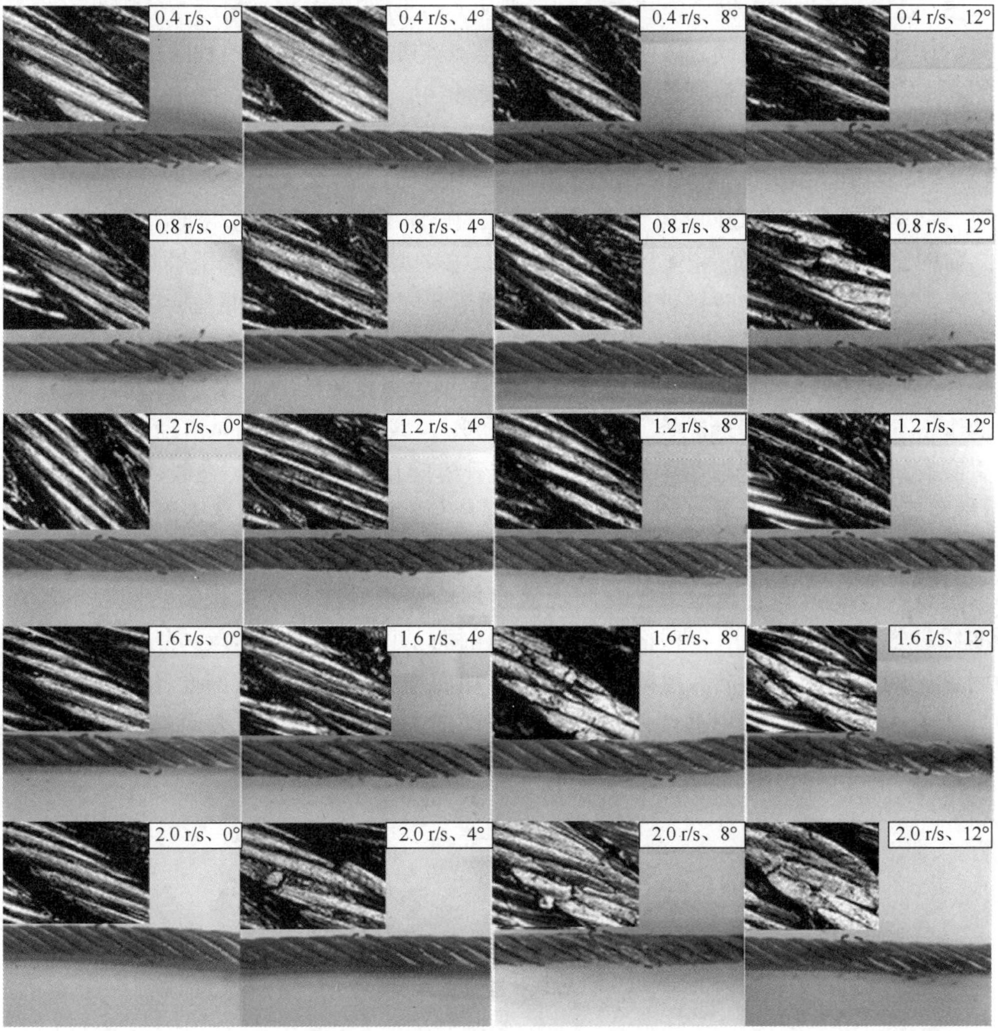

图 3-22　钢丝绳磨损形貌图

由图 3-22 可知，润滑状态下圆股钢丝绳在爬升过程中的卷筒转速越大，交叉角度越大，爬升钢丝绳与底层钢丝绳之间接触面积越小，在相同载荷作用下单根钢丝承受的接触应力越高，造成表面磨损越严重。在转速不超过 1.2 r/s 时，圆股钢丝绳表面磨损面积较小，绳股较为完整，犁沟效应明显，出现较多的划痕，随着交叉角度增大表面划痕加深；当转速高于 1.2 r/s 时，由于摩擦产生大量热量，高温引起润滑脂氧化，这对润滑脂性能的影响不可逆，极大地降低了润滑效果，接触区域摩擦副的性质发生改变，最终导致钢丝绳材料大量缺失，部分碎片剥落，表面断丝现象严重，整体磨损较为严重。

为了进一步理解磨损钢丝绳样本表面形貌特征，使用三维形貌仪（SM-1000）对磨损状态下圆股钢丝绳表面形貌进行扫描。该部分针对低转速和高转速两类工况下圆股钢丝绳的表面磨损形貌展开分析，得到更为充分的磨损规律。

1）低转速工况下圆股钢丝绳的表面磨损形貌

图 3-23 所示为圆股钢丝绳在卷筒转速为 0.4 r/s 时在不同交叉角度下的表面磨损形貌结果。由图可知，处于层间过渡阶段的圆股钢丝绳与底层钢丝绳的接触区域一般集中为表面的 3～4 根钢丝，交叉角度越大，接触区域越集中。

低速爬升的钢丝绳在不同交叉角度下的磨损特征不同。由图 3-23(a)可以看出交叉角度较小时钢丝绳表面的犁沟现象明显（图 3-22 中给出）。当交叉角度为 4°时，钢丝绳表面出现与钢丝绳捻角方向相同的较深沟槽(图 3-23(b))。当交叉角度为 8°时，磨痕形式不同于之前的划痕与沟槽，而是出现“褶皱”现象，即在钢丝表面只有局部磨损导致凹坑。这种情况在交叉角度为 12°时更突出，钢丝绳表面皱起幅度更为明显，外观接近于“波浪状”。这是因为在较低转速下钢丝绳的表面磨损是磨粒磨损和黏着磨损的综合作用结果。随着摩擦行程的增加，部分润滑脂被挤出，导致上、下钢丝绳直接接触，磨屑量增加。在法向载荷的作用下，磨屑在润滑脂粘连下很难逸出，被压入钢丝表面，在相对滑动时将表面犁皱，产生磨痕。此外，在缠绕过程中钢丝绳沿着爬升方向存在周向滑动，在载荷作用下向下挤压，造成局部位置磨损严重。交叉角度和钢丝绳捻角之间夹角的变化使表面接触位置不同，直接造成钢丝绳表面磨损特征不同。

为进一步掌握圆股钢丝绳在层间过渡阶段的磨损规律，选取试验后圆股钢丝绳剖面曲线进行分析，箭头所指截面即为钢丝绳剖面。由图可知，钢丝与钢丝之间边界较为明显，间隙清晰，磨损深度随交叉角度增加而增大磨损特征在剖面图有所体现。例如，从图 3-23(b)可以看出曲线凹坑与形貌表面缺失部分相对应，表明当交叉角度为 4°时，钢丝中间区域受损。

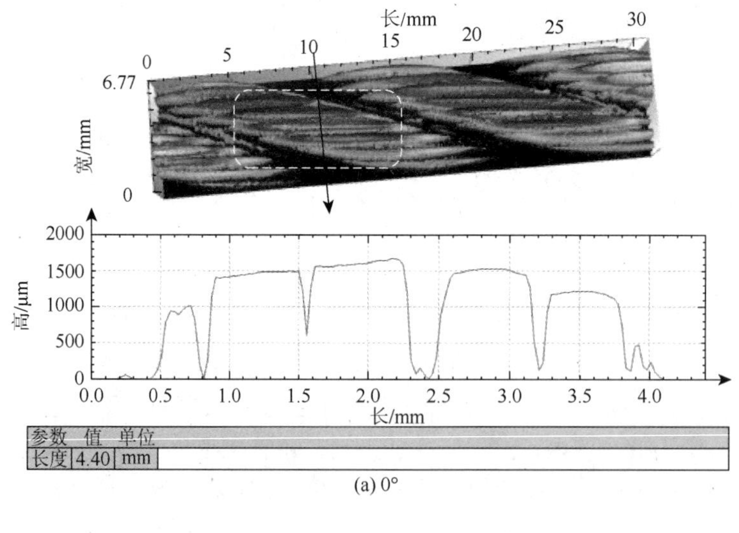

(a) 0°

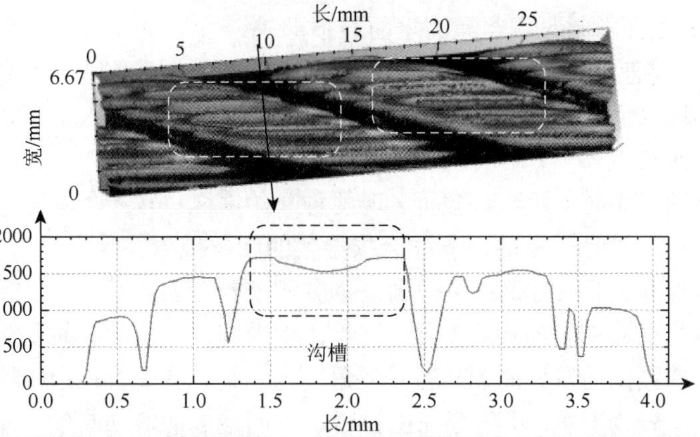

参数	值	单位
长度	4.10	mm

(b) 4°

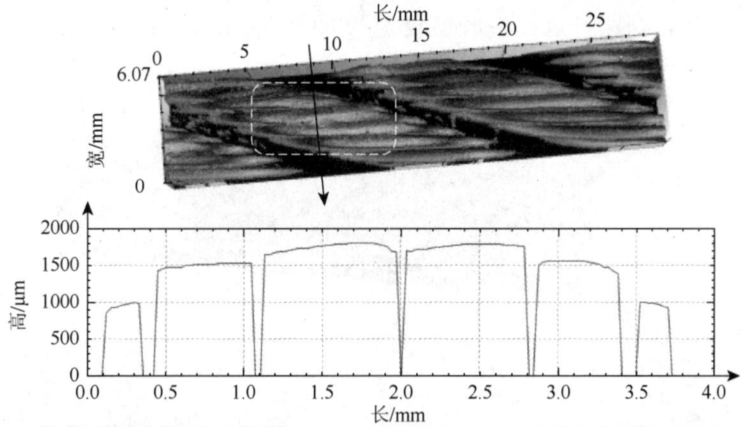

参数	值	单位
长度	4.01	mm

(c) 8°

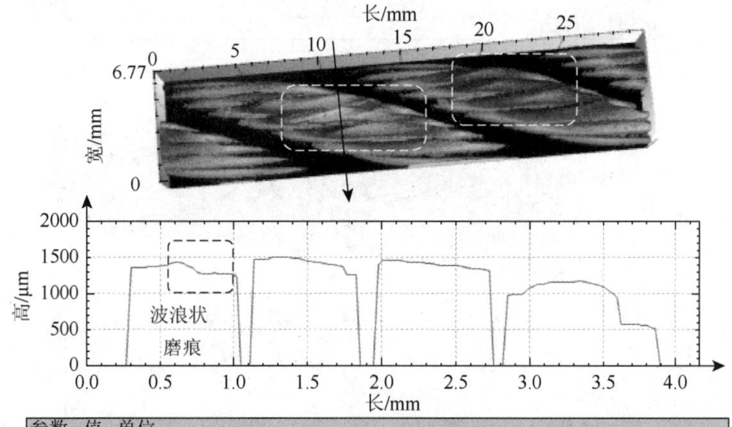

参数	值	单位
长度	4.16	mm

(d) 12°

图 3-23　转速为 0.4 r/s 时不同交叉角度下的钢丝绳表面磨损形貌特征

2）高转速工况下圆股钢丝绳的表面磨损形貌

图 3-24 为转速为 2.0 r/s 时不同交叉角度下钢丝绳表面磨损形貌特征。在该工况下，钢丝绳表面出现大面积磨损，断丝现象严重。本节从断丝原因入手，深入探究在较高转速下钢丝绳的断丝特点。

在卷筒转速较高时，钢丝绳表面出现两种断丝情况：第一种是载荷超过钢丝绳承载能力引起断丝；第二种是常见的由表面磨损导致的断丝现象。当交叉角度为 0°时，圆股钢丝绳出现断丝现象，但此时钢丝绳表面磨损并不严重(图 3-24(a))，分析认为是圆股钢丝绳在滑动摩擦时与底层钢丝绳相互挤压，钢丝在承受轴向载荷的同时受到径向剪切力，钢丝受到其他钢丝的刮削而发生断裂。当交叉角度为 4°时，图 3-24(b)中钢丝绳出现两处断丝，其中第一处断丝较为严重，不仅存在由材料缺失而造成的磨损断丝，而且存在钢丝在折断之后被水平翻转后压平至左侧相邻绳股表面的情况；第二处为常见的由表面磨损而导致的断丝现象。当交叉角度为 8°和 12°时，钢丝绳间接触面积较小，在相同载荷作用下，单根钢丝承受应力较大，在爬升过程中磨损较为严重(图 3-24(c)、(d))。由此可见，交叉角度

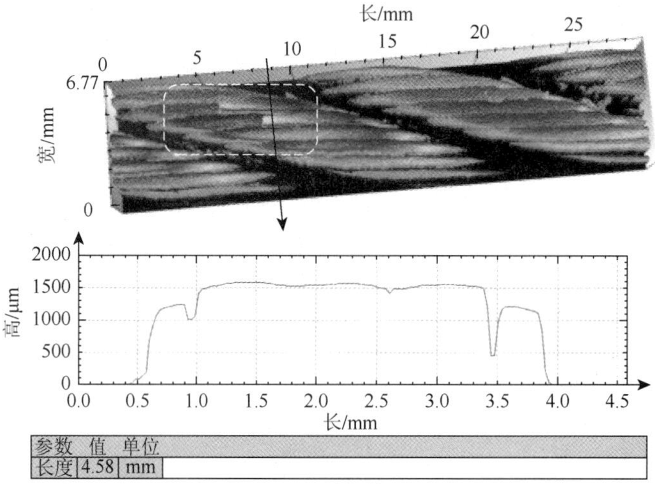

(a) 0°

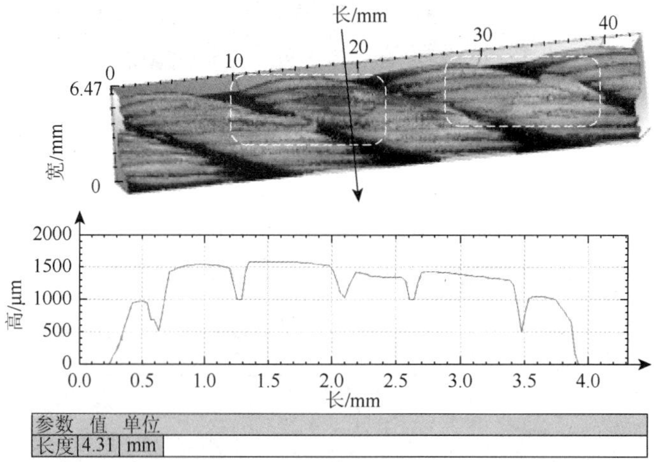

(b) 4°

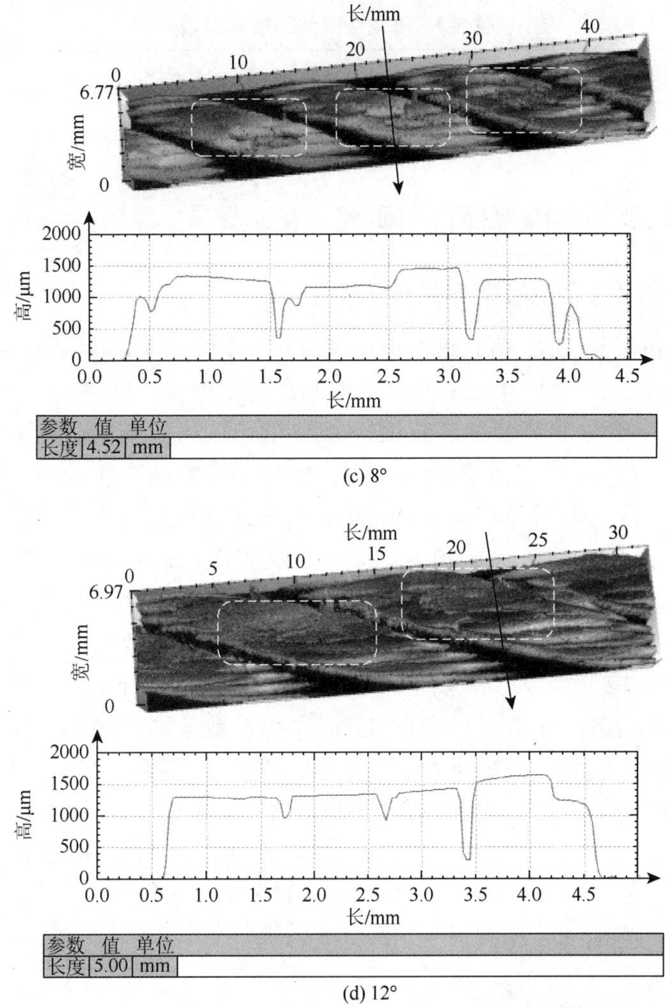

图 3-24　转速为 2.0 r/s 时不同交叉角度下的钢丝绳表面磨损形貌特征

对钢丝绳断丝类型存在一定影响。从钢丝绳剖面曲线可知，高转速工况下的钢丝绳磨损程度严重，钢丝之间互相粘连形成平面，轮廓界线不明显。进一步证明爬升钢丝绳与底层钢丝绳之间卷筒转速越大，钢丝绳磨损程度越严重。

3.6　三角股钢丝绳摩擦磨损特性

三角股钢丝绳具有整绳破断拉力大、耐磨性好、结构稳定等特点[19]，在实际工程中同样应用广泛。因此本节选择与圆股钢丝绳同直径的三角股钢丝绳作为试验对象，开展相同工况下的层间过渡摩擦磨损试验，探究不同绳股结构钢丝绳在层间过渡阶段的摩擦磨损特性，完善钢丝绳在层间过渡阶段的摩擦磨损机理。试验所用三角股钢丝绳的结构参数如表 3-7 所示。

表 3-7　三角股钢丝绳结构参数

钢丝绳型号	直径/mm	抗拉强度/MPa	最小破断拉力/kN
4V×39+FC	11	1670	72.7

3.6.1　干摩擦状态钢丝绳摩擦行为研究

1. 卷筒转速和交叉角度对摩擦系数的影响

图 3-25 为不同工况下三角股钢丝绳层间摩擦系数的变化曲线。在图 3-25(a)中，当交叉角度为 0°和 4°、转速从 0.4 r/s 升高至 2.0 r/s 时，摩擦系数变化曲线呈现出上升-下降-再上升的趋势，变化幅度较小，在 0.2～0.25 的范围内波动，在转速为 2.0 r/s 时摩擦系数分别为 0.22、0.24。当交叉角度为 8°和 12°时，随卷筒转速升高，三角股钢丝绳层间摩擦系数不断上升，但增速有减缓的趋势，在转速为 2.0 r/s 时分别为 0.28、0.29。由图 3-25(b)可知，当交叉角度为 0°和 4°时，不同转速下的摩擦系数无明显变化，呈现出较为稳定的趋势。当交叉角度大于 4°时，不同卷筒转速下摩擦系数呈现出不同的变化规律。当卷筒转速不超过 1.2 r/s 时，随交叉角度增大，摩擦系数呈现出较为明显的下降趋势，在交叉角度为 12°时均为 0.2 以下；当卷筒转速大于 1.2 r/s 时，随交叉角度增大，摩擦系数呈现上升趋势，在交叉角度为 12°时摩擦系数分别为 0.24、0.29，但在该过程中摩擦系数曲线增速放缓，当转速为 1.6 r/s 时，在交叉角度为 12°时出现下降趋势。由此可见，卷筒转速对摩擦系数的影响较大。分析认为，钢丝绳爬升过程产生接触摩擦时，表面发生弹塑性变形，转速升高的同时沿卷筒轴向的水平速度也在增加，使得摩擦力沿卷筒周向和轴向的分量增大，摩擦阻力升高，摩擦系数增大。

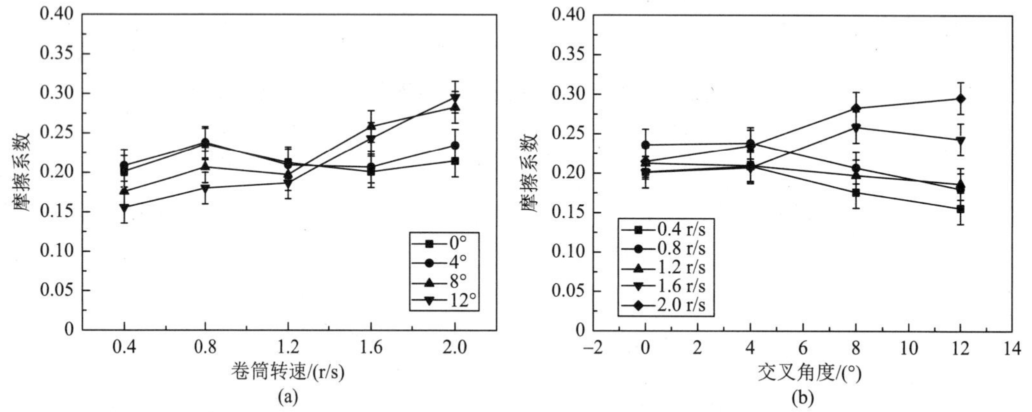

图 3-25　钢丝绳间摩擦系数随卷筒转速和交叉角度变化图

2. 卷筒转速和交叉角度对摩擦温度的影响

图 3-26 中为恒定交叉角度、不同卷筒转速时干摩擦三角股钢丝绳的摩擦温度变化曲线图。在摩擦过程中，摩擦温度随卷筒转速的增加曲线由集中趋于分散，温度不断升高。

在摩擦行程小于 300 mm 时，三角股钢丝绳的摩擦温度随着摩擦行程的增大而迅速上升，在摩擦行程达到 500 mm 左右，摩擦温度曲线沿着恒定温度值小幅度浮动，基本处于稳定状态。该温度值可以为日常生产中钢丝绳层间过渡阶段摩擦温度极限范围提供依据。当交叉角度为 0°时(图 3-26(a))，不同卷筒转速下摩擦温度分布均匀，在摩擦结束时转速从 0.4～2.0 r/s 的摩擦温度分别为 58.7℃、77.8℃、93.8℃、108.1℃、133.7℃，随着卷筒转速的升高，摩擦温度增幅明显。当交叉角度为 4°时(图 3-26(b))，在转速为 0.4～1.6 r/s 时，摩擦温度与 0°时基本一致，转速为 2.0 r/s 时摩擦温度急剧上升，在相对稳定阶段达到了 157.7℃。当交叉角度为 8°时(图 3-26(c))，随着卷筒转速的升高，在转速为 2.0 r/s 时摩擦温度分别为 61.1℃、88.2℃、108.1℃、183.9℃、185.1℃，增加趋势近似呈线性变化。交叉角度为 12°时(图 3-26(d))的温度曲线与 8°相似，但曲线波动幅度更为明显。

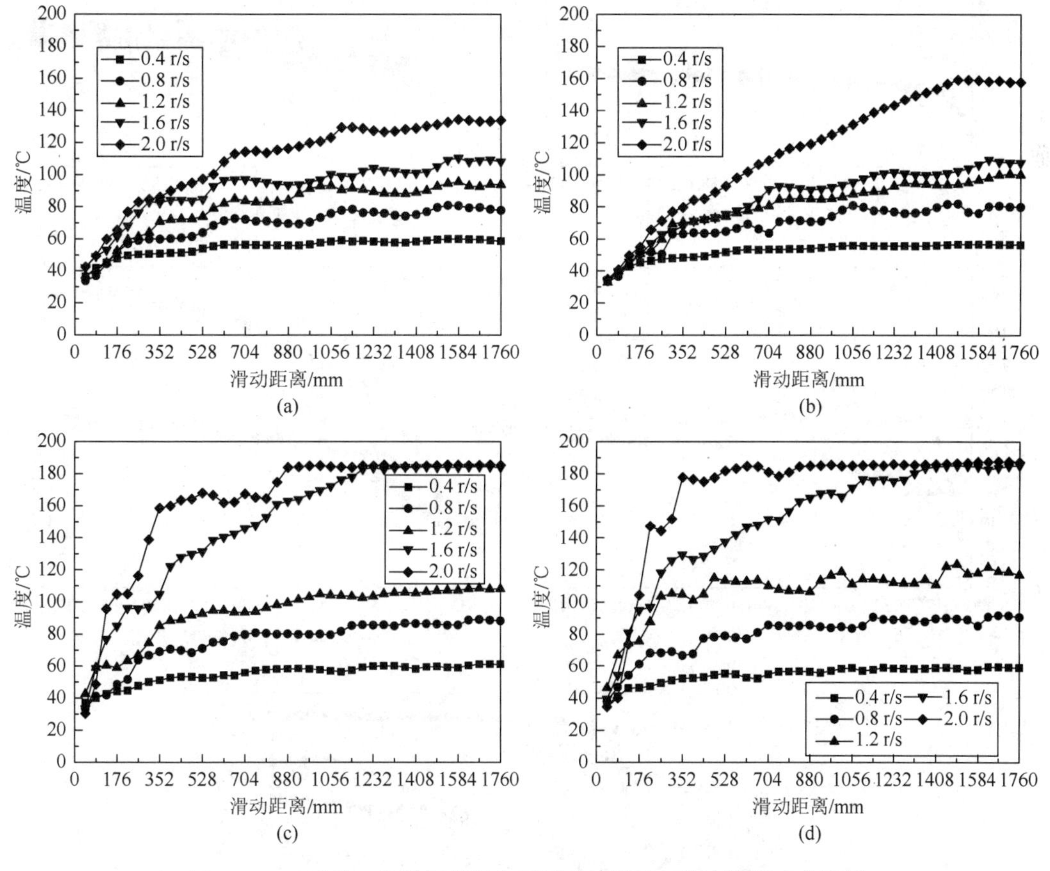

图 3-26　干摩擦三角股钢丝绳在不同卷筒转速下的摩擦温度曲线图

干摩擦三角股钢丝绳随摩擦行程的增加反复经历层间过渡阶段，不同交叉角度条件下的温度分布图如图 3-27 所示。在三角股钢丝绳接触摩擦初期，摩擦温度曲线迅速上升，但规律性不明显。这是因为钢丝绳在沿卷筒爬升运动初期受到来自卷筒的阻力，由于交叉角度不同，钢丝绳与卷筒上已缠绕的底层钢丝绳的接触位置和接触状态尚不稳定，造成摩擦温度波动很大。在摩擦稳定之后，三角股钢丝绳的摩擦温度与交叉角度之间存在联系：

当转速为 0.4 r/s 时(图 3-27(a))，摩擦行程达到 200 mm 左右时进入相对稳定阶段，摩擦行程结束后交叉角度为 0～12°的温度分别为 60.1℃、58.2℃、61.7℃、64.2℃，交叉角度不同对摩擦温度影响并不明显；当卷筒转速为 0.8～1.2 r/s 时(图 3-27(b)和(c))，三角股钢丝绳的摩擦温度随交叉角度增大开始出现波动；当卷筒转速大于 1.2 r/s 时(图 3-27(d)和(e))，不同交叉角度下的温度曲线均出现明显波动，具有温度温升大、增速快的特点，在摩擦行程达到 50%以上时摩擦温度趋于平稳。

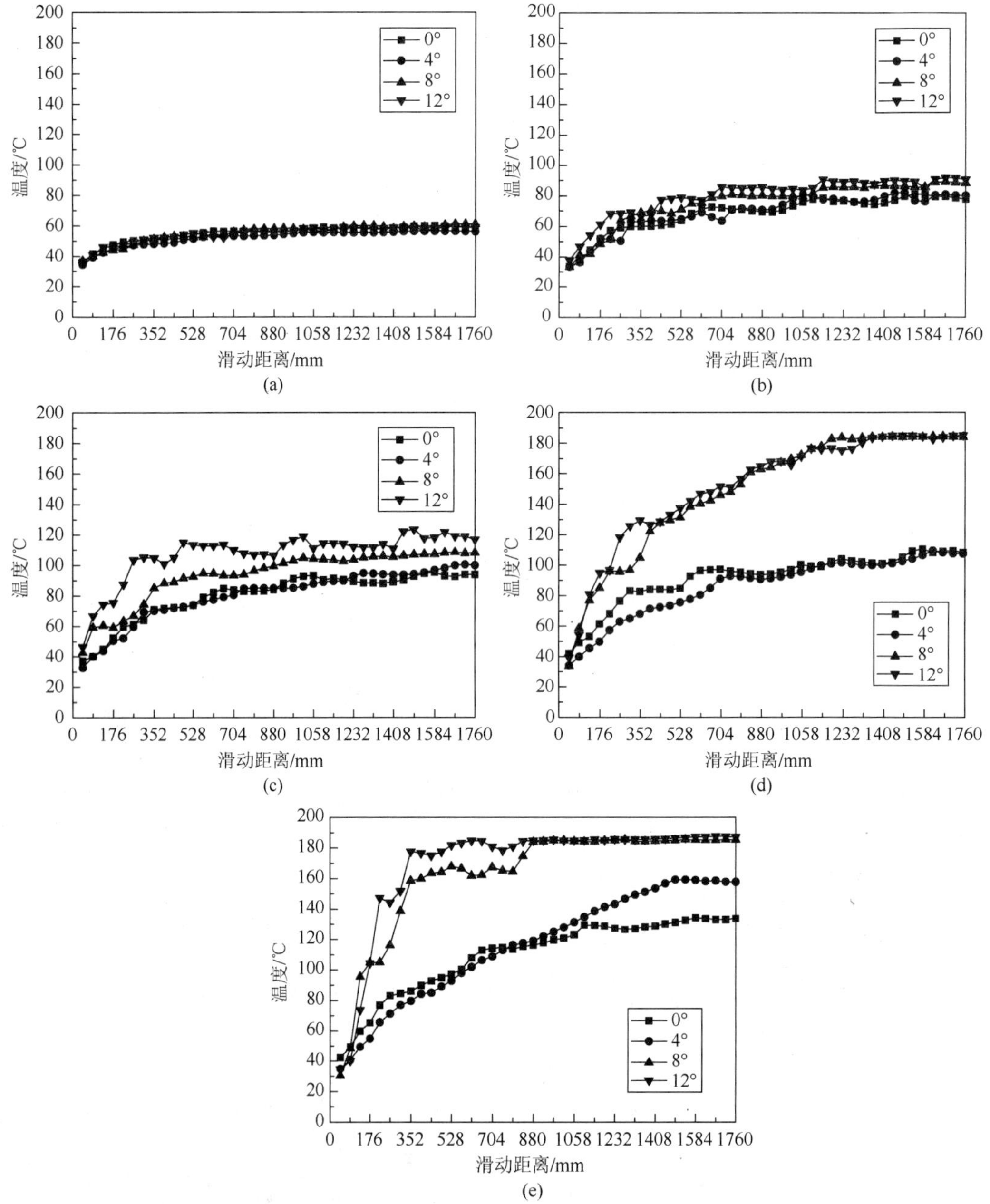

图 3-27　干摩擦三角股钢丝绳在不同交叉角度下的摩擦温度曲线图

3. 卷筒转速和交叉角度对磨损形貌的影响

为进一步探究不同绳股钢丝绳在层间过渡阶段的摩擦磨损特性，分析磨损三角股钢丝绳的表面形貌特征。图 3-28 为干摩擦三角股钢丝绳处于不同工况时表面磨损形貌的宏观和微观结果，利用工业显微镜对钢丝绳表面接触区域进行放大处理，椭圆区域内即为放大区域，放大倍数为 32 倍。

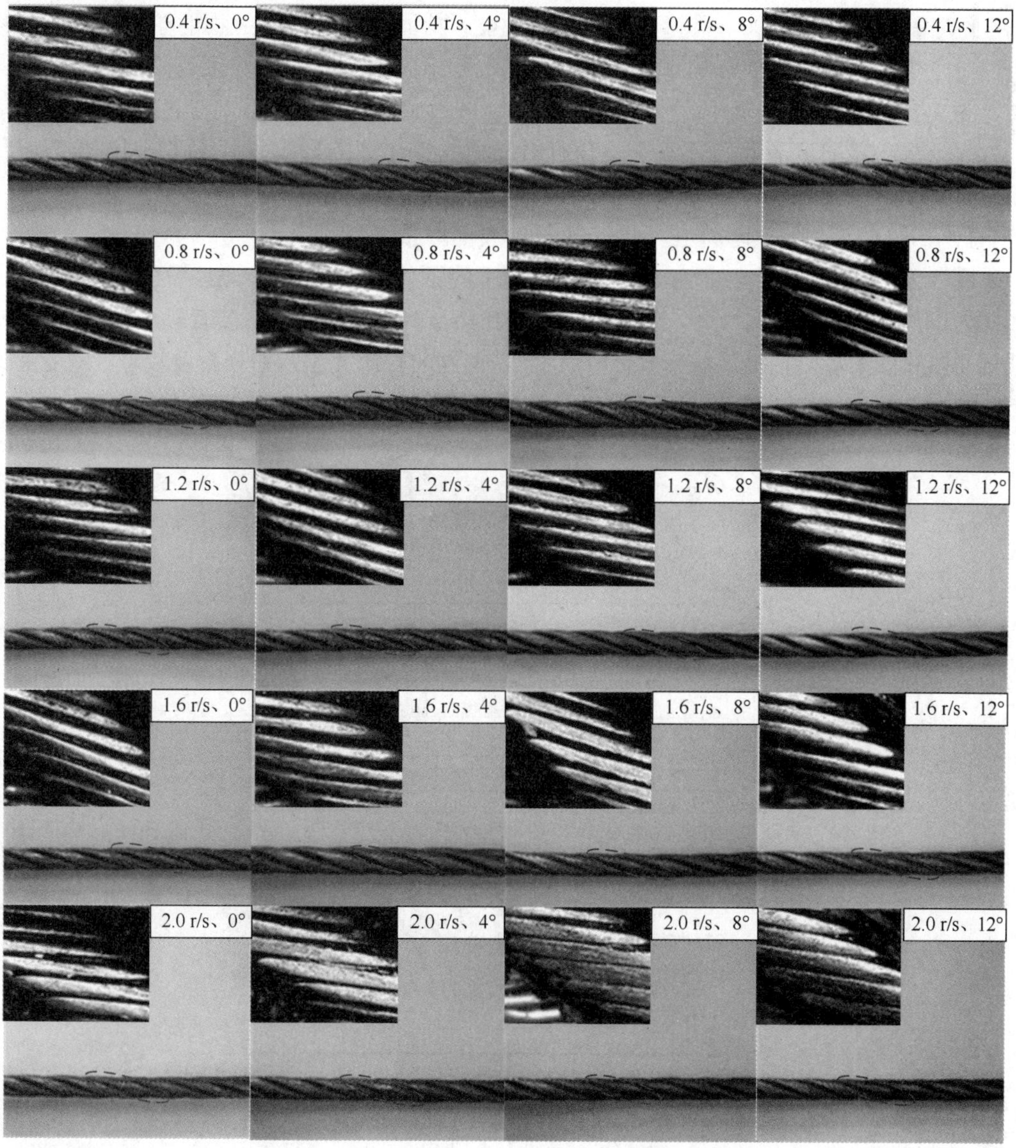

图 3-28 干摩擦三角股钢丝绳表面磨损形貌图

由图可知，在层间过渡阶段，随着卷筒转速升高和交叉角度增大，在相同的可视范围内钢丝绳的磨损区域面积变大，磨损程度显著加剧。在卷筒转速和交叉角度较小时，三角股钢丝绳表面磨损出现较浅的犁沟。但随着卷筒转速升高和交叉角度增大，钢丝表面被磨平，边缘出现熔渣和犁沟作用产生的磨屑。在层间挤压过程中，钢丝绳表面没有润滑脂的保护，磨屑充当微凸体改变了钢丝绳接触时的摩擦副，犁沟的产生是相互挤压过程中磨屑在钢丝绳表面滑动的结果。不仅如此，从宏观形貌图中可以看出当卷筒转速达到 1.6 r/s 以上时，过高的摩擦温度致使钢丝绳接触区域表面出现深棕色灼伤痕迹。该灼伤痕迹是由相对滑动摩擦产生高温导致的结果。高温使三角股钢丝绳接触区域的材料发生部分烧蚀氧化，此时氧化磨损量增加，材料性质也因此改变，从而对后续摩擦过程的摩擦副之间的接触性质产生影响，进一步影响摩擦系数，这也是三角股钢丝绳的摩擦系数在该阶段突然升高（图 3-14）的原因之一。

为了进一步研究卷筒转速和交叉角度对三角股钢丝绳的影响，利用 SM-1000 三维形貌仪对表面磨损形貌进行进一步分析，深入了解其磨损特征。

1）干摩擦三角股钢丝绳在不同转速下的表面磨损形貌

图 3-29 给出了交叉角度为 8°时不同转速下的钢丝绳表面磨损形貌特征，箭头所指截面即为钢丝绳剖面。由图可知，当卷筒转速为 0.4 r/s 时，钢丝绳表面仅有轻微银白色区域，从剖面曲线图来看，扫描区域为 6～7 根钢丝，钢丝的轮廓完整，磨损程度较轻。随着卷筒

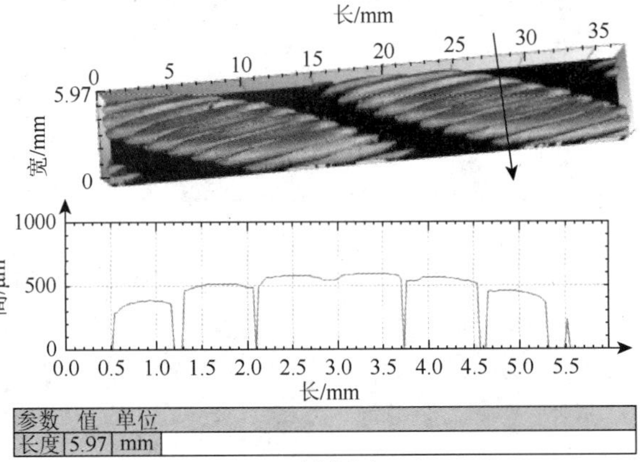

(a) 0.4 r/s

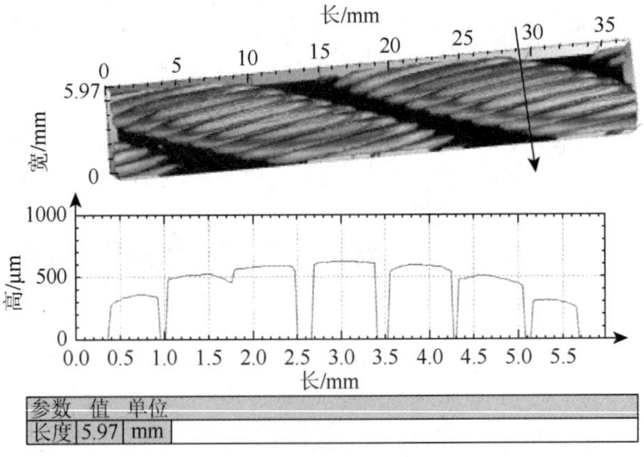

(b) 0.8 r/s

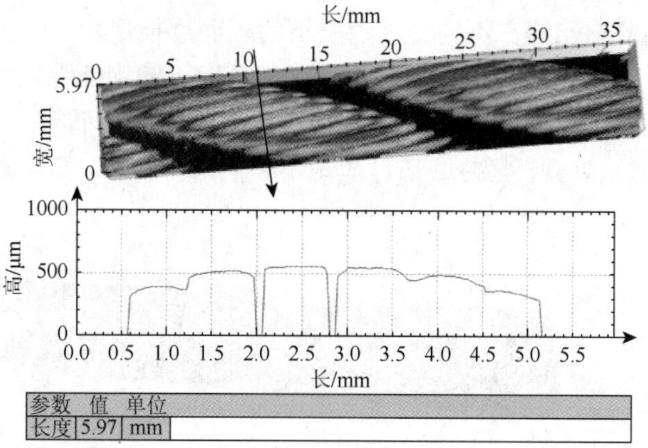

(c) 1.2 r/s

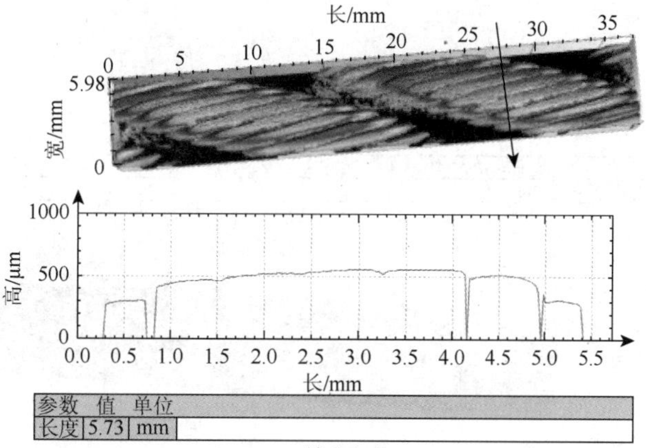

(d) 1.6 r/s

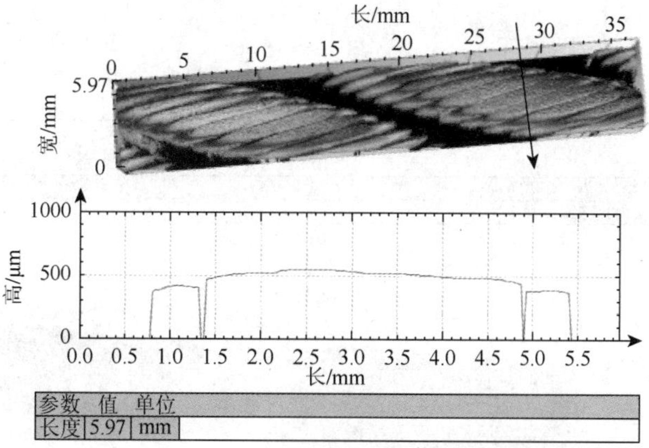

(e) 2.0 r/s

图 3-29　交叉角度为 8°时不同转速下的钢丝绳表面磨损形貌特征

转速升高，银白色区域面积不断增大，在视野内已观察不到钢丝之间的间隙，钢丝绳表面被完全磨平，整体近似呈现为平滑的金属平面，磨损面积及材料缺失程度均大幅上升。尤其当卷筒转速为 2.0 r/s 时，此时滑动速度达到 22.0 mm/s，扫描区域的银白色面积增至最大，剖面轮廓成为一段完整的弧线，表明钢丝绳表面几乎完全磨损。

2）干摩擦三角股钢丝绳在不同交叉角度下的表面磨损形貌

图 3-30 给出了卷筒转速为 1.6 r/s 时不同交叉角度下的钢丝绳表面磨损形貌特征。由图可知，三角股钢丝绳的表面磨损形貌特征与圆股钢丝绳完全不同，不存在“褶皱”现象以及“波浪状”的磨痕外观，整体磨损形貌是单一的磨平特征，交叉角度的不同并没有对

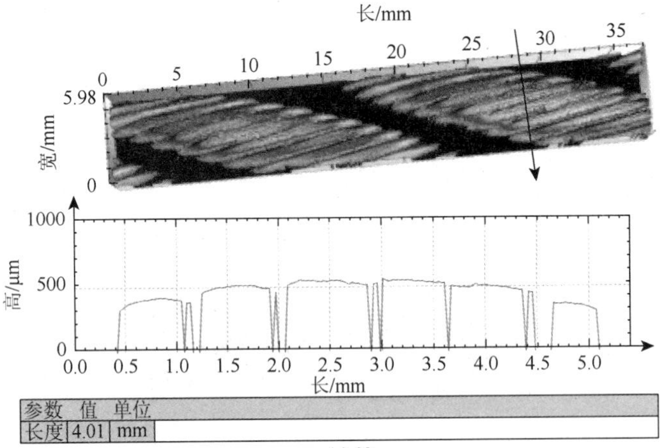

(a) 0°

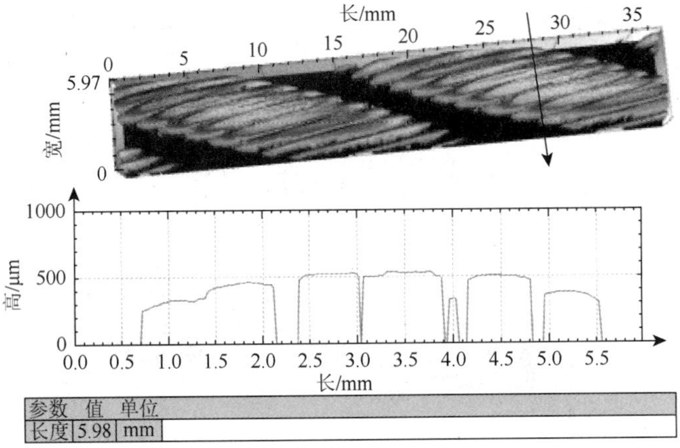

(b) 4°

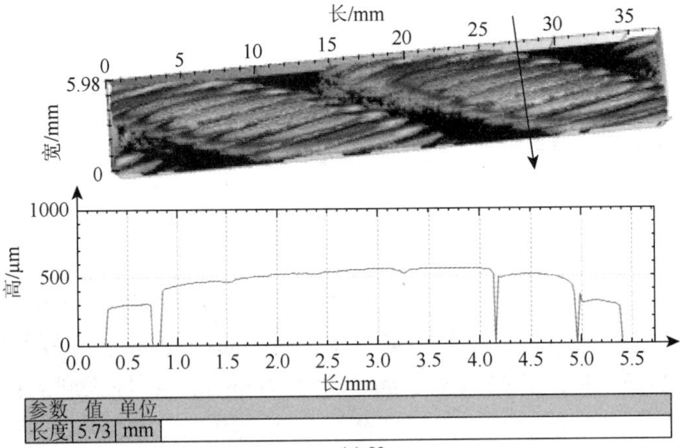

(c) 8°

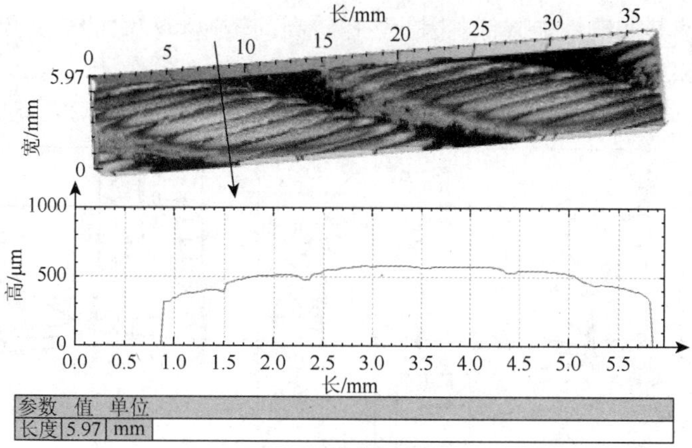

(d) 12°

图 3-30　转速为 1.6 r/s 时不同交叉角度下的钢丝绳表面磨损形貌特征

其表面形貌特征造成影响。从剖面曲线来看，当交叉角度为 0°时，钢丝之间间隙较为明显，绳股截面结构完整，仅有轻微钢丝表面材料缺失；当交叉角度大于 4°时，参与磨损的钢丝绳的剖面连成一条曲线，钢丝间隙明显减小；当交叉角度为 12°时，磨损面积增大，磨损表面近似于一条水平线，磨损较为严重。由此可知，随交叉角度的增大，三角股钢丝绳磨损面积增加，磨损程度加重。

3.6.2　润滑状态钢丝绳摩擦行为研究

1. 卷筒转速和交叉角度对摩擦系数的影响

图 3-31(a)为润滑三角股钢丝绳层间摩擦系数随卷筒转速的变化曲线图。当交叉角度不超过 4°时，随卷筒转速增加，摩擦系数变化较小且曲线变化幅度较为平缓，摩擦系数在 0.15～0.20 波动；当交叉角度大于 4°时，随卷筒转速增加，钢丝绳摩擦系数急剧上升，在转速为 1.6 r/s 时其值分别为 0.16、0.25，在转速为 2.0 r/s 时，摩擦系数分别为 0.25、0.29。图 3-31(b)为润滑三角股钢丝绳层间摩擦系数随交叉角度的变化曲线图。当转速不超过 1.2 r/s、交叉角度从 0°增加至 12°时，摩擦系数在 0.15～0.20 波动，出现小幅度下降。当转速为 1.6 r/s、在交叉角度为 8°时摩擦系数呈现急剧上升趋势。当转速为 2.0 r/s、交叉角度从 0°增加至 12°时，摩擦系数呈现上升趋势。总体来看，随着交叉角度增加，摩擦系数大部分相对稳定。

润滑三角股钢丝绳摩擦系数曲线与干摩擦三角股钢丝绳变化趋势相似。与干摩擦状态相比，在较低转速下，润滑三角股钢丝绳摩擦系数减小幅度均大于 0.05。此外，润滑三角股钢丝绳在转速为 1.6 r/s、交叉角度为 12°时摩擦系数为 0.16，同工况下干摩擦状态的摩擦系数为 0.29。由此可见，三角股钢丝绳润滑状态的改变虽对不同卷筒转速工况下摩擦系数的相对变化趋势影响较小，但对降低摩擦系数具有重要作用。这是因为钢丝绳层间润滑脂的均匀涂抹使摩擦表面被完全覆盖，并渗透至绳芯处，有效降低了相对滑动过程中的摩擦阻力，从而使摩擦系数降低。但随着摩擦行程的增加，摩擦区域温度较高，改变了润滑脂的物理状态，使其润滑性能降低。因此，在较高的转速和较大的交叉角度下，润滑三角股钢丝绳的摩擦系数接近于同工况下干摩擦状态时的摩擦系数。

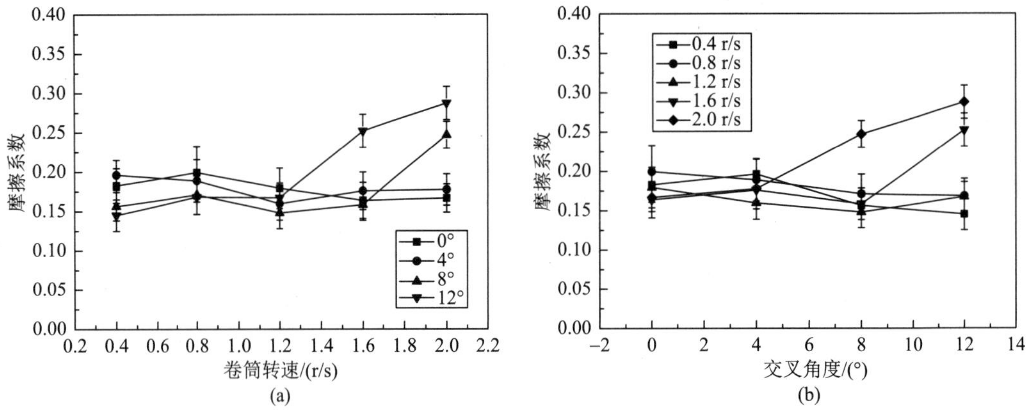

图 3-31　润滑三角股钢丝绳层间摩擦系数变化图

除个别工况之外，三角股钢丝绳在层间过渡阶段的摩擦系数整体在 0.2 以下，低于圆股钢丝绳。但在卷筒转速为 1.6～2.0 r/s、交叉角度为 12°时，三角股钢丝绳的摩擦系数与圆股钢丝绳近似相同。这是由两种钢丝绳之间的接触形式差异造成的：圆股钢丝绳层间接触为点接触，而三角股钢丝绳层间接触为面接触。在圆股钢丝绳未发生磨损之前，层间过渡阶段钢丝绳的接触应力较大，在跨越绳峰时受到较大的阻力，随着摩擦行程增加，钢丝绳表面发生磨损接触面积增加且表面更为平滑，层间接触形式发生变化。在较高的卷筒转速和较大的交叉角度下表面磨损更为严重。因此卷筒转速越高，两种类型钢丝绳在层间过渡阶段的摩擦系数差别越小。

2. 卷筒转速和交叉角度对摩擦温度的影响

由图 3-32 可知，在摩擦开始阶段，润滑三角股钢丝绳摩擦温度曲线迅速上升，随着摩擦行程增加，摩擦温度曲线增速减小直至斜率接近于零，温度达到稳定状态不再上升，波动幅度较小。当交叉角度为 0°时(图 3-32(a))，不同卷筒转速下的摩擦温度分布均匀，在摩擦结束时转速从 0.4～2.0 r/s 的摩擦温度分别为 60.1℃、77.5℃、87.6℃、92.3℃、106.1℃。随着速度升高，摩擦温度增幅明显。与干摩擦状态相比，润滑状态下三角股钢丝绳的摩擦温度明显更低，而且定交叉角度下不同转速之间的摩擦温度曲线的分布更为集中，曲线斜率和波动幅度均较小，尤其是对于转速较高的工况影响显著。当交叉角度为 4°(图 3-32(b))、转速为 2.0 r/s 时，摩擦温度为 127.9℃，同工况干摩擦三角股钢丝绳的摩擦温度为 157.7℃，降低了约 30℃；当交叉角度为 8°(图 3-32(c))、转速为 1.6 r/s 时摩擦温度为 126.5℃，同工况下干摩擦三角股钢丝绳的摩擦温度为 183.9℃，温差为 58℃左右，同时该工况下钢丝绳的摩擦系数与干摩擦相比也明显减小。随着交叉角度增大到 12°(图 3-32(d))，不同转速对应摩擦温升曲线间差异更加明显。当转速大于 1.2r/s 后，摩擦温升快速增大。由此可知，润滑脂在钢丝绳爬升过程中不仅能有效地降低摩擦温度，还能起到减摩抗磨的效果。

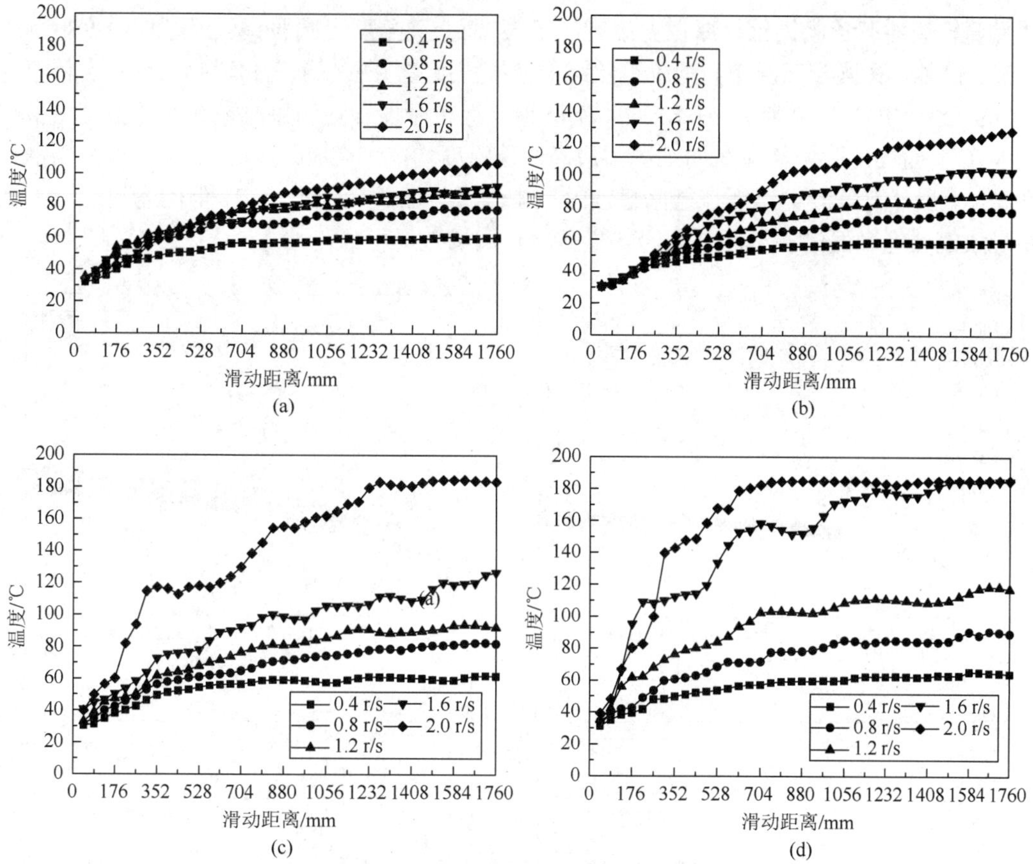

图 3-32　润滑三角股钢丝绳在不同转速下的摩擦温度曲线图

图 3-33 为卷筒转速恒定时，润滑三角股钢丝绳摩擦温度随交叉角度变化的曲线图。由图可知，不同交叉角度下三角股钢丝绳摩擦温度曲线发散程度明显小于图 3-32。在转速较小时(图 3-33(a)～(c))，交叉角度从 0°增加至 12°时，三角股钢丝绳的摩擦温度大致为 90℃以下，差值较小。在转速为 1.6 r/s(图 3-33(d))时，交叉角度在小于 8°时摩擦温度较低，在 120℃以下，在交叉角度为 12°时，摩擦温度较高，达到 184.7℃；而在转速为 2.0 r/s(图 3-33(e))、交叉角度从 0°增加至 12°时，处于相对稳定阶段的摩擦温度分别为 106.5℃、127.9℃、183.3℃、190.1℃，温升较为明显。

就摩擦热这一角度来说，两种类型钢丝绳的相同之处为：随着摩擦行程的增加，摩擦温度在起始阶段迅速上升，在小幅度波动后逐渐趋于稳定状态。当交叉角度为 4°时，两种类型的钢丝绳在滑动过程中的摩擦温度值均低于其他交叉角度下，由此可知：在层间过渡过程中，当爬升时的交叉角度取 0°～4°时，不仅可以使摩擦温度更为稳定，在应用于提升速度较快的场合时，对恶劣工况的包容度也更高。

两种类型钢丝绳的不同之处为：随摩擦行程的增加，圆股钢丝绳的温度波动比三角股钢丝绳明显，但三角股钢丝绳到达相对稳定阶段所经历的时间更久。在转速恒定时，随着交叉角度增大，三角股钢丝绳摩擦温度变化曲线比同工况的圆股钢丝绳分布更加集中。说明卷筒转速对三角股钢丝绳摩擦温度影响更大，而交叉角度对圆股钢丝绳摩擦温度影响更明显。此外，在同一工况下，圆股钢丝绳的摩擦温度均明显小于三角股钢丝绳：当转速为 0.8 r/s、交叉角度从 0°增加到 12°时，圆股钢丝绳在摩擦行程结束时最高摩擦温度均未超过 80℃，而三角股钢丝绳在同工况下最高摩擦温度均在 80℃以上。这说明：与圆股钢丝绳相比，虽然三角股钢丝绳在层间过渡过程中温度方面的表现更稳定，但因为温度过高极易导致钢丝绳表面的润滑脂被高温热量融化，润滑效果不佳。

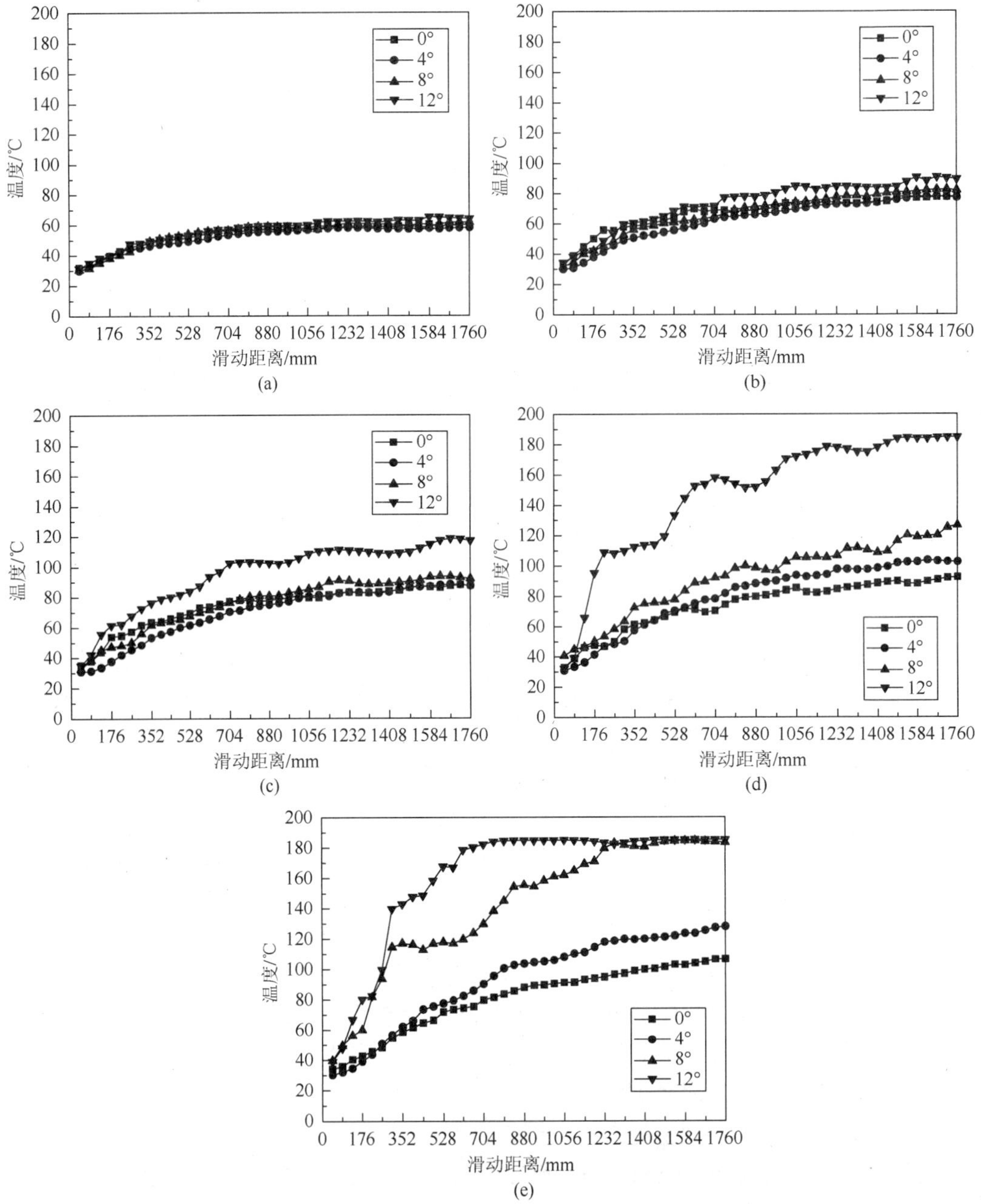

图 3-33　润滑三角股钢丝绳在不同交叉角度下的摩擦温度曲线图

3. 卷筒转速和交叉角度对磨损形貌的影响

为了对圆股钢丝绳和三角股钢丝绳的磨损情况形成直接对照，特以润滑三角股钢丝绳的表面形貌与同状态圆股钢丝绳对比研究，分析不同绳股钢丝绳在层间过渡阶段的磨损特征。图 3-34 给出了润滑状态下三角股钢丝绳处于不同工况下的宏观和微观磨损形貌结果，微观放大倍数为 32 倍。

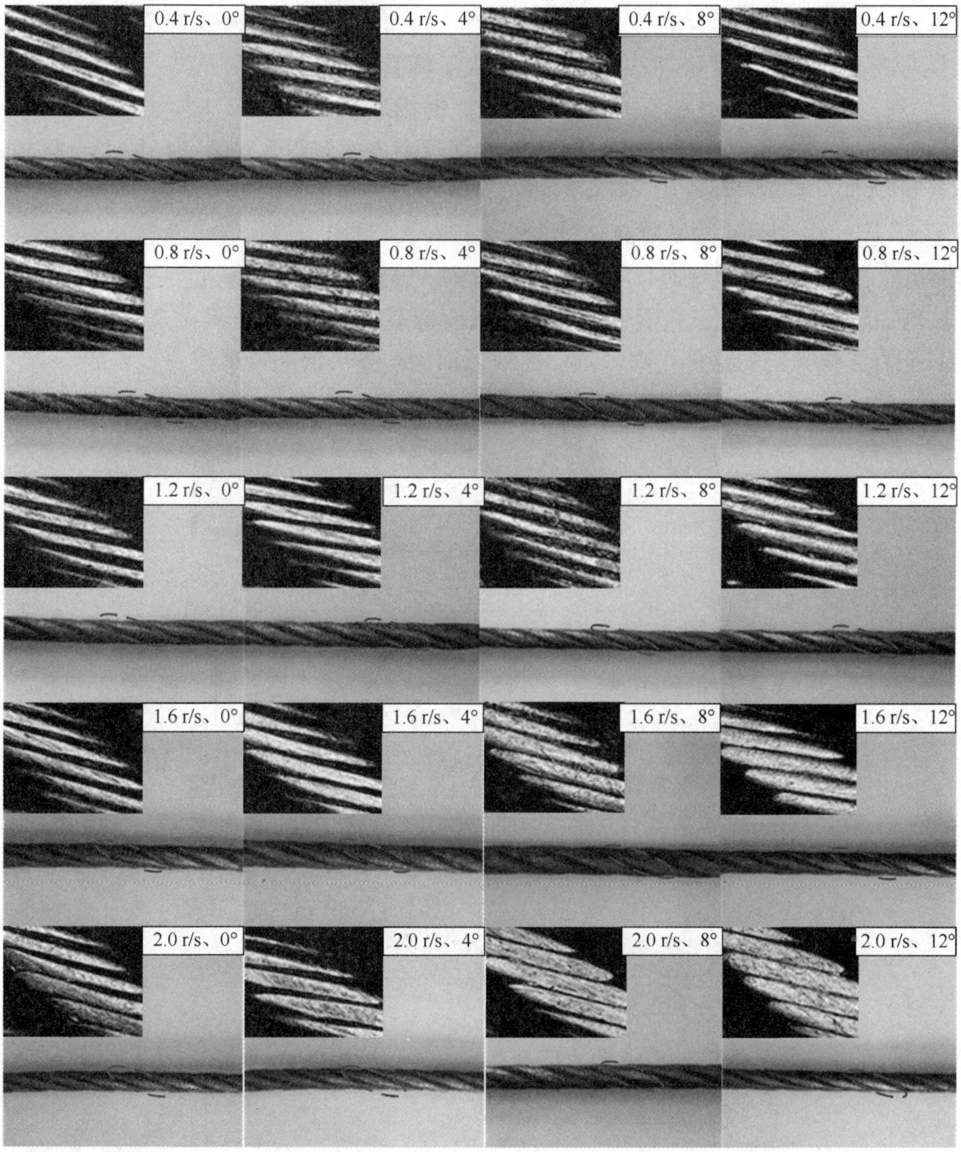

图 3-34　润滑三角股钢丝绳表面磨损形貌图

由图可知，与干摩擦三角股钢丝绳的表面磨损特征相似，随卷筒转速和交叉角度增大，润滑三角股钢丝绳表面呈现由少量磨痕向大范围磨平现象的过渡过程。当转速和交叉角度均处于较低水平时，钢丝间隙被润滑脂充满充分润滑，表面磨损程度不严重，存在少量划痕；当卷筒转速超过 1.2 r/s 时，钢丝绳表面磨损加剧，磨损面积及深度呈现增大的趋势，材料缺失严重，在图上可清晰观察到表面钢丝被磨平并有方向一致的划痕存在。这是因为在滑动摩擦过程中，因润滑脂自身黏性，摩擦产生的磨屑无法沿捻角方向被顺利排出，而是附着在润滑脂上造成润滑油脂的污染。同时磨屑的滞留改变了摩擦副的性质，在钢丝绳相对滑动过程中充当研磨介质促使钢丝绳表面犁沟效应的产生。

为进一步研究卷筒转速和交叉角度对润滑三角股钢丝绳的影响，利用 SM-1000 三维形貌仪对表面磨损形貌进行进一步分析，深入了解其磨损特征。

1）润滑三角股钢丝绳在不同转速下的表面磨损形貌

图 3-35 为交叉角度为 8°时不同转速下的钢丝绳表面磨损形貌特征，图中绳股之间的浅色絮状物即为钢丝绳润滑脂，箭头所指截面为钢丝绳剖面。由于三角股钢丝绳表面为面接触类型，因此在摩擦时该类型钢丝绳接触面积较大，集中于钢丝绳表面的 6 根钢丝左右。由图可知，当交叉角度恒定时，随卷筒转速升高，磨损区域扩展到钢丝边缘，磨损面积增加。从剖面轮廓图可知，三角股钢丝绳剖面弧度减小，钢丝之间的间隙逐渐变小，从截面方向只能看到钢丝绳的整体轮廓，剖面曲线近似为一条平滑的轮廓线。

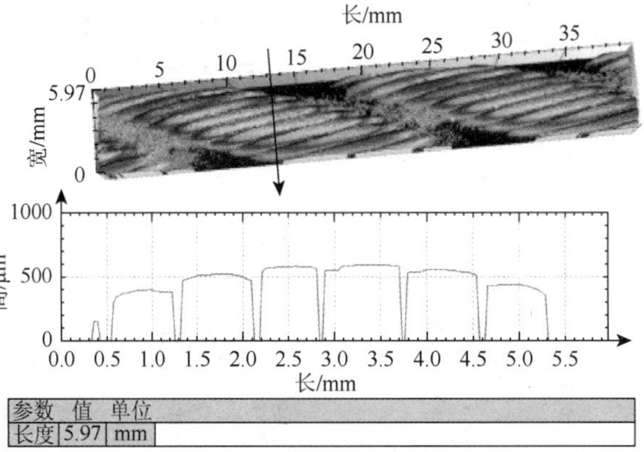

(a) 0.4 r/s

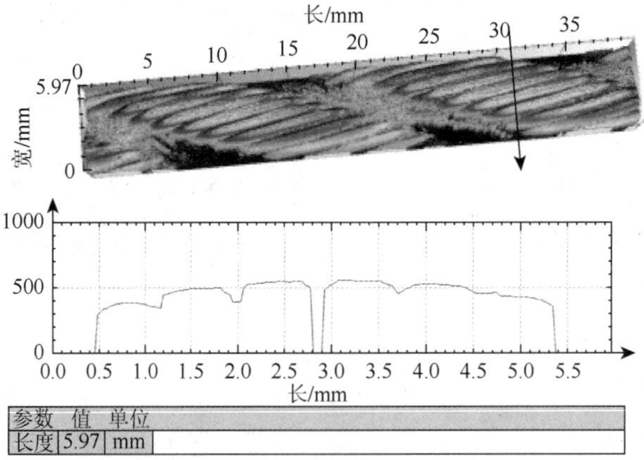

(b) 0.8 r/s

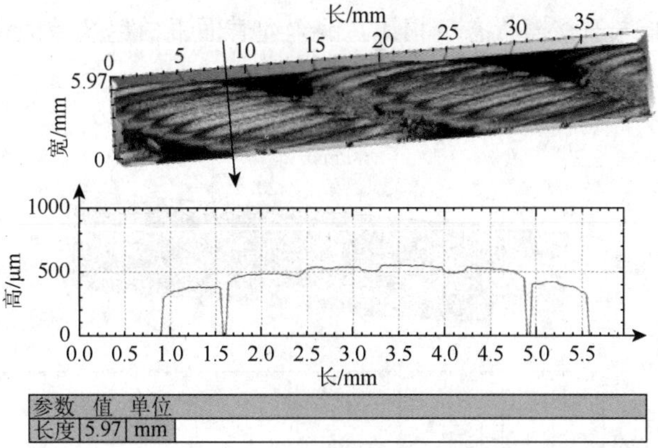

(c) 1.2 r/s

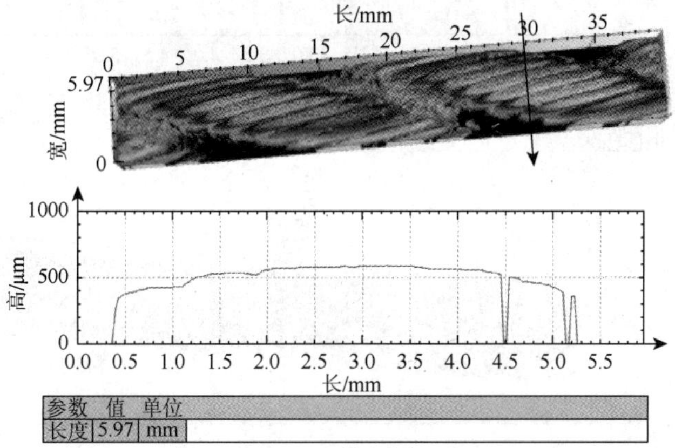

(d) 1.6 r/s

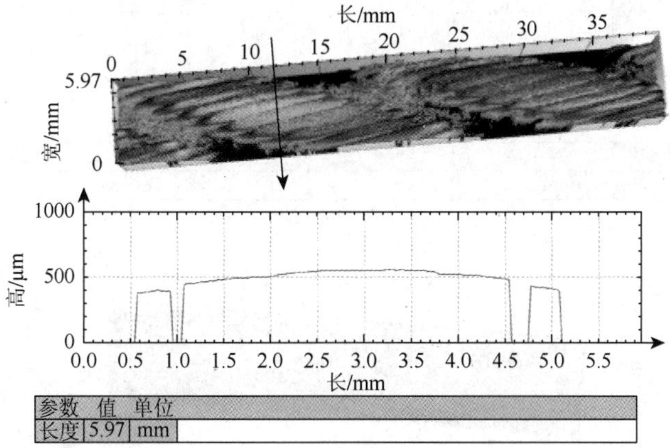

(e) 2.0 r/s

图 3-35　交叉角度为 8°时不同转速下的钢丝绳表面磨损形貌特征

2）润滑三角股钢丝绳在不同交叉角度下的表面磨损形貌

图 3-36 给出了卷筒转速为 1.6 r/s 时不同交叉角度下的钢丝绳表面磨损形貌特征。可以看出钢丝间的间隙不明显，这是因为此时三角股钢丝绳处于润滑状态下，钢丝之间充满润滑脂，出现剖面曲线不明显的情况。随交叉角度增大，三角股钢丝绳的磨损程度严重，

表面不断被磨平。但与干摩擦状态下相比，钢丝绳表面银白色区域面积减小，说明磨损程度减轻。

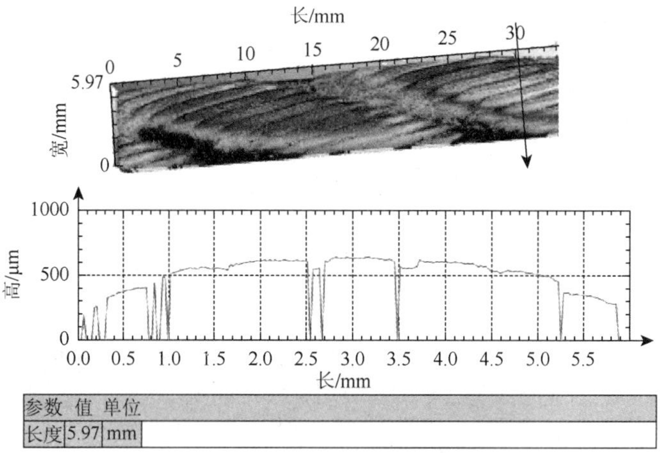

(a) 0°

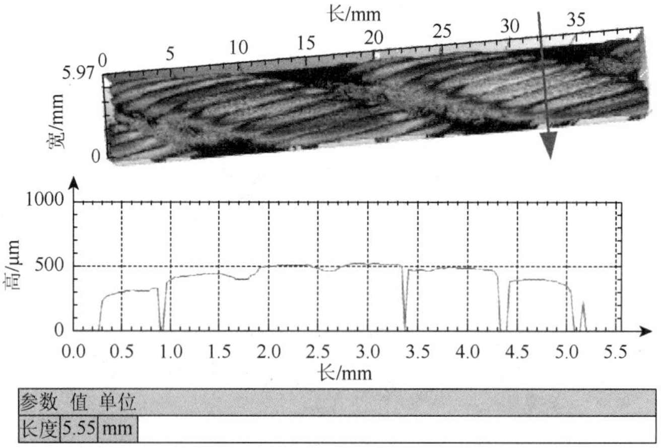

(b) 4°

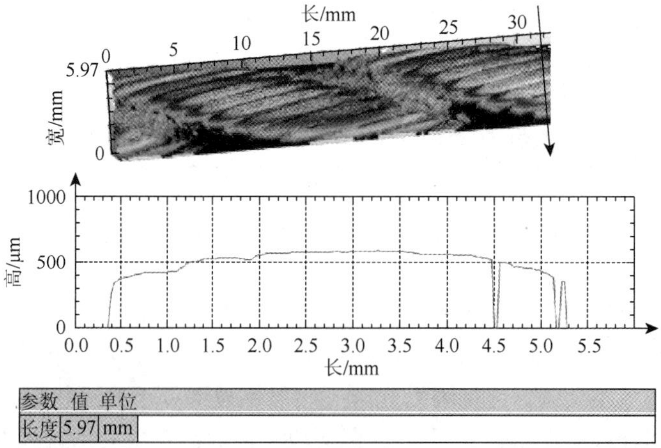

(c) 8°

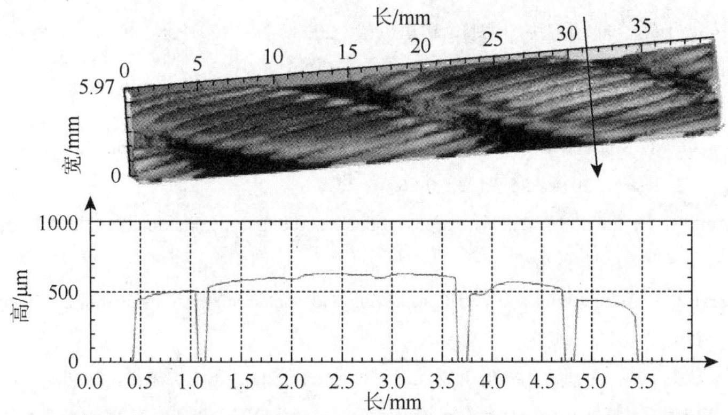

参数	值	单位
长度	5.97	mm

(d) 12°

图 3-36 转速为 1.6 r/s 时不同交叉角度下的钢丝绳表面磨损形貌特征

对比相同试验参数下干摩擦三角股钢丝绳可知：在卷筒处于低转速时，干摩擦三角股钢丝绳表面已出现磨损，而润滑三角股钢丝绳在卷筒转速达到 1.6 r/s 时才出现明显磨损和材料缺失现象，润滑脂的存在起到良好的抗磨效果；在卷筒转速较高时，钢丝绳润滑状态对表面磨损情况并无影响，在视野范围内三角股钢丝绳的磨损形貌较为相似。经分析，由摩擦温度曲线（图 3-26、图 3-32）可知，当转速超过 1.6 r/s 时，钢丝绳表面温度较高，润滑脂在高温下已达到滴点，被层间滑动挤出接触区域，因此润滑三角股钢丝绳表现出与干摩擦状态下相似的磨损情况。以上现象表明润滑脂在钢丝绳层间过渡阶段能够起到减摩抗磨的效果，延长钢丝绳使用寿命。

与润滑圆股钢丝绳表面磨损形貌比较可知：三角股钢丝绳的接触区域一般集中于接触表面的 5～6 根钢丝，而圆股钢丝绳则集中于 3～4 根钢丝。这说明这两种类型的钢丝绳的接触方式不同，处于层间过渡阶段的三角股钢丝绳在爬升过程中的接触面积更大，因此在相同载荷作用下单根钢丝所受到的接触应力更小，磨损程度相比同工况下的圆股钢丝绳更轻，材料缺失量更少。另外，两者的表面磨损特征也有所不同，在圆股钢丝绳摩擦过程中磨损情况严重，甚至出现凹形磨槽，但在三角股钢丝绳中仅有磨平现象存在，且勾丝、断丝现象大幅度减少。分析认为这与钢丝绳之间的接触形式和钢丝硬度有关，三角股钢丝绳为面接触钢丝绳，表面较为平滑，而圆股钢丝绳为点接触钢丝绳，接触形式的差异造成钢丝绳在摩擦接触过程中钢丝所承受的接触应力存在较大差异，且柔软性较好的圆股钢丝绳在跨越绳峰时会产生较大冲击，造成表面进一步磨损。因此，对比层间过渡阶段中处于相同润滑状态和工况下圆股钢丝绳和三角股钢丝绳的磨损程度，三角股钢丝绳表现出良好的耐磨性能。

参 考 文 献

[1] 利歌. 卷筒绳槽的选择[J]. 建筑机械：上半月，2001，（1）：42-43.

[2] 张本初. 钢丝绳多层缠绕工作条件的改善问题[J]. 矿山机械，1982，6：20-26.

[3] 杨厚华. 双层缠绕时偏角对钢绳磨损的影响[J]. 贵州工业大学学报（自然科学版），1988，1：61-68.

[4] 杨厚华. 双层缠绕提升钢丝绳咬绳力的计算[J]. 矿山机械，2000，28（12）：38-39.

[5] 杨厚华. 多层缠绕提升钢丝绳的使用[J]. 煤矿机械，2000，（12）：50-52.

[6] 刘大强. 多层缠绕钢丝绳间摩擦力的分析[J]. 起重机，2003，（1）：1-2.

[7] Matejić M，Blagojević M，Marjanović V，et al. Tribological aspects of the process of winding the steel rope around the winch drum[J]. Tribology in Industry，2014，36（1）：90-96.

[8] İmrak C E，Erdönmez C. On the problem of wire ropes model generation with axial loading[J]. Mathematical & Computational Applications，2010，15（2）：259-268.

[9] Erdönmez C，Imrak C E. Wire strand and IWRC modeling and contact analysis using finite elements[J]. Key Engineering Materials，2011，450：115-118.

[10] 田春伟，马军星，王进，等. 基于 ADAMS 的钢丝绳建模方法研究[J]. 建筑机械化，2014，（7）：42-44.

[11] 秦万信，杨浩，王安安. 对特殊结构平行捻密实钢丝绳特性的认识[J]. 金属制品，2011，37（1）：1-6.

[12] Song J，Cao G H，Cao Y G，et al. Modeling method and analysis of geometric characteristic for triangle strand rope[J]. Modern Manufacturing Engineering，2012，32（11）：14-18.

[13] Song J，Cao G，Cao Y，et al. Visual Modeling method and analysis of geometric characteristic for triangle helical structure in mechanical engineering[J]. Lecture Notes in Electrical Engineering，2012，176（A1）：33-40.

[14] Stanová E. Geometrical modeling of steel ropes[J]. Selected Scientific Papers-Journal of Civil Engineering，2013，8（2）：85-92.

[15] Stanová E. Geometric model of the rope created of oval strands[J]. Transport & Logistics，2013：1-7.

[16] 孟凡明，何敬，陈原培，等. 椭圆股和三角股钢丝绳扭转及弯曲性能研究[J]. 华中科技大学学报（自然科学版），2017，45（3）：8-16.

[17] 刘大强，徐洪泽，郭永兴. 多层缠绕钢丝绳间摩擦力的分析[J]. 起重运输机械，2003，（4）：23-24.

[18] 胡志辉，胡吉全. 双折线式卷筒多层卷绕中钢丝绳磨损损伤分析[J]. 武汉理工大学学报（交通科学与工程版），2011，35（6）：1289-1292.

[19] 缑庆林. 三角股钢丝绳的应用领域[J]. 金属制品，2008，34（4）：26-28.

第 4 章　钢丝绳冲击摩擦磨损特性研究

4.1 概　　述

在钢丝绳多层缠绕过程中，除了层间过渡磨损，绕入钢丝绳过渡到下层相邻钢丝绳形成的绳槽中时，绕入钢丝绳对已缠绕钢丝绳存在明显的冲击现象。而且缠绕钢丝绳的提升加速度变化也加剧上、下层钢丝绳间的冲击，这些冲击作用直接影响钢丝绳的摩擦损伤性能。

钢丝绳间冲击摩擦磨损主要由多层缠绕过程中的层间、圈间过渡和提升系统的振动引起。国内外学者针对相关问题已开展大量研究。龚宪生等[1]对钢丝绳多层缠绕过渡过程进行了研究，推导出圈间过渡长度和过渡角度的理论计算公式，研究表明根据此公式设计绳槽参数，可降低圈间过渡钢丝绳的冲击振动和磨损，并保证圈间过渡平稳进行。李晓光等[2]结合钢丝绳动张力微分方程和 MATLAB/Simulink 模块，研究了钢丝绳圈间过渡的加速度变化及其对自身张力的影响规律。

为了掌握缠绕提升卷筒对钢丝绳振动的影响，包继虎等[3, 4]以曳引电梯钢丝绳为研究对象，考虑变形产生的几何非线性因素的影响，应用 Hamilton 原理先后建立了提升系统变长度钢丝绳纵向和横向振动控制方程，为变长度提升钢丝绳振动特性的分析提供了理论基础。此外，提升高度的变化对钢丝绳振动的影响同样十分明显，寇保福等[5]针对钢丝绳长度变化的柔性特性，结合 Kelvin 黏弹性模型，建立了基于 Hamilton 原理的柔性提升系统钢丝绳横向振动的控制方程，分析了横向振动振幅和提升高度的关系。在矿井提升中，多绳摩擦式提升机应用广泛，Yao 等[6, 7]主要针对落地式多绳摩擦矿井提升系统摩擦卷筒和天轮之间的钢丝绳横向振动进行了理论分析研究，他们提出该段钢丝绳的大幅横向振动可能引起钢丝之间的相互碰撞，造成钢丝绳表面的损坏，并减小钢丝绳的使用寿命和强度。随着矿井开采深度的不断增加，诸多学者对超深矿井中钢丝绳的振动特性展开研究。王成明等[8]针对超深井提升建立了钢丝绳张力和变形的微分方程，借助 MATLAB/Simulink 建立仿真模型并进行仿真，通过对仿真结果的横向和纵向对比分析，得出提升钢丝绳的张力和变形等在各因素下的变化规律，从而寻求改善和抑制提升过程中的钢丝绳纵向振动的方法。Steinboeck 等[9]提出利用钢丝绳横向自由度来描述其横-纵耦合振动行为，并建立了相应的数学模型，研究了移动悬绳耦合振动的变化规律。为探究服役钢丝绳振动特性，Peng 等[10]基于 Hamilton 原理建立了钢丝绳提升系统振动方程，研究了不同绳槽激励对悬绳横向振动特性的影响。蔡翔等[11]利用图像处理技术和特征提取方法对钢丝绳横向振动进行了检测，实现了钢丝绳健康运行状态的快速识别。Kaczmarczyk 等[12]建立了一个带有调谐质量阻尼器的钢丝绳-质量系统动力学模型，探究了钢丝绳的非线性振动特性。

已有文献对钢丝绳多层缠绕过程和提升系统振动特性进行了较多的研究，但由此导致的绳间冲击摩擦磨损问题却少有涉及。因此，基于绕入钢丝绳层间冲击瞬间钢丝绳的接触特性，设计钢丝绳冲击摩擦磨损试验方案，并通过钢丝绳冲击摩擦试验台开展层间钢丝绳缠绕冲击摩擦学性能研究[13-15]，探究绕入钢丝绳层间冲击瞬间钢丝绳摩擦磨损特性，可为提高缠绕钢丝绳的使用寿命提供基础数据。

4.2 钢丝绳冲击摩擦磨损试验台及方案

4.2.1 钢丝绳卷绕过程冲击摩擦问题分析

由图 3-5 和图 3-6 分析可知，钢丝绳在绕入卷筒过程中始终与支撑绳相接触，并在支撑绳的推挤、导向作用下，钢丝绳绕入绳槽实现有序规则缠绕。通过考察钢丝绳的绕入绳槽阶段与导向绳接触情况，新绕入钢丝绳处于非稳定状态，钢丝绳并非逐步平稳绕入绳槽，而是快速滑落冲入绳槽，对下一层两相邻绳圈产生冲击作用。在实际工况缠绕式提升机高速多层卷绕提升时，这种绕入冲击更加显著；同时缠绕提升钢丝绳层间过渡阶段，也存在因钢丝绳卷绕速度变化引起的冲击作用。在卷筒卷绕现场能够听到清脆的冲击声音。

钢丝绳在卷筒上缠绕位置的不同，其冲击作用程度也不同。钢丝绳缠绕过程中的冲击作用主要分为以下几种情况。

1）导向绳为下一层钢丝绳的绕入冲击

卷筒每层前半层平行段钢丝绳卷绕过程如图 3-5 所示，此时导向绳为下一层钢丝绳 P。钢丝绳在截面 A-A 状态开始接触导向绳，接触形式为线接触，此时钢丝绳处于临界稳定状态；随后钢丝绳与导向绳接触进入不稳定状态，即截面 B-B 位置，此后钢丝绳在提升张力作用下直接冲击进入绳槽，对下层钢丝绳产生明显冲击作用；冲击过程结束后，钢丝绳完全绕入绳槽达到稳定接触状态（截面 C-C 状态）。

2）导向绳为同层前一圈钢丝绳的绕入冲击

卷筒每层后半层平行段钢丝绳卷绕过程如图 3-6 所示，此时导向绳为同层前一圈钢丝绳 Q。钢丝绳 S 在截面 A-A 状态开始接触导向绳 Q，接触形式为线接触，此时钢丝绳处于不稳定状态；随卷绕进行，钢丝绳在高速条件下直接滑落进入下层相邻绳圈形成的绳槽（截面 C-C 位置），钢丝绳进入绳槽时对下层钢丝绳产生强烈冲击作用。

3）提升加速度变化引起的钢丝绳冲击

缠绕提升钢丝绳在提升物料的整个过程中，提升加速度时常发生变化，引起钢丝绳张力及提升速度不断变化，进而导致新绕入钢丝绳对下层钢丝绳产生冲击作用，同时钢丝绳张力变化引起层间钢丝绳间相对蠕动，冲击摩擦现象明显。

综上所述，钢丝绳绕入绳槽过程处于非稳定状态，均滑落冲击进入绳槽，对下层已绕绳圈产生冲击作用。钢丝绳冲击瞬间，钢丝绳与下层绳圈间并不是相对静止，而是处于相对滑动状态，这就使得钢丝绳间发生冲击摩擦作用。

4.2.2　钢丝绳冲击摩擦试验台设计

为探究钢丝绳层间摩擦及冲击瞬间摩擦特性，设计了钢丝绳冲击摩擦实验台如图 4-1 所示，该试验台依靠重力加载，能够实现缠绕钢丝绳以不同接触载荷、滑速、冲击速度等工况下的摩擦磨损行为模拟，其工作原理如下：将钢丝绳在实际缠绕过程中层与层之间的摩擦接触行为简化成三根无接头钢丝绳（10、11、12）挤压接触形式；无接头钢丝绳（10、11、12）是由定长钢丝绳等直径插编而成；固定加载轮（9）、转动轮（7）的两侧顶板（13）（内侧边缘带斜面）在螺栓紧固作用下压紧，中间带有绳槽的圆环楔块（14）受到挤压外扩，实现无接头钢丝绳（10、11、12）的张紧，见图 4-1(d)；将加载轮（9）（不转动）固定在滑架（8）上，利用滑架（8）的标定高度来控制其在直线导轨（6）上自由下落的冲击速度，通过滑架（8）上加配重块改变钢丝绳摩擦接触载荷 *F*；通过转动轮（7）旋转实现无接头钢丝绳（10、11、12）之间的接触摩擦，其运动形式及接触形式分别如图 4-1(c)和(d)所示；钢丝绳摩擦接触温升通过红外热像仪进行采集，钢丝绳摩擦力矩 *T*、滑速（$v=\omega D/2$，D 为转动轮（7）的直径）通过动态扭矩转速传感器（4）测量。图 4-1(e) 为试验台实物图。

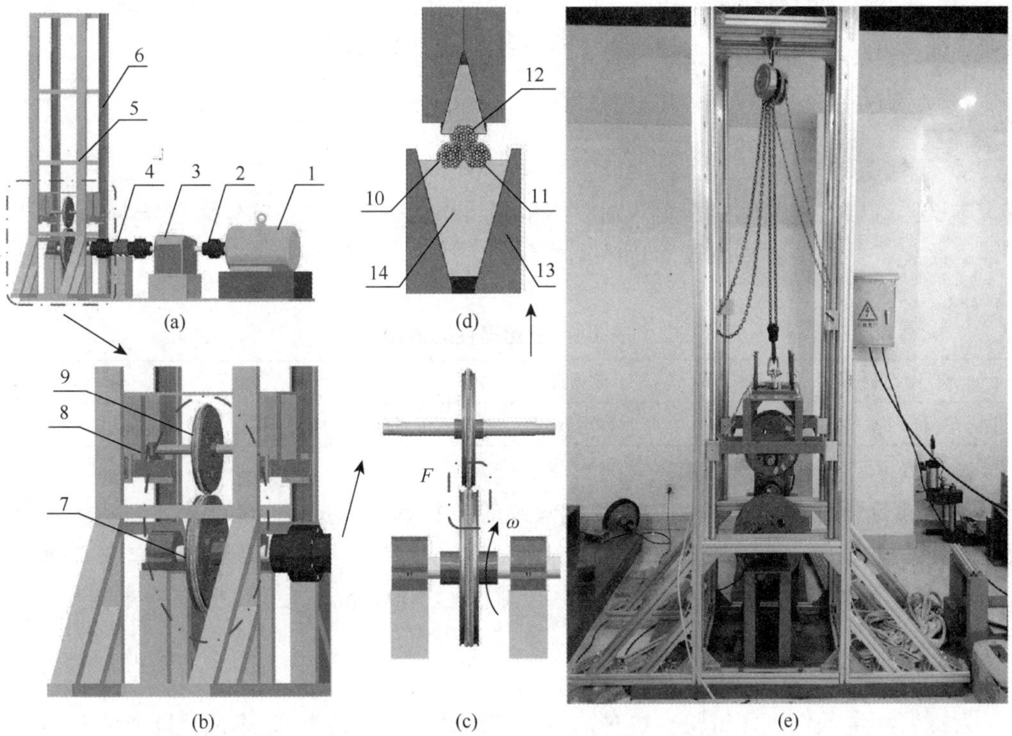

图 4-1　钢丝绳冲击摩擦实验台结构原理图

1-变频电机；2-联轴器；3-减速器；4-动态扭矩转速传感器；5-立架；6-直线导轨；7-转动轮；8-滑架；9-加载轮；10～12-无接头钢丝绳；13-两侧顶板；14-环形楔块

4.2.3　钢丝绳冲击摩擦试验设计

1. 试验内容

影响钢丝绳冲击摩擦性能的因素有很多，如滑动速度、冲击载荷、冲击速度、润滑条件以及钢丝绳本身结构等。为了解钢丝绳冲击摩擦行为的基本规律，本书选取滑动速度、冲击载荷、冲击速度、润滑条件这四个因素对钢丝绳进行无冲击的摩擦试验以及存在冲击的摩擦试验，以考察多层卷绕钢丝绳冲击摩擦行为的特征及这四个因素对钢丝绳冲击摩擦性能的影响。

具体而言，本章的钢丝绳冲击摩擦试验主要包括以下内容。

（1）无润滑、无冲击条件下，载荷和滑动速度（也称滑速）对钢丝绳层间摩擦行为的影响试验。通过在不同载荷及不同滑速的钢丝绳摩擦对比试验，研究载荷、滑速对钢丝绳层间摩擦行为特征的影响。

（2）无润滑条件下，冲击载荷、冲击速度以及滑动速度对钢丝绳层间冲击摩擦行为的影响试验。通过在冲击载荷、冲击速度和滑速的钢丝绳冲击摩擦对比试验，研究冲击载荷、冲击速度及滑速对钢丝绳层间冲击摩擦行为特征的影响规律。

（3）油水混合介质润滑条件下，通过与无润滑条件下的钢丝绳冲击摩擦试验对比，探究油水混合介质润滑对钢丝绳冲击摩擦行为特征的影响规律。

2. 试验材料

1）无接头钢丝绳

本试验选取工程应用中常用的圆股结构钢丝绳为研究对象，钢丝绳型号为：6×19 热镀锌钢丝绳，其性能参数如表 4-1 所示。

表 4-1　钢丝绳性能参数

型号	直径	钢丝直径	抗拉强度	破断拉力
6×19	11 mm	0.7 mm	1700MPa	74.5kN

无接头钢丝绳由 6×19 结构定长钢丝绳等直径插编而成，插编后无接头钢丝绳周长误差控制在上偏差 0 mm，下偏差−10 mm 范围。旋转轮固定无接头钢丝绳中心圈径为 400 mm，加载轮所紧固无接头钢丝绳中心圈径为 300 mm，无接头钢丝绳实物如图 4-2 所示。

2）润滑油脂

为探究润滑条件下各试验参数对钢丝绳冲击摩擦性能的影响，本试验选取爱利丝品牌钢丝绳专用润滑油脂（IRIS-200BB），其附着力强，能显著降低钢丝绳高速运动甩油现象；润滑性能优良，能够始终保持绳股、钢丝间处于良好的润滑状态。润滑油脂（IRIS-200BB）性能指标如表 4-2 所示。

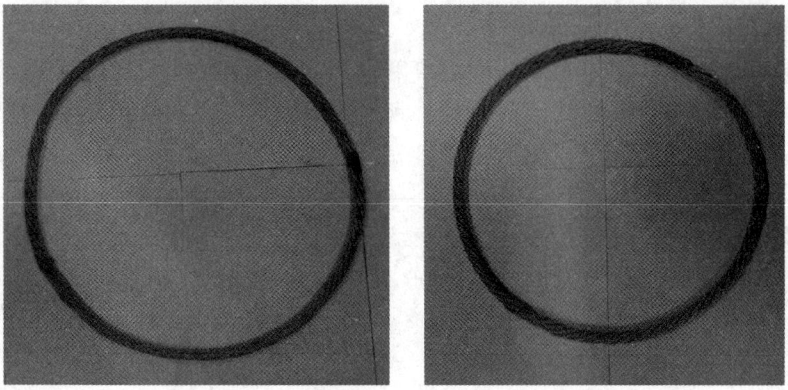

(a) 圈径400 mm　　(b) 圈径300 mm

图 4-2　无接头钢丝绳实物图

表 4-2　润滑油脂性能参数

型号	颜色	运动黏度（100℃）	滴点	适用温度	施油温度
IRIS–200BB	褐色	≥90 mm^2/s	80℃	–60～–20℃	110～130℃

3. 试验参数

钢丝绳冲击摩擦过程中，钢丝绳间的摩擦学行为受多因素共同影响，其中主要包括载荷、滑动速度、冲击速度、试验时间以及环境温度和湿度。

1）载荷 F

钢丝绳在提升、拉动重物时的质量决定了钢丝绳的张紧力，钢丝绳在不同张力情况下，卷筒上层钢丝绳与下层钢丝绳之间的接触压力会有较大差异，本试验的载荷 F 是指上层钢丝绳对下层钢丝绳的正压力，包括无冲击时钢丝绳间的稳定接触载荷以及冲击过程钢丝绳间冲击载荷。

2）滑动速度 V_h

钢丝绳在实际工程应用中不同的应用对应卷筒转速也有一定的差异，因此发生冲击现象的外层钢丝绳线速度不断变化。滑动速度 V_h 是指卷筒上外层钢丝绳的线速度，即钢丝绳冲击摩擦试验台的旋转钢丝绳的线速度。

3）冲击速度 V_c

钢丝绳在缠绕过程中，卷筒高速旋转，绕入钢丝绳从“骑绳”高点位置以一定的滑落速度冲击到下层钢丝绳，实际工况卷筒转速的变化也引起此滑落速度的改变。本试验冲击速度 V_c 是指钢丝绳冲击过程中，上层钢丝绳的下落速度，即本试验台固定加载轮上钢丝绳冲击接触瞬间的下落速度。

4）试验时间 t

钢丝绳冲击作用是瞬间过程，历时很短。为方便研究钢丝绳间冲击摩擦规律，本章试验时间 t 分别指无冲击时钢丝绳接触摩擦时间和有冲击时钢丝绳冲击接触瞬间至保压稳定接触的一段时间。

5）环境温度和湿度

钢丝绳间的摩擦性能与工况环境温度和湿度直接相关，通常钢丝绳在实际工程应用中暴露在周围环境空气中，因此钢丝绳所处的环境温度和湿度与不同季节温度、湿度相一致。为方便开展钢丝绳间冲击摩擦试验，本章所有试验均在室内温度和湿度环境下进行。

开展钢丝绳冲击摩擦试验主要的试验参数如上所述，结合钢丝绳工程应用中的实际工况以及钢丝绳冲击摩擦试验装置的本身特点，本章试验选取的试验参数如表 4-3 所示，依据控制变量法原则，试验参数相互交叉组合来进行钢丝绳的冲击摩擦试验。

表 4-3　试验参数

温度	湿度	润滑条件	滑动速度	冲击速度	试验时间	载荷
室温	55%～65%	无润滑 油水润滑	0.48 m/s、0.8 m/s 1.12 m/s、1.44 m/s	0 m/s、0.5 m/s 1.0 m/s、1.5 m/s 2.0 m/s	20 s 100 s	600 N、700 N 800 N、900 N 1000 N、1200 N

4.3　干摩擦状态钢丝绳冲击摩擦特性

4.3.1　无冲击时钢丝绳摩擦系数分析

1. 载荷对摩擦系数的影响

滑速为 0.8 m/s、无冲击时不同载荷下摩擦系数变化曲线如图 4-3 所示，单一载荷下滑动摩擦系数随时间变化可分为急剧增长阶段、过渡阶段和相对稳定阶段(图 4-3(a))：从静止到开始滑动过程，钢丝绳间的滑动摩擦系数迅速增大，当载荷为 600 N 时达到最大值 0.81；随后，滑动摩擦系数略有下降，在 1000 N 时摩擦系数最小，约为 0.58；最后摩擦系数逐步稳定在 0.65～0.80。图 4-3(b)为相对稳定阶段摩擦系数变化规律：摩擦系数平稳波动，波动最大幅值约为 0.05；摩擦系数波动具有无规则性，这是由旋转轮上无接头钢丝绳外表面轮廓凹凸不均以及绳股表面的螺旋结构造成的。相对稳定阶段 10～20 s 内平均摩擦系数变化曲线如图 4-3(c)所示，由图可知：整体上随接触载荷的加大，摩擦系数略有降低，从载荷 600 N 时的 0.76 减小到载荷 1200 N 时的 0.72。

2. 滑动速度对摩擦系数的影响

无冲击条件下，载荷 600 N 时不同滑速下摩擦系数变化曲线如图 4-4 所示，单一滑速参数下摩擦系数变化趋势也可分为急剧增长阶段、过渡阶段和相对稳定阶段(图 4-4(a))：从静止到开始滑动过程，钢丝绳间的滑动摩擦系数快速增大，在滑速为 0.48 m/s 时，摩擦系数最大值约为 0.86；随后，摩擦系数逐步稳定在 0.70～0.85；从过渡阶段到相对稳定阶段，随着滑速的加快，摩擦系数表现为明显降低态势。相对稳定阶段 10～20 s 内摩擦系数变化曲线如图 4-4(b)所示，摩擦系数呈现无规律性小幅波动。图 4-4(c)给出了相对稳定阶段 10～20 s 内平均摩擦系数随滑速变化关系曲线，由图可知，在滑速为 0.48 m/s 时平均摩擦系数为 0.83；滑速增至 1.12 m/s 时，平均摩擦系数降低至 0.7，在滑速 1.44 m/s 时略有增大，达到 0.72。稳定摩擦过程中，钢丝绳间摩擦系数随滑速的加快总体呈减小趋势。

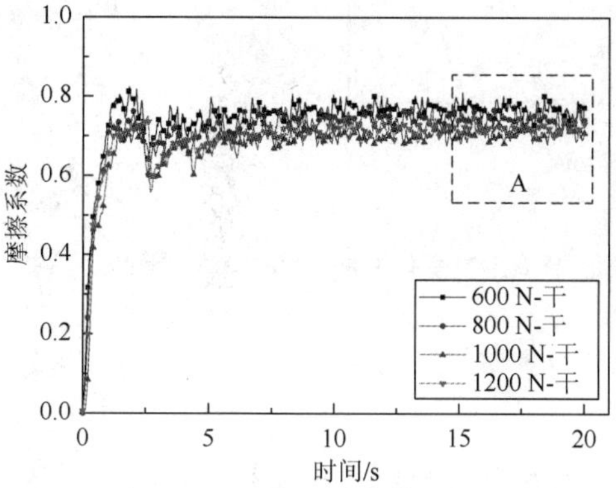

(a) 过程曲线

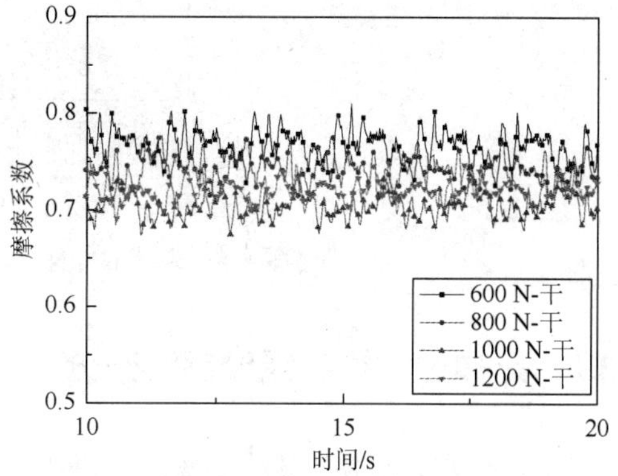

(b) 局部放大图

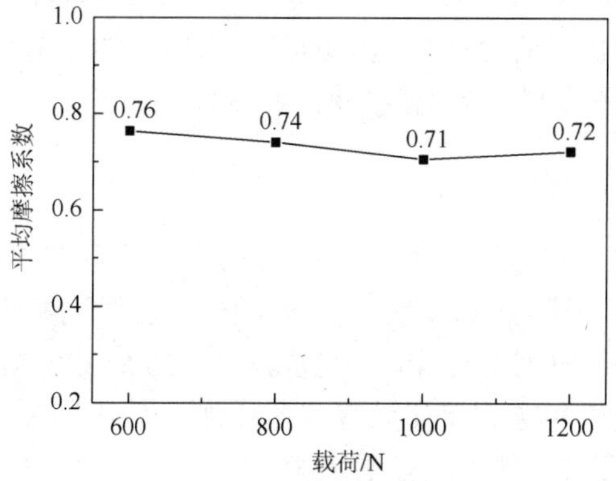

(c) 平均摩擦系数

图 4-3　滑速 0.8 m/s 时不同载荷摩擦系数变化曲线

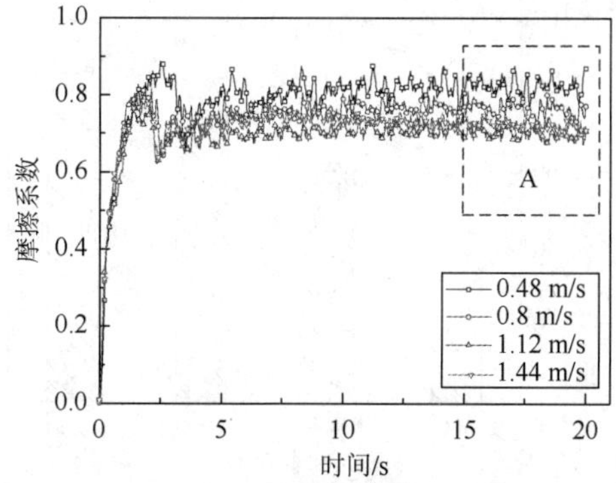

(a) 过程曲线

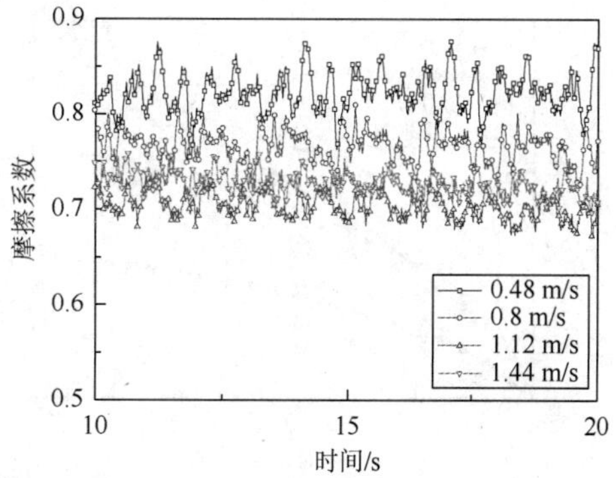

(b) 局部放大图

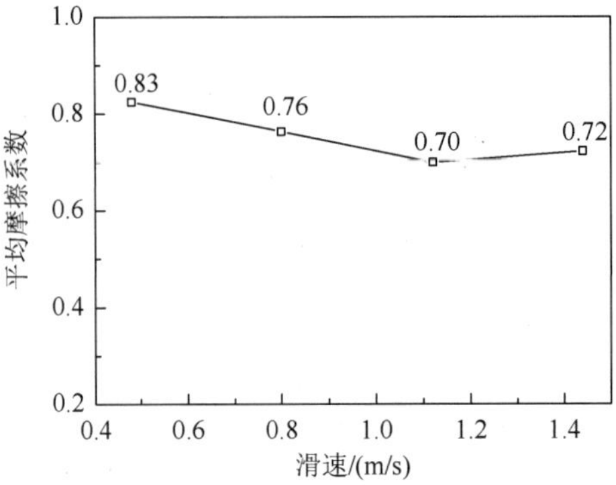

(c) 平均摩擦系数

图 4-4　载荷 600 N 不同滑速摩擦系数变化曲线

4.3.2　无冲击时钢丝绳摩擦温升分析

钢丝绳间发生相对滑动摩擦时，摩擦生热必然引起钢丝绳摩擦接触区域温度场改变，摩擦磨损与温度场密切相关，能够影响钢丝绳间的摩擦磨损特性。因此钢丝绳摩擦接触区域温度流的变化探究分析对研究钢丝绳间的冲击摩擦性能具有重要意义。滑动摩擦过程中，温度会快速增长到很高值，此温度值称为“瞬现温度”。

1. 载荷对摩擦温升的影响

图4-5(a)所示为无冲击条件下，滑速0.8 m/s时摩擦温升在不同接触载荷的变化曲线。从图中可以看出：在滑动摩擦初始阶段 0～4 s 内，温度升高相对较快，t=4 s 时 600～1200 N 载荷对应的温升分别为 15.45℃、28.82℃、33.55℃、51.01℃；随着滑动过程进行，温升速率降低并趋于稳定。随接触载荷的增加，温升速率也增大，这是由于接触载荷增大，而摩擦系数随载荷变化较小，使得摩擦力增大，相同时间内摩擦做功生热增多；稳定摩擦阶段，接触区域钢丝绳温度平稳升高，原因在于钢丝绳间的滑速保持不变，单位时间内旋转钢丝绳热对流散失的热量和逸出磨屑散失的热量总和趋于稳定。钢丝绳滑

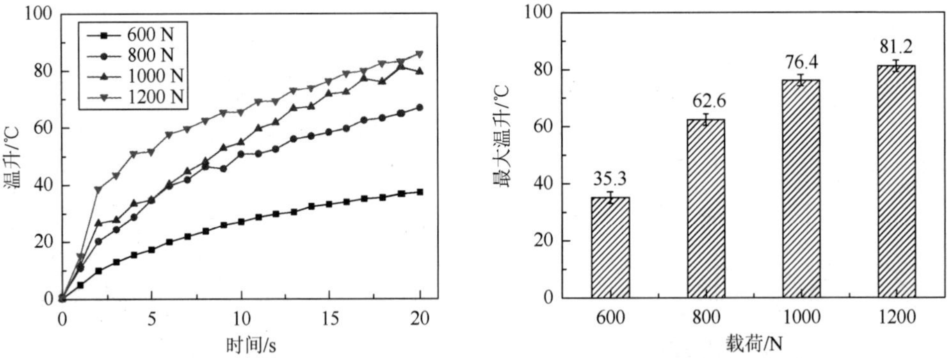

(a) 过程曲线　(b) 最大温升

图 4-5　滑速 0.8 m/s 时不同载荷摩擦温升变化曲线

动摩擦过程中的最大温升与接触载荷关系如图4-5(b)所示，由图可见：不同接触载荷下的最大温升分别为35.3℃、62.6℃、76.4℃、81.2℃，随载荷的增大，最大温升也呈现增大趋势。

图4-6为t=20 s、滑速0.8 m/s时钢丝绳在不同载荷参数下钢丝绳接触摩擦的红外热像图。由图可知，钢丝绳接触区域温度流变化最明显，表明温升集中在摩擦接触区域，载荷600 N时钢丝绳接触区域温度最高达53.9℃，随着载荷的增加，钢丝绳接触区域温度随之增大，800～1200 N载荷对应最高温度分别为81.8℃、98.6℃、105.7℃。图中下层旋转钢丝绳也呈现出较高温度，旋转钢丝绳因摩擦接触位置变化使得部分热量被带走散失，同时高温度区域与周围低温介质的热传递作用也促使热量的转移。红外热像图中明暗对比程度随接触载荷变化呈增强趋势，也表明载荷增大，温升增大。

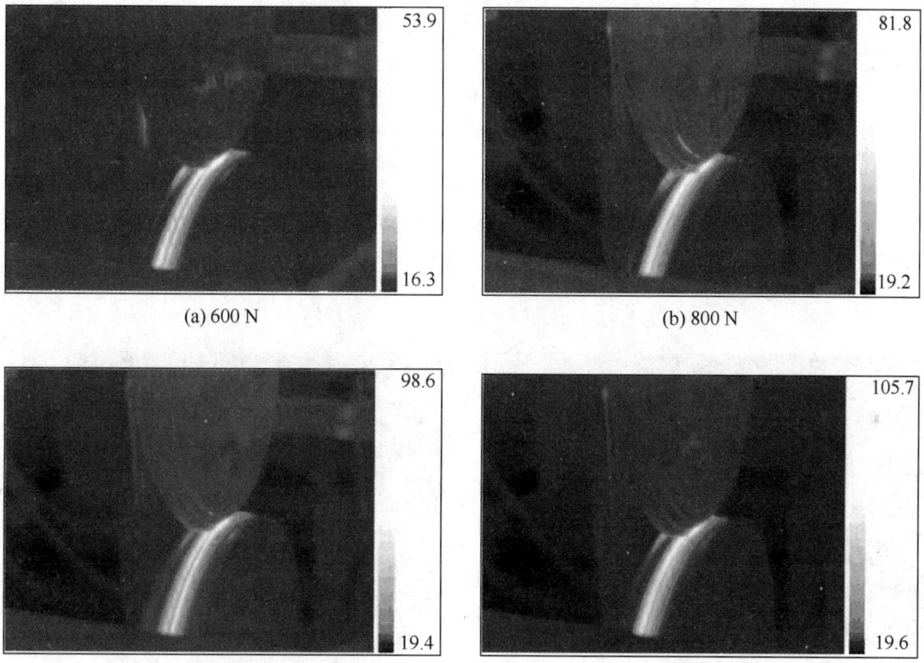

(a) 600 N　(b) 800 N　(c) 1000 N　(d) 1200 N

图4-6　不同载荷摩擦温升红外热像图（t=20 s）（彩图见二维码）

2. 滑动速度对摩擦温升的影响

图4-7(a)所示为无冲击条件下，载荷为600 N时不同滑速下摩擦温升变化曲线。由图可以看出：钢丝绳接触区域温升趋势与前述不同载荷条件下摩擦温升变化趋势相类似，滑动摩擦初始阶段0～4 s内，温度升高速率较快，t=4 s时0.48～1.44 m/s滑速对应的温升分别为13.0℃、15.5℃、41.2℃、57.2℃；t=4 s后，温升速率减缓并趋于稳定。图4-7(b)为相对稳定阶段10～20 s内最大温升与滑速关系图，可看出滑速0.48～1.44 m/s对应的最大温升分别为26.6℃、35.3℃、75.6℃、102.9℃，随着滑速加快，温升显著升高，原因在于滑速加快，单位时间内摩擦做功生热量增加，同时下层旋转钢丝绳不同

位置与上层钢丝绳接触速度加快，使得下层钢丝绳因接触区域变化而热对流散失的热量减少。

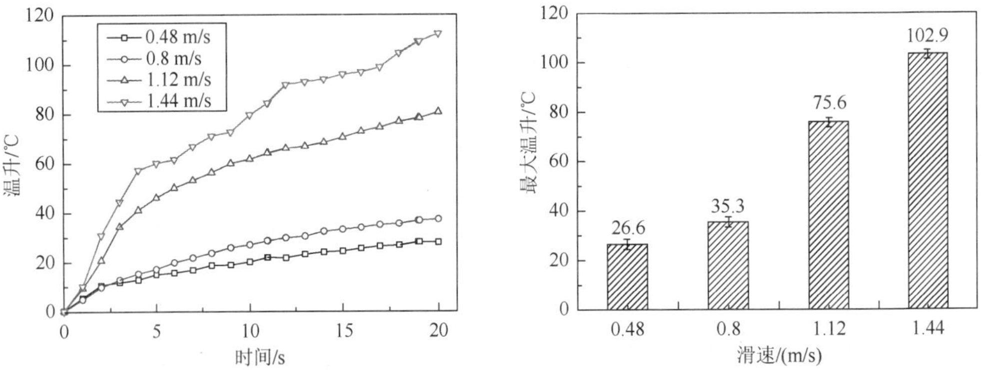

(a) 过程曲线　　　　(b) 最大温升

图 4-7　载荷 600 N 时不同滑速下摩擦温升变化曲线

无冲击条件下，载荷 600 N 时不同滑速条件下钢丝绳接触区域的红外热像图如图 4-8 所示。由图可知：随着滑速的增加，钢丝绳接触区域温度明显升高，由滑速 0.48 m/s 时的 42.4℃增至 1.44 m/s 时得 129.9℃，同时也表明随滑速增大，钢丝绳摩擦接触区域温升明显升高。

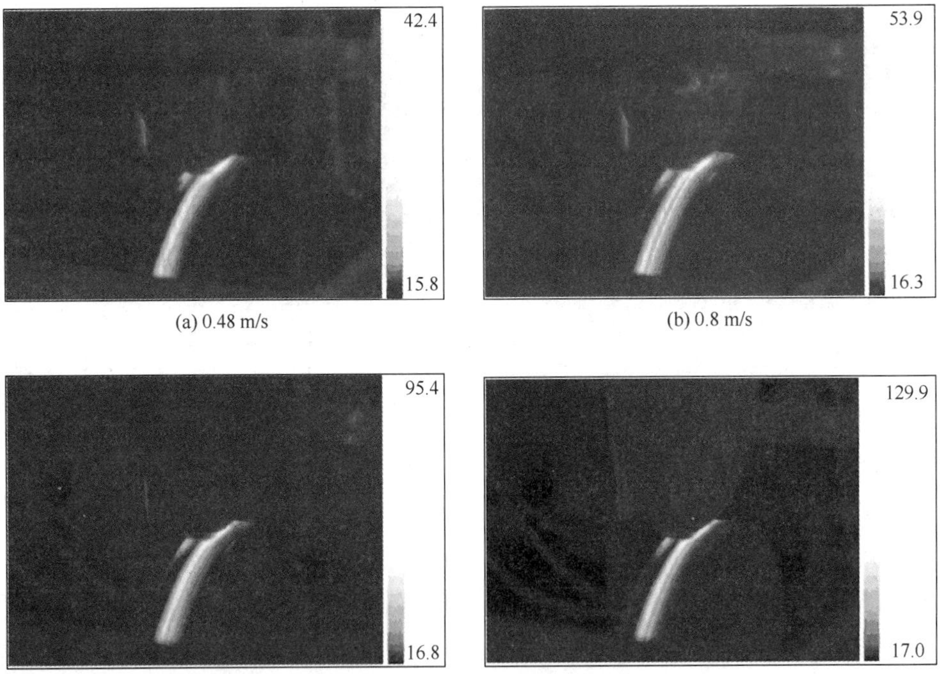

(a) 0.48 m/s　　　　(b) 0.8 m/s

(c) 1.12 m/s　　　　(d) 1.44 m/s

图 4-8　不同滑速摩擦温升红外热像图（t=20 s）（彩图见二维码）

4.3.3　钢丝绳冲击摩擦系数分析

1. 冲击速度对摩擦系数的影响

冲击载荷 600 N，滑速 0.8 m/s 时摩擦系数在不同冲击速度下变化曲线如图 4-9 所示。整个过程摩擦系数变化可分为急剧增长阶段、过渡阶段和相对稳定阶段(图 4-9(a))：从冲击接触到开始滑动过程，钢丝绳间的滑动摩擦系数快速增大，当冲击速度为 1.0 m/s 时，摩擦系数最大值达 0.83；随后，滑动摩擦系数平稳波动进入相对稳定阶段。从摩擦试验时间 0～1.0 s 内摩擦系数曲线可以看出，如图 4-9 虚线区域，钢丝绳间冲击摩擦过程发生在冲击接触瞬间，冲击时间随冲击速度增大而增大，冲击过程均在 0.25 s 内完成；冲击过程中冲击摩擦系数变化呈现一个波峰，先升高后降低，随着冲击速度的增大，最大冲击摩擦系数随之增大。分析认为：钢丝绳间冲击时，钢丝绳接触摩擦表面材料发生弹塑性变形，冲击速度的增大使得钢丝绳间施加载荷的速度加快，冲量增大，摩擦阻力升高，最大冲击摩擦系数增大。

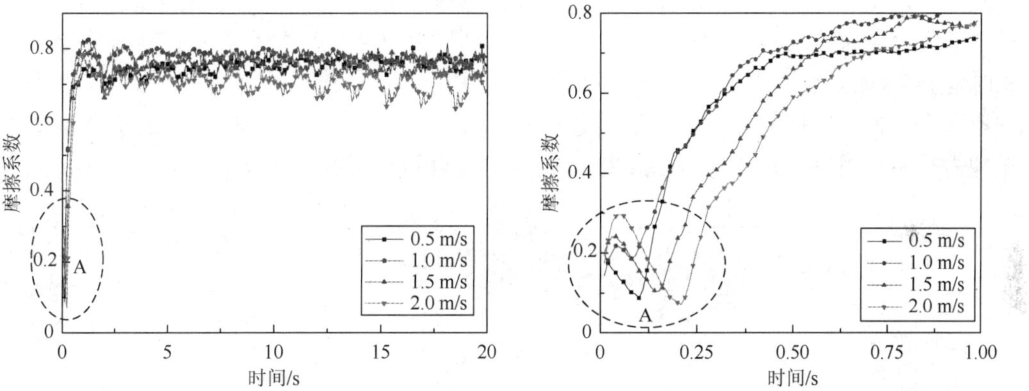

(a) 过程曲线　　(b) 局部放大图

图 4-9　不同冲击速度钢丝绳摩擦系数变化曲线

2. 冲击载荷对摩擦系数的影响

冲击速度 1.0 m/s，钢丝绳间滑速为 0.8 m/s 时不同冲击载荷下钢丝绳摩擦系数变化曲线如图 4-10(a)所示，由图可知：摩擦试验时间内摩擦系数整体变化趋势与无冲击时不同载荷下摩擦系数变化曲线相似。如图 4-10(b)所示，钢丝绳冲击接触瞬间发生冲击摩擦，冲击接触载荷为 600 N 时，摩擦系数变化曲线上出现一个波峰，表明发生一次冲击过程；当冲击载荷达到 700～1000 N 时，摩擦系数变化曲线上呈现两个波峰，表明发生两次冲击过程。分析认为：冲击载荷在 700～1000 N 范围时，上层钢丝绳在冲击瞬间下层钢丝绳的反作用力下发生离心反弹，接触离心反弹后再回落冲击下层钢丝绳，试验过程中上层钢丝绳反弹时未完全脱离下层钢丝绳，可认为钢丝绳间一直保持接触，在较大冲击载荷作用下，再次回落时对下层钢丝绳造成二次冲击。

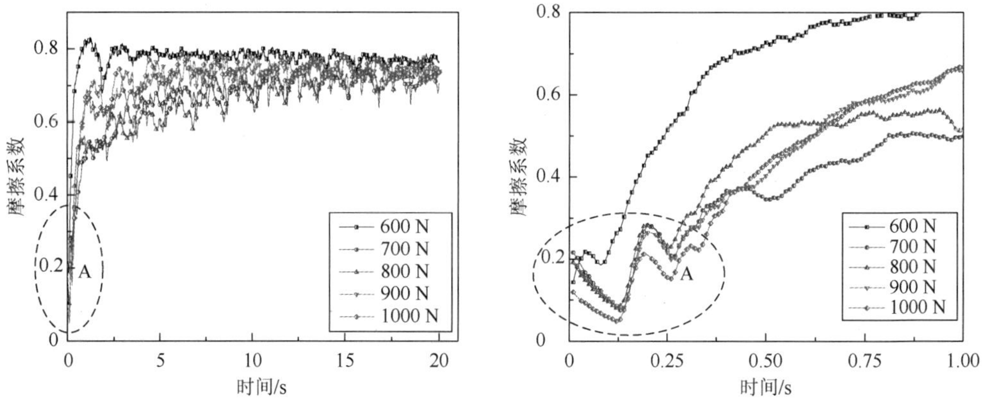

(a) 过程曲线　　　　(b) 局部放大图

图 4-10　不同冲击载荷钢丝绳摩擦系数变化曲线

3. 滑动速度对摩擦系数的影响

冲击速度 1.0 m/s，冲击载荷 600 N 时不同滑动速度下钢丝绳摩擦系数变化曲线如图 4-11(a)所示。从图中可以看出：单一滑速下摩擦系数随时间变化可分为急剧增长阶段、过渡阶段和相对稳定阶段。在过渡阶段，不同滑动速度摩擦系数曲线逐渐重合，在试验时间 t=7 s 时近似相等约为 0.76，随着滑动过程的进行，摩擦系数降低，随滑速的增大，摩擦系数降低速率随之增大。相对稳定阶段，摩擦系数随滑速的加快明显减小，这与前述无冲击时不同滑动速度下钢丝绳间摩擦系数变化分析相符合（图 4-4）。

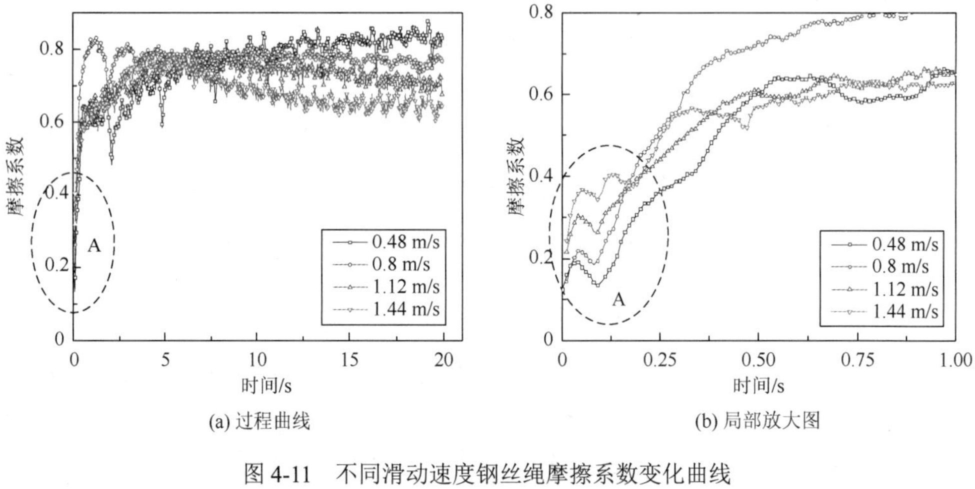

(a) 过程曲线　　　　(b) 局部放大图

图 4-11　不同滑动速度钢丝绳摩擦系数变化曲线

由图 4-11(b)可知，冲击载荷恒定为 600 N 时，随着滑动速度的加快，最大冲击摩擦系数明显升高。原因在于：冲击接触瞬间，上层钢丝绳固定，下层钢丝绳旋转，钢丝绳接触位置沿切向方向对上层钢丝绳产生冲击（图 4-12 水平方向）。依据动量守恒定律可得，下层钢丝绳旋转速度 v、绳间摩擦力 f、冲击作用时间 t 及固定加载轮质量 m 满足如下关系式：

$$f = \frac{mv}{t}$$

由于冲击作用时间 t 近似相等(图 4-11(b))，当旋转速度 v 加快时，恒定接触载荷下摩擦力 f 增大，因此摩擦系数升高。

综合各试验参数钢丝绳间冲击摩擦试验可知，冲击摩擦过程中钢丝绳摩擦系数曲线均呈现波峰特征，即冲击过程摩擦系数先升高后降低。分析认为：相对钢丝绳稳定接触而言，冲击过程钢丝绳间接触特点不同，冲击时下方旋转轮钢丝绳对上方固定加载轮钢丝绳施加离心反弹作用（图 4-12 竖直方向），导致冲击过程中钢丝绳摩擦接触面积先变大后变小，材料表面发生相互黏着或犁沟作用的微凸体数量先增多后减少，因此整个冲击过程摩擦系数表现为先增大后减小。

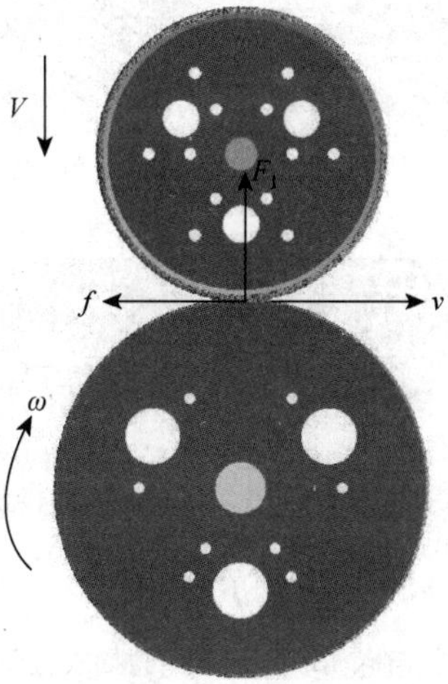

图 4-12　冲击摩擦模型示意图

对比钢丝绳冲击摩擦系数和稳定接触摩擦系数可知：钢丝绳最大冲击摩擦系数约为稳定接触摩擦系数的 1/2，大幅低于稳定接触摩擦系数。分析认为：一方面，钢丝绳间冲击摩擦为瞬时过程，冲击过程中钢丝绳的不稳定接触特性致使钢丝表面接触材料黏着不充分；另一方面，生产厂家对钢丝绳进行了表面热镀锌工艺处理，摩擦试验时，在镀锌膜的润滑保护作用下，钢丝绳间摩擦系数较小。冲击瞬间的钢丝绳间受力情况具有复杂特殊性，加之绳间钢丝绳持续发生相对蠕动，导致钢丝绳冲击接触为不稳定接触，加剧钢丝绳间冲击摩擦磨损。即使冲击摩擦是瞬间过程，但实际工况中钢丝绳在卷筒上循环卷绕时，出现的连续同位置冲击摩擦仍然会增大钢丝绳的磨损损耗，威胁钢丝绳的安全使用，严重影响钢丝绳的正常服役寿命。

4.3.4　磨损形貌分析

为进一步探究缠绕提升钢丝绳层间滑动摩擦磨损机理，对钢丝绳试样 15 表面磨损形貌进行分析。图 4-13(a)和(b)分别示出了试验时间 t=20 s，滑速 0.8 m/s 时不同载荷及载荷 600 N 时不同滑速条件下磨损表面形貌，放大倍数为 32 倍。从图中可以看出：随载荷和滑动速度的增加，相同视野范围内钢丝绳磨损面积增大，载荷 1200 N 时，整个视野内钢丝绳表面全部受到磨损；同时随载荷和滑动速度的增加钢丝绳接触表面磨损加剧，滑速为 1.12 m/s、1.44 m/s 时钢丝材料磨损缺失增多，并出现明显裂纹、断丝现象。这些特征表明：随载荷和滑动速度的增加，摩擦接触区域磨损加剧，钢丝材料磨损量增多，碎裂程度加重，钢丝断裂数量明显增加。钢丝磨损表面有清晰裂痕和划痕，分析认为这是接触钢丝材料发生黏着磨损以及磨屑犁沟作用的结果。

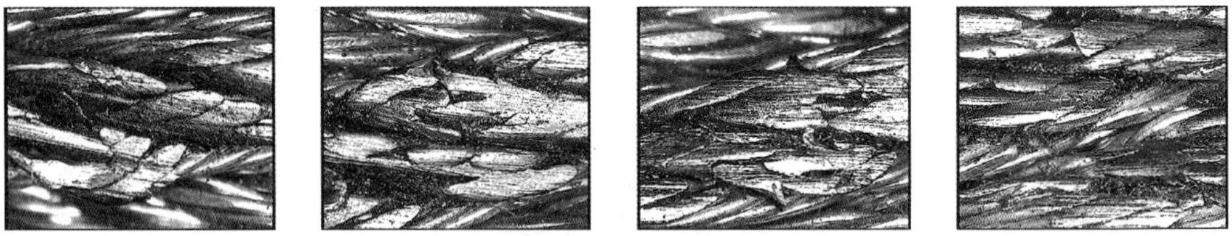

600 N　　800 N　　1000 N　　1200 N

(a)

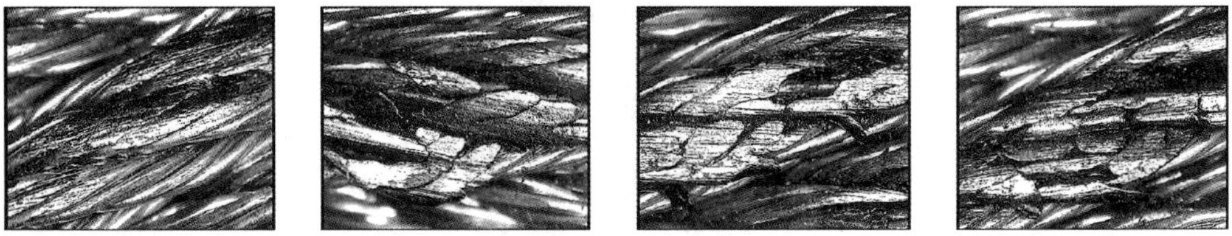

0.48 m/s　　0.8 m/s　　1.12 m/s　　1.44 m/s

(b)

图 4-13　不同载荷、滑速钢丝绳磨损表面形貌（t=20 s）

为探究缠绕钢丝绳层间滑动摩擦磨损机理随滑动时间之间的变化关系，同时对试验时间 t=100 s 钢丝绳试样 15 磨损表面形貌进行对比分析。图 4-14(a)和(b)分别为试验时间 t=100 s，滑速 0.8 m/s 时不同载荷及载荷 600 N 时不同滑速条件下磨损表面形貌，对比分析图 4-13 可以看出，随滑动时间的延长，钢丝绳磨损显著加剧，磨损面积大幅增大。试验时间 100 s 磨损形貌在载荷 600 N，滑速 0.48 m/s 时就表现出明显的钢丝磨损表面裂痕以及钢丝碎裂现象；而滑动时间 20 s 情况下载荷 600 N、滑速 0.48 m/s 时钢丝材料表现出轻微的磨损，未出现裂纹及断丝现象，表明滑动时间的延长明显加速了钢丝绳的磨损

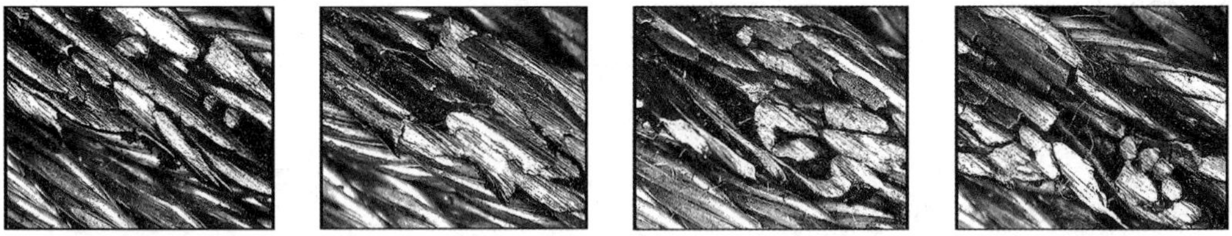

600 N　　800 N　　1000 N　　1200 N

(a)

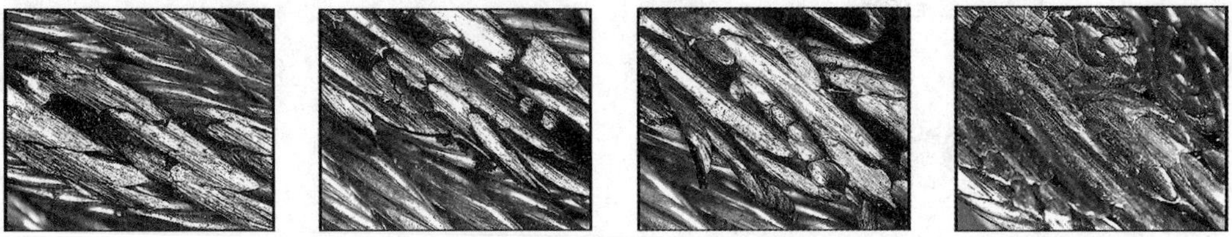

(b)

图 4-14　不同载荷、滑速钢丝绳磨损表面形貌（t=100 s）

破坏。同时试验时间 100 s 条件下钢丝绳磨损表面形貌在滑速 1.12 m/s、1.44 m/s 时出现烧蚀、氧化特点，这是由于滑动时间较长，钢丝绳摩擦产热量大，温升高，导致钢丝绳接触部位材料处于高温状态而烧蚀、氧化。

4.4　润滑状态钢丝绳冲击摩擦特性

钢丝绳在实际使用过程中，钢丝绳表面通常涂有润滑油脂，来改善绳股内钢丝间接触状态，缓解钢丝绳间的摩擦磨损；同时在某些恶劣环境中湿度较高，钢丝绳表面凝结有大量水珠，随卷筒卷绕进入缠绕钢丝绳间，使得钢丝绳缠绕时绳股间接触处于油水混合介质润滑状态。为探究实际工况下钢丝绳缠绕冲击摩擦特性，开展了油水混合润滑状态钢丝绳冲击摩擦试验。

选用缠绕提升钢丝绳专用润滑油脂开展摩擦试验研究，对已施润滑油脂钢丝绳均匀喷水雾，来模拟矿井高湿度环境。

4.4.1　无冲击时钢丝绳摩擦系数分析

1. 载荷对摩擦系数的影响

图 4-15 为润滑状态下滑速 0.8 m/s、无冲击时载荷对摩擦系数变化曲线，试验时间 t=20 s。不同载荷条件下滑动摩擦系数变化趋势基本一致，从开始到相对滑动过程，钢丝绳间的滑动摩擦系数快速升高，载荷 600 N 时达到最大值 0.53；然后，滑动摩擦系数逐渐降低，降低幅度约为 0.18；最终摩擦系数逐渐维持在 0.35 左右。不同载荷下摩擦系数差值较小，在稳定接触摩擦时摩擦系数近似相等。图 4-15(b)示出了相对稳定阶段 10～20 s 内平均摩擦系数变化曲线，600～1200 N 载荷对应平均摩擦系数分别为 0.36、0.38、0.35、0.35，随载荷增加，平均摩擦系数几乎没有变化，一直稳定在 0.35 左右。可见，油水混合润滑状态，载荷对摩擦系数影响较小。

对比图 4-3 和图 4-15 相同参数条件下试验结果可知，不同润滑条件下摩擦系数差别明显，稳定摩擦阶段 t=10～20 s，干摩擦时不同载荷钢丝绳间平均摩擦系数为 0.73，而油水混合润滑状态不同载荷钢丝绳间平均摩擦系数为 0.36。相对于干摩擦状态而言，润滑状态摩擦系数显著减小，大约变为原来的 1/2。

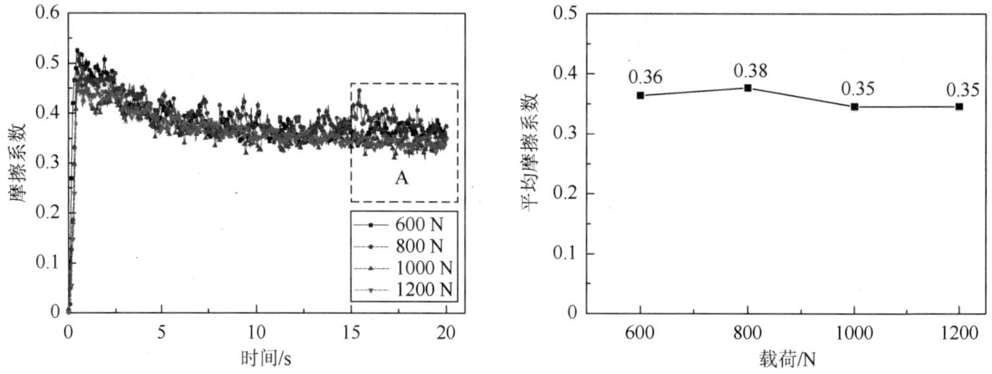

(a) 过程曲线　(b) 平均摩擦系数

图 4-15　润滑状态滑速 0.8 m/s 时不同载荷摩擦系数变化曲线

钢丝绳绳股间、钢丝间填充润滑油脂使得钢丝绳摩擦接触区域变得相对平整，同时，润滑油脂在钢丝绳接触表面形成一层致密的油膜，改变了钢丝绳接触表面材料的微凸体接触状态，微凸体接触黏着阻力减小，因此，摩擦系数大幅降低。

2. 滑速对摩擦系数的影响

油水润滑状态下，无冲击载荷 600 N 时摩擦系数在不同滑速下变化曲线如图 4-16 所示。不同滑速下摩擦系数变化趋势基本一致(图 4-16(a))：滑动初始过程，钢丝绳间的滑动摩擦系数急剧上升，在滑速 1.44 m/s 时，摩擦系数达最大值为 0.54；接着进入过渡阶段，摩擦系数降低；在 t=10 s 之后摩擦系数趋于稳定，图 4-16(b)为稳定摩擦阶段 10～20 s 内平均摩擦系数随滑速关系曲线，滑速 0.48～1.44 m/s 范围内平均摩擦系数变化很小，均维持在 0.35 左右。

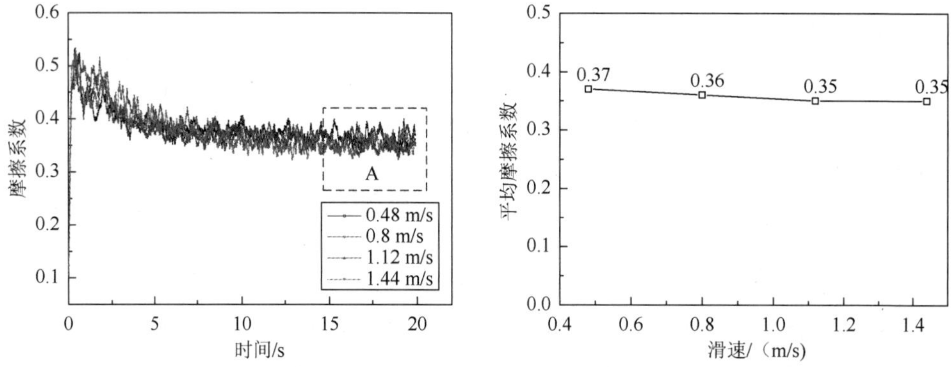

(a) 过程曲线　(b) 平均摩擦系数

图 4-16　润滑状态载荷 600 N 时不同滑速摩擦系数变化曲线

对比图 4-4 和图 4-16 相同参数条件下试验结果发现，油水混合介质润滑状态不同滑速钢丝绳间摩擦系数基本相同，而干摩擦状态下钢丝绳间摩擦系数表现出随滑速增加明显减小的规律。稳定摩擦阶段，润滑状态的平均摩擦系数 0.36 约为干摩擦状态下平均摩擦系数的 1/2。由于润滑油脂的保护作用，钢丝绳间的摩擦阻力显著降低。

4.4.2 无冲击时钢丝绳摩擦温升分析

1. 载荷对摩擦温升的影响

润滑状态下，无冲击滑动速度为 0.8 m/s 时摩擦温升在不同接触载荷下变化曲线如图 4-17(a)所示，从图中可以看出：滑动初始阶段的温度快速增高，约在 t=3 s 时达到“瞬现温度”，载荷 600～1200 N 所对应的“瞬现温度”分别为 10.7℃、9.5℃、9.6℃、12.5℃。初始阶段温升速率总体趋势为：随载荷增加而加快，随后，由于钢丝绳滑速相同，单位时间内旋转钢丝绳散失热量和水雾吸收热量总和趋于定值，钢丝绳摩擦区域温度平缓升高。摩擦相对稳定阶段 10～20 s 内最大温升与接触载荷关系如图 4-17(b)所示。由图可知，最大温升随载荷增大近似呈线性增加，最大温升由载荷 600 N 时的 9.4℃增加到载荷 1200 N 的 14.9℃。不同载荷温升的变化在于接触载荷增大，摩擦系数几乎不变，因此摩擦力增大，单位时间内摩擦力做功增多。由于油水的润滑作用以及油水的热量吸收效应，钢丝绳接触摩擦区域温升速率相对于干摩擦温升（图 4-5）而言明显降低。

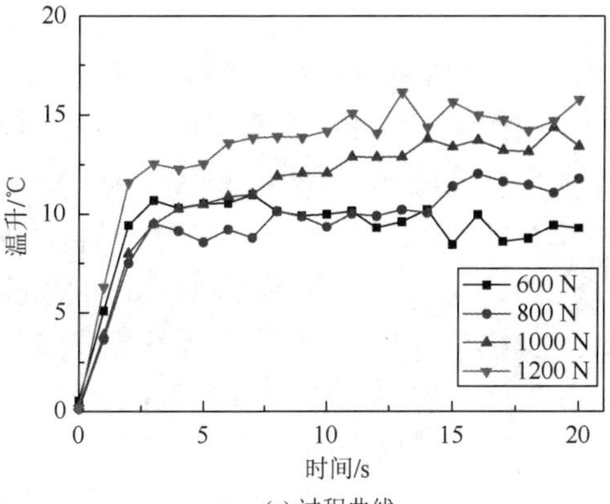

(a) 过程曲线

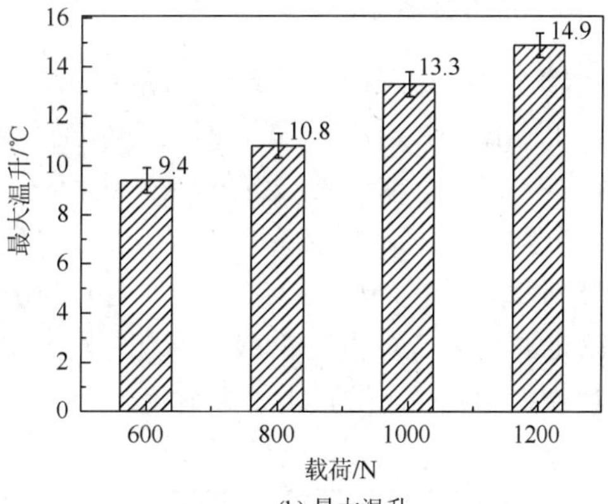

(b) 最大温升

图 4-17　润滑状态滑速 0.8 m/s 时不同载荷摩擦温升变化曲线

图 4-18 为润滑状态下 t=20 s，滑动速度 0.8 m/s 时钢丝绳在不同载荷条件下钢丝绳接触区域的红外热像图，由温度流热像图可以看出：红外热像图中颜色亮暗对比度随接触载荷增加呈加强态势，表明随着载荷的增大，整体温度上升。对比分析干摩擦状态图 4-6 可知：试验时间 t=20 s，载荷 1200 N 时油水混合润滑状态下钢丝绳接触摩擦区域最高温度为 35.1℃，而相同参数下干摩擦状态最高温度高达 105.7℃。与干摩擦试验结果相比，油水润滑下钢丝绳摩擦温升较低。主要因为水的比热容较大，吸收了大量的摩擦热。

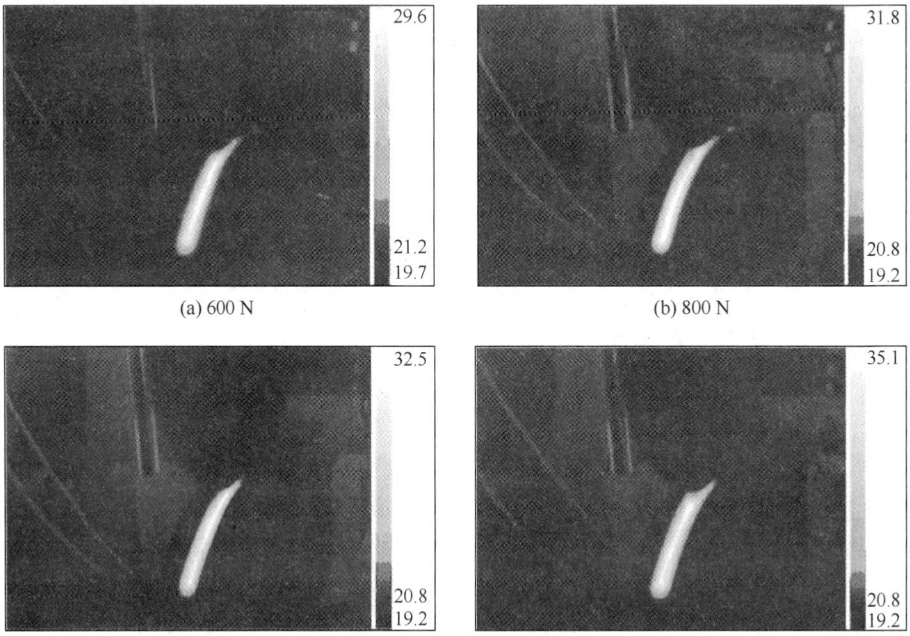

(a) 600 N　　(b) 800 N

(c) 1000 N　　(d) 1200 N

图 4-18　润滑状态不同载荷摩擦温升红外热像图（t=20 s）（彩图见二维码）

2. 滑速对摩擦温升的影响

油水润滑状态下，无冲击接触载荷为 600 N 时摩擦温升随滑动速度变化关系曲线如图 4-19(a)所示。由图可知：钢丝绳摩擦区域温升变化趋势与润滑状态时不同载荷摩擦温升(图 4-17(a))基本一致，约在 t=3 s 达到“瞬现温度”，滑动速度 0.48～1.44 m/s 的“瞬现温度”分别为 8.2℃、10.6℃、9.1℃、10.6℃，接着钢丝绳接触区域温度平稳升高。图 4-19(b)为相对稳定阶段 10～20 s 内最大温升与滑速关系图，可以看出滑速 0.48 m/s、0.8 m/s、1.12 m/s、1.44 m/s 对应的最大温升分别为 8.1℃、9.4℃、10.2℃、10.3℃，最大温升随滑动速度增加而升高，这是由于载荷相同，摩擦力大小接近，滑速加快，摩擦生热量增加。

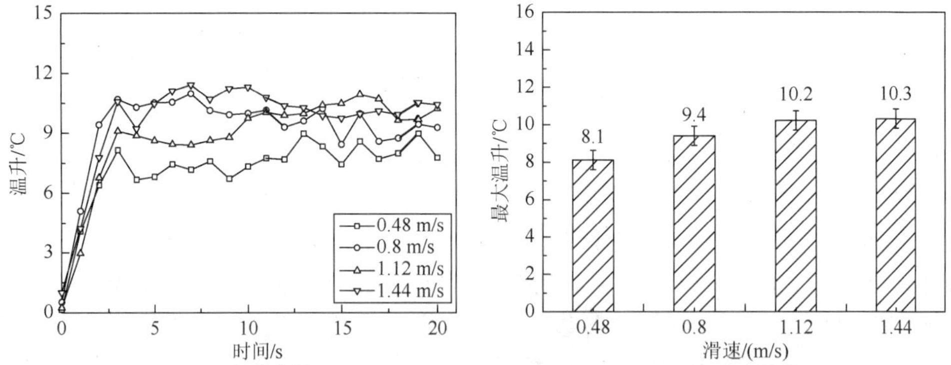

(a) 过程曲线　　(b) 最大温升

图 4-19　润滑状态载荷 600 N 时不同滑速摩擦温升变化曲线

润滑状态下 t=20 s，载荷 600 N 时钢丝绳在不同滑动速度参数下钢丝绳接触区域的红外热像图如图 4-20 所示：红外热像图中亮暗对比度随滑动速度增加逐渐加强，说明随着滑动速度加快，钢丝绳接触摩擦区域温度升高增大。对比干摩擦状态图 4-8 可知：油水混合润滑状态下，温度流变化不明显，滑速 1.44 m/s 条件下，试验时间 t=20 s 最高温度仅为 31.8℃，而干摩擦状态最高温度高达 129.9℃，同样表明油水对摩擦温升有明显的阻碍效应。

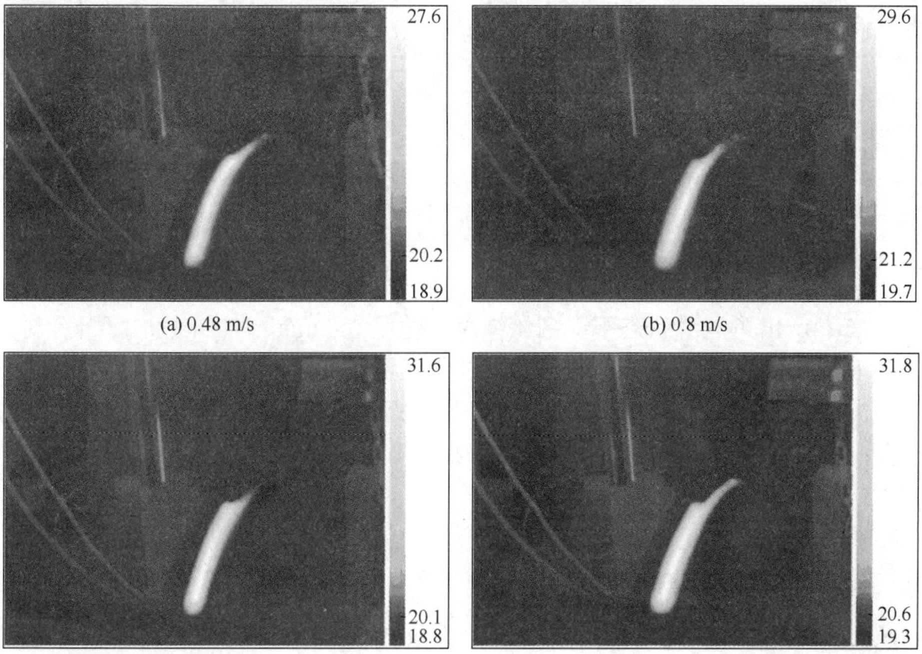

(a) 0.48 m/s　(b) 0.8 m/s

(c) 1.12 m/s　(d) 1.44 m/s

图 4-20　润滑状态不同滑速摩擦温升红外热像图（t=20 s）（彩图见二维码）

4.4.3　钢丝绳冲击摩擦系数分析

1. 冲击速度对摩擦系数的影响

润滑状态下滑动速度 0.8 m/s，冲击载荷 600 N 时不同冲击速度下摩擦系数变化曲线如图 4-21 所示。从试验时间 0～1.0 s 内摩擦系数关系曲线可以看出，钢丝绳间冲击摩擦发生在冲击瞬间，如图 4-21 虚线区域所示，冲击过程中摩擦系数变化均表现为先升高后降低，冲击速度 0.5 m/s、1.0 m/s、1.5 m/s、2.0 m/s 所对应最大冲击摩擦系数分别为 0.15、0.25、0.28、0.32，最大冲击摩擦系数随冲击速度的加快而增大。对比图 4-9(b)可知：油水混合润滑状态与干摩擦状态最大冲击摩擦系数均随冲速的加快而增加，且不同冲速条件下最大冲击摩擦系数近似相等。说明冲击速度对冲击瞬间摩擦系数影响规律受润滑状态的影响较小，其主要取决于加载速度，加载速度加快，冲量升高，摩擦阻力增大，因此摩擦系数升高。

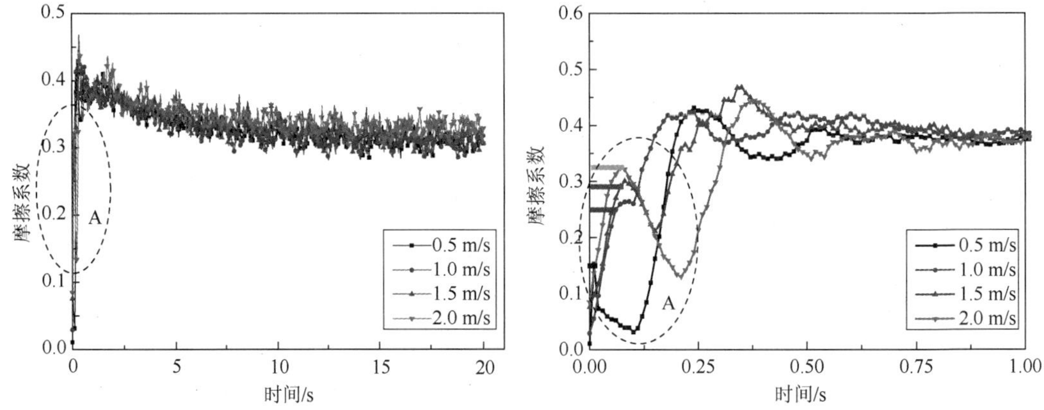

(a) 过程曲线 (b) 局部放大图

图 4-21 润滑状态不同冲击速度钢丝绳摩擦系数变化曲线

2. 冲击载荷对摩擦系数的影响

图 4-22(a)示出了润滑状态下，钢丝绳滑动速度 0.8 m/s、冲击速度 1.0 m/s 时，不同冲击载荷下摩擦系数变化曲线，冲击摩擦过程经历时间较短，如图 4-22(b)椭圆形区域所示，冲击载荷为 600 N、700 N 时，摩擦系数变化曲线出现一个波峰，表明发生一次冲击过程；冲击载荷在 800～1000 N 时，摩擦系数变化曲线出现两个波峰，即发生二次冲击。

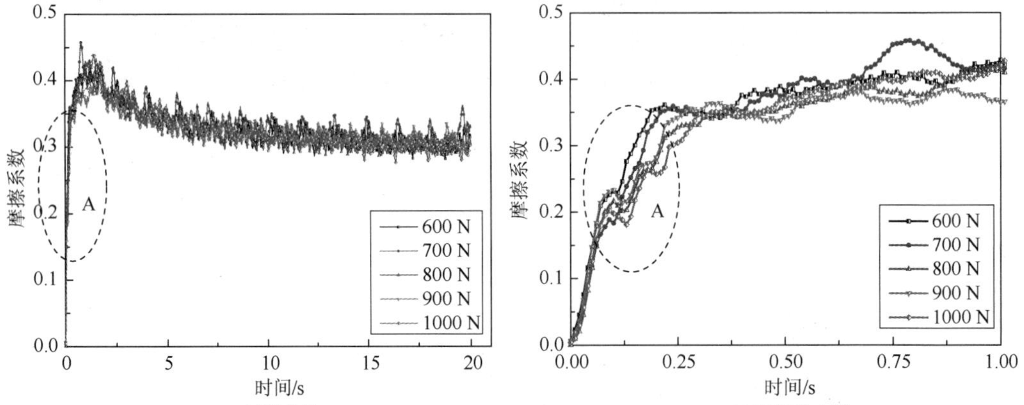

(a) 过程曲线 (b) 局部放大图

图 4-22 润滑状态不同冲击载荷摩擦系数变化曲线

从图 4-22(b)可见，油水混合润滑状态 600～1000 N 冲击载荷“一次冲击”最大冲击摩擦系数分别为：0.23、0.19、0.22、0.23、0.20，“一次冲击”最大冲击摩擦系数受载荷变化影响较小，均约为 0.2；800～1000 N“二次冲击”最大冲击摩擦系数分别为 0.26、0.27、0.26，“二次冲击”最大冲击摩擦系数基本维持在 0.26。对比图 4-10(b)可见，“一次冲击”“二次冲击”的最大冲击摩擦系数基本相等，表明冲击瞬间，由于强烈的冲击作用，钢丝绳接触区域的润滑油脂被挤压出去，绳间接触状态主要为钢丝材料的直接接触，因此润滑条件对钢丝绳间最大冲击摩擦系数几乎没有影响。

3. 滑动速度对摩擦系数的影响

润滑状态冲击载荷 600 N，冲击速度 1.0 m/s 时不同滑动速度下钢丝绳摩擦系数变化曲线如图 4-23(a)所示，图中虚线区域为冲击摩擦过程。从图 4-23(b)可知，冲击过程摩擦系数随滑动速度的增加呈明显增大的趋势，滑速为 0.48 m/s 时没有表现出冲击摩擦过程的“波峰”现象，表明此滑动速度在油水混合润滑状态下冲击现象不明显。滑速 0.8～1.44 m/s 时对应的最大冲击摩擦系数分别为 0.23、0.30、0.36，滑动速度加快，最大冲击摩擦系数随之升高。对比图 4-11(b)无润滑状态下冲击试验结果，0.8～1.44 m/s 滑速对应的最大冲击摩擦系数基本一致，表明滑速对冲击过程摩擦系数的影响规律受润滑条件影响不明显；润滑状态下，滑速 0.48 m/s 时未表现出冲击摩擦的“波峰”特征，表明相对于干摩擦条件，有润滑条件时产生明显冲击效果的滑速最小值被提高。

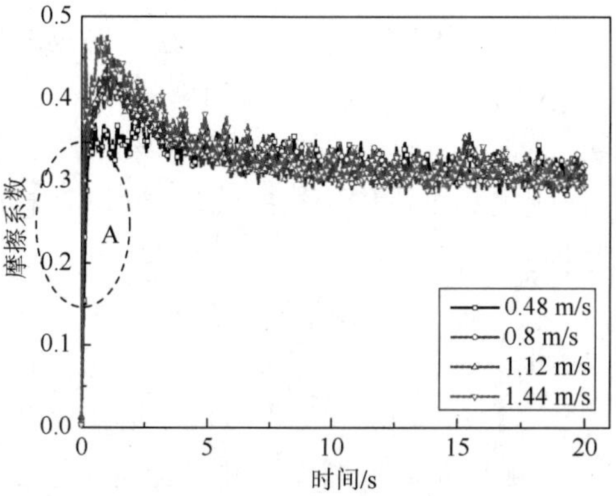

(a) 过程曲线

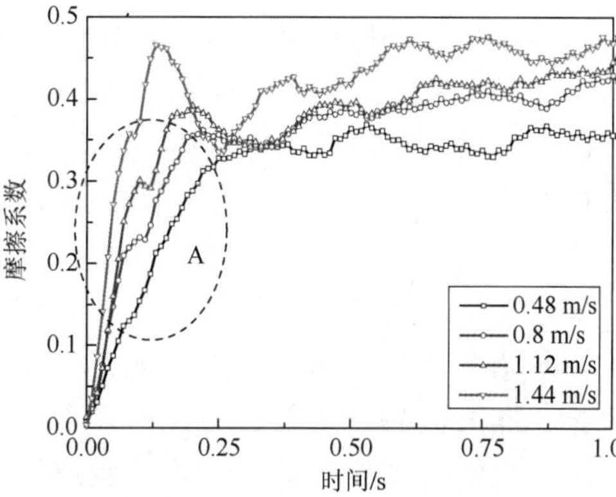

(b) 局部放大图

图 4-23　润滑状态下不同滑动速度摩擦系数变化曲线

4.4.4　磨损形貌分析

为探究油水润滑条件下缠绕钢丝绳层间滑动摩擦磨损机理，对上方固定钢丝绳试样 15 表面磨损形貌进行放大拍照观察。图 4-24 为钢丝绳接触摩擦区域放大 32 倍的磨损形貌，分别示出了滑速 0.8 m/s 时不同载荷下以及载荷 600 N 时不同滑速条件下磨损表面形貌。如图 4-24(a)所示，随接触载荷的增加钢丝表面磨损加剧：载荷 600 N 时钢丝表面有少量划痕，且划痕深度较浅；载荷增加到 800 N、1000 N 时，钢丝表面磨损面积增大，钢丝材料缺失增多，载荷 1000 N 时出现明显的钢丝磨平现象；当载荷达 1200 N 时，钢丝绳磨损面积及深度进一步增大，磨损区域钢丝间隙被大量附着在润滑油脂上的细小磨屑填充，清晰可见的裂纹出现在磨损最严重的钢丝表面。不同滑速条件下磨损表面形貌变化趋势与不同载荷条件下相似(图 4-24(b))：随着滑动速度的增加，划痕深度加深，钢丝材料缺失增多，磨损钢丝表面有清晰划痕和材料缺失凹坑。

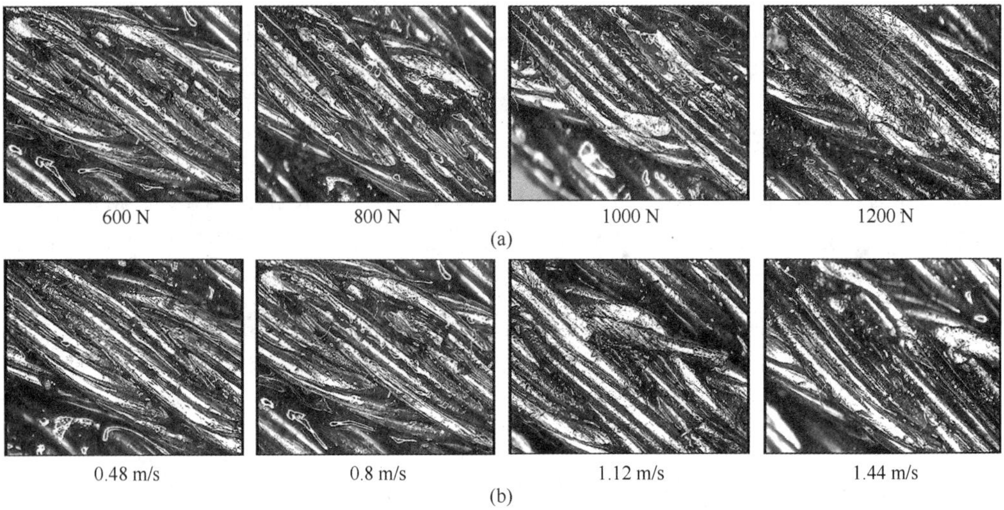

图 4-24　润滑状态不同载荷、滑速钢丝绳磨损表面形貌（t=20 s）

磨损钢丝表面材料缺失凹坑和划痕是钢丝绳接触相对滑动过程中材料黏着磨损和磨屑犁沟的作用结果，接触表面微凸体间相互挤压、剪切，使得表面材料刮削缺失。另外，由于润滑油脂对磨屑的粘黏作用，磨屑很难逸出钢丝绳摩擦接触区域，致使磨屑大量滞留。细小磨屑介于两接触钢丝绳间起到磨介作用，钢丝绳滑动过程中磨屑的滚动、滑动在材料表面产生犁沟、划削效应，也促使钢丝表面形成划痕。

对比相同试验参数的图 4-13 干摩擦条件下钢丝绳表面磨损形貌可知：干摩擦工况 800 N 载荷时，钢丝磨损程度较油水混合润滑状态明显严重，且磨损表面出现大量裂痕表面磨损，润滑状态下载荷 1200 N 时才出现明显钢丝裂纹；相同滑速参数、不同润滑状态钢丝绳磨损状况类似，油水混合润滑状态下钢丝绳接触摩擦区域磨损程度较相同参数时干摩擦状态轻很多，划痕、裂纹、磨损量大幅减少。表明润滑油脂的存在明显改善了钢丝绳表面接触状态，有效缓解了钢丝绳的摩擦磨损，从而显著延长缠绕提升钢丝绳的使用寿命。

参 考 文 献

[1] 龚宪生，杨雪华. 矿井提升机多层缠绕钢丝绳振动控制[J]. 振动工程学报，1999，12（4）：460-467.

[2] 李晓光，龚宪生，吴水源，等. 超深矿井提升机多层缠绕钢丝绳圈间过渡对钢丝绳动张力的影响研究[J]. 振动与冲击，2017，36（19）：250-254.

[3] 包继虎，张鹏，朱昌明. 变长度提升系统钢丝绳纵向振动特性[J]. 振动与冲击，2013，32（15）：173-177.

[4] Bao J H，Zhang P，Zhu C M，et al. Transverse vibration of flexible hoisting rope with time-varying length[J]. Journal of Mechanical Science and Technology，2014，28（2）：457-466.

[5] 寇保福，刘邱祖，刘春洋，等. 矿井柔性提升系统运行过程中钢丝绳横向振动的特性研究[J]. 煤炭学报，2015，40（5）：1194-1198.

[6] Yao J N，Xiao X M. Effect of hoisting load on transverse vibrations of hoisting catenaries in floor type multi-rope friction mine hoists[J]. Shock and Vibration，2016，（9）：1-15.

[7] Yao J N，Deng Y，Xiao X M. Optimization of hoisting parameters in a multi-rope friction mine hoist based on the multi-source coupled vibration characteristics of hoisting catenaries[J]. Advances in Mechanical Engineering，2017，9（3）：1-14.

[8] 王成明，张胜利，王继生，等. 超深井提升试验台钢丝绳的纵向振动分析[J]. 机械设计与制造，2017，(6)：30-33.
[9] Steinboeck A，Baumgart M，Stadler G，et al. Dynamical models of axially moving rods with tensile and bending stiffness[J]. IFAC-PapersOnLine，2015，48（1）：598-603.
[10] Peng X，Gong X S，Liu J J. The study on crossover layouts of multi-layer winding grooves in deep mine hoists based on transverse vibration characteristics of catenary rope[J]. Proceedings of the Institution of Mechanical Engineers，Part I：Journal of Systems and Control Engineering，2019，233（2）：118-132.
[11] 蔡翔，曹国华，韦磊，等. 基于线扫描图像技术的立井多绳摩擦提升钢丝绳承载特性研究[J]. 振动与冲击，2018，37（5）：36-41.
[12] Kaczmarczyk S，Iwankiewicz R. Nonlinear vibrations of a cable system with a tuned mass damper under deterministic and stochastic base excitation[J]. Procedia Engineering，2017，199：675-680.
[13] 彭玉兴，孙士生，朱真才，等. 缠绕提升钢丝绳绕入冲击摩擦特性研究[J]. 摩擦学学报，2017，37（1）：90-98.
[14] 孙士生. 缠绕提升钢丝绳冲击摩擦特性研究[D]. 徐州：中国矿业大学，2017.
[15] Peng Y X，Chang X D，Sun S S，et al. The friction and wear properties of steel wire rope sliding against itself under impact load[J]. Wear，2018，400：194-206.

第 5 章　恶劣环境下钢丝绳摩擦磨损特性研究

5.1　概　　述

前面章节探究了滑动参数和接触形式等影响因素对钢丝绳摩擦学特性和磨损机理的影响规律，掌握了钢丝绳基础摩擦学性能。然而，钢丝绳在实际使用工况下，绳间存在不同的润滑和腐蚀性介质。由于钢丝绳多在露天环境下作业，容易受到雨雪、粉尘等介质的腐蚀，并且在海洋环境下时，还会受到海水的侵蚀，因此钢丝绳表面通常会涂抹润滑油脂进行防护。同时，不同地域环境温度差异较大，复杂多变的工况环境，又会导致润滑油脂性能退化，造成钢丝绳腐蚀和磨损等损伤。探究恶劣工况对钢丝绳摩擦学性能的影响，准确掌握钢丝绳润滑油脂的防护性能，揭示不同工况环境对钢丝绳润滑油脂的性能要求，能够合理控制不同条件下润滑油脂的补充和更换周期，进一步保障钢丝绳的安全可靠性。

针对服役环境对钢丝绳摩擦磨损特性的影响，国内外学者开展了大量的研究。为降低磨损，延长其服役寿命，Batchelor 等[1, 2]研究了物理气相沉积、电镀和激光表面合金化等表面处理方法对钢丝微动摩擦磨损的影响，发现未经激光处理的涂钼钢丝具有较好的抗磨效果。McColl 等[3, 4]开展了钢丝在不同润滑条件下的摩擦磨损试验，发现润滑能够有效降低摩擦系数，并且脂润滑能够在接触表面形成较好的保护层。基于试验数据，将修正的 Archard 磨损模型与有限元软件相结合，提出了有效计算钢丝磨损的方法。赵维建等[5]开展了矿用钢丝在碱性腐蚀环境下的微动疲劳试验，分析了一定应变比下不同载荷对钢丝微动摩擦磨损的影响，发现钢丝疲劳寿命与磨损量成反比，且疲劳断口可分为疲劳源区、扩展区和瞬断区。王崧全等[6-9]针对矿井提升环境工况，研究了钢丝在不同腐蚀环境中的电化学腐蚀行为、应力腐蚀行为和腐蚀疲劳行为，并系统分析了腐蚀与应力之间的交互作用对钢丝寿命的影响。研究发现，钢丝在酸性溶液中的腐蚀疲劳寿命最短，碱性次之，中性最大，且应力与腐蚀对疲劳寿命的降低有相互促进的作用。张德坤等[10-12]重点探究了不同腐蚀介质对钢丝微动摩擦特性和磨损机理的影响，并与干摩擦下的试验结果进行了对比分析。研究发现，腐蚀介质明显降低钢丝摩擦系数（酸性介质下的摩擦系数最小），且增大了磨损量（酸性介质下钢丝磨损深度最大），腐蚀介质下钢丝的磨损机理主要表现为磨粒磨损和化学腐蚀。Périer 等[13]设计了一种微动腐蚀疲劳试验机，开展了桥梁工程电缆用钢丝在 NaCl 溶液和水溶液中的微动摩擦磨损试验。研究发现，NaCl 溶液对钢丝微动疲劳寿命的影响并不明显，水溶液中钢丝在完全滑动区和过渡区的摩擦系数均低于空气环境下的试验结果。Wang 等[14, 15]建立了磨损系数、磨损耗散能和微动疲劳寿命理论预测模型，定量分析了腐蚀介质对钢丝抗磨特性的影响规律，发现钢丝微动疲劳寿命随腐蚀溶液 pH 的增大而增大。接着，进一步开展了钢丝在空气、碱性和中性电解质溶液、去离子水和酸性电解质溶液中的拉-扭复合微动疲劳试验，对钢丝摩擦磨损特性、电化学腐蚀特性和裂纹扩展特性进行了系统分析。研究发现，在酸性电解质溶液中，电化学腐蚀程度和疲劳钢丝的裂纹深度最大。

通过上述文献分析发现，目前关于钢丝绳在恶劣环境下磨损问题的研究仍比较欠缺，模拟工况比较简单，且未考虑腐蚀、润滑和磨损的交互影响特性，不能用于恶劣环境下钢丝绳摩擦磨损特性的分析。因此，本章开展了恶劣环境下钢丝绳摩擦磨损特性的试验研究。针对不同钢丝绳润滑油脂，通过四球摩擦试验机对其摩擦学性能进行了分析；将钢丝绳分别放入淡水、海水和稀硫酸溶液中进行浸泡腐蚀，并开展不同腐蚀钢丝绳的摩擦磨损试验研究[16]；探究了不同润滑油条件下钢丝绳摩擦磨损特性，揭示了表面涂油对钢丝绳的减摩抗磨效果；分析了不同腐蚀溶液对钢丝绳润滑油防护性能退化的影响[17]；探究了不同环境温度对钢丝绳摩擦磨损性能的影响规律。

5.2　不同腐蚀状态下钢丝绳摩擦磨损特性

5.2.1　试验方法

为模拟河水、雨水（酸雨）和海水等环境对钢丝绳的腐蚀，分别配制了不同腐蚀溶液并对钢丝绳开展局部浸泡腐蚀试验，其试验方法和结果如图 5-1 所示。每组钢丝绳摩擦磨损试验所用上、下 2 根钢丝绳长度不等，较短钢丝绳采用完全浸泡腐蚀，较长钢丝绳试样则采用局部浸泡腐蚀，以此保证后续磨损试验过程中，钢丝绳滑动接触区域完全受到腐蚀。如图 5-1(a)所示，将钢丝绳试样置于装有不同腐蚀溶液的塑料器皿中，浸泡腐蚀 21 天，完成钢丝绳腐蚀试验。在腐蚀过程中每隔 7 天更换一次腐蚀溶液。试验中所选腐蚀介质分别为淡水溶液、海水溶液和稀硫酸溶液。淡水溶液主要由暴晒过的自来水和 NaOH 配制，

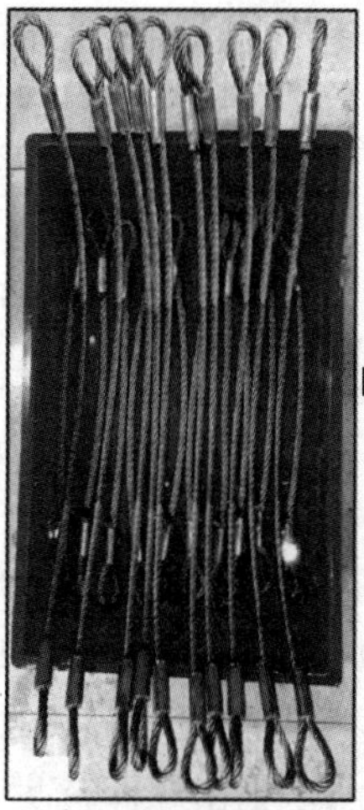

(a) 钢丝绳浸泡腐蚀

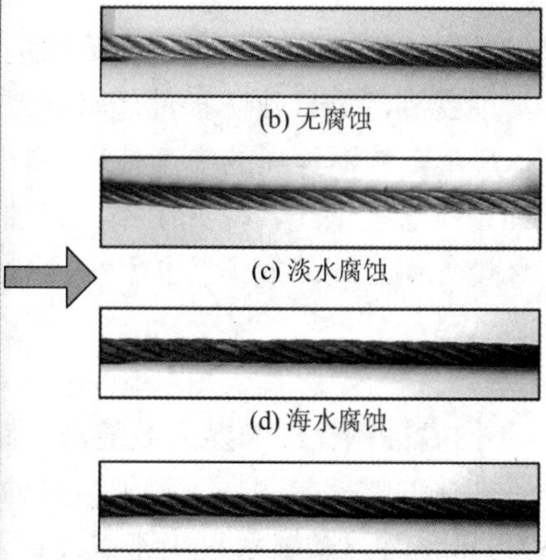

(b) 无腐蚀

(c) 淡水腐蚀

(d) 海水腐蚀

(e) 稀硫酸腐蚀

图 5-1　钢丝绳浸泡腐蚀试验

pH 控制为 7。海水溶液由人工海盐、自来水和 NaOH 配制，得到 NaCl 浓度为 3.5%、pH 为 8 的模拟海水溶液。稀硫酸溶液则用来模拟酸雨环境对钢丝绳的腐蚀，用自来水对稀硫酸溶液进行稀释，得到 pII 为 3.5 的酸性溶液。浸泡腐蚀试验结束后，风干得到不同腐蚀钢丝绳如图 5-1(c)～(e)所示。与未腐蚀钢丝绳(图 5-1(b))相比，腐蚀钢丝绳表面发生了不同形式的改变。观察发现，淡水浸泡后，钢丝绳表面失去光泽，镀锌层基本脱落；海水腐蚀条件下，钢丝绳颜色更暗，表面存在较多附着物，镀锌层完全消失；稀硫酸腐蚀作用下，钢丝绳表面锈蚀明显，但仍然比较光滑。因此，从腐蚀程度上比较，稀硫酸腐蚀最严重，海水次之，淡水最小。

得到带有不同腐蚀的钢丝绳试样后，借助钢丝绳摩擦磨损试验机，针对不同腐蚀类型钢丝绳开展了摩擦磨损试验，从磨损过程角度揭示了无防护状态下不同腐蚀对钢丝绳摩擦磨损特性的影响。腐蚀钢丝绳主要摩擦磨损试验参数如表 5-1 所示。

表 5-1　不同腐蚀钢丝绳摩擦试验参数

参数	数值
试验时间/min	5；10；20；30
交叉角度/(°)	90
接触载荷/N	150
滑动速度/(mm/s)	12
振幅/mm	20
滑动距离/mm	3600；7200；14400；21600
张紧力/N	1000

5.2.2　腐蚀钢丝绳摩擦磨损特性研究

腐蚀和磨损是钢丝绳性能退化和失效的主要原因，并且两者相互影响，共同加速钢丝绳报废。钢丝绳润滑油受到污染导致防护性能降低或失效时，钢丝绳首先受到环境腐蚀，然后加剧表面磨损，严重影响钢丝绳的安全使用，缩短钢丝绳服役寿命。为此，设计并开展了不同腐蚀钢丝绳摩擦磨损试验，探究了不同腐蚀对钢丝绳摩擦磨损性能的影响规律，能够为腐蚀等恶劣环境下钢丝绳的润滑防护和安全检测提供重要基础数据。

1. 腐蚀钢丝绳摩擦系数

图 5-2 所示为不同腐蚀钢丝绳摩擦系数随滑动距离的变化过程曲线。相同试验参数下，钢丝绳摩擦系数变化曲线差异明显。稀硫酸腐蚀钢丝绳摩擦系数曲线变化比较简单，当滑动距离小于 3000 mm 时，摩擦系数快速增大到大约 0.65，随后摩擦系数出现一定波动，但并未出现较大幅度的变化，基本稳定在 0.6～0.7。当滑动距离大于 10000 mm 后，摩擦系数波动减小，基本进入相对稳定阶段。与稀硫酸腐蚀钢丝绳摩擦系数变化曲线相比，淡水腐蚀钢丝绳摩擦系数增长速度和相对稳定值均明显减小。摩擦系数在前

2000 mm 滑动距离内增长迅速，大约增长至 0.4，然后缓慢增长。当滑动距离超过 5000 mm 后，摩擦系数基本固定，稳定在 0.45 左右。当滑动距离大于 15000 mm 时，摩擦系数出现快速增加然后逐渐稳定的变化过程。表明磨损表面出现较大变化，很可能是外层钢丝出现较大缺失，内层钢丝开始参与磨损造成。海水腐蚀钢丝绳摩擦系数变化曲线整体位于上述两条曲线之间。摩擦系数快速增长阶段较长，大约持续 7000 mm，然后增长缓慢，随着滑动距离增加，摩擦系数并未进入相对稳定阶段，而是持续增大直至试验结束。这表明海水腐蚀钢丝绳磨损比较平稳，很可能是由钢丝绳表面残留的盐分使摩擦副变得粗糙造成。通过提取试验后期摩擦系数并计算平均值，得到腐蚀钢丝绳在不同摩擦试验阶段下的平均摩擦系数，如图 5-2(b)所示。在相同滑动距离下，稀硫酸腐蚀钢丝绳平均摩擦系数最大，当滑动距离从 3600 mm 增大到 21600 mm 时，平均摩擦系数从 0.49 增大至 0.68 左右。淡水腐蚀钢丝绳平均摩擦系数较小，随着滑动距离增大，平均摩擦系数从大约 0.4 增大到 0.56，增长幅度较小。在试验前期，海水腐蚀钢丝绳平均摩擦系数与淡水腐蚀钢丝绳的试验结果相差不大，但在试验后期，海水腐蚀钢丝绳平均摩擦系数明显更大。因此，不同腐蚀对钢丝绳滑动摩擦系数影响明显，稀硫酸腐蚀钢丝绳摩擦系数最大，淡水腐蚀钢丝绳摩擦系数最小。

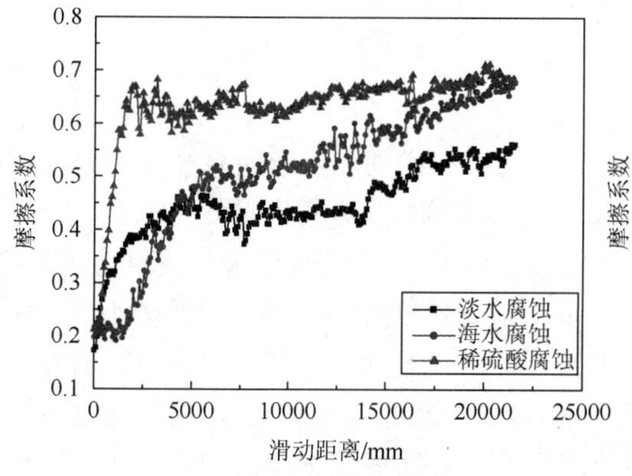

(a) 实时摩擦系数

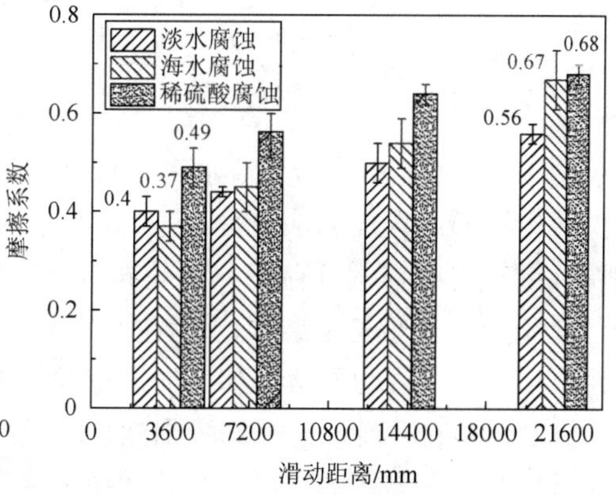

(b) 平均摩擦系数

图 5-2　不同腐蚀钢丝绳摩擦系数过程变化曲线

2. 腐蚀钢丝绳摩擦温升

图 5-3 所示为不同腐蚀钢丝绳摩擦温升随滑动距离的过程变化曲线，其变化特性与摩擦系数曲线的变化趋势相似，但温升曲线间差异更加明显。随着滑动距离增大，稀硫酸腐蚀钢丝绳和淡水腐蚀钢丝绳对应摩擦温升在经过短暂的快速增长阶段后，均逐渐进入相对稳定阶段，但曲线间差距较大。海水腐蚀钢丝绳摩擦温升在前 5000 mm 左右增长迅速，随着滑动距离继续增大，温升增长速度减慢，虽然增长幅度不大，但始终呈缓慢增长趋势。对试验相对稳定阶段的平均温升进行计算和分析发现，稀硫酸腐蚀钢丝绳摩擦温升最大，在相同滑动距离条件下，温升始终处在较大范围内。随着滑动距离增大，约从 8.5℃增大到 10.4℃。淡水腐蚀钢丝绳摩擦温升平均值最低，且增长幅度较小，从 5.4℃增大到 6.8℃左右。

海水腐蚀钢丝绳摩擦温升基本处在淡水腐蚀钢丝绳和稀硫酸腐蚀钢丝绳的试验结果之间，这与摩擦系数的分析结果一致。但其摩擦温升增长幅度最大，约从5.6℃增大到10.4℃。表明海水腐蚀钢丝绳磨损程度随滑动距离变化较大。因此，从摩擦温升角度比较，稀硫酸腐蚀钢丝绳摩擦温升最大，其次是海水腐蚀钢丝绳，淡水腐蚀钢丝绳摩擦温升相对较小。

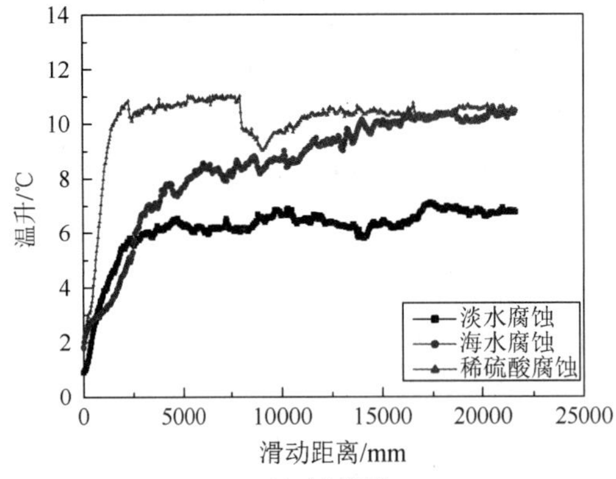

(a) 实时温升

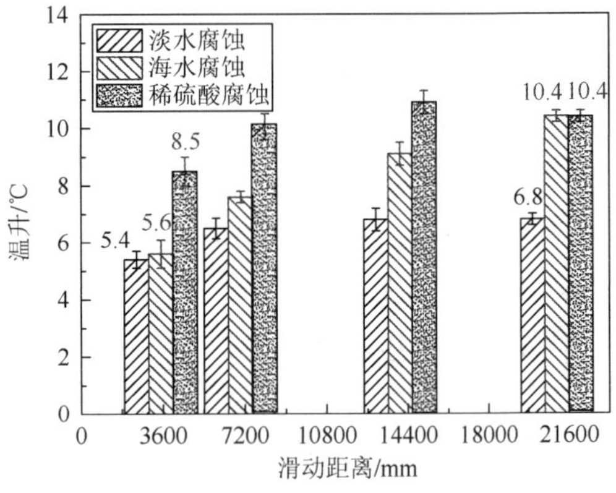

(b) 平均温升

图 5-3　不同腐蚀钢丝绳摩擦温升过程变化曲线

3. 腐蚀钢丝绳磨损形貌

图5-4～图5-6所示为淡水腐蚀钢丝绳、海水腐蚀钢丝绳和稀硫酸腐蚀钢丝绳在不同摩擦磨损试验阶段所对应表面磨损形貌。随着滑动距离增加，磨损区域均不断扩大，但不同腐蚀钢丝绳磨损程度存在一定差异。在淡水腐蚀条件下，由于表面镀锌层受到腐蚀破坏，钢丝绳表面在试验初期磨损比较剧烈，但上、下2根钢丝试样滑动磨损区域较小。随着滑动距离增大，下滑动钢丝绳和上加载钢丝绳的磨损区域均出现明显增大。特别是当滑动距离达到21600 mm时，磨损比较剧烈，出现严重断丝和较大的材料缺失，内部钢丝开始出现轻微磨损。这与图5-2和图5-3中摩擦系数和摩擦温升曲线在试验后半段出现快速增长的变化特点相对应。此外，淡水腐蚀钢丝绳磨损表面相对较为平整、光滑，造成摩擦系数变化不大。图5-5所示为海水腐蚀钢丝绳磨痕形貌，不同试验阶段下磨痕特征差异明显。在试验初期，钢丝绳试样磨损区域较小，在大接触应力的反复挤压磨损作用下，表面十分光滑。这主要是因为海水腐蚀后，钢丝绳表面会凝结大量盐分等附着物，对钢丝绳起到一定保护作用。但随着磨损加剧，保护层被慢慢去除，磨损区域越来越大。随着滑动距离增大到21600 mm，磨损程度达到最大，内部钢丝出现严重磨损，表明磨损深度较大。下滑动钢丝绳表面犁沟明显，凹凸不平，粗糙度较大，容易产生较大的滑动摩擦系数。此外，磨损形貌变化明显，且摩擦副表面越来越粗糙，这与海水腐蚀钢丝绳摩擦系数曲线的变化趋势相对应。对比分析发现，相同滑动距离下硫酸腐蚀钢丝绳磨损程度最为严重。在滑动距离为3600 mm时，钢丝绳表面磨损区域便达到较大水平。这是因为硫酸腐蚀去除了钢丝表面镀锌层并与内部金属元素发生化学反应，使钢丝绳横截面积较小，材料表面紧密性降低，导致表面磨损速度加快。此外，钢丝绳在滑动距离达到14400 mm处就出现了明显

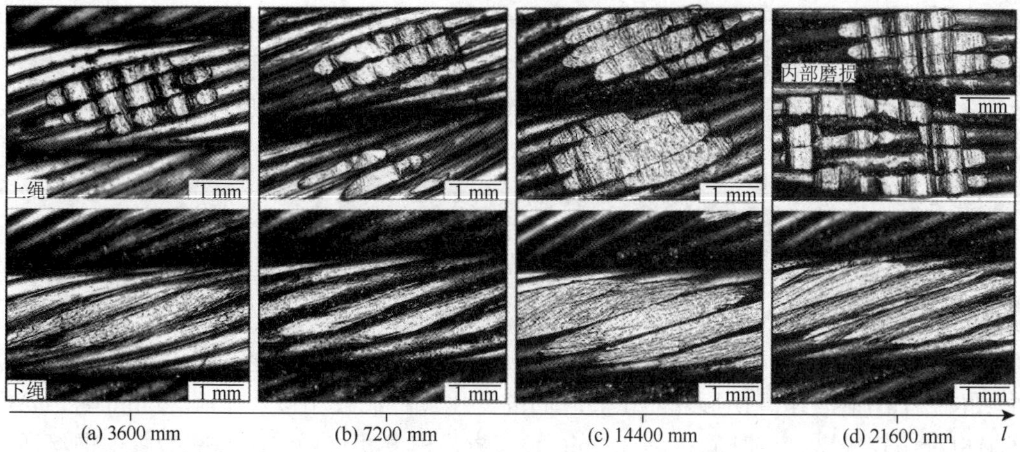

图 5-4　淡水腐蚀钢丝绳磨痕形貌变化过程

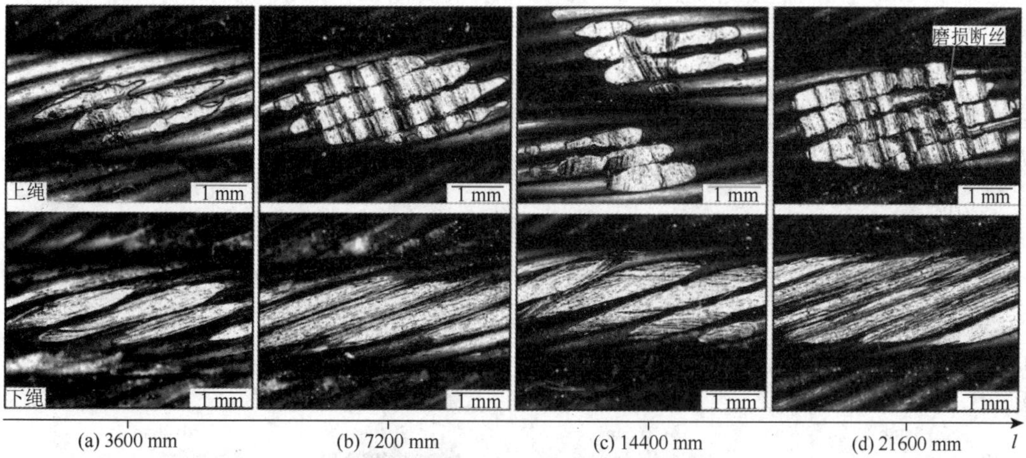

图 5-5　海水腐蚀钢丝绳磨痕形貌变化过程

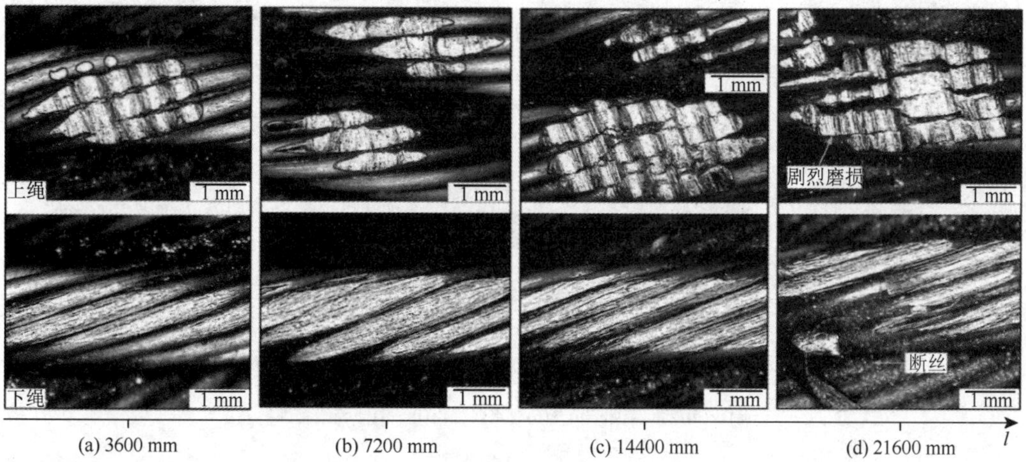

图 5-6　稀硫酸腐蚀钢丝绳磨痕形貌变化过程

的磨损断丝现象。当滑动距离为 21600 mm 时，下滑动钢丝绳试样和上加载钢丝绳试样均出现比较严重的磨损断丝，这时钢丝绳已无法满足正常的安全使用要求。因此，腐蚀会导致钢丝绳抗磨性能降低，淡水腐蚀和海水腐蚀钢丝绳抗磨特性相似，相同试验条件下，稀硫酸腐蚀钢丝绳磨损最快，且磨损程度最为严重。

4. 腐蚀钢丝绳磨痕特征参数

对不同腐蚀钢丝绳磨损区域进行形貌特征扫描，得到不同试验时间下腐蚀钢丝绳磨痕三维形貌，如图 5-7 所示。可以清楚发现，在试验时间达到 30 min 时，不同腐蚀钢丝绳表面磨损剧烈，且出现清晰的断丝现象。此外，淡水腐蚀(图(a)～(d))和海水腐蚀(图(e)～(h))钢丝绳磨损形貌随试验时间的变化过程比较相似，在前 20 min 内，表面磨损相对比较轻微，当时间达到 30 min 时，磨损程度变化明显。稀硫酸腐蚀钢丝绳磨损程度随时间的变化过程更加明显(图(i)～(l))，轻微磨损出现在前 10 min，当试验时间达到 20 min 时，稀硫酸腐蚀钢丝绳表面出现明显断丝，磨损非常剧烈。随着时间继续增大到 30 min，磨损区域出现多根钢丝同时断裂的现象，且能清楚看到绳股内层钢丝。因此，在不同腐蚀环境下，钢丝绳抗磨特性会发生较大变化，在磨损初期，不同腐蚀钢丝绳抗磨特性相似，随着磨损继续加剧，稀硫酸腐蚀钢丝绳的抗磨特性退化最为严重。

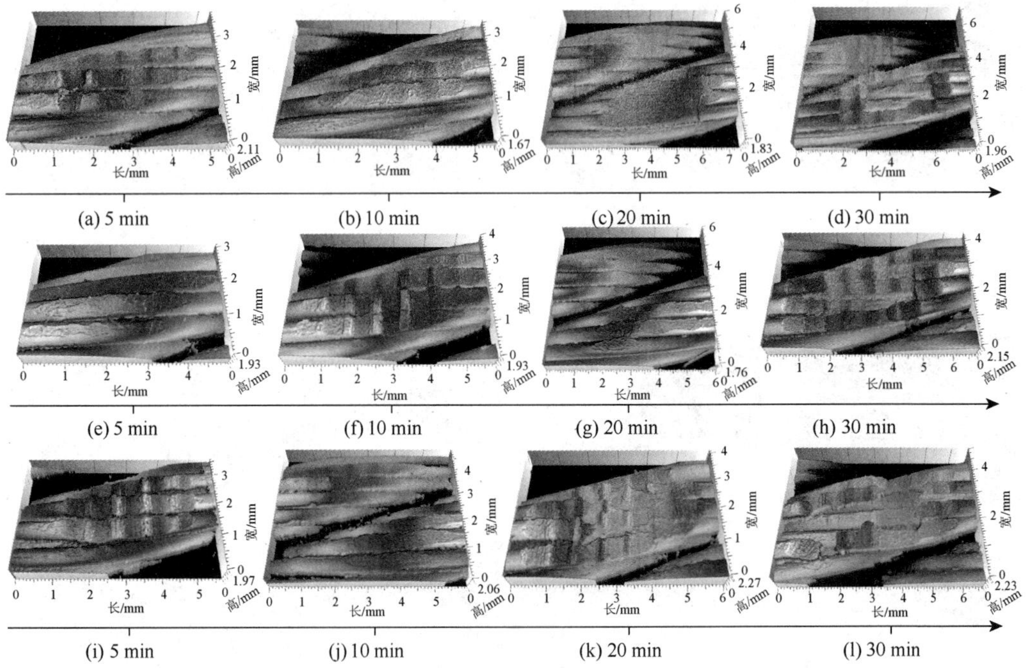

图 5-7　不同腐蚀钢丝绳磨痕三维形貌图

(a)～(d)淡水腐蚀，(e)～(h)海水腐蚀，(i)～(l)稀硫酸腐蚀

图 5-8 所示为不同腐蚀钢丝绳磨痕剖面曲线和最大磨损深度，能够从定量角度准确比

较不同腐蚀钢丝绳磨损程度随试验时间的变化过程。淡水腐蚀钢丝绳磨痕剖面曲线随试验时间变化不大，主要以凹凸不平的波浪形曲线为主，且曲线深度变化比较稳定。海水腐蚀钢丝绳磨痕剖面曲线随试验时间的变化则相对比较明显。在前 20 min 内，曲线比较集中，且深度较小。当时间达到 30 min 时，曲线深度突然变大，且在底部出现凹凸不平的波动。这表明外层钢丝出现明显断丝，不再与下层钢丝接触，且内部钢丝表面出现一定轻微磨损。因此，海水腐蚀钢丝绳在试验后期会出现磨损突然加剧。稀硫酸腐蚀钢丝绳磨痕曲线深度从试验一开始便处于较大水平，且变化过程的层次比较明显，没有出现突然的磨损加剧。因此，海水腐蚀钢丝绳在磨损初期外层附着物能够起到一定保护作用，一旦遭到破坏，磨损便会迅速恶化。通过不同磨痕轮廓曲线，测量获得腐蚀钢丝绳在不同磨损阶段的最大磨损深度，如图 5-8(d)所示。分析发现，腐蚀钢丝绳磨损深度在不同试验阶段表现出一定的随机性，但随试验时间增大，整体呈明显增长趋势。这是因为钢丝绳结构复杂，其在滑动初期磨损接触位置不固定，造成表面磨损特征和磨损程度变化较大。稀硫酸腐蚀钢丝绳磨损深度的增长幅度最大，约从 0.15 mm 增大到 0.94 mm。淡水腐蚀钢丝绳磨损深度变化最小，从 0.18 mm 增大到 0.41 mm 左右。

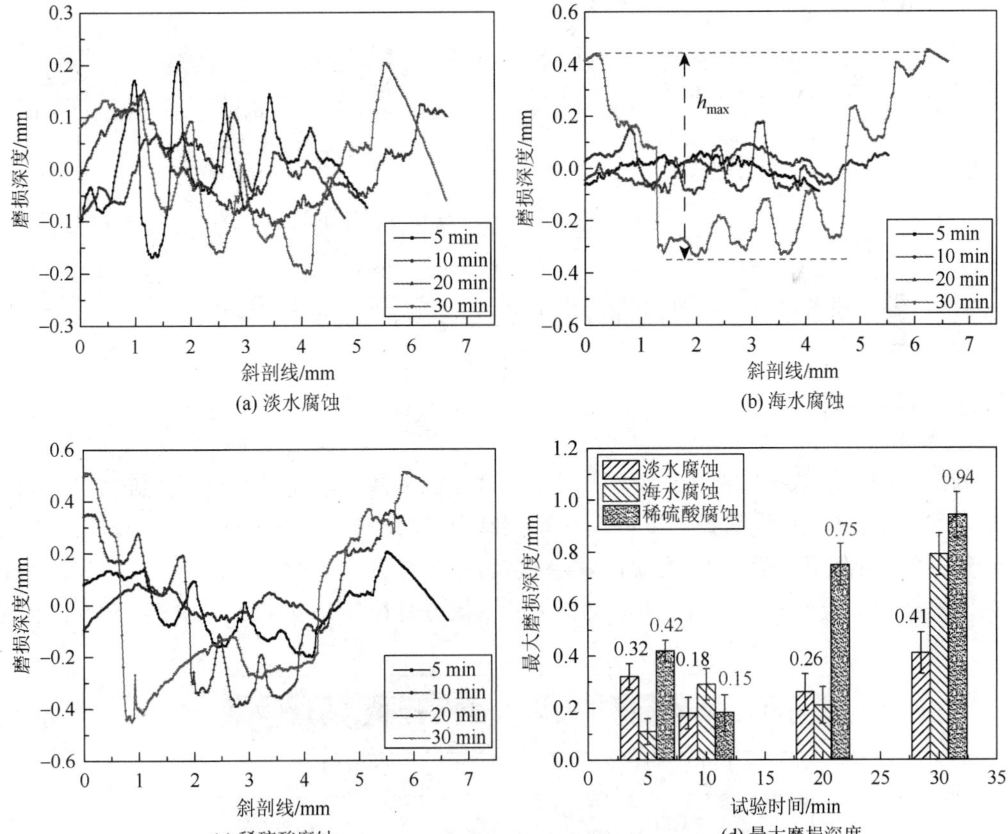

(a) 淡水腐蚀　(b) 海水腐蚀

(c) 稀硫酸腐蚀　(d) 最大磨损深度

图 5-8　不同腐蚀钢丝绳磨痕剖面曲线和最大磨损深度

图 5-9 所示为不同滑动距离下腐蚀钢丝绳磨损面积和磨损量的过程变化规律，同样能

够定量地比较和分析不同环境参数对钢丝绳磨损程度的影响。随着滑动距离增大，腐蚀钢丝绳磨损面积和磨损量整体上呈增大趋势，但磨损量变化幅度更明显。从磨损面积来看，淡水腐蚀钢丝绳对应数值增长最快，约从 5.9 mm^2 增大到 18 mm^2。海水腐蚀钢丝绳磨损面积增长最慢，从 4.7 mm^2 增大到 13 mm^2。这表明磨损面积虽然能够反映表面磨痕的演化过程，但受钢丝绳接触位置和接触形式影响明显，不能准确反映不同钢丝绳间磨损程度的差异特性。不同腐蚀钢丝绳磨损量变化过程如图 5-9(b)所示，与磨损深度变化趋势类似。稀硫酸腐蚀钢丝绳磨损量随滑动距离增长幅度最大，约从 7.4 mg 增长到 63.5 mg，其次是海水腐蚀钢丝绳，淡水腐蚀钢丝绳磨损量增长幅度最小。

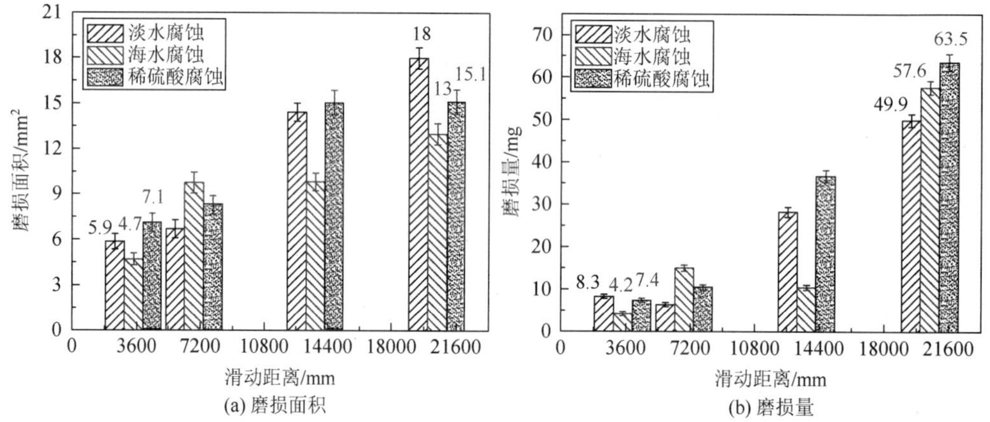

(a) 磨损面积　(b) 磨损量

图 5-9　不同腐蚀钢丝绳磨痕特征尺寸变化过程

5.3　不同油润滑下钢丝绳摩擦磨损特性

5.3.1　摩擦特性

为探究润滑油防护条件下钢丝绳摩擦磨损特性，掌握不同润滑油对钢丝绳的减摩抗磨性能，设计并开展了油润滑条件下钢丝绳摩擦磨损试验。与钢丝绳试样腐蚀处理方式类似，对钢丝绳滑动接触区域涂抹润滑油，得到涂油钢丝绳试样如图 5-10 所示。将钢丝绳试样在摩擦磨损试验过程中可能发生滑动接触的区域分别在 IRIS-400M 和 IRIS-550A 钢丝绳

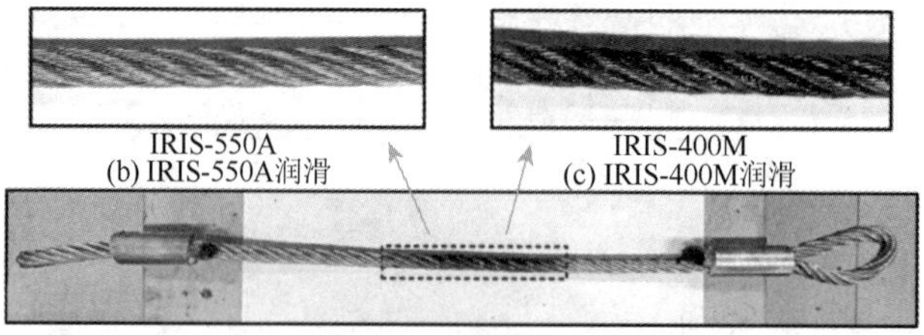

(a) 局部润滑

图 5-10　涂油钢丝绳试样

润滑油中浸泡和刷涂，保证钢丝绳内、外钢丝均得到充分润滑。涂好润滑油的钢丝绳表面如图 5-10(b)和(c)所示，待润滑油在钢丝绳表面静置 24 h，挥发掉部分水分后，便可开展油润滑条件下钢丝绳摩擦磨损试验研究。

基于前面研究结果，滑动速度和振幅是影响钢丝绳表面摩擦磨损特性的重要因素。因此，考虑滑动速度和振幅同时变化的情况，探究油润滑钢丝绳摩擦磨损特性的变化规律。其主要试验参数如表 5-2 所示。

表 5-2　不同润滑油下钢丝绳滑动摩擦试验参数

参数	数值
接触载荷/N	200
滑动速度/(mm/s)	6；12；18；24；30
交叉角度/(°)	90
振幅/mm	10；20；30；50
滑动距离/mm	43200

图 5-11 所示为不同滑动速度和振幅条件下油润滑钢丝绳摩擦系数随滑动距离的变化曲线。与干摩擦条件下的试验结果完全不同，充分润滑条件下，钢丝绳摩擦系数并未出现明显的快速增长阶段和缓慢过渡阶段，在整个试验过程中曲线比较平稳。在 IRIS-440M 钢丝绳润滑油作用下，绳间摩擦系数在滑动振幅为 50 mm，速度为 30 mm/s 条件下达到最大，稳定在 0.24 左右，且与其他曲线差距明显。当振幅从 10 mm 增大到 30 mm，速度从 6 mm/s 增大到 18 mm/s 时，摩擦系数几乎不变，集中在 0.18 左右，且随着滑动距离增大，曲线无明显波动。表明润滑油在该参数范围内性能比较稳定，减摩效果较好。当滑动振幅和速度分别为 50 mm 和 24 mm/s 时，摩擦系数最小，稳定在 0.15 左右。表明在较大滑动振幅条件下，滑动速度对 IRIS-400M 钢丝绳润滑油减摩性能影响较大，且大滑动振幅容易产生

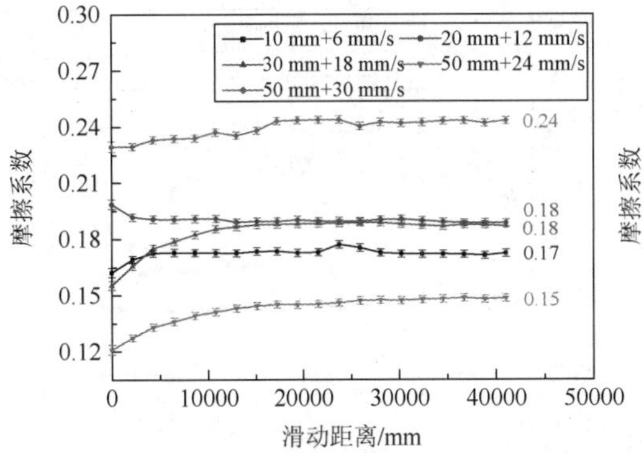

(a) IRIS-400M

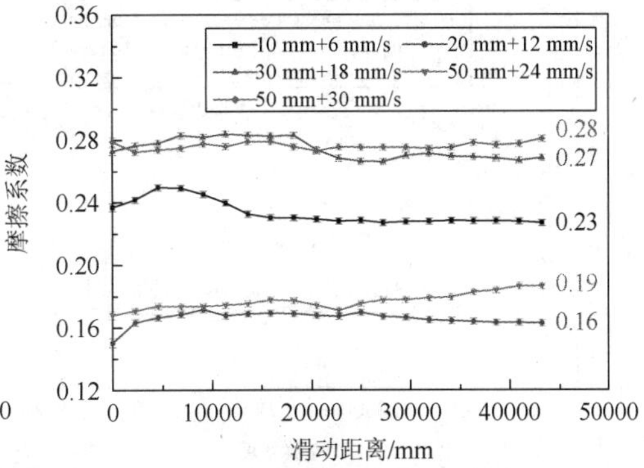

(b) IRIS-550A

图 5-11　不同润滑油下钢丝绳摩擦系数变化曲线

较大的摩擦系数。在 IRIS-550A 润滑条件下，随着滑动振幅和速度增大，摩擦系数变化曲线层次分明，差异明显。在振幅和速度均较小时（10 mm+6 mm/s），摩擦系数稳定在中间位置，约为 0.23。当速度和振幅分别增大到 12 mm/s 和 20 mm 时，摩擦系数最低，为 0.16 左右。随着滑动参数继续增大到 18 mm/s 和 30 mm 时，摩擦系数较大，约为 0.27。但当振幅和速度分别为 50 mm 和 24 mm/s 时，摩擦系数则明显减小，为 0.19 左右。这表明速度和振幅变化对 IRIS-550A 钢丝绳润滑油的减摩特性影响比较明显。分析发现，速度增大造成摩擦系数降低，振幅增大导致摩擦系数升高，并且在大振幅条件下，速度的影响相对较小。对比分析两种润滑油的试验结果，发现 IRIS-400M 润滑条件下绳间摩擦系数更小，且在不同滑动参数下润滑性能更稳定。

图 5-12 所示为不同滑动参数和润滑油条件下钢丝绳摩擦温升随滑动距离的变化曲线。与干摩擦下的试验结果不同，温升曲线的变化趋势不再与摩擦系数变化相一致。随着滑动振幅和速度增大，温升呈增长趋势。在 IRIS-400M 润滑条件下，曲线间差异明显。随着振幅和速度分别从 10 mm 增大到 50 mm 和 6 mm/s 增大到 30 mm/s，温升从大约 1.7℃上升至 7℃，增长幅度较大。此外，振幅和速度分别为 50 mm 和 24 mm/s 时，温升稳定在 3.7℃左右，略小于振幅和速度分别为 30 mm 和 18 mm/s 时的试验结果。这是因为虽然速度增大会导致温升变大，但较大振幅会造成散热加快，温升偏低。此时，振幅在温升变化上起更重要的作用。在 IRIS-550A 润滑条件下，摩擦温升的最大值和最小值与 IRIS-400M 润滑条件下的试验结果相似，分别出现在最大和最小滑动振幅和速度条件下，约为 1.8℃和 7℃。但温升从较小值升高到较大值的变化过程却存在一定差异。当振幅和速度均较小时，温升快速增长阶段明显，但持续的滑动距离较短，约在 3000 mm 后开始逐渐进入相对稳定阶段。此时摩擦温升变化不大，且数值较小。当振幅和速度分别超过 30 mm 和 18 mm/s 后，温升则明显升高到较大水平，且快速增长阶段明显变长，约持续到 10000 mm 后才开始进入相对稳定阶段。此时温升比较集中，在 5～7℃变化。这表明 IRIS-550A 钢丝绳润滑油对滑动振幅和速度的变化并不敏感，在一定范围内，能够实现相对稳定的润滑效果。因此，在油润滑条件下，绳间滑动摩擦温升明显降低，相同试验条件下，温升值约

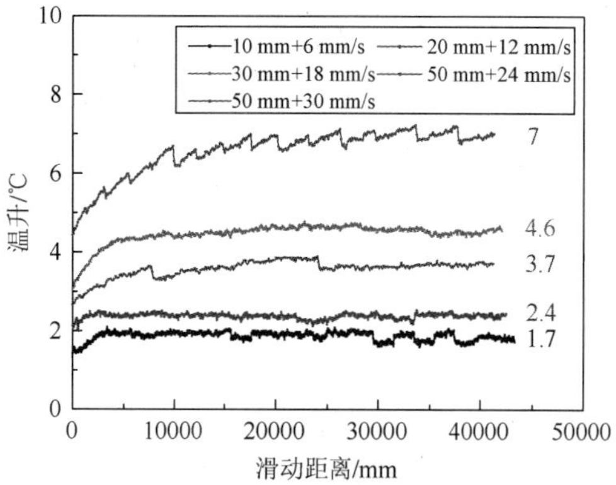

(a) IRIS-400M

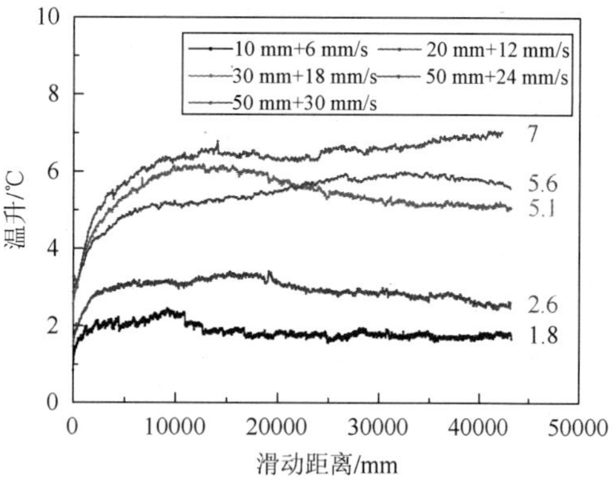

(b) IRIS-550A

图 5-12　不同润滑油下钢丝绳摩擦温升变化曲线（彩图见二维码）

为干摩擦试验结果的一半，并且滑动振幅和速度对油润滑下摩擦温升的影响比较明显，IRIS-400M 润滑条件下，温升对滑动参数的变化比较敏感。

5.3.2　磨损特性

图 5-13 和图 5-14 所示为不同润滑和滑动参数条件下钢丝绳摩擦副表面磨损形貌。可以发现，油润滑条件下钢丝绳表面磨损虽得到很大程度上的缓解，但仍无法完全避免。在 IRIS-400M 润滑条件下，随着滑动参数增大，钢丝绳磨损区域整体呈扩大趋势。观察上加载钢丝绳和下滑动钢丝绳磨损表面，发现磨损区域非常光滑且富有光泽。磨损绳股保留了完整的圆弧形几何结构，磨损均匀地分布在钢丝表面，未出现明显凹坑。在润滑油作用下，摩擦阻力较小，钢丝绳往复滑动轨迹容易发生改变，造成接触区域磨损均匀，表面光滑，钢丝绳间以黏着磨损为主。图 5-14 为 IRIS-550A 润滑下钢丝绳摩擦磨损试验结果，磨损同样非常轻微，但在不同振幅和速度条件下，磨损区域变化不大。在振幅和速度分别为 10 mm 和 6 mm/s 时，磨损区域出现多个小圆弧形凹槽，由于磨损深度较小，凹槽间距离较大，彼此分离。这是因为小滑动振幅和速度容易形成稳定的滑动轨迹，较早地出现表面磨损现象。随着滑动参数增大，磨痕分布比较均匀，磨损表面十分光滑，这也决定了钢丝绳间较小的摩擦系数。此外，由于钢丝绳磨损形貌比较相似，磨损程度较轻，因此，钢丝绳间滑动摩擦系数的变化很大程度上是试验参数导致的润滑油性能退化和润滑条件改变造成的。通过对比分析钢丝绳磨损形貌，初步得出 IRIS-550A 润滑油的抗磨防护效果更好，对不同滑动参数的适应性更好，稳定性更强。

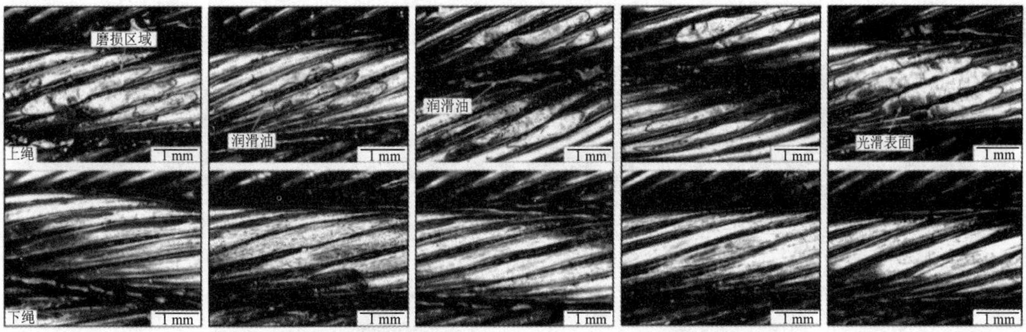

(a) 10 mm+6 mm/s　(b) 20 mm+12 mm/s　(c) 30 mm+18 mm/s　(d)50 mm+24 mm/s　(e) 50 mm+30 mm/s

图 5-13　IRIS-400M 润滑下钢丝绳磨痕形貌图

图 5-15 和图 5-16 分别所示为 IRIS-400M 和 IRIS-550A 润滑条件下钢丝绳磨痕三维形貌图。在油润滑条件下，钢丝绳表面磨损轻微，磨损深度较小且形貌十分平整规则。外层钢丝在绳股表面相对较高的位置出现少量材料缺失，去除形式类似于切削过程，由于磨损深度较小，几乎没有改变钢丝绳股的圆柱形结构。然而，随着滑动振幅和速度增大，表面磨损程度呈现增大趋势。

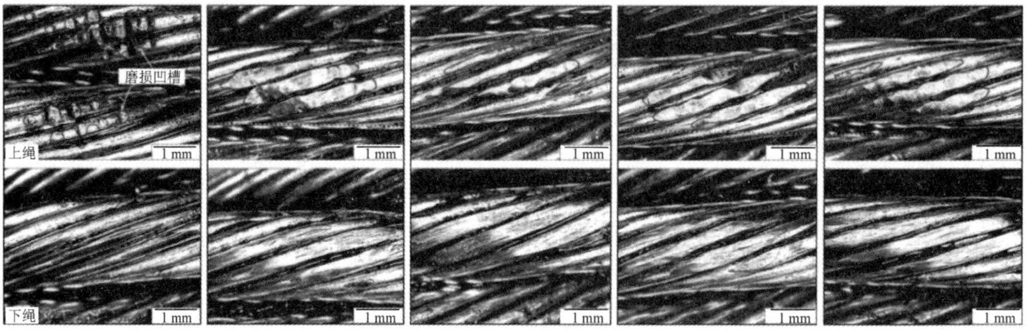

(a) 10 mm+6 mm/s　(b) 20 mm+12 mm/s　(c) 30 mm+18 mm/s　(d)50 mm+24 mm/s　(e) 50 mm+30 mm/s

图 5-14　IRIS-550A 润滑下钢丝绳磨痕形貌图

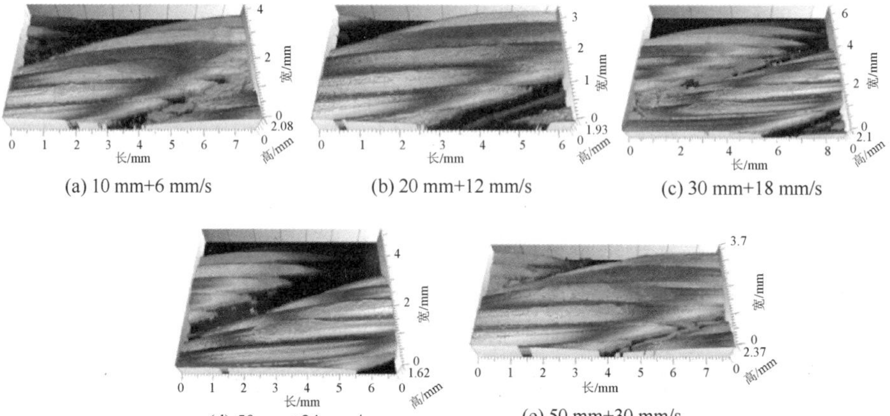

(a) 10 mm+6 mm/s　(b) 20 mm+12 mm/s　(c) 30 mm+18 mm/s

(d) 50 mm+24 mm/s　(e) 50 mm+30 mm/s

图 5-15　IRIS-400M 润滑下钢丝绳磨痕三维形貌图

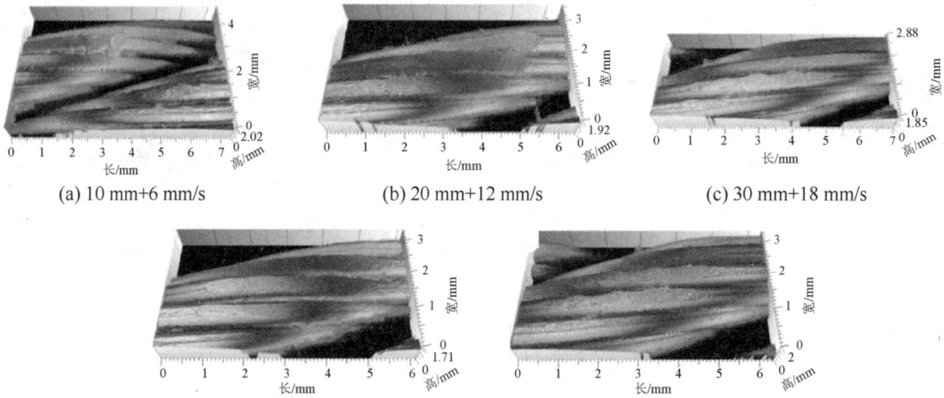

(a) 10 mm+6 mm/s　(b) 20 mm+12 mm/s　(c) 30 mm+18 mm/s

(d) 50 mm+24 mm/s　(e) 50 mm+30 mm/s

图 5-16　IRIS-550A 润滑下钢丝绳磨痕三维形貌图

通过提取润滑条件下钢丝绳磨痕剖面曲线和最大磨损深度发现，磨痕最大磨损深度均小于 0.05 mm，加上钢丝绳复杂结构和测量精度的影响，很难从磨损深度上对不同环境参数下钢丝绳磨损特性进行定量分析。因此，将磨损面积作为润滑条件下钢丝绳磨损特征的定量评价指标，其测量结果如图 5-17 所示。分析发现，随着振幅和速度增大，磨损面积并未呈现出明显变化趋势，但 IRIS-400M 润滑下钢丝绳磨损面积波动更大，从大约 3.3 mm^2 增大到 9 mm^2。IRIS-550A 润滑下钢丝绳磨损程度则比较接近，数值相对较小，其从 3.9 mm^2 变化到 6.9 mm^2 左右。因此，在不同滑动参数下，IRIS-550A 钢丝绳润滑油的防护效果更加稳定。

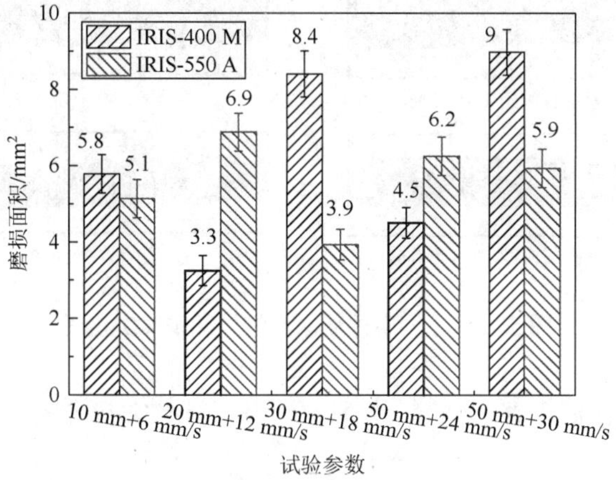

图 5-17　不同润滑条件下钢丝绳磨损面积变化图

5.4　不同腐蚀环境对钢丝绳润滑油减摩抗磨特性的影响

5.4.1　试验方法

通过前面的研究和分析发现，相同参数条件下，受到腐蚀的钢丝绳更容易产生剧烈磨损，抗磨性能出现不同程度的较低，而充分良好的油润滑条件能够明显降低钢丝绳摩擦磨损，起到有效的防护效果。在复杂的实际工况环境下，虽然钢丝绳表面涂有润滑油，但仍会在不同腐蚀条件下产生性能退化和失效，造成钢丝绳在乏油和缺油状态下产生腐蚀和磨损，威胁钢丝绳的安全使用。因此，有必要研究不同钢丝绳润滑油的抗腐蚀性能，以及涂油钢丝绳受到不同腐蚀后的摩擦磨损变化规律，从而掌握不同钢丝绳润滑油受到腐蚀环境污染后的减摩抗磨特性。

结合前面所用试验材料，腐蚀介质选取淡水溶液、海水溶液和稀硫酸溶液，钢丝绳润滑油使用 IRIS-400M 和 IRIS-550A。试验方法与前面分析类似，将镀锌钢丝绳表面用石油醚清洗过后，在钢丝绳表面充分涂抹润滑油并静置 24 h。然后，将钢丝绳试样的涂油部分放入腐蚀溶液中浸泡 21 天后取出晾干，得到钢丝绳试样如图 5-18 所示。涂油钢丝绳经过不同溶液腐蚀后，表面差异明显：淡水溶液腐蚀后，钢丝绳表面润滑油保留比较完好，并未出现局部缺失；在海水和稀硫酸溶液中腐蚀后，钢丝绳表面润滑油则发生较大改变，颜色变暗，难以区分，出现润滑油部分脱落和缺失，钢丝绳局部出现锈蚀。因此，从形态上观察，两种钢丝绳润滑油虽均具有较好的防水性，但在海水和酸性环境下，则发生比较明显的变化。

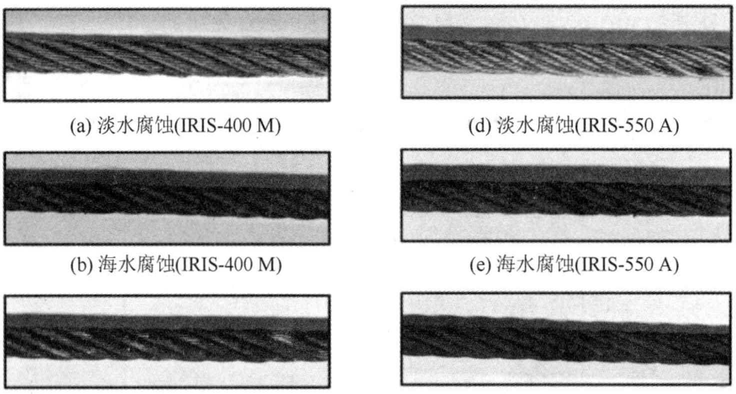

(a) 淡水腐蚀(IRIS-400 M)　(d) 淡水腐蚀(IRIS-550 A)

(b) 海水腐蚀(IRIS-400 M)　(e) 海水腐蚀(IRIS-550 A)

(c) 稀硫酸腐蚀(IRIS-400 M)　(f) 稀硫酸腐蚀(IRIS-550 A)

图 5-18　不同腐蚀后涂油钢丝绳试样实物图

针对不同腐蚀的涂油钢丝绳试样，设计并开展了滑动摩擦磨损试验，其主要试验参数如表 5-3 所示。

表 5-3　不同腐蚀后油润滑钢丝绳滑动摩擦试验参数

参数	数值
接触载荷/N	200
滑动速度/(mm/s)	12
交叉角度/(°)	90
振幅/mm	20
张紧力/N	1000
滑动距离/mm	43200

5.4.2　淡水溶液腐蚀

1. 摩擦特性

图 5-19 所示为淡水腐蚀后涂油钢丝绳摩擦系数和摩擦温升随滑动距离的变化曲线。通过观察钢丝绳摩擦系数变化曲线可以发现，IRIS-400M 和 IRIS-550A 钢丝绳润滑油经淡水浸泡腐蚀后，摩擦系数的变化规律基本一致，两条曲线基本重合。摩擦系数增大较快，迅速进入相对稳定阶段并维持在 0.22 左右，与无腐蚀条件下的试验结果相比，摩擦系数均有所升高（图 5-11）。此外，当滑动距离达到 30000 mm 时，摩擦系数开始增大，而后又逐渐减小至相对稳定，这是因为钢丝绳表面润滑油膜出现了一定程度的破坏和再修复。很有可能是由钢丝绳绳芯中存储的润滑油析出造成的。因此，从摩擦系数角度考虑，淡水腐蚀对两种润滑油均会造成性能退化，且 IRIS-400M 的性能退化更严重。图 5-19(b)所示

为淡水腐蚀后涂油钢丝绳摩擦温升变化曲线，此时，两种润滑油所对应温升曲线出现一定区别，不再相互重合。经过短暂的快速增长阶段，温升分别稳定在不同数值，约为 2.9℃和 2.8℃。与未腐蚀条件下的试验结果相比，摩擦温升变化不大（图 5-12），虽有小幅度升高，但仍处在相对较低的水平。此外，淡水腐蚀对 IRIS-400M 润滑油下钢丝绳摩擦温升的影响更明显。

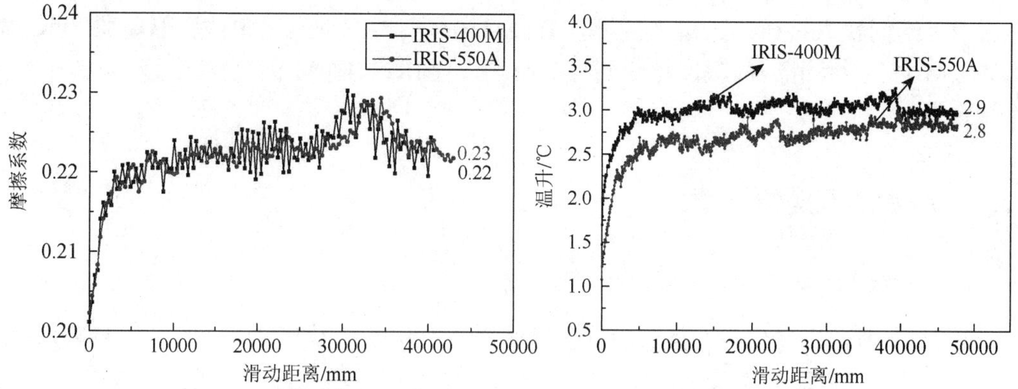

(a) 摩擦系数　(b) 摩擦温升

图 5-19　淡水腐蚀钢丝绳润滑油摩擦系数和温升变化曲线

2. 磨损特性

图 5-20 所示为涂油钢丝绳经淡水腐蚀后的表面磨损形貌图，磨损总体比较轻微，但比未腐蚀条件下钢丝绳表面磨损略微严重(图 5-13(b)和图 5-14(b))。当 IRIS-400M 润滑

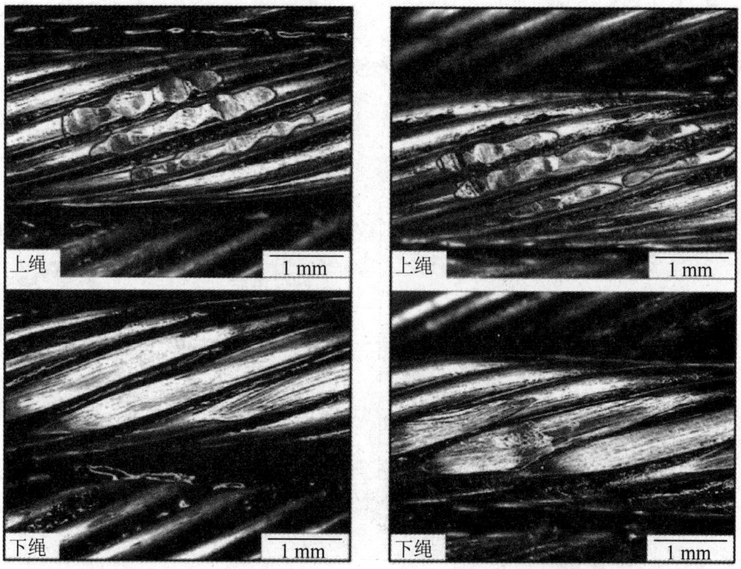

(a) IRIS-400 M　(b) IRIS-550 A

图 5-20　淡水腐蚀下油润滑钢丝绳磨损形貌图

油受到淡水浸泡腐蚀后，钢丝绳磨损表面非常光滑，但磨损区域凹凸不平，能够看到比较明显的凹槽，且凹槽间过渡比较平滑。表明腐蚀过后，钢丝绳润滑油仍起到非常明显的抗磨保护效果。在 IRIS-550A 润滑条件下，钢丝绳表面磨损形貌与 IRIS-400M 条件下的试验结果相似，但形貌更加规则，几乎没有小凹槽出现。表明此时表面润滑油更充分，润滑效果更好，钢丝绳间的滑动轨迹在润滑环境中更加不确定，产生分布比较均匀的磨损表面。观察下滑动钢丝绳磨损形貌可以发现，磨损区域出现比较明显的塑性变形，这是由钢丝绳间较大挤压应力造成的，且 IRIS-550A 润滑下钢丝绳塑性变形更加严重。表明淡水腐蚀后，润滑油抗压性能受到显著影响，且 IRIS-400M 钢丝绳润滑油的抗压防护性能更强。

5.4.3 海水溶液腐蚀

1. 摩擦特性

图 5-21 所示为海水腐蚀后涂油钢丝绳摩擦系数和摩擦温升随滑动距离的变化曲线。与淡水腐蚀下的试验结果形成鲜明对比，两种润滑油所对应摩擦系数曲线存在较大差异。在试验初期，IRIS-550A 润滑下钢丝绳摩擦系数曲线出现明显的快速增长阶段，试验进行到 10000 mm 后，摩擦系数开始平稳，稳定在 0.3 左右。在 IRIS-400M 润滑条件下，摩擦系数比较稳定，没有明显变化，基本维持在 0.22 左右。与未腐蚀环境下的试验结果相比，IRIS-550A 润滑下钢丝绳摩擦系数出现较大幅度升高，增幅约为 0.14。摩擦温升在海水腐蚀下同样出现较大变化(图 5-21(b))。在 IRIS-400M 润滑下，摩擦温升在前 40000 mm 左右相对比较平稳，试验后期出现小幅快速增长并逐渐稳定在 3.1℃左右。在 IRIS-550A 润滑下，温升在试验前半段呈持续增长趋势，后期有所下降并稳定在 3℃左右，且稳定之前曲线始终高于 IRIS-400M 润滑下的温升曲线。因此，钢丝绳润滑油减摩性能在海水溶液中的退化程度大于淡水溶液，且海水溶液对 IRIS-550A 润滑油摩擦系数和摩擦温升的影响均更加显著。

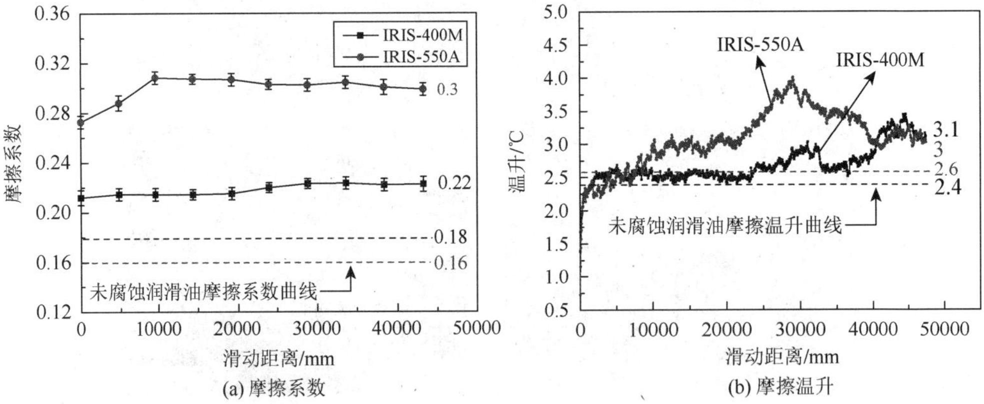

图 5-21 海水腐蚀钢丝绳润滑油摩擦系数和温升变化曲线

2. 磨损特性

图 5-22 所示为海水腐蚀后涂油钢丝绳表面磨损形貌图，在不同润滑下钢丝绳磨损差异比较明显。在 IRIS-400M 润滑下，上加载钢丝绳磨损比较严重，出现明显的凹槽形貌，且下滑动钢丝绳磨损均匀，表面光滑。绳股间隙中存有充足的润滑油，因此，摩擦系数相对较小，但润滑油的抗磨特性明显降低。在 IRIS-550A 润滑防护下，钢丝绳表面磨损区域相对较小，且下滑动钢丝绳磨痕区域犁沟明显，表面粗糙，导致摩擦系数较大。同时，钢丝绳经海水腐蚀后，表面会形成一层由凝结盐分等构成的薄膜，一定程度上造成了摩擦系数增大。虽然 IRIS-550A 润滑条件下钢丝绳润滑油明显减少，但仍能起到较好的抗磨效果。

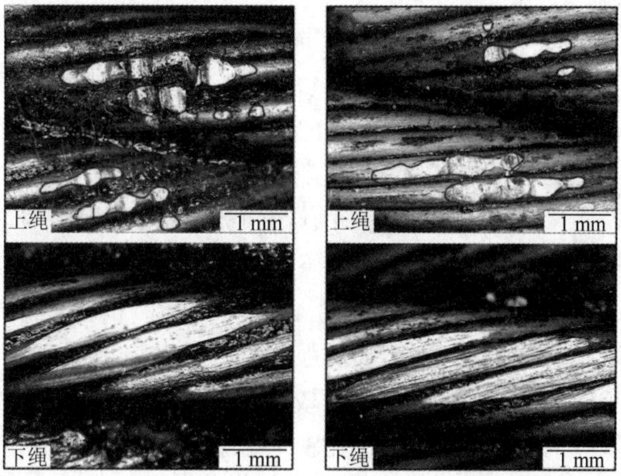

(a) IRIS-400M　(b) IRIS-550A

图 5-22　海水腐蚀下油润滑钢丝绳磨损形貌图

5.4.4　酸性溶液腐蚀

1. 摩擦特性

不同涂油钢丝绳试样经稀硫酸腐蚀后的摩擦试验结果如图 5-23 所示，摩擦系数和摩擦温升随滑动距离的变化曲线均存在较大差异。当钢丝绳滑动接触表面润滑油为 IRIS-550A 时，摩擦系数和摩擦温升曲线均处于 IRIS-400M 所对应曲线的上方，且曲线在试验初期均出现先增大后减小的变化过程。表明稀硫酸溶液对外层润滑油进行了污染和腐蚀，造成摩擦系数增长较快，随着试验的进行，外层润滑油受到挤压剪切，内部润滑油流出并进入滑动接触表面，摩擦系数随之减小。当滑动距离超过大约 10000 mm 后，摩擦系数和温升逐渐进入相对稳定状态，分别稳定在 0.22 和 3.4℃左右。当钢丝绳润滑油为 IRIS-400M 时，摩擦系数和摩擦温升比较稳定，分别维持在 0.16 和 3.2℃左右。因此，稀硫酸腐蚀溶液对 IRIS-550A 润滑油摩擦学性能的影响更加明显，造成钢丝绳摩擦系数和温升增长幅度较大。

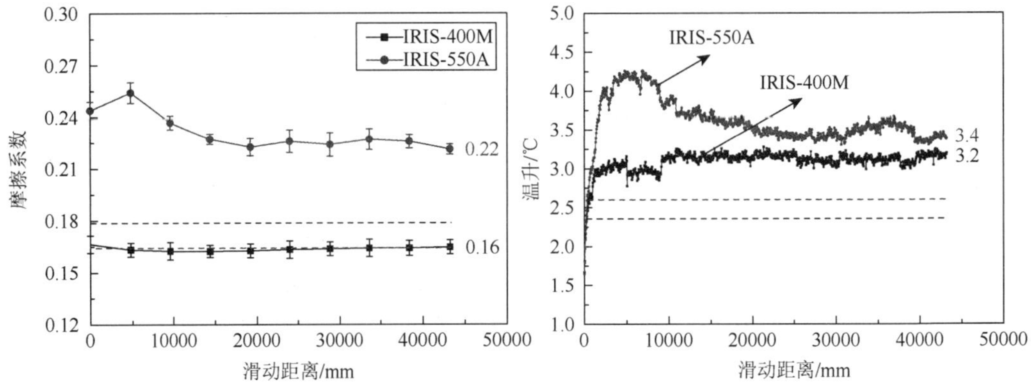

(a) 摩擦系数　　　　　　　　　　(b) 摩擦温升

图 5-23　稀硫酸腐蚀钢丝绳润滑油摩擦系数和温升变化曲线

2. 磨损特性

图 5-24 所示为稀硫酸溶液腐蚀后涂油钢丝绳表面磨损形貌。能够发现硫酸环境作用下，钢丝绳润滑油抗磨性能并未发生较大程度的改变。在 IRIS-400M 润滑防护下，上加载钢丝绳磨损表面依旧光亮。由于磨痕均匀分布在 2 根绳股表面，所以磨损程度较轻。但下滑动钢丝绳磨损明显，横截面损失较大。表明 IRIS-400M 润滑油抗磨特性发生了较大程度的退化。在 IRIS-550A 润滑作用下，磨损比较集中，出现明显的连续凹槽。表明磨损区域始终受到较大的接触应力作用。同时，下滑动钢丝绳磨损比较轻微，钢丝间隙明显，造成钢丝绳滑动接触面积较小、磨痕集中且磨损深度较大，给钢丝绳的安全使用造成严重威胁。因此，虽然稀硫酸作用下 IRIS-550A 维持了良好的抗磨特性，但磨痕扩展较慢，加上润滑油抗压能力减弱，较大的接触应力导致钢丝绳表面磨痕集中和磨损程度增大。

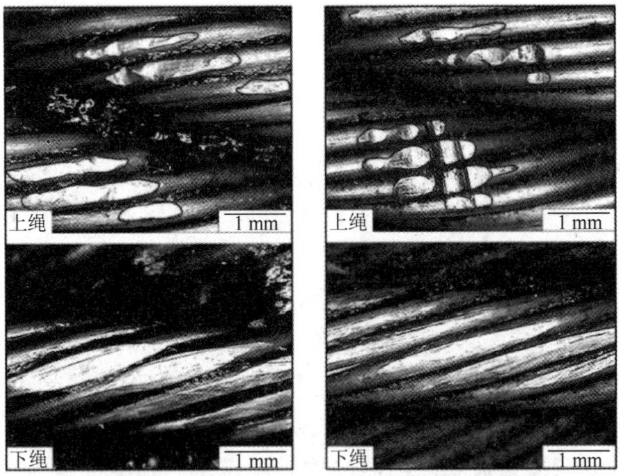

(a) IRIS-400M　　　　　　　　(b) IRIS-550A

图 5-24　稀硫酸腐蚀下油润滑钢丝绳磨损形貌图

5.4.5　不同腐蚀下油润滑钢丝绳磨痕特征参数

当钢丝绳表面润滑油受到不同溶液腐蚀后，其磨痕三维形貌如图 5-25 所示。相同滑动参数下，经腐蚀后的油润滑钢丝绳磨痕比未腐蚀钢丝绳磨痕更加明显，表面更加粗糙，出现一定的凹坑和明显的塑性变形。然而，与干摩擦条件下的试验结果相比，钢丝绳表面磨损仍得到极大降低。在 IRIS-400M 润滑条件下，海水对其防护性能影响比较明显，钢丝绳表面磨痕明显且比较集中。而在 IRIS-550A 润滑条件下，稀硫酸溶液对润滑油的性能影响则比较明显，钢丝绳表面磨损相对更加严重。

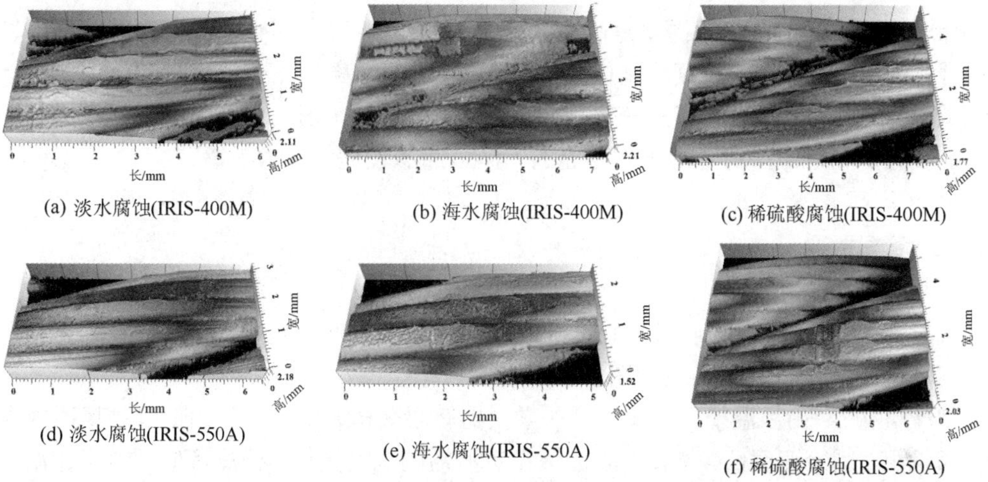

(a) 淡水腐蚀(IRIS-400M)　(b) 海水腐蚀(IRIS-400M)　(c) 稀硫酸腐蚀(IRIS-400M)

(d) 淡水腐蚀(IRIS-550A)　(e) 海水腐蚀(IRIS-550A)　(f) 稀硫酸腐蚀(IRIS-550A)

图 5-25　不同润滑和腐蚀条件下钢丝绳磨痕三维形貌图

图 5-26 所示为不同润滑环境下，钢丝绳磨损面积随腐蚀环境类型的变化规律。可以发

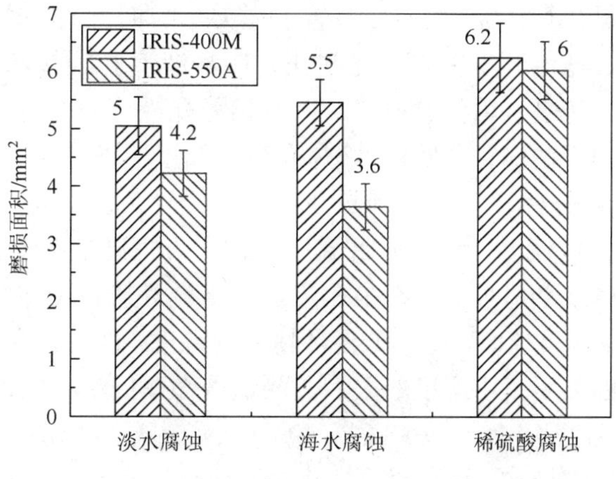

图 5-26　不同润滑和腐蚀条件下钢丝绳磨损面积

现，在相同腐蚀条件下，IRIS-400M 润滑下钢丝绳磨损面积大于 IRIS-550A 润滑条件下钢丝绳磨损面积。且随着腐蚀环境从淡水变为海水和稀硫酸溶液，钢丝绳磨损面积从大约 5 mm^2 增大到 6.2 mm^2。在 IRIS-550A 润滑条件下，钢丝绳磨损面积较小，但变化幅度较大，从 3.6 mm^2 增长到 6 mm^2 左右。因此，腐蚀溶液会加速钢丝绳润滑油抗磨防护性能的退化过程，且不同腐蚀溶液对两种润滑油的影响程度差异较大。在实际使用过程中，应充分考虑环境可能存在的腐蚀性介质，并有针对性地选择具有较好防护性和稳定适应性的钢丝绳润滑产品。

5.5　温度对钢丝绳摩擦磨损特性的影响

针对寒冷地区提升钢丝绳摩擦磨损试验研究存在的问题，对钢丝绳滑动摩擦磨损试验装置进行改造，添加试验温度控制模块，并开展不同环境温度下钢丝绳滑动摩擦磨损行为模拟试验，研究其摩擦磨损特性变化规律。对比分析低温工况与室温工况下钢丝绳摩擦磨损特征参数，为低温恶劣环境下钢丝绳的安全可靠服役提供技术支撑。

5.5.1　试验方法

低温环境系统主要由制冷机构 A、动力机构 B、低温环境室 C、数据采集系统 D 及进出口制冷液管 E 组成，其结构如图 5-27 所示。

制冷机构 A 由恒温槽（上海平轩科学仪器有限公司）制冷，采用低噪声风冷式全封闭压缩机组，制冷速度快。按设定功能键设定所需的低温数值，待测量值到达工作温度时稳定一段时间即可进行试验。在恒温槽控制面板上预设所需温度值，达到设定温度的液体介质在外循环时引出，作为热源/冷源通过软管 1 引入高低温环境室，最后通过软管 2 引回恒温槽内。选择酒精作为制冷液，工作温度为−80～8℃。

低温环境室 C 俯视图如图 5-27 中 C1 所示。低温环境室 C 由不锈钢管弯折成的回路管组成，命名为不锈钢管蒸发器，固定在放置下绳夹具的机座上。钢丝绳往复摩擦磨损试验装置与制冷机构 A、低温环境室 C 通过进出口制冷液管 E 连接起来。进出口制冷液管与低温环境室结构均外包裹专用保温材料（3 cm 聚氨酯板）。液体介质通过进出口制冷液管流入低温环境室内的不锈钢管蒸发器，液体介质在低温环境室内的不锈钢管蒸发器内流动，可快速降低蒸发器内的温度，空气不断进入不锈钢管蒸发器进行热交换，并释放出制冷的空气。空气不断循环流动，达到降低温度的目的。恒温槽系统能够在−60～−40℃范围内的无级调控，温度波动值可控制在 0.01℃。在低温环境室 C 内设置热电偶温度传感器，当温度稳定在设定温度值时，检测低温环境室内温度，即可建立设定恒温槽显示板温度值与试样所在高低温环境室内温度的关系，测试得知高低温环境室内温度范围为−40～−25℃，当恒温槽设定温度为−20℃、−30℃、−40℃时，腔内温度分别为−5℃、−15℃、−25℃。同时环境室采用非封闭式结构，左右两边打孔，保证上下层钢丝绳试样正常接触的同时使得下试样钢丝绳试样在腔体内无阻碍往复滑动。

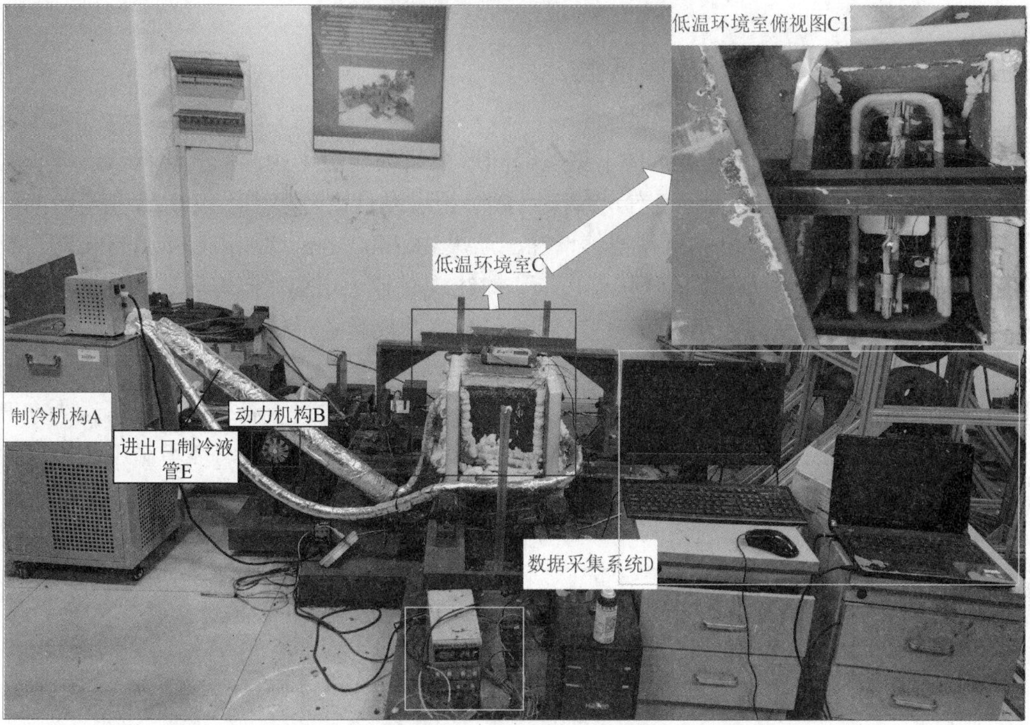

图 5-27　低温环境下钢丝绳摩擦磨损试验装置

数据采集系统 D 中的温度检测系统主要利用贴在低温腔体四角及上下钢丝绳夹具上的热电偶温度应变片，对低温腔体进行温度监测与反馈，动态反馈在测试仪器显示屏上，确保腔体内温度稳定。

在低温环境下钢丝绳往复滑动磨损试验中，可根据实际需要设定环境温度、往复速度、加载力、润滑等参数，模拟恶劣环境工况下钢丝绳材料磨损过程，通过试验测定的实时数据，可对比分析不同参数条件下的试验结果，并对钢丝绳试样表面磨损形态及微观损伤机理进行分析。不同环境温度下钢丝绳滑动摩擦磨损试验参数如表 5-4 所示。

表 5-4　不同温度下钢丝绳摩擦试验参数

参数	数值
试验时间/min	30
交叉角度/(°)	90
接触载荷/N	100
滑动速度/(mm/s)	12
振幅/mm	20
滑动距离/mm	21600
张紧力/N	1000
温度/℃	0；−5；−10；−15；−20；−25
润滑状态	干摩擦

5.5.2　不同温度下钢丝绳摩擦系数

图 5-28(a)所示为不同温度条件下钢丝绳间摩擦系数随滑动距离的变化曲线。在试验初期，滑动距离小于 1800 mm 左右，摩擦系数增长缓慢且比较集中，在 0.25 左右，与室温环境时大体相同。随着滑动行程继续增加，从大约 3600 mm 增加到 10800 mm 时，摩擦系数呈快速增大趋势。在不同环境温度下，曲线均有较大增幅，但增幅大小逐渐出现明显差异，曲线重合度变低。当温度为−25℃时，摩擦系数增长最快。最后，当滑动行程超过 11520 mm 后，大多温度下摩擦系数随滑动行程增加开始进入小幅波动相对稳定阶段。但是，当环境温度为−5℃时，摩擦系数开始缓慢下降到与 0℃时大体一致。分析认为在环境温度为−5℃时，上下钢丝绳摩擦产生摩擦热，摩擦热释放的热量与环境温度相抵消，导致环境温度对摩擦接触区的摩擦系数影响较弱，此时摩擦系数与 0℃时大体相同。

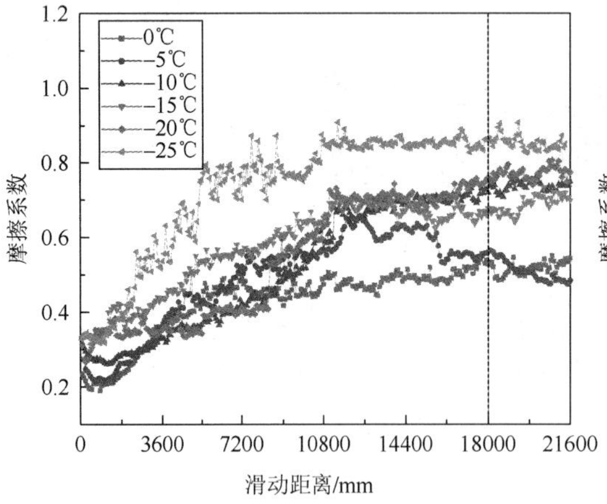

(a) 不同温度下钢丝绳摩擦系数

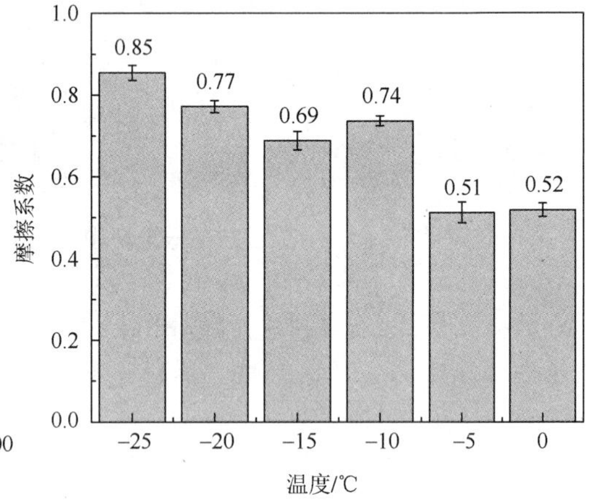

(b) 相对稳定阶段平均摩擦系数

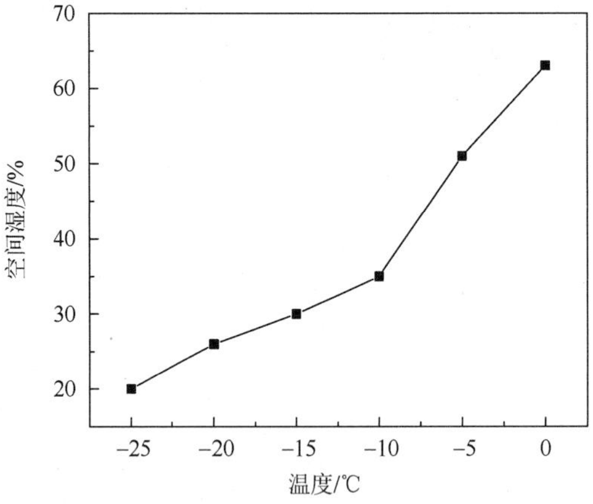

(c) 不同温度时低温环境室相对湿度

图 5-28　不同环境下钢丝绳摩擦系数变化曲线

图 5-28(b)所示为不同环境温度下，钢丝绳摩擦系数在相对稳定阶段的平均值。能够清楚看到平均摩擦系数随环境温度增大整体上呈减小趋势。当环境温度从−25℃增大至0℃时，相对稳定阶段平均摩擦系数从 0.85 减小到 0.51 左右。其中，环境温度为 0℃和−5℃时，平均摩擦系数大体一致。因此，平均摩擦系数在环境温度为−25℃时出现最大值，在环境温度为 0℃和−5℃时出现最小值。

在整个试验过程中，不同温度环境下钢丝绳摩擦系数变化曲线具有一定相似性。从图中可以看出，低温环境下滑动钢丝绳间摩擦系数较室温下明显升高。随着温度的降低，钢丝绳间摩擦系数增大。图 5-28(c)所示为不同温度下低温环境室 C 内相对湿度的变化情况。温度越低，环境腔内湿度越小。0℃时环境湿度值达到 65%，而环境温度稳定在−25℃时腔内湿度降至 20%。环境温度的降低伴随着环境湿度降低现象，在这种低温和湿度降低的环境下，上下钢丝绳摩擦副间的氧化反应显著减弱，减少了起隔离作用金属氧化物的生成，加剧了钢丝绳摩擦副间的黏着，从而导致摩擦系数增大。

5.5.3　不同温度下钢丝绳磨损形貌

图 5-29 所示为光学显微镜下钢丝绳磨痕形貌，分别给出了不同低温环境工况时上加载钢丝绳和下滑动钢丝绳磨痕的局部放大图。由图可知，磨痕轮廓近似为椭圆形，倾斜着分布在钢丝绳股上表面。这是因为钢丝绳垂直交叉接触时，接触形式以绳股接触为主。由于磨损程度和区域面积存在差异，磨痕中所包含磨损钢丝数为 4～6 根不等。此外，大多数磨痕表面凹凸不平，存在数量不等、大小均匀的小凹槽，沿着下钢丝绳滑动方向紧密排列在磨损区域内。小凹槽由下滑动钢丝绳绳股表面发生滑动磨损的钢丝造成。因为相邻钢丝间存在由钢丝几何结构和绳股捻制工艺造成的间隙，所以将各钢丝滑动磨损区域分开。

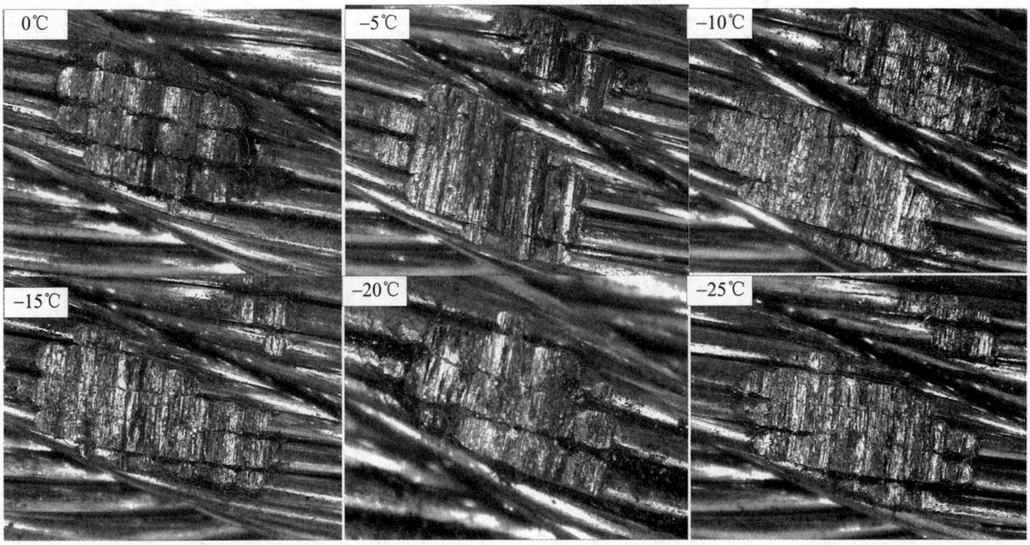

图 5-29　不同温度下钢丝绳磨损形貌放大图

钢丝接触区域先发生磨损，造成磨痕内紧密排列的圆弧形凹槽。此外，当滑动轨迹相对稳定时，凹槽彼此独立，形状完整，各滑动钢丝沿凹槽轨迹完成稳定的往复滑动。由于钢丝绳结构的独特性，当上钢丝绳与下钢丝绳单股接触时，上钢丝绳磨损面是一个凹槽；当上钢丝绳与下钢丝绳双股接触时，上钢丝绳磨损面出现两个磨损面。

基于形貌分析发现：0℃时上加载钢丝绳试样磨痕表面犁沟现象严重，疲劳裂纹方向较为一致。随着环境温度的降低，钢丝绳磨损表面疲劳裂纹损伤逐渐减缓，剥落损伤加剧，同时表面疲劳裂纹方向呈现多元化。随着温度的降低，剥落由−10℃工况下的大片剥落逐渐演变为−25℃工况下的多尺寸小块状剥落，表面损伤情况也逐渐减弱。钢丝绳试样的磨损形式由0℃工况的磨粒磨损逐渐向−25℃工况的疲劳及黏着磨损转变。

此外，当温度从0℃减小到−25℃时，磨痕轮廓大体一致，3～6根不等钢丝出现在磨损区域内，磨损深度几乎没有差别。而下滑动钢丝绳试样的磨痕表面在−10℃时呈现大片材料黏附，−25℃时以小尺寸黏着及表面疲劳裂纹为主。当温度降低至−25℃时，下滑动钢丝绳试样磨痕表面可以观察到轻微的表面疲劳裂纹及剥落损伤。随着温度由−10℃降低至−25℃，伴随着表面疲劳裂纹损伤的加剧，下滑动钢丝绳试样表面的黏着磨损逐渐减缓。

在相同滑动参数下，对于环境温度的降低而言，可明显发现，磨损面积变化不大，呈略微增大趋势。这主要是因为随着试验环境温度的降低，试验环境湿度降低，造成低温环境下氧化磨损较弱，减少了有润滑作用氧化物的生成，表面比较粗糙且产生的磨屑在磨损表面残留较多。因此，较低环境温度下钢丝绳摩擦系数少许增大、磨损程度轻微严重，其磨损机理主要是黏着磨损、氧化磨损和磨粒磨损，且出现轻微的疲劳磨损。

5.5.4 不同温度下钢丝绳磨损参数

基于不同温度下钢丝绳磨损三维形貌图，提取得到局部磨损区域三维图，如图5-30所示。能够从定量角度准确掌握不同环境温度对钢丝绳磨损形貌的影响规律。当钢丝绳往复滑动条件相同时，磨损区域剖面轮廓呈波浪线式分布。随着环境温度降低，磨损加剧，磨痕分布在绳股表面，虽然表面凹凸不平，但磨损均分布在上表面。磨损区域中间位置出现明显的凹陷区。表明外部钢丝磨损严重，若长时间摩擦将出现内部钢丝磨损及断丝现象。环境温度降低，钢丝绳钢丝硬度增加，钢丝绳径向力增大造成钢丝绳滑动接触区域压强增大，导致磨损加剧。从定量角度证明低温环境下钢丝绳表面磨损更严重。

高度直方图表示测量区域内各扫描点高度分布的密度。纵轴代表高度分布，横轴代表相应高度扫描点的数量占整体扫描点数量的百分比。借助高度直方图，可以清楚看出各断面高度分布的总体趋势；利用 Abbott-Firestone 曲线表征覆盖面积百分比，该曲线通过对表面形貌高度进行多层次划分，从最高峰点到最低谷点依次计算各截面所包含的材料部分面积，画出各个高度统计得到的面积与高度关系。曲线纵坐标表示形貌高度划分，横坐标表示形貌在不同高度出现的概率。

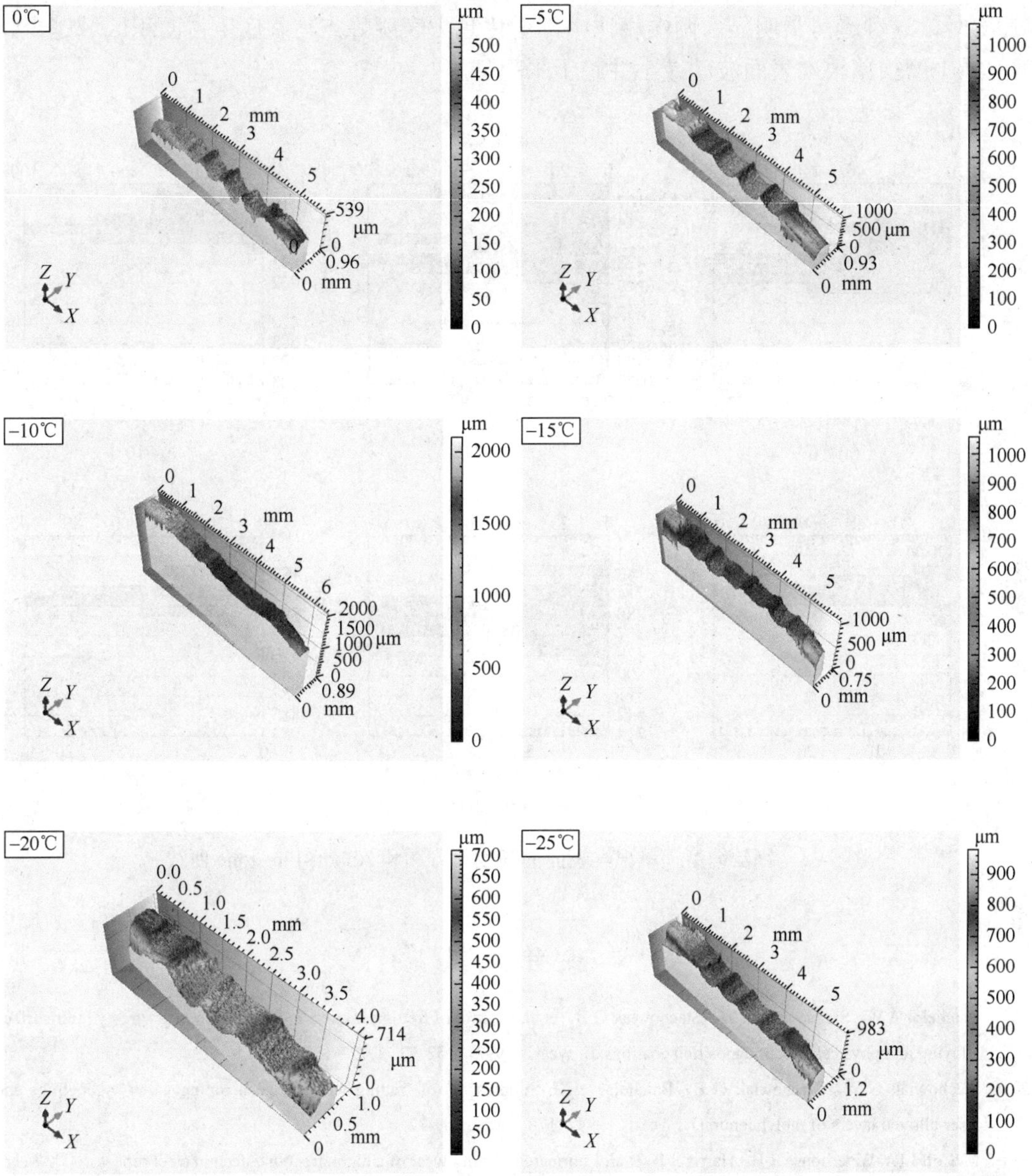

图 5-30　不同温度下钢丝绳局部磨损三维形貌图（彩图见二维码）

选取钢丝绳磨损面中磨损程度最明显的单根丝作出高度直方图和 Abbott-Firestone 曲线，图 5-31 为不同温度下钢丝绳磨损单根丝表面的高度直方图和 Abbott-Firestone 曲线。当温度为 0℃和−5℃时，图中磨损面高度分布区域较大。随着试验环境温度降低，磨损面高度逐渐呈集中化分布，特别是当试验环境温度为−15℃时，磨损面高度集中分布在 53～531μm。通过对各钢丝绳试样磨损面高度直方图分析可知，随试验环境温度降低，磨损面高度分布更集中且均匀；由 Abbott-Firestone 曲线定义知，曲线两端分别表示峰点和谷底位置表面形貌出现的概率，中间区域则代表除峰点和谷底以外形貌部分。在环境温度

−15℃时，这种趋势最明显。两端相比中部变化越大表明峰点与谷底所占面积区域越少，钢丝绳中磨损单根丝表面波动减小并趋于平坦。

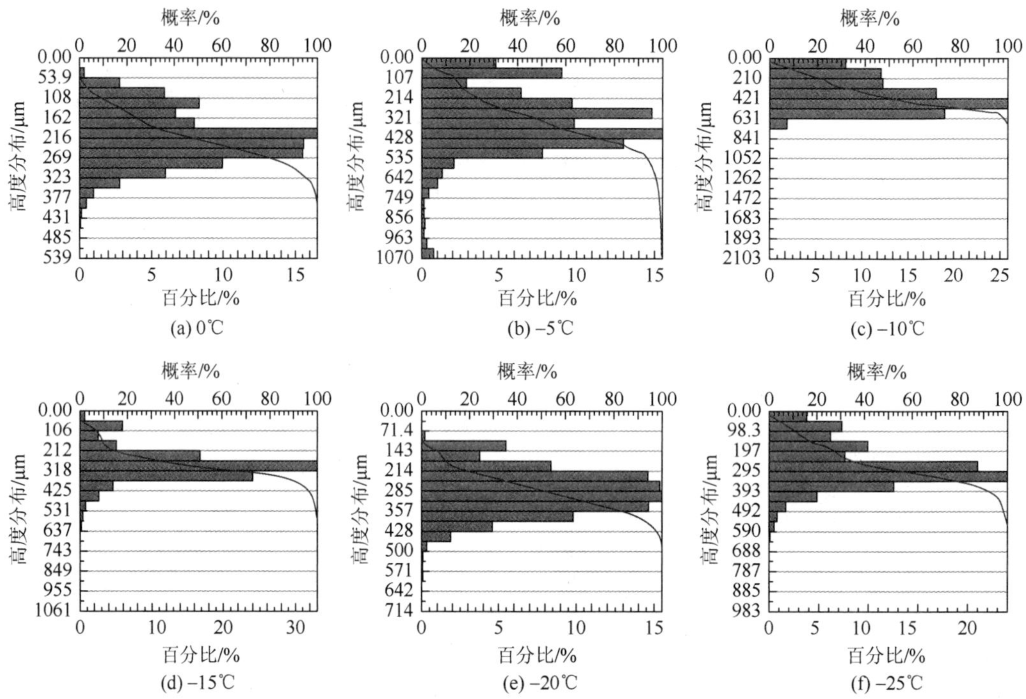

图 5-31　钢丝绳磨损单根丝表面的高度直方图和 Abbott-Firestone 曲线

参 考 文 献

[1] Batchelor A W，Stachowiak G W，Stachowiak G B，et al. Control of fretting friction and wear of roping wire by laser surface alloying and physical vapour deposition coatings[J]. Wear，1992，152（1）：127-150.

[2] Stachowiak G W，Stachowiak G B，Batchelor A W. Suppression of fretting wear between roping wires by coatings and laser-alloyed layers of molybdenum[J]. Wear，1994，178（1/2）：69-77.

[3] McColl I R，Waterhouse R B，Harris S J，et al. Lubricated fretting wear of a high-strength eutectoid steel rope wire[J]. Wear，1995，185（1/2）：203-212.

[4] McColl I R，Ding J，Leen S B. Finite element simulation and experimental validation of fretting wear[J]. Wear，2004，256（11/12）：1114-1127.

[5] 赵维建，张德坤，张泽锋，等. 碱性腐蚀环境下接触载荷对钢丝微动疲劳行为的影响[J]. 摩擦学学报，2012，32（3）：306-312.

[6] 王崧全，张德坤，陈凯. 不同浸泡介质下矿用钢丝的电化学腐蚀行为研究[J]. 矿山机械，2012，40（9）：49-55.

[7] Zhang D K，Wang S Q，Shen Y，et al. Interactive mechanisms of fretting wear and corrosion of steel wires in alkaline corrosion medium[J]. Proceedings of the Institution of Mechanical Engineers，Part J：Journal of Engineering Tribology，2012，226（9）：738-747.

[8] Wang S Q，Zhang D K，Chen K，et al. Corrosion fatigue behaviors of steel wires used in coalmine[J]. Materials & Design，2014，53：58-64.

[9] 王崧全. 矿用钢丝在腐蚀环境中应力与腐蚀的交互作用研究[D]. 徐州：中国矿业大学，2014.
[10] 沈燕，张德坤，王崧全，等. 矿用钢丝在腐蚀介质环境下的微动行为研究[J]. 摩擦学学报，2011，31（1）：66-71.
[11] Zhang D K，Shen Y，Xu L M，et al. Fretting wear behaviors of steel wires in coal mine under different corrosive mediums[J]. Wear，2011，271（5/6）：866-874.
[12] Xu L M，Zhang D K，Yin Y，et al. Fretting wear behaviors of hoisting rope wires in acid medium[J]. Materials & Design，2014，55：50-57.
[13] Périer V，Dieng L，Gaillet L，et al. Influence of an aqueous environment on the fretting behaviour of steel wires used in civil engineering cables[J]. Wear，2011，271（9/10）：1585-1593.
[14] Wang D G，Zhang D K，Zhao W J，et al. Quantitative analyses of fretting fatigue damages of mine rope wires in different corrosive media[J]. Materials Science and Engineering：A，2014，596：80-88.
[15] Wang D G，Song D Z，Wang X R，et al. Tribo-fatigue behaviors of steel wires under coupled tension-torsion in different environmental media[J]. Wear，2019，420：38-53.
[16] Chang X D，Huang H B，Peng Y X，et al. Friction，wear and residual strength properties of steel wire rope with different corrosion types[J]. Wear，2020，458-459：203425.
[17] 常向东. 钢丝绳摩擦磨损特性及其剩余强度研究[D]. 徐州：中国矿业大学，2019.

第 6 章　磨损钢丝绳机械强度及失效机理研究

6.1 概　　述

在系统掌握不同参数条件和环境工况对钢丝绳摩擦特性、磨损机理以及磨损程度的影响规律的基础上，能够在一定程度上为降低钢丝绳表面磨损提供重要参考，但磨损仍不可避免。因此，有必要探究磨损对钢丝绳安全使用的影响，掌握不同磨痕对钢丝绳带来的危害。针对服役钢丝绳力学特性及剩余强度问题，国内外学者开展了大量研究。

1. 力学特性

针对钢丝绳在不同工况下的使用特点，国内外学者对钢丝绳受力特性开展了大量研究。Cappa[1]开展了钢丝绳在静态和准静态轴向载荷下的拉伸试验，对比分析了带损伤钢丝绳和未损伤钢丝绳内部钢丝的应力变化特性。Phillips 等[2]通过建立数学模型，探究了多层钢芯钢丝绳同时受到拉伸和弯曲载荷下钢丝的应力特性。Ru 等[3]提出了一种计算不同载荷下钢缆结构应力-应变状态的理论模型，分析了拉伸和弯曲载荷下绳股的接触力和机械损失，发现小捻距会导致较大的接触力。Onur[4]通过试验研究和理论分析相结合的方法，分析了预应力钢丝绳股在拉伸载荷下的力学性能响应，测量和计算得到了钢丝应力应变值，结合线性回归模型对力-应变和应力-应变关系进行了预测。结果证明试验结果和线性回归模型的计算结果相关性极大。Xiang 等[5]考虑双螺旋多层绳股钢丝绳的复杂结构，建立钢丝绳在轴向拉伸和扭转载荷下的理论分析模型，能够很好地预测钢丝绳整体刚度。研究发现相邻钢丝间不同摩擦状态会严重影响钢丝局部弯曲和变形分布。Páczelt 等[6]基于非线性接触理论，提出了一种能够分析任意载荷下钢丝绳力学性能的有限元方法，并通过案例研究证明了该方法的准确性。考虑到钢丝绳在变载荷下容易产生疲劳损伤，Gabriel[7]利用概率统计的方法讨论了钢丝绳拉伸疲劳强度，发现良好的结构设计和防腐措施能够有效提高钢丝绳的疲劳极限。Kaczmarczyk 等[8, 9]针对深部矿井缠绕提升工况，建立了系统动力学模型，研究了钢丝绳在提升过程中的动力学特性，发现缠绕速度的微小变化会引起较大的动态响应。Matejić 等[10]建立了钢丝绳在卷筒上多层缠绕的数学模型，分析了钢丝绳在缠入和缠出卷筒时的摩擦力，发现其数值受钢丝绳在缠绕过程中所处位置的影响。

2. 钢丝绳失效

钢丝绳在使用过程中不可避免地会出现不同的损伤和失效行为，Chaplin[11]结合相关使用标准，针对三种工况环境（矿井缠绕提升钢丝绳、船舶缆绳和不旋转吊绳），分析了钢丝绳性能退化机理，指出钢丝绳的维护、检查和报废应充分考虑其退化机理和使用工况。Schrems 等[12]详细分析了矿井提升钢丝绳提前报废的原因，发现钢丝绳结构变形异常的位置容易出现断丝和磨损。Torkar 等[13]探究了起重钢丝绳破断失效行为，发现钢丝绳疲劳和检查维护不及时是导致失效的主要原因。Piskoty 等[14]开展了大量基于钢丝绳承载系统的案例研究，广泛收集了结构系统的失效信息，为不同工况系统的失效分析提供了参考依据。Rebel 等[15]采用理论和试验相结合的方法，对作用在多层缠绕起重机和矿井提升卷筒上的钢丝绳性能退化机理开展了研究，发现钢丝绳的主要损伤形式为外层磨损和塑性变形。考虑到钢丝绳表面经常受到磨损、腐蚀和润滑的作用，Singh 等[16]通过一系列试验研究，分析了钢丝绳在不同工况环境下的表面金相特性，为矿井钢丝绳的安全使用提供了参考。Peterka 等[17]为探究造成钢丝绳短期服役损坏的原因，开展了钢丝绳机械性能试验和金相特征分析研究，发现钢丝绳内部钢丝制造强度不均是造成断丝的主要原因。Pal 等[18]对实际工况中出现的钢丝绳失效问题开展了深入研究，发现绳芯缺油和钢丝间微动疲劳是造成钢丝绳破断失效的主要原因，并为钢丝绳的合理使用和维护提供了指导建议。

3. 服役寿命

钢丝绳的不同负载特性和损伤形式会造成其机械性能退化，极大缩短钢丝绳剩余服役寿命，并增加设备系统的安全风险。开展钢丝绳剩余使用强度和服役寿命的预测研究，能够有效减少钢丝绳浪费，准确把握换绳周期并保障使用安全。Cremona[19]考虑到吊桥钢丝绳存在随机断丝现象，为准确评估钢丝绳安全系数，基于简单力学和统计模型，提出了一种钢丝绳剩余强度评估的概率方法。Feyrer[20]在总结前人研究的基础上，开展了大量钢丝绳寿命预测研究，在考虑载荷系数、工况条件、弯曲变形等因素的条件下，提出了一种预测钢丝绳寿命的计算公式。Yan 等[21]研究了热处理对 NiTi 合金钢丝扭转-弯曲疲劳的影响，发现有效的热处理能够提高钢丝疲劳寿命。李伟[22]和马光全[23]揭示了滑轮特性对钢丝绳疲劳寿命的影响规律，研究了滑轮直径、材质、热处理、硬度等对钢丝绳使用寿命的影响，发现滑轮绳槽表面硬度过高或过低都会降低其使用寿命。为探究钢丝绳内部钢丝微动磨损对其服役寿命的影响，Schrems[24]研究了磨损对钢丝绳疲劳寿命的影响，发现钢丝绳与滑轮间的接触对其使用寿命影响显著。Argatov 等[25]提出了基于 Archard 摩擦理论的微动磨损数学模型，揭示了钢丝微动磨损演化过程和微动损伤对其疲劳寿命的影响。Wang 等[26, 27]利用有限元仿真技术分析了不同微动参数对钢丝应力分布和裂纹萌生特性的影响规律，通过探究钢丝磨损深度的演化过程，实现了对钢丝磨损疲劳寿命的预测，并且预测结果与试验数据能够很好地吻合。于克勇等[28]分析了电梯结构参数、钢丝绳性能、选型和安装维护对钢丝绳疲劳寿命的影响，综合分析了电梯钢丝绳服役工况，给出了电梯钢丝绳疲劳寿命近似估算 Ken 公式。研究发现，选择合适的绳轮直径、改善钢丝材料属性和定期润滑能够延长钢丝绳寿命。为确保电梯用钢丝绳疲劳试验计算的准确性，田庄强等[29]探究了钢丝绳在 3 种不同弯曲疲劳试验机上的受力特性，发现 S 型弯曲疲劳寿命试验机中钢丝绳受力状态与电梯中钢丝绳受力状态最为接近。高正凯[30]分析了钢丝绳润滑油脂、润滑方式和维护等对电梯用钢丝绳使用寿命的影响，发现不同用途和功能的电梯对钢丝绳润滑要求不同，并指出合理润滑和定期维护能够减少钢丝绳安全隐患。贾社民等[31]通过总结国内外关于钢丝绳使用、维护和报废等方面的标准，提出钢丝绳的使用安全需确保其报废更换要建立在寿命科学预测和安全评估的基础上。

通过对上述文献分析发现，磨损后的钢丝绳仍然保留一定机械性能，充分利用磨损钢丝绳剩余承载能力，能够有效减少钢丝绳浪费，延长其服役寿命。现有关于钢丝绳剩余寿命的预测研究主要考虑疲劳载荷的影响，且报废标准多以时间为依据。尚未探究不同磨损对钢丝绳剩余使用强度和断裂失效机理的影响。考虑拉伸载荷是钢丝绳在服役过程中最常见的受力形式，本章首先针对带有不同磨损类型和磨损程度的钢丝绳试样开展破断拉伸试验，基于力-伸长量曲线，分析不同磨损对钢丝绳受力变形和最大破断拉力的影响；接着，借助红外热像仪对钢丝绳试样的整个拉伸过程进行监测，分析磨损钢丝绳的拉伸温升和应力集中现象；然后，提取并观察钢丝绳断丝和断股的损伤形貌特征，探究磨损钢丝绳断裂失效机理；最后，基于钢丝绳磨损演化和可靠性理论，对磨损钢丝的可靠性能进行了分析[32-35]。

6.2　磨损钢丝绳破断拉伸试验

6.2.1　试验设备

如图 6-1 所示，磨损钢丝绳破断拉伸试验主要通过万能拉伸试验机来完成。试验机采用一端固定，另一端匀速上升的拉伸方式。通过拉力传感器和记录上端横梁移动距离的位移传感器，能够完成对被测钢丝绳试样拉伸载荷和轴向伸长量的测量和记录。所选用拉伸

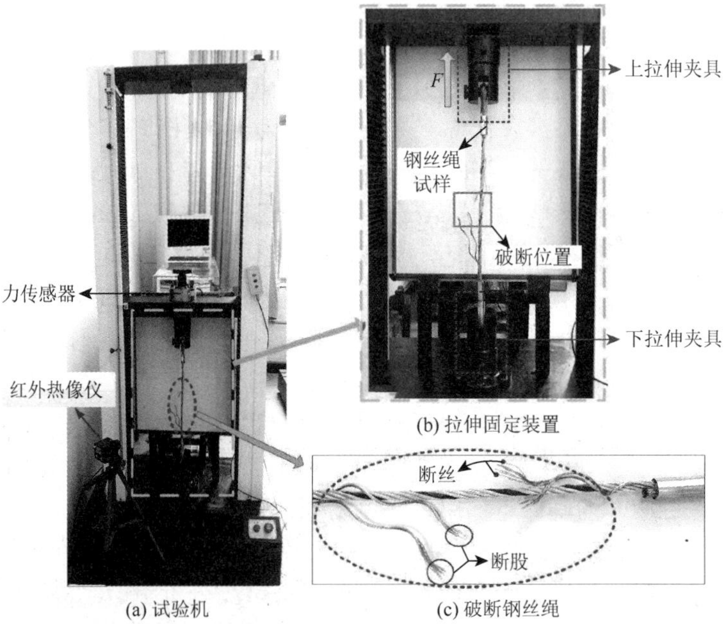

图 6-1　万能拉伸试验机

试验机的最大拉伸载荷为 100 kN，磨损钢丝绳试样长度为 600 mm。详细破断拉伸试验参数如表 6-1 所示。此外，借助红外热像仪对整个破断拉伸试验过程进行了实时监测和温度流记录。万能拉伸试验的控制主要通过计算机和配套软件完成，能够实现对拉伸试验速度和断绳判断标准的控制。由于钢丝绳结构复杂且承载能力较强，常规拉伸试验夹具很难实现稳定的夹持和固定，在大载荷拉伸作用下容易滑出，极大影响钢丝绳轴向伸长量的测量精度。因此，本章设计并加工了一对用于钢丝绳破断拉伸试验的夹具，如图 6-1(b)所示。将钢丝绳两端加工成钢丝绳扣，磨损钢丝绳试样和上、下两个夹具用销轴连接，实现钢丝绳两端的固定。在拉伸载荷作用下，试验机的横梁位移量则等同于磨损钢丝绳的轴向伸长量。在破断拉伸试验过程中，当拉力变为试验过程中最大拉伸载荷的 50%时，判定钢丝绳达到破断标准，试验自动终止。由于试验用钢丝绳由 6 根钢丝绳股构成，当部分绳股出现断裂，拉力突然减小到最大载荷的一半时，拉伸试验自动停止，试验结果记录并导出。因此，破断拉伸试验结束后，被测钢丝绳不会完全断裂，通常会出现 3 根以内的绳股断裂，如图 6-1(c)所示。

表 6-1　磨损钢丝绳破断拉伸试验参数

参数	数值
试样长度/mm	600
拉伸速度/(mm/min)	20
最大拉伸载荷/kN	100
拉力精度/N	1
位移精度/mm	0.001
最大拉伸位移/mm	2000

6.2.2　试验方案

钢丝绳破断拉伸试验的研究内容和原理如图 6-2 所示。在拉伸过程中，钢丝绳试样出现三个变化明显的参数。首先是拉伸载荷，在匀速拉伸过程中，不同磨损钢丝绳试样所承受的拉力变化过程存在差异，其中磨损对钢丝绳最大破断拉力影响最为明显；其次是钢丝绳伸长量，能够反映出不同表面磨损对钢丝绳轴向变形的影响；最后是磨损钢丝绳拉伸温升变化，由于钢丝绳存在局部表面磨损，在拉伸载荷作用下，会出现应力集中，造成局部温度升高。这一变化过程发生在钢丝绳破断之前，在塑性变形阶段最为明显，因此，其可作为探究和比较磨损钢丝绳机械性能的重要指标。通过收集数据并绘制磨损区域最大温升随试验时间的变化曲线和钢丝绳力-伸长量变化曲线，能够更加深入具体地探究不同磨损对钢丝绳机械性能的影响规律。磨损钢丝绳破断失效机理研究主要通过光学显微镜和扫描电子显微镜对磨损钢丝绳断股和断丝的形貌特征进行观察和分析来完成，并结合磨痕类型和磨损程度揭示钢丝绳表面磨损对其失效行为的影响规律。

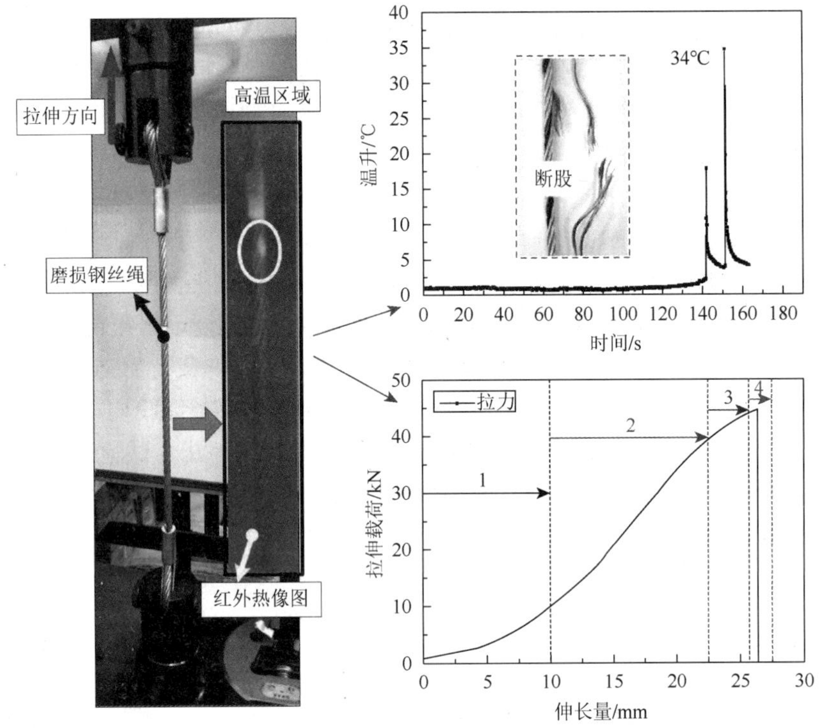

图 6-2　钢丝绳破断拉伸试验原理

6.3　磨损钢丝绳机械性能及断裂失效机理

6.3.1　磨损圆股钢丝绳机械性能

1. 不同交叉形式下磨损钢丝绳拉伸试验结果

1）力-伸长量曲线

不同交叉角度和交叉方向条件下，钢丝绳表面滑动磨痕差异明显，为探究该参数条件下不同表面磨损对钢丝绳力学特性的影响，首先分析磨损钢丝绳力-伸长量变化曲线。图 6-3 所示为小交叉角度下磨损钢丝绳力-伸长量变化曲线。拉伸试样表面磨损特征和参数如图 2-37、图 2-40 所示。由于钢丝绳内部钢丝之间和绳股之间均存在一定间隙，因此钢丝绳在拉伸过程中会经历结构变形、弹性变形、塑性变形和破断失效四个变化阶段。为减小结构变形中钢丝绳加工工艺的影响，在破断拉伸试验开始之前，对钢丝绳试样施加 1 kN 的预张紧力，从而更加准确地比较不同钢丝绳试样力-伸长量曲线间的差异。由图 6-3 可知，各曲线间具有一定相似性。在试验初期阶段，随着伸长量增加，钢丝绳拉伸载荷增长缓慢。这是因为钢丝绳处于结构伸长阶段，在轴向载荷作用下，钢丝间和绳股间的间隙减小导致钢丝绳伸长。因此，在较小拉伸载荷作用下，钢丝绳便会产生较大的变形。结构伸长阶段产生的变形量约为 10 mm，且为非线性变化过程。随着钢丝绳伸长量继续增大，拉伸载荷呈直线增长。表明钢丝绳试样进入弹性变形阶段，钢丝绳内部钢丝材料的轴向伸长与所承受的拉伸载荷呈正比关系。弹性阶段钢丝绳试样的伸长量从 10 mm 增大到 20 mm 左右。不同钢丝绳试样的磨损程度和磨痕分布类型均存在一定差异，导致试样进入塑性变形和破断阶段所产生的伸长量不同。因此，表面磨损主要影响钢丝绳拉伸塑性变形和剩余承载能力（最大破断拉力）。当钢丝绳磨痕由右交叉滑动接触造成时，随着交叉角度增大，曲线塑性变形阶段越来越不明显，且伸长量越来越小。这是因为交叉角度增大导致磨损加剧，磨损钢丝绳在较大载荷作用下更容易快速断裂。如图 6-3(d)所示，当交叉角度增大到 28°时，力-伸长量曲线出现两个凸峰，表明试验过程中钢丝绳断股超过 2 根，且分开断裂。当其中 1 根绳股断裂时，钢丝绳试样的拉伸载荷并未迅速减小到最大拉伸载荷的一半，拉伸试验继续进行，直到试验达到预先设定的钢丝绳破断标准。在左交叉接触条件下，钢丝绳表面磨损比较集中，磨损钢丝绳力-伸长量变化曲线如图 6-3(e)～(h)所示。曲线变化差异不大，与右交叉接触磨损钢丝绳试验结果相比，曲线非线性变化的塑性变形阶段较短，且在交叉角度为 7°时，塑性变形阶段最为明显。此外，当交叉角度为 21°时，曲线出现两个凸峰，这与磨痕处出现明显材料缺失相对应，磨损集中和分布不均，容易导致磨损钢丝绳股不同时断裂。图 6-3(i)所示为磨损钢丝绳最大破断拉力和最大伸长量随交叉角度的变化曲线。能够清楚发现，随着交叉角度增大，磨损钢丝绳最大破断拉力和伸长量整体上呈减小趋势。通过比较发现，右交叉接触下滑动磨损对钢丝绳破断拉力的影响更加明显，随着交叉角度增大，破断拉力从 47 kN 减小到 40.9 kN 左右，特别是当交叉角度大于 14°后，破断拉力快速减小。在左交叉接触条件下，磨损钢丝绳破断拉力在交叉角度小于 21°之前减小幅度较大，从 47.8 kN 减小到 42.9 kN。这是因为小交叉角度条件下，左交叉接触造成的磨痕分布更加集中，磨损程度更严重。磨损钢丝绳伸长量变化较小，且不同交叉方向对应磨损钢丝绳伸长量减小幅度相似，随着交叉角度增大，从大约 29.1 mm 减小到 25.7 mm。同时，当磨损钢丝绳出现多根绳股不同断裂时，总伸长量相对较大。因此，对比小交叉角度下两种交叉方向所造成磨损对钢丝绳剩余承载能力的影响，钢丝绳右交叉接触影响更明显，但左交叉接触所造成的危害更严重，磨损钢丝绳剩余强度更小。

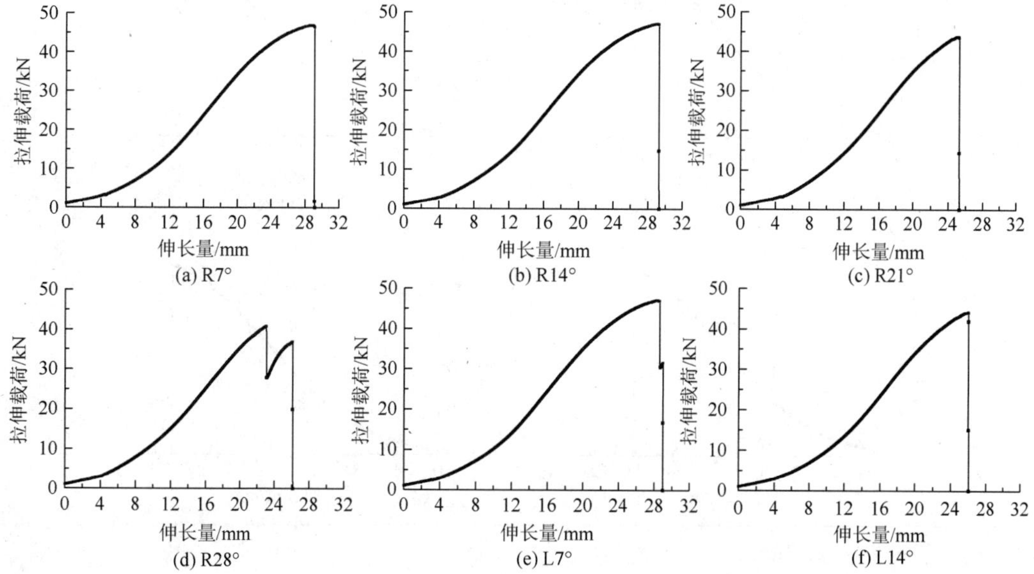

(a) R7°　(b) R14°　(c) R21°
(d) R28°　(e) L7°　(f) L14°

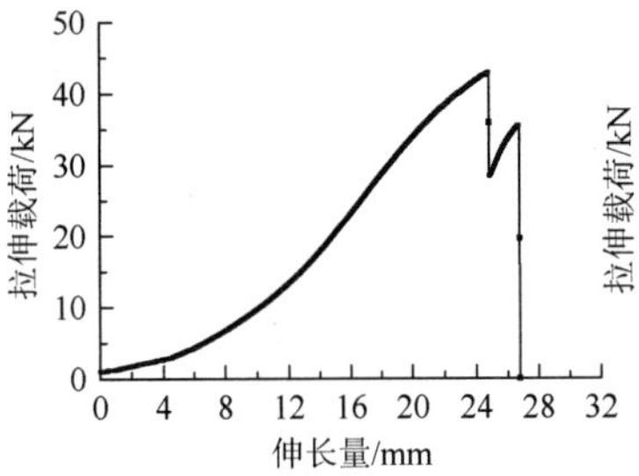

(g) L21°

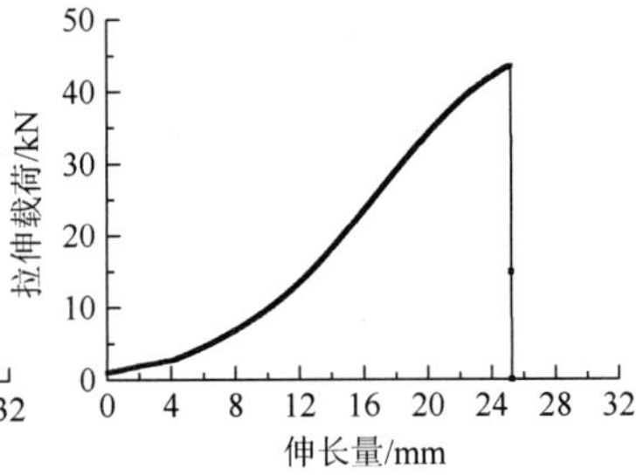

(h) L28°

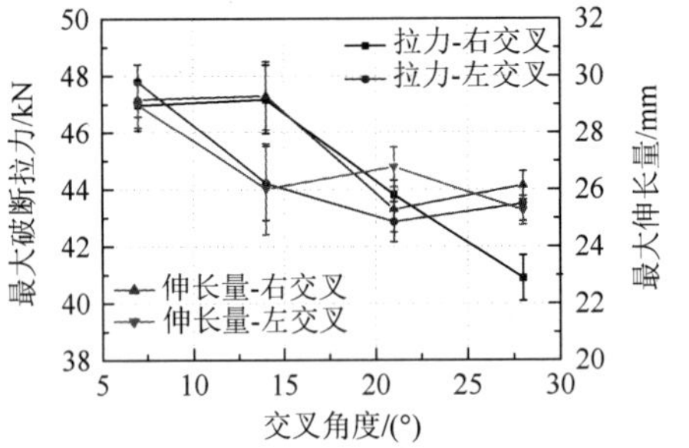

(i) 随交叉角度变化曲线

图 6-3　小交叉角度下磨损钢丝绳力-伸长量变化曲线

图 6-4 所示为大交叉角度所造成磨损钢丝绳的力-伸长量变化曲线。对应钢丝绳试样磨痕特征参数如图 2-47 和图 2-50 所示。与小交叉角度下磨损钢丝绳破断拉伸试验结果不同，更多曲线出现多个凸峰，且塑性变形阶段明显缩短。在右交叉接触条件下，磨损钢丝绳力-伸长量曲线多出现两个凸峰。在交叉角度为 40°和 50°时，曲线只有一个凸峰，

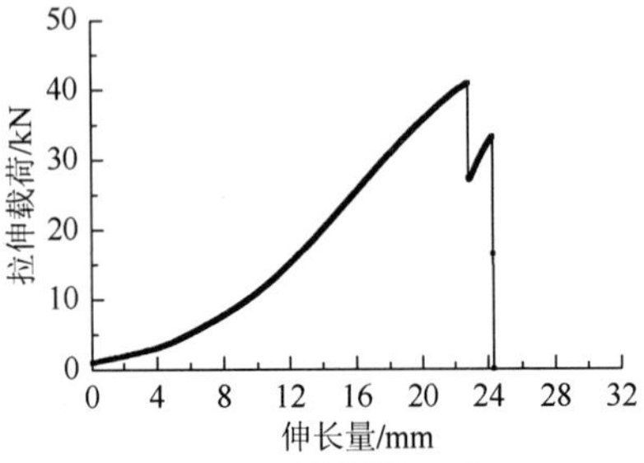

(a) R40°

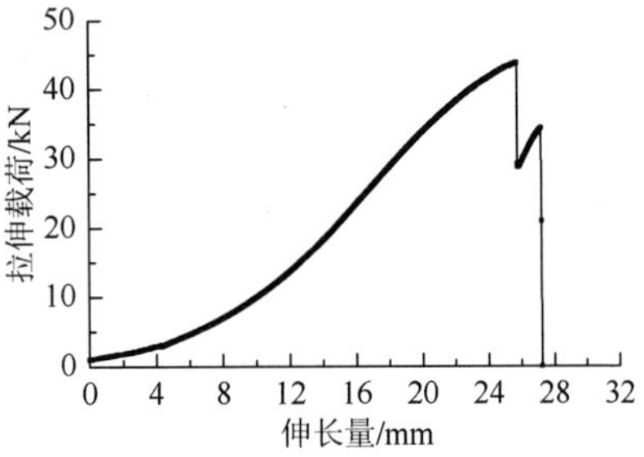

(b) R50°

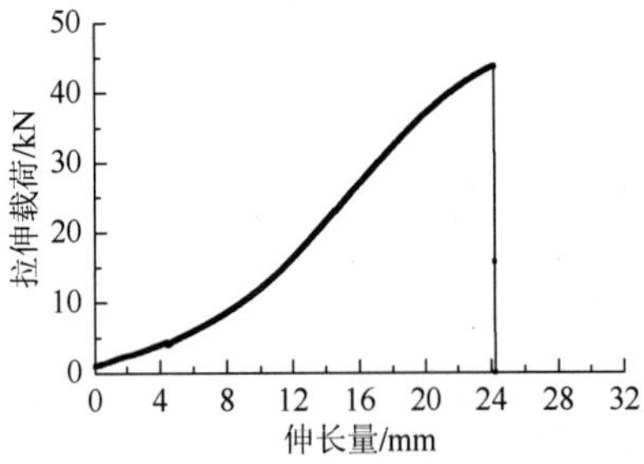

(c) R60°

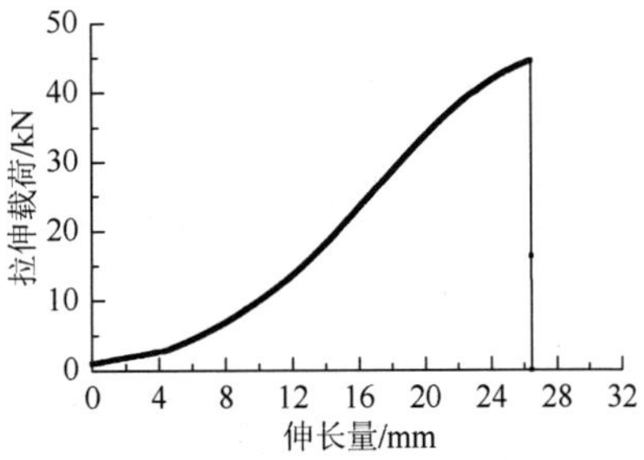

(d) R70°

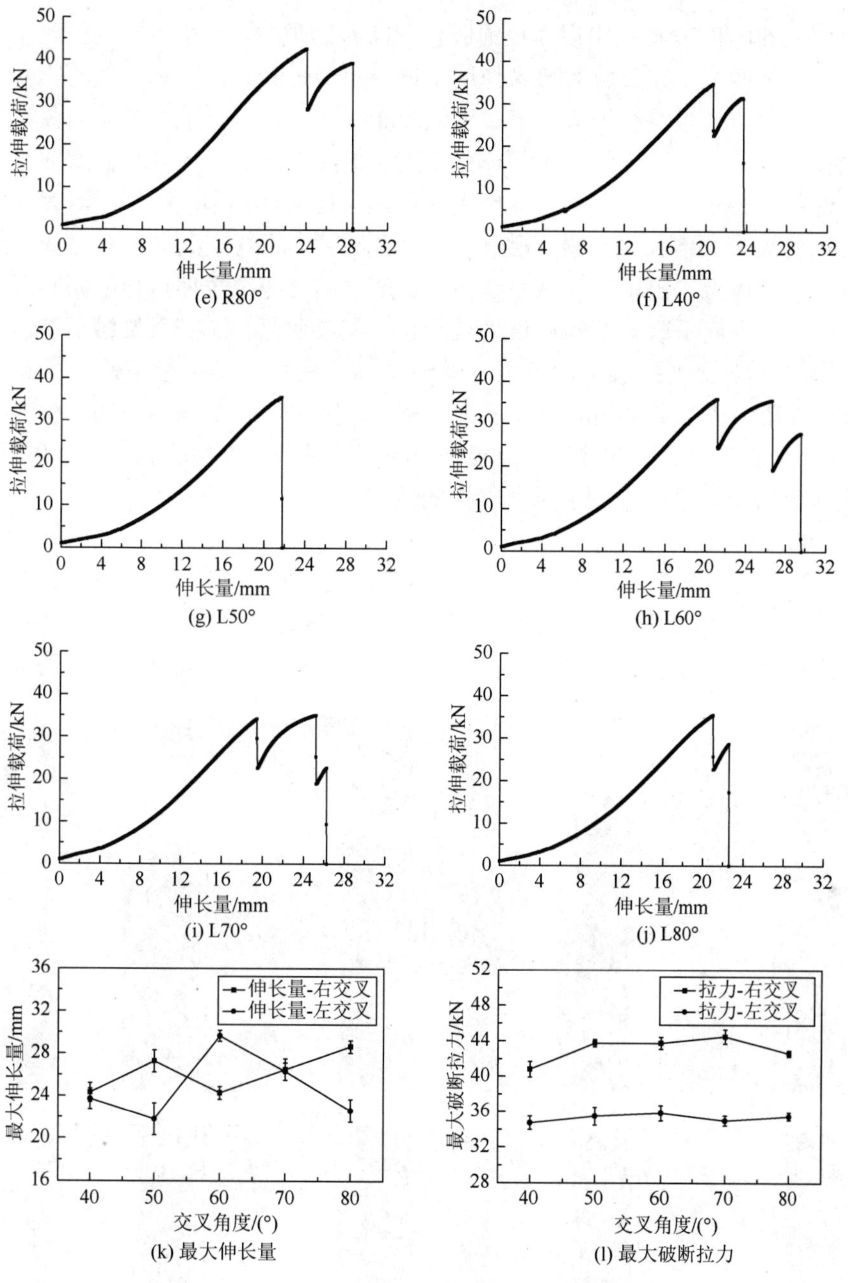

图 6-4　大交叉角度下磨损钢丝绳力-伸长量变化曲线

这是因为钢丝绳磨痕在 2 根绳股上分布不均，磨损绳股受力不均匀，导致分开断裂。而在交叉角度为 60°和 70°时，磨损分布比较均匀，2 根磨损钢丝绳股在拉伸过程中同时断裂。表明不同磨损造成钢丝绳股伸长量变化差异较大，磨损严重的绳股伸长量较小，在大拉伸载荷下最先断裂。此时，剩下 5 根绳股仍具有一定承载能力，当伸长量继续增大，磨损较轻的绳股开始断裂并造成拉力突然减小，试验终止。在左交叉接触条件下，钢丝绳磨损差异不大，磨损均集中在钢丝绳上表面，且随着交叉角度增大，磨损越来越严重。

在交叉角度为 60°和 70°时，出现 3 根绳股依次断裂的现象。这是因为钢丝绳表面磨损过于集中在 1 根绳股上，导致较大拉力作用下该绳股最先断裂，剩下 5 根绳股受力比较均匀，随着拉力和伸长量继续增大，第 2 根绳股断裂后，钢丝绳承受的拉力并没有突然下降到最大拉力的一半，试验继续进行，直到第 3 根绳股断裂。因此，在磨损严重集中条件下，匀速拉伸并不会造成整根钢丝绳突然破断。图 6-4(k)和(l)分别所示为不同交叉角度下磨损钢丝绳最大伸长量和最大破断拉力变化曲线。不同交叉方向对磨损钢丝绳伸长量影响较小，整体上未出现明显减小趋势。这是由钢丝绳在拉伸过程中断股不同步造成的。但不同交叉方向下磨损钢丝绳最大破断拉力差异明显，左交叉接触下磨损钢丝绳破断拉力明显小于右交叉接触下的磨损钢丝绳试样。在右交叉接触条件下，破断拉力在 40～44 kN 波动；在左交叉接触条件下，破断拉力则在 34～35 kN 波动，拉伸载荷下降 10 kN 左右。因此，大交叉角度下，磨损钢丝绳伸长量和破断拉力随交叉角度变化较小，但左交叉接触磨损对钢丝绳剩余承载能力的危害更严重。

2）拉伸温升

图 6-5 所示为不同交叉角度和方向条件下磨损钢丝绳拉伸试验红外热像图。能够清楚发现钢丝绳试样表面出现明显的颜色高亮区域，表明磨损钢丝绳在拉伸载荷作用下出现明显温度集中现象。通过与试验后钢丝绳试样比较分析发现，钢丝绳股破断位置和局部高温

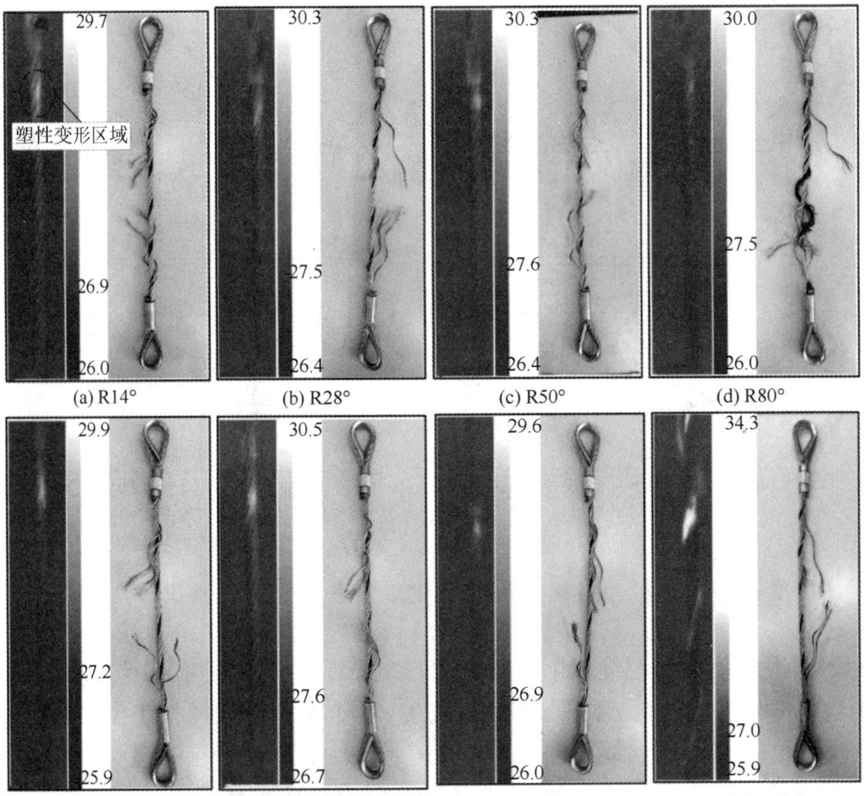

(a) R14°　(b) R28°　(c) R50°　(d) R80°

(e) L14°　(f) L28°　(g) L50°　(h) L80°

图 6-5　不同交叉角度下磨损钢丝绳拉伸红外热像图（彩图见二维码）

区域均为钢丝绳表面磨损位置。因此，通过红外热像仪进行观察和分析，能够直观地看到磨损钢丝绳在拉伸塑性变形阶段的应力集中现象。随着交叉角度增大，磨损钢丝绳高温集中区域的颜色呈变暗趋势，这与力-伸长量曲线的塑性变形阶段缩短相对应。在拉伸过程中，塑性变形越明显，温度升高越大。通过热成像方法，能够对负载钢丝绳局部磨损和应力集中进行更准确的定位，可为服役钢丝绳的无损检测和探伤提供重要参考。

通过提取拉伸试验过程中磨损区域的最大温升参数，能够绘制温升随试验时间的变化曲线，小交叉角度下试验结果如图 6-6 所示。从图中可以清楚发现，磨损区域的温升只在钢丝绳破断之前出现明显升高，这与磨损钢丝绳塑性变形阶段相对应。在结构变形和弹性变形阶段，磨损区域温升并未发生变化，在塑性变形后半段出现大幅度快速升高，绳股破断后温升随之迅速减小并逐渐平稳。在左交叉接触条件下，磨损区域最大温升从 18℃增大到 32℃，且随着交叉角度增大，曲线出现温升迅速增大的时间越来越短，这与力-伸长量曲线中最大伸长量随交叉角度的变化趋势相对应。因此，温升局部突变可作为磨损钢丝绳拉伸破断前的一个重要变化特征。在右交叉接触条件下，磨损区域温升突变范围为 15～30℃，不同交叉角度对应曲线发生温升突变的时间同样与磨损钢丝绳最大伸长量变化规律一致。

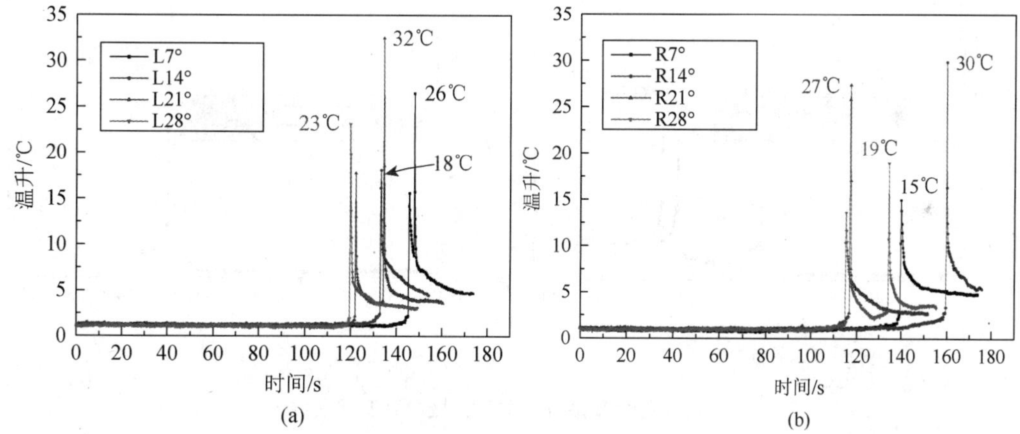

图 6-6　小交叉角度下磨损区域温升变化曲线

图 6-7 和图 6-8 所示为大交叉角度下磨损钢丝绳磨痕处温升随拉伸时间的变化曲线。与磨损钢丝绳力-伸长量曲线变化特征相似，在左交叉接触条件下，温升曲线出现多个凸峰，当交叉角度为 60°和 70°时，曲线出现 3 个大小不等的凸峰。这表明温升曲线的变化特征与磨损钢丝绳的断股数量和顺序密切相关。当 2 根绳股在磨损区域同时断裂时，温升曲线出现一个凸峰，如图 6-7(a)所示。当 2 根磨损钢丝绳股分开断裂时，曲线出现两个凸峰，见图 6-7(d)。当磨损过于集中，拉伸试验结束前依次出现 3 根断股，温升曲线则相应出现 3 个不同的凸峰，如图 6-7(b)和(c)所示。在右交叉接触条件下，磨痕分布受绳股间隙影响明显，磨损多出现在 2 根相邻绳股上，温升曲线凸峰不超过 2 个。因此，通过分析磨损钢丝绳拉伸温升变化规律，能够准确掌握钢丝绳应力集中位置和

绳股断裂的数量及顺序，并深入揭示磨损钢丝绳在塑性变形阶段的变化特征。同时，拉伸温升能够作为评价磨损钢丝绳机械性能的重要指标，反映不同磨痕对钢丝绳破断失效行为的影响。

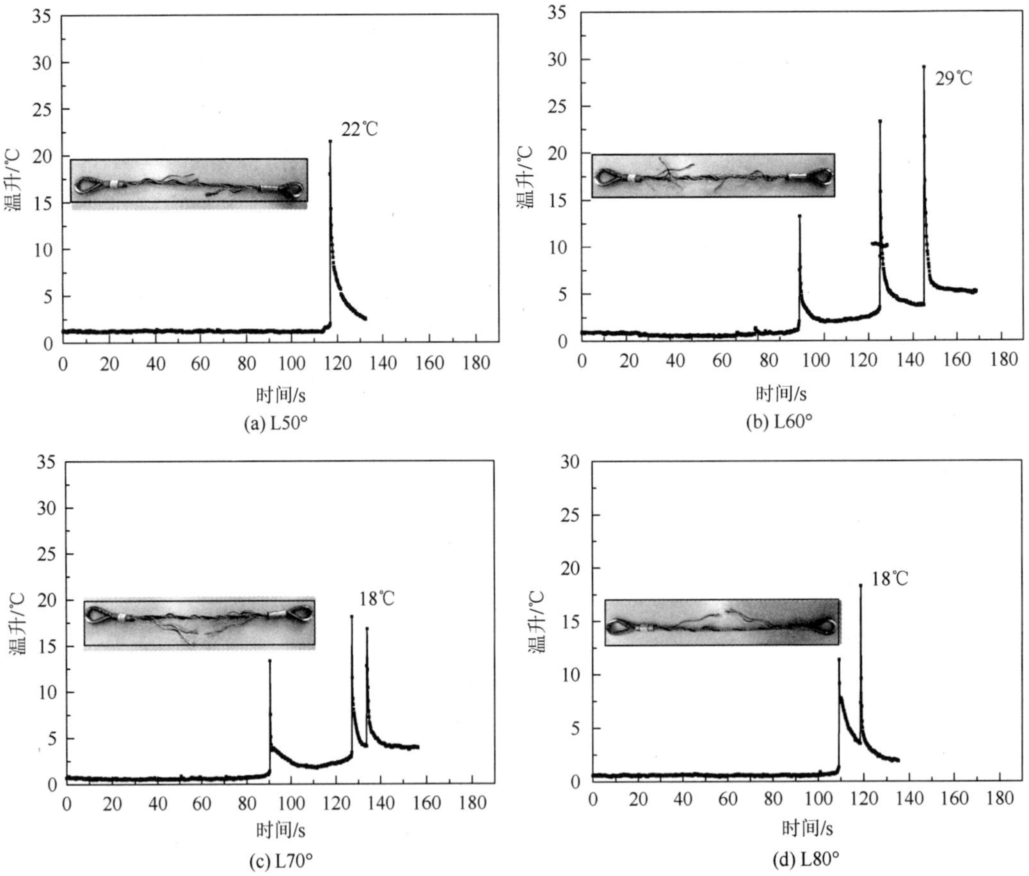

图 6-7　左交叉接触下磨损区域温升变化曲线

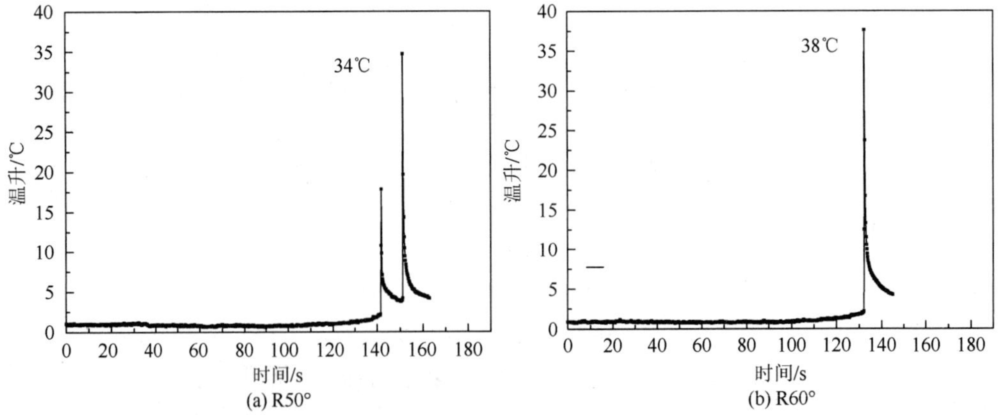

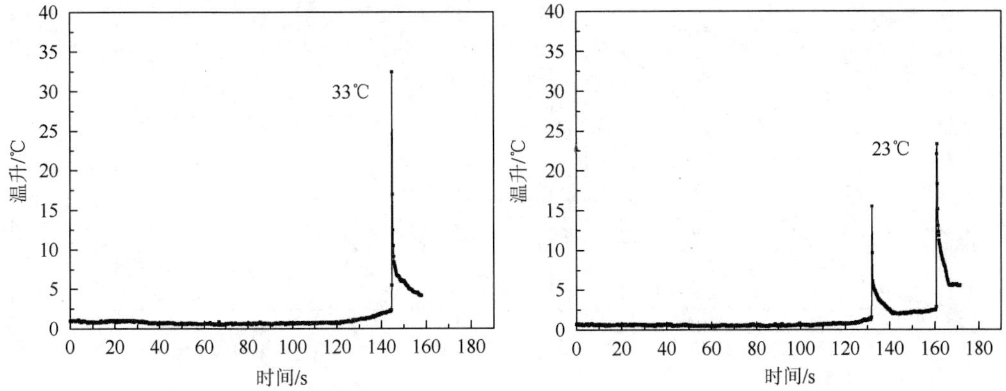

(c) R70°　　(d) R80°

图 6-8　右交叉接触下磨损区域温升变化曲线

2. 磨痕分布类型对钢丝绳力学性能的影响

1）单股磨损

在钢丝绳滑动过程中，接触位置变化将造成不同的表面磨痕分布类型（图 2-55），因此，掌握不同磨痕类型和磨损程度对钢丝绳力学性能的影响对于钢丝绳的安全使用同样十分重要。当 2 根钢丝绳在凸峰处滑动接触时，表面磨痕集中在 1 根绳股上，对应钢丝绳力-伸长量曲线如图 6-9 所示。考虑到钢丝绳试样加工误差较大，整根试样的最大伸长量无法准确反映不同磨痕的影响，因此，利用引伸计对钢丝绳磨损处局部伸长量进行测量。磨损钢丝绳局部测量长度为 50 mm，当任意绳股出现破断时，则试验结束。由图可知，随着磨损面积从 8.83 mm^2 增大到 11.88 mm^2，最大磨损深度呈增长趋势（0.46～0.65 mm），钢丝绳最大破断拉力呈减小趋势，从大约 46.4 kN 减小到 42.1 kN 左右。当最大磨损深度小于 0.6 mm 时，钢丝绳破断拉力变化不大(图 6-9(a)～(d))，降幅约为 1.7 kN。但随着最大磨损深度继续增大，从 0.5 mm 增大到 0.65 mm 时，钢丝绳破断拉力从 44.7 kN 左右迅速减小到 41.9 kN 左右，如图 6-9(e)所示。这是因为钢丝绳内部钢丝直径为 0.6 mm，当最大磨损深度大于该值时，表明钢丝绳表面出现磨损断丝。因此，钢丝绳最大磨损深度对其剩余承载能力的影响大于磨损面积。此外，当磨损区域出现断丝时，磨损钢丝绳最

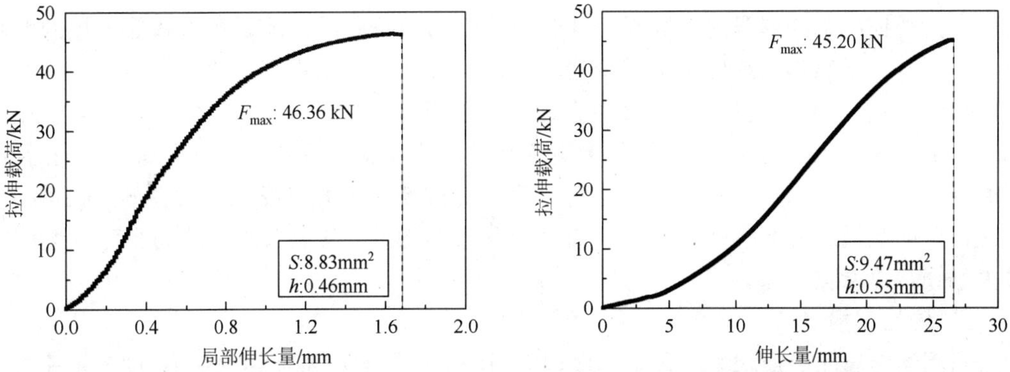

(a)　　(b)

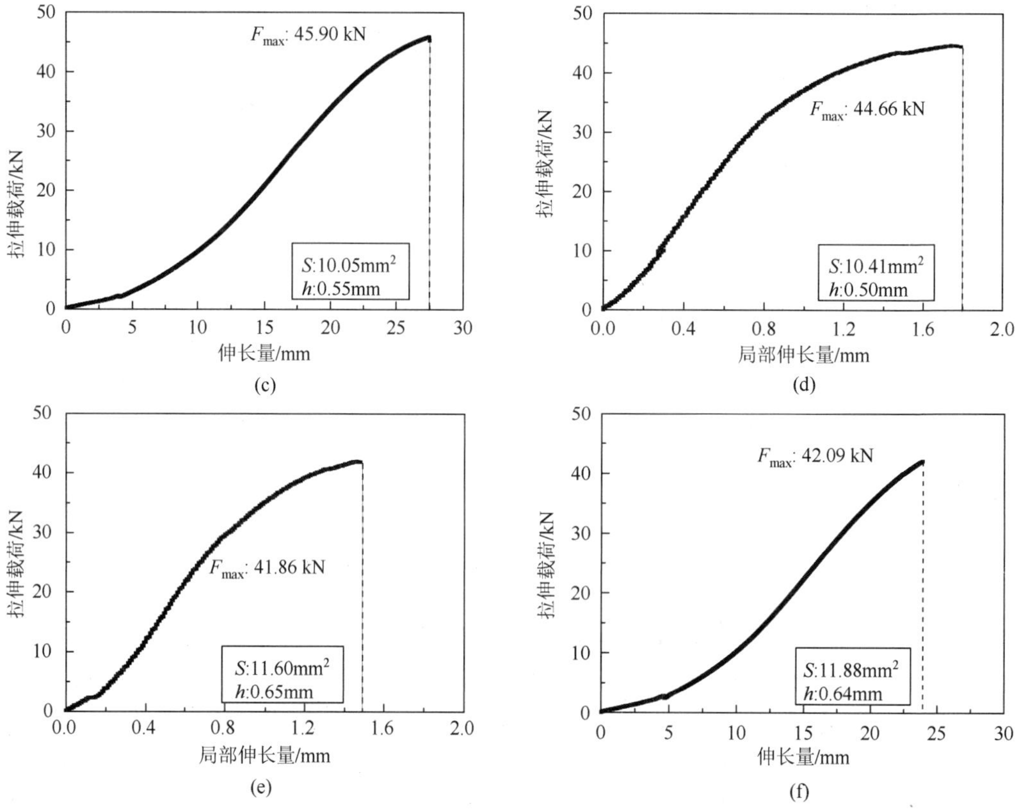

图 6-9　凸峰接触下磨损钢丝绳力-伸长量变化曲线

大伸长量明显减小且塑性变形减弱。表明绳股断丝严重影响钢丝绳力学性能，造成磨损钢丝绳剩余使用强度大幅降低。

2）不均匀磨损

图 6-10 所示为表面磨损不均匀分布下钢丝绳力-伸长量曲线。钢丝绳表面磨损面积从 8.8 mm^2 左右增大至 12.3 mm^2 左右，同时最大磨损深度变化比较随机，与磨损面积变化趋势并不一致。分析发现，磨损钢丝绳局部伸长量和整体伸长量变化不大，分别稳定在 1.7 mm 和 27 mm 左右。这表明在拉伸过程中，磨痕分布不均导致钢丝绳表面出现应力集中，磨损严重的绳股最先断裂，且磨损轻微的绳股对最大破断拉力和伸长量的影响较小。因此，虽然钢丝绳磨损面积变化较大，但伸长量几乎不变。此外，当钢丝绳磨损面积和深度均较小时，其剩余承载能力最强，破断拉力最大，约为 46 kN(图 6-10(a))。当磨损面积和深度同时增大时，钢丝绳剩余承载能力呈减小趋势，如图 6-10(a)～(c)所示。当磨损面积增大，最大磨损深度减小时，钢丝绳破断拉力并未变化，如图 6-10(e)所示。因此，当钢丝绳表面磨痕在 2 根相邻绳股上分布不均时，其剩余承载能力由磨损面积和最大磨损深度共同决定。

3）均匀磨损

当钢丝绳表面磨痕均匀分布在 2 根相邻绳股上时，对应磨损钢丝绳力-伸长量曲线如

图 6-11 所示。在凹谷接触条件下，钢丝绳磨损面积较大，变化范围为 12.7 mm^2 左右到 15.8 mm^2 左右，且在拉伸过程中，2 根磨损钢丝绳股几乎同时断裂。磨损钢丝绳破断拉力相对较小，且局部伸长量几乎不变，与图 6-10 所示试验结果相似，基本维持在 1.7 mm 左右。表明磨损均匀分布在 2 根绳股上对钢丝绳局部伸长量影响很小。如图 6-11(a)和(b)所示，当最大磨损深度不变，磨损面积从 12.7 mm^2 左右增大到 13.7 mm^2 左右时，钢丝绳最大破断拉力减小了 1 kN 左右。随着磨损面积和最大磨损深度继续增大，钢丝绳最大破断拉力始终稳定在 44.7 kN 左右。因此，在相同试验参数下，当磨痕均匀分布在 2 根绳股上时，钢丝绳剩余强度明显降低，且磨损面积和深度对其最大破断拉力的影响并不明显。

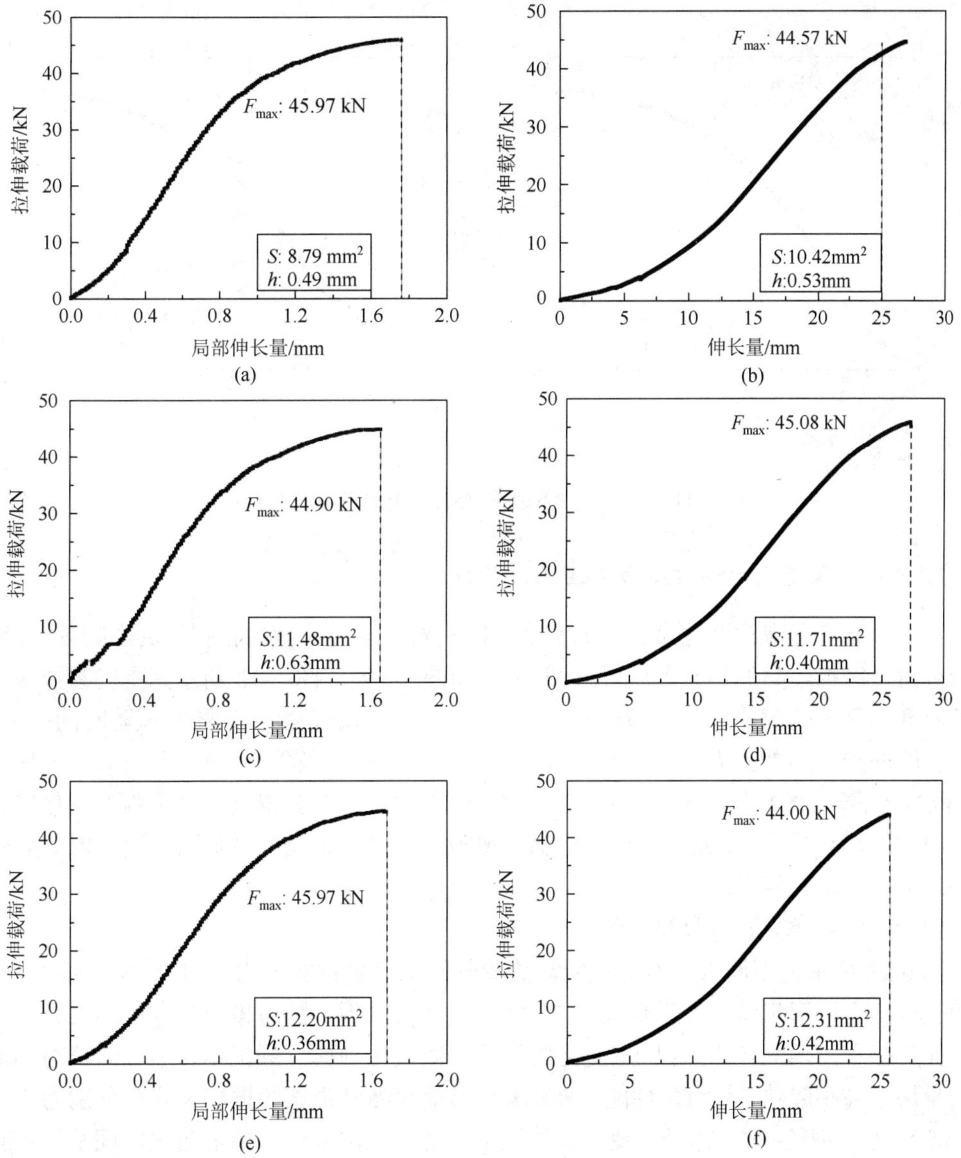

图 6-10　磨损不均匀分布钢丝绳力-伸长量变化曲线

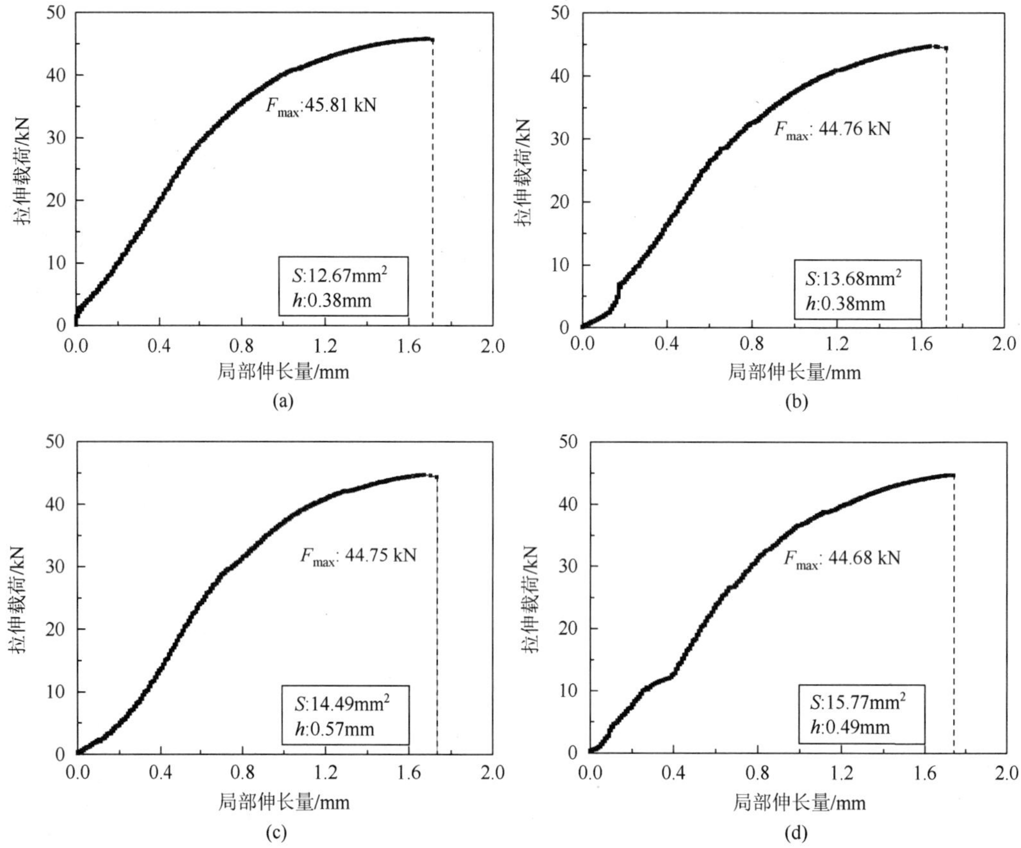

图 6-11　凹谷接触下磨损钢丝绳力-伸长量变化曲线

3. 磨损过程变化对钢丝绳力学性能的影响

第 2 章研究了滑动摩擦试验时间和滑动距离对钢丝绳摩擦磨损特性的影响规律，获得了带有明显磨损差异的钢丝绳试样（图 2-28 和图 2-29）。图 6-12 所示为不同参数条件下钢丝绳磨损区域轮廓曲线随试验时间的变化过程。可以清楚发现，随着试验时间的延长，磨痕轮廓曲线呈不断扩大趋势，且在较大载荷和滑动振幅条件下（载荷：150 N；振幅：20 mm），磨损区域扩展过程最为明显，如图 6-12(d)所示。获得表面磨损程度变化较大的钢丝绳试样，将有利于探究磨损过程对钢丝绳力学性能的影响并掌握磨损程度对其剩余安全使用强度的影响规律。

1）磨损钢丝绳力-伸长量曲线

图 6-13 所示为不同滑动摩擦试验参数和时间下磨损钢丝绳力-伸长量变化曲线。拉伸试验试样的表面磨损特征参数如图 2-27 所示。分析发现，随着摩擦试验时间延长，钢丝绳表面磨损程度增大，力-伸长量变化曲线呈相似变化规律。磨损钢丝绳破断拉力和最大伸长量均呈减小趋势，其力学性能不断退化。当钢丝绳磨损试验振幅和载荷分别为 20 mm 和 100 N 时，钢丝绳力-伸长量变化曲线比较接近(图 6-13(a))。随着磨损时间从 5 min 增大到 20 min，钢丝绳拉伸破断越来越快，试样的最大伸长量不断减小。当磨损试验时间达

到 30 min 时，钢丝绳力-伸长量变化曲线明显较低，并且磨损钢丝绳伸长量最大。由于该条件下钢丝绳表面磨痕集中在 1 根绳股表面（图 6-12），虽然磨损比较剧烈，导致钢丝绳破断拉力较小，但伸长量相对较大。当载荷不变，磨损滑动振幅增大至 30 mm 时，钢丝绳力-伸长量变化曲线随磨损程度的变化规律更加明显。随着磨损程度增大，钢丝绳最大破断拉力不断减小，特别是当磨损时间从 5 min 增大到 10 min 时，钢丝绳最大伸长量明显减小。如图 6-13(d)所示，当载荷增大到 150 N 时，钢丝绳磨损程度差距最大，磨损钢丝绳力-伸长量变化曲线差异最为明显。钢丝绳最大破断拉力呈大幅度减小变化趋势。因此，随着滑动磨损振幅和载荷增大，钢丝绳力学性能不断退化，载荷对其影响最为明显。随着钢丝绳表面磨损从轻微变得剧烈，其力学性能退化是先快后慢的变化过程。在实际应用和维护过程中，钢丝绳的初期轻微磨损应当引起足够重视，其为钢丝绳最有可能进一步损伤恶化的危险区域。

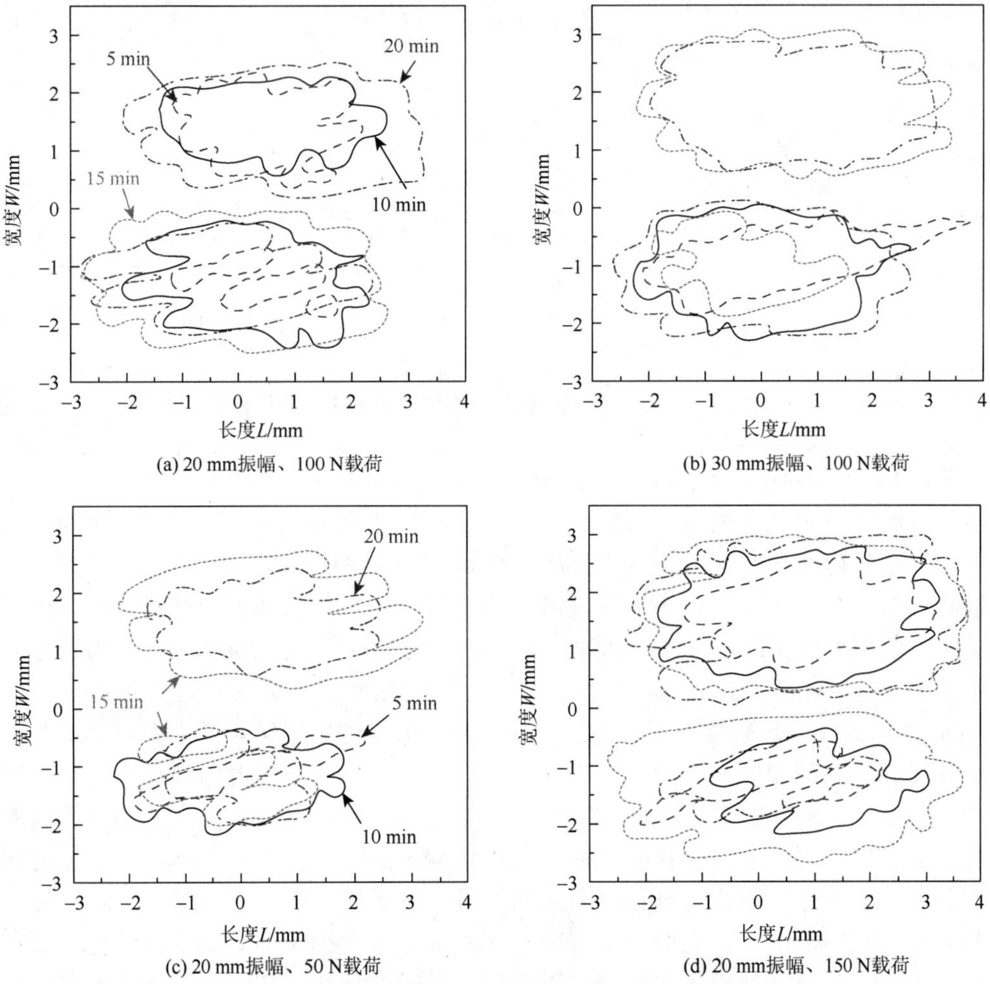

(a) 20 mm振幅、100 N载荷

(b) 30 mm振幅、100 N载荷

(c) 20 mm振幅、50 N载荷

(d) 20 mm振幅、150 N载荷

图 6-12　钢丝绳磨痕轮廓曲线变化过程

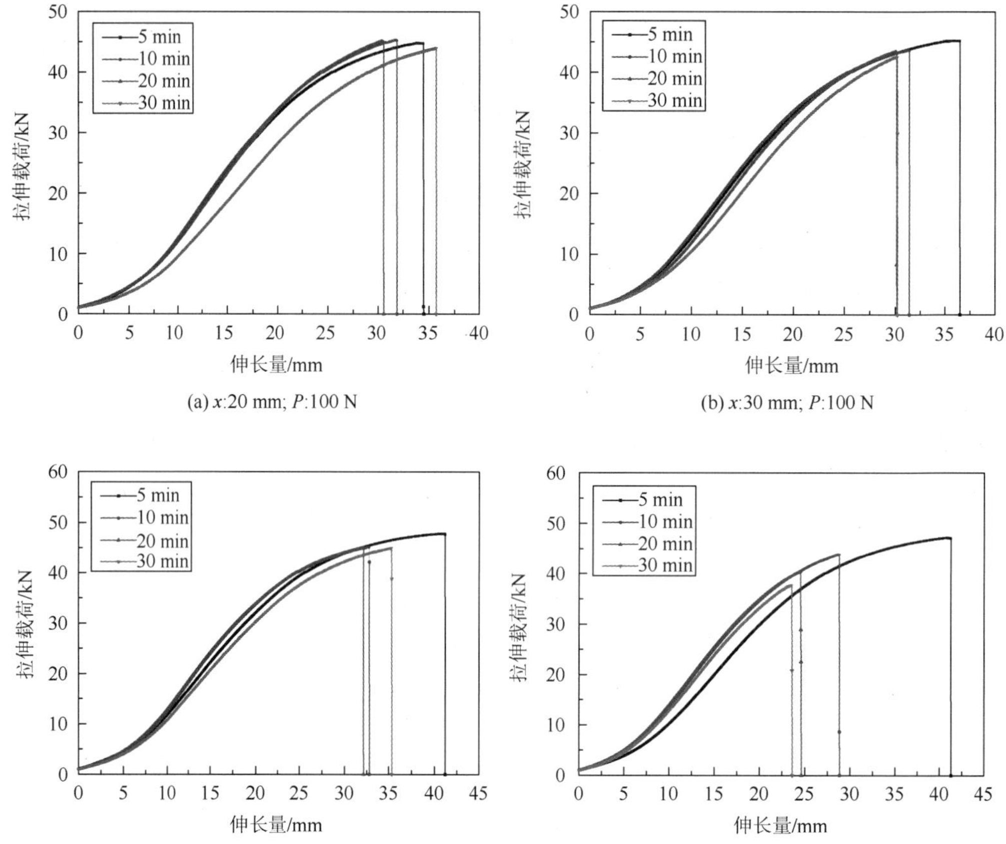

(a) x:20 mm; P:100 N　　(b) x:30 mm; P:100 N

(c) x:20 mm; P:50 N　　(d) x:20 mm; P:150 N

图 6-13　不同磨损试验条件下钢丝绳力-伸长量变化曲线

图 6-14 所示为不同参数条件下磨损钢丝绳最大破断拉力随磨损时间的变化过程曲线。可以清楚发现，不同滑动磨损参数对钢丝绳剩余承载能力退化的影响差异明显。当磨损接触载荷和滑动振幅较小（50 N、20 mm）时，相同试验时间下，磨损钢丝绳的破断拉力最大且减小幅度较小。这是因为该参数条件下钢丝绳表面磨损比较轻微，保留了较大的剩余强度。随着振幅和载荷继续增大到 30 mm 和 100 N，对应磨损钢丝绳破断拉力曲线有所下降，但幅度不大，且变化趋势相似。当磨损时间从 5 min 增大到 10 min 时，钢丝绳破断拉力下降速度较快，随着磨损时间继续延长，曲线降低的速度明显减慢。这表明当磨损达到一定程度之后，随着磨损的小幅度继续加剧，钢丝绳剩余承载能力不会发生较大的变化。但是，当磨损接触载荷达到 150 N 时，钢丝绳破断拉力随着试验时间增大呈快速减小趋势，从大约 44.8 kN 降低到 37.3 kN。这是因为在大载荷条件下，钢丝绳磨损程度在试验初期阶段便处于比较严重的水平，且随着磨损时间延长，滑动距离增大，表面磨损程度迅速增大，造成钢丝绳剩余承载能力大幅度降低。因此，不同滑动磨损参数对钢丝绳磨损程度的过程演化和剩余承载能力退化都会造成不同的影响，其中载荷的影响最为严重。随着磨损程度增大，钢丝绳破断拉力是一个不断降低的过程，且磨损初期的影响最为明显。

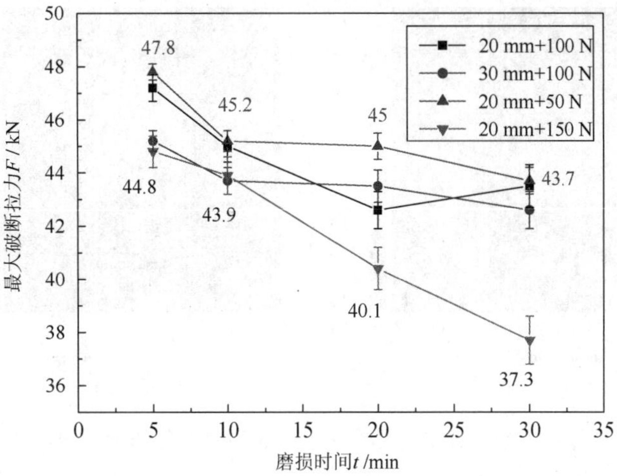

图 6-14　钢丝绳最大破断拉力随磨损时间变化曲线

2）磨损钢丝绳拉伸温升

图 6-15 所示为不同磨损程度钢丝绳拉伸试验红外热像图。可以发现，在磨损钢丝绳即将破断之前，磨损区域出现明显高温集中现象。在不同磨损参数条件下，由钢丝绳内部钢丝塑性变形导致局部温升的明显程度存在一定差异。当磨损接触载荷和滑动振幅分别为 100 N 和 20 mm 时，磨损时间较短条件下（小于 10 min），钢丝绳表面局部温升现象难以分辨，当时间继续增大到 20 min 和 30 min 时，磨损区域的颜色明显变亮，高温集中明显。表明钢丝绳在拉伸过程中塑性温升现象与表面磨损程度密切相关，严重磨损更容易造成塑性变形和高温的局部集中。随着振幅和载荷继续增大，钢丝绳磨痕区域红外热像图颜色分布随磨损时间变化规律比较相似，如图 6-15(b)和(c)所示。当载荷增大到 150 N 时(图 6-15(d))，磨损钢丝绳红外热像图在磨痕处均比较明亮，这表明钢丝绳磨损集中且相对比较严重，不同钢丝间和绳股间应力分布不均，塑性变形较大，导致局部应力集中和温度升高。

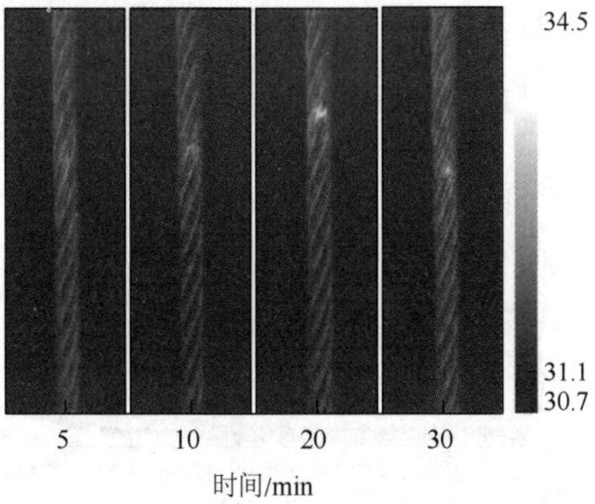

(a) x: 20 mm; P: 100 N

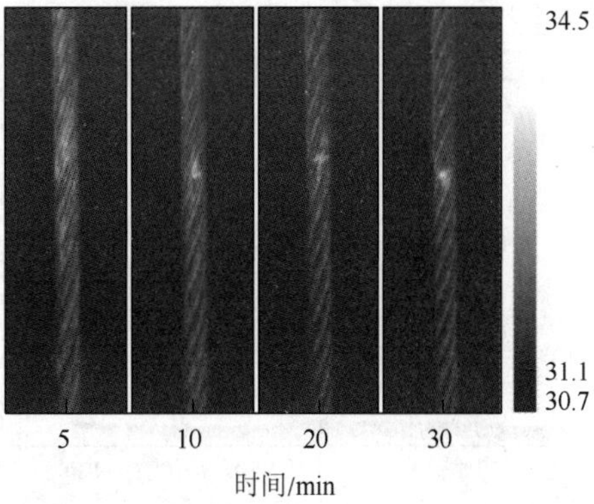

(b) x: 30 mm; P: 100 N

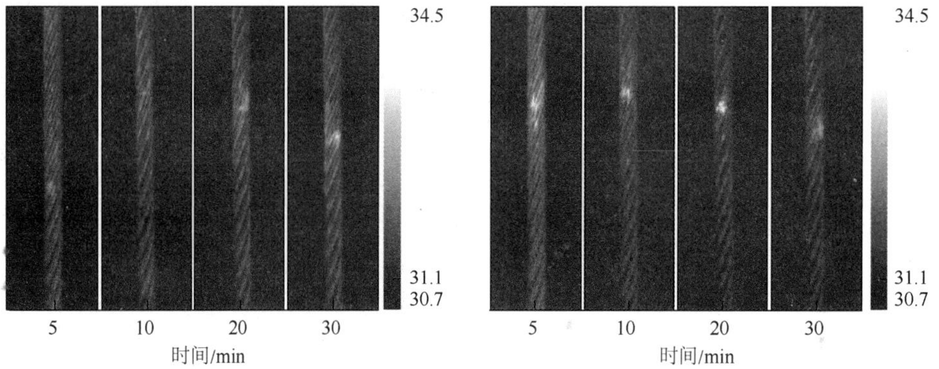

(c) *x*: 20 mm; *P*:50 N　　　　(d) *x*: 20 mm; *P*:150 N

图 6-15　不同磨损钢丝绳拉伸红外热像图（彩图见二维码）

对磨损钢丝绳破断拉伸试验过程中磨痕区域最大温升进行提取，得到温升随拉伸试验时间的变化过程曲线，如图 6-16 所示。通过定量比较，发现磨损程度对钢丝绳最大拉伸温升影响明显。随着磨损程度增大，钢丝绳磨损区域出现最大温升的时间越来越早。

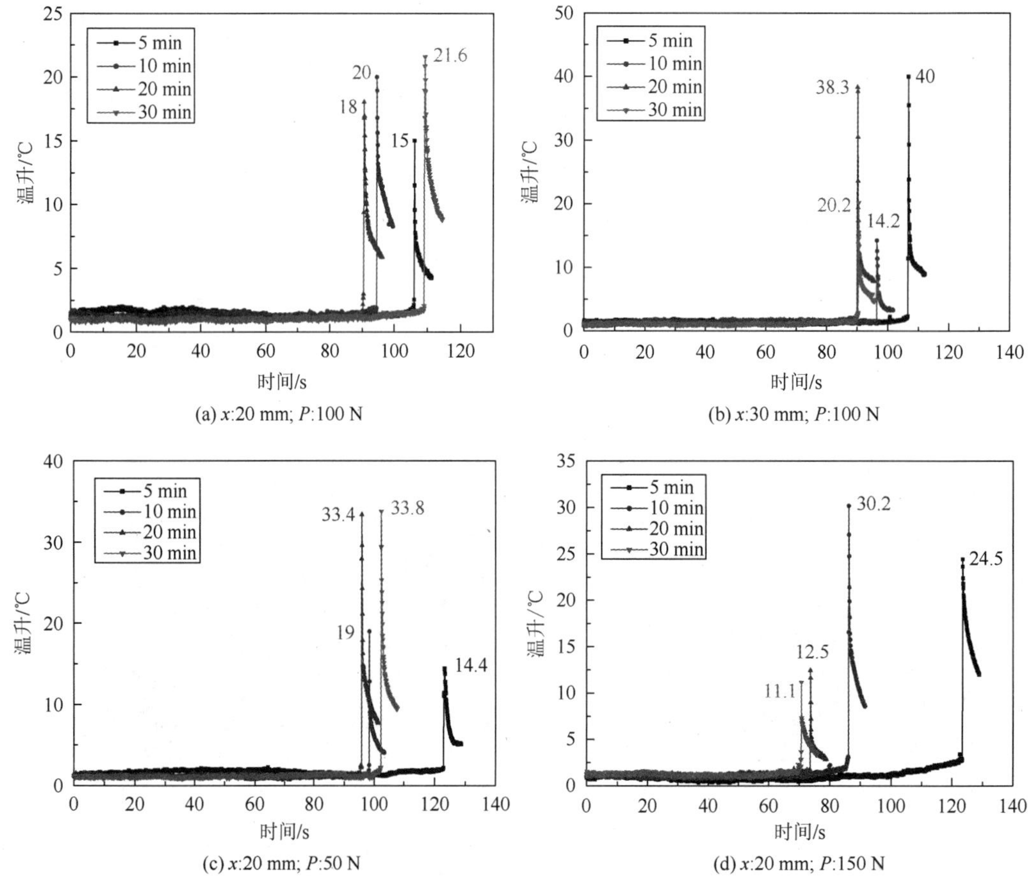

(a) *x*:20 mm; *P*:100 N　　　　(b) *x*:30 mm; *P*:100 N

(c) *x*:20 mm; *P*:50 N　　　　(d) *x*:20 mm; *P*:150 N

图 6-16　不同磨痕拉伸温升变化过程曲线

由于钢丝绳破断是一个瞬态过程，导致破断瞬间红外热像仪所记录最大温升存在一定误差。不同磨损参数下，最大温升并未随着钢丝绳磨损程度增大呈现出明显的变化规律。不同磨损钢丝绳最大温升的变化范围为 10℃左右到 40℃左右。当滑动振幅和接触载荷均较大(图 6-16(b)和(d))时，磨痕处最大温升在磨损初期明显较大，随着磨损时间增大，磨损严重程度加深，最大温升反而较小。这表明不同磨损类型和程度均会对钢丝绳磨损区域的塑性变形和应力集中产生较大影响。为进一步揭示磨损区域温升的成因和变化规律，仍需对破断钢丝绳的形貌特征进行深入观察和分析。

4. 腐蚀钢丝绳磨损对其力学特性的影响

表面腐蚀和磨损均会对钢丝绳的安全使用造成严重危害，且这两种影响因素多同时出现，相互促进。前面章节中探究了不同腐蚀钢丝绳的摩擦磨损特性，揭示了腐蚀对钢丝绳摩擦特性和磨损机理的影响规律。腐蚀和磨损造成钢丝绳试样表面损伤程度和特征类型如图 5-8～图 5-10 所示。为进一步探究不同腐蚀、磨损和腐蚀磨损综合作用对钢丝绳剩余使用强度的影响，对腐蚀和磨损试验获得的钢丝绳试样开展了破断拉伸试验研究。图 6-17 所示为不同腐蚀钢丝绳和腐蚀磨损共同作用下钢丝绳的力-伸长量变化曲线。与图 6-13 相比，不同磨损对腐蚀钢丝绳拉伸曲线变化规律的影响更加明显，趋势也更加一致。首先，

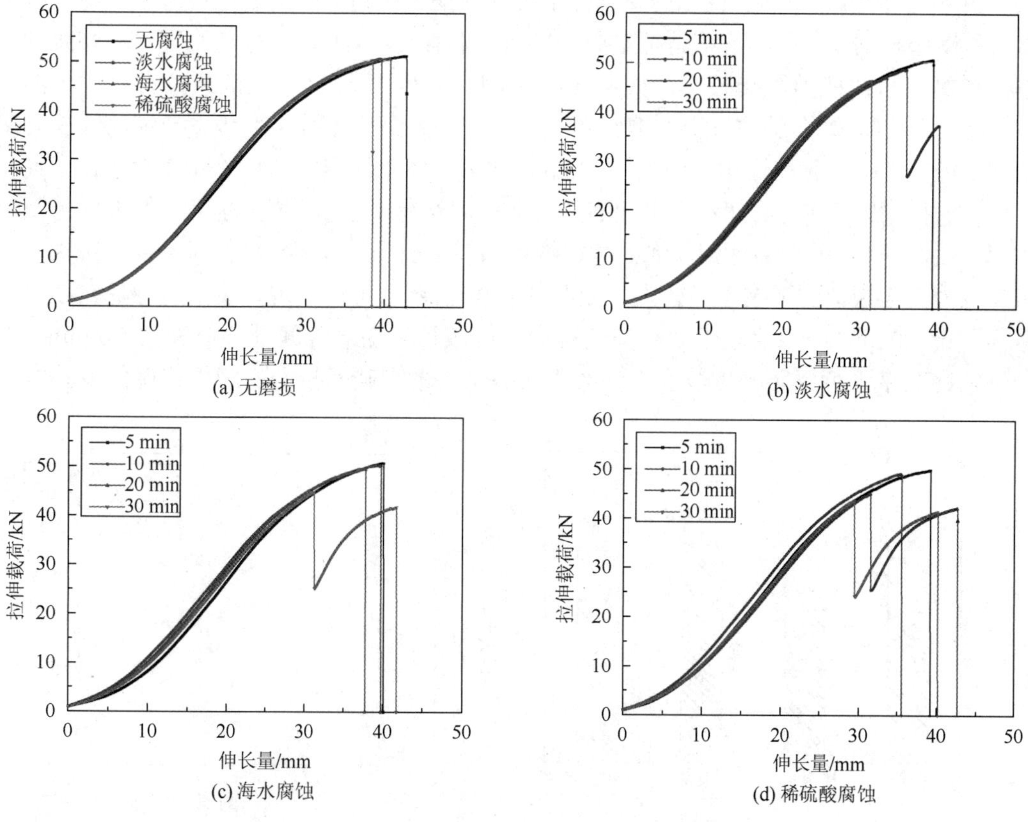

图 6-17　不同腐蚀和磨损下钢丝绳力-伸长量变化曲线

分析不同腐蚀钢丝绳（未磨损）的力学特性，如图 6-17(a)所示。曲线重合度较高，但钢丝绳最大破断拉力和伸长量差异明显。在拉伸试验过程中，稀硫酸腐蚀钢丝绳最先断裂，其次是海水腐蚀钢丝绳，接着是淡水钢丝绳，未经任何腐蚀的钢丝绳最后断裂，且破断拉力最大。表明腐蚀会造成钢丝绳机械性能退化，且稀硫酸腐蚀危害最大。但与表面磨损相比，腐蚀对钢丝绳剩余强度的影响相对较小。当钢丝绳受到淡水腐蚀后，随着磨损时间的延长，拉伸曲线退化明显，且磨损钢丝绳最大伸长量减小幅度比较均匀，从 41 mm 减小到 32 mm 左右。当钢丝绳受到海水腐蚀后(图 6-17(c))，不同磨损程度下钢丝绳拉伸曲线比较集中。在磨损时间小于 20 min 时，钢丝绳力-伸长量曲线重合度较高，其最大伸长量集中在 38 mm 左右。随着磨损时间增大到 30 min，拉伸曲线出现较大幅度变化，磨损钢丝绳在伸长量达到大约 30 mm 时出现绳股断裂，且破断拉力明显减小。表明海水腐蚀钢丝绳在磨损初期剩余强度退化缓慢，经过长时间磨损后，其力学性能出现快速降低。图 6-17(d)所示为不同磨损时间下稀硫酸腐蚀钢丝绳力-伸长量曲线。可明显发现，随着磨损时间增大，钢丝绳最大破断拉力和伸长量均呈均匀退化趋势，破断拉力减小幅度较大，且当磨损时间大于 20 min 后，钢丝绳在拉伸过程中出现绳股不同时断裂。因此，稀硫酸腐蚀后磨损对钢丝绳机械性能的影响比较明显，相同试验条件下，稀硫酸腐蚀和磨损共同作用对钢丝绳剩余强度的危害最严重。

图 6-18 所示为不同腐蚀和磨损条件下钢丝绳最大破断拉力的变化规律图。破断拉伸试验所用磨损钢丝绳试样磨痕特征参数如图 5-9 和图 5-10 所示。分析发现，不同腐蚀对钢丝绳剩余承载能力影响较小，如图 6-18(a)所示。无腐蚀钢丝绳破断拉力最大，约为 51.2 kN，随着腐蚀介质的改变，钢丝绳剩余使用强度呈轻微减小趋势。当钢丝绳受到稀硫酸腐蚀后，剩余强度最小，约为 50.2 kN。这表明本书所研究 6×19+FC 镀锌钢丝绳具有较好的抗腐蚀性能。虽然不同腐蚀溶液会造成钢丝绳剩余安全使用强度的降低，但影响程度不大。然而，不同腐蚀钢丝绳的抗磨特性却表现出一定差异，磨损对不同腐蚀钢丝绳破断拉力变化规律的影响差异较大，如图 6-18(b)所示。可以发现，淡水腐蚀后，在磨损时间小于 20 min 时，磨损钢丝绳破断拉力下降较快，随着时间继续增大到 30 min，磨损钢丝绳剩余强度下降幅度较小。海水腐蚀钢丝绳最大破断拉力随磨损程度的变化规律

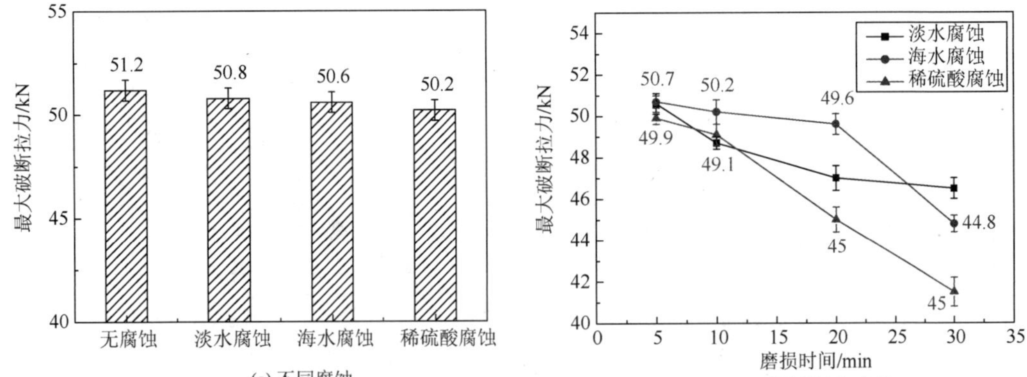

(a) 不同腐蚀　　(b) 不同腐蚀和磨损

图 6-18　不同腐蚀和磨损下钢丝绳最大破断拉力

与淡水腐蚀钢丝绳试验结果相反。随着磨损时间增大，钢丝绳剩余强度在试验前期减小缓慢，从大约 50.7 kN 降低到 49.6 kN。接着，当磨损时间增大到 30 min 时，磨损钢丝绳破断拉力迅速减小到 44.8 kN 左右。表明海水腐蚀钢丝绳在滑动磨损初期抗磨性较好，对其安全使用强度危害较小。最后，当钢丝绳经稀硫酸腐蚀后，随着磨损时间增大，钢丝绳剩余承载能力下降较快，且减小幅度较大，从大约 49.9 kN 降低至 45 kN。因此，虽然腐蚀对钢丝绳剩余强度影响较小，但表面磨损对不同腐蚀钢丝绳性能退化的影响存在较大差异。

6.3.2　磨损三角股钢丝绳机械性能

在钢丝绳层间过渡阶段，磨损区域对钢丝绳剩余寿命及力学性能的影响较大。针对经历了层间过渡摩擦磨损试验的磨损三角股钢丝绳试样，使用 SM-1000 三维形貌仪对磨损三角股钢丝绳表面进行扫描，以不同工况磨损三角股钢丝绳的磨损深度作为评价指标，探究三角股钢丝绳的磨损程度。图 6-19 给出了不同工况下三角股钢丝绳的磨损深度柱形图。

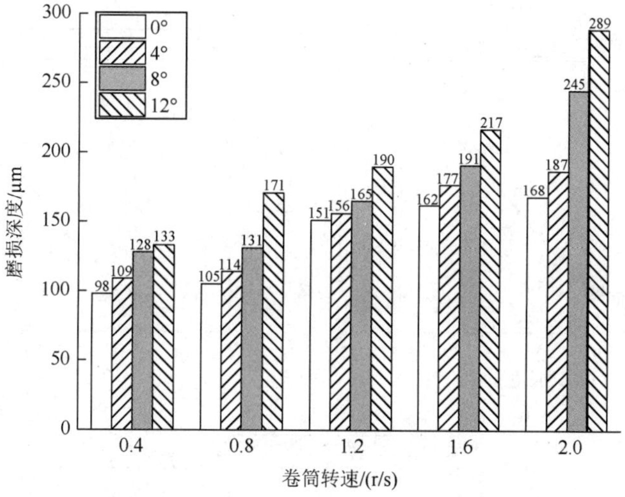

图 6-19　润滑三角股钢丝绳在不同工况下的磨损深度柱形图

由图 6-19 可知，在恒定卷筒转速下，交叉角度越大，三角股钢丝绳的磨损深度数值越大，在交叉角度为 12°时分别为 133μm、171μm、190μm、217μm、289μm；随卷筒转速的升高，磨损深度不断变大，在卷筒转速为 2.0 r/s 时取得最大值，分别为 168μm、187μm、245μm、289μm，该数值远低于三角股钢丝绳钢丝的直径。此外，当卷筒转速恒定时，交叉角度从 0°增加至 12°，磨损深度的增加幅值分别为 35μm、66μm、39μm、55μm、121μm；而当交叉角度恒定时，卷筒转速从 0.4 r/s 增加至 2.0 r/s，磨损深度变化幅值分别为 70μm、78μm、117μm、156μm，此时磨损深度的变化趋势明显大于前者。由此可知，卷筒转速的变化对干摩擦状态下三角股钢丝绳磨损深度的作用更为明显，交叉角度对其产生的影响较小，几乎可忽略不计。

为了解磨损三角股钢丝绳的机械性能，采用拉伸试验机设备对经历摩擦磨损试验的磨损三角股钢丝绳进行破断拉伸试验，掌握三角股钢丝绳在磨损后的力学性能表现。

图 6-20 为磨损脂润滑三角股破断拉伸时力-伸长量变化曲线图。给予钢丝绳试样相同的预紧力 1 kN，使三角股钢丝绳在处于合适张紧状态的同时而不会发生变形。在拉伸过程中，随着上横梁的匀速上升，伸长量不断增加，钢丝绳轴向拉伸载荷的变化趋势为：在

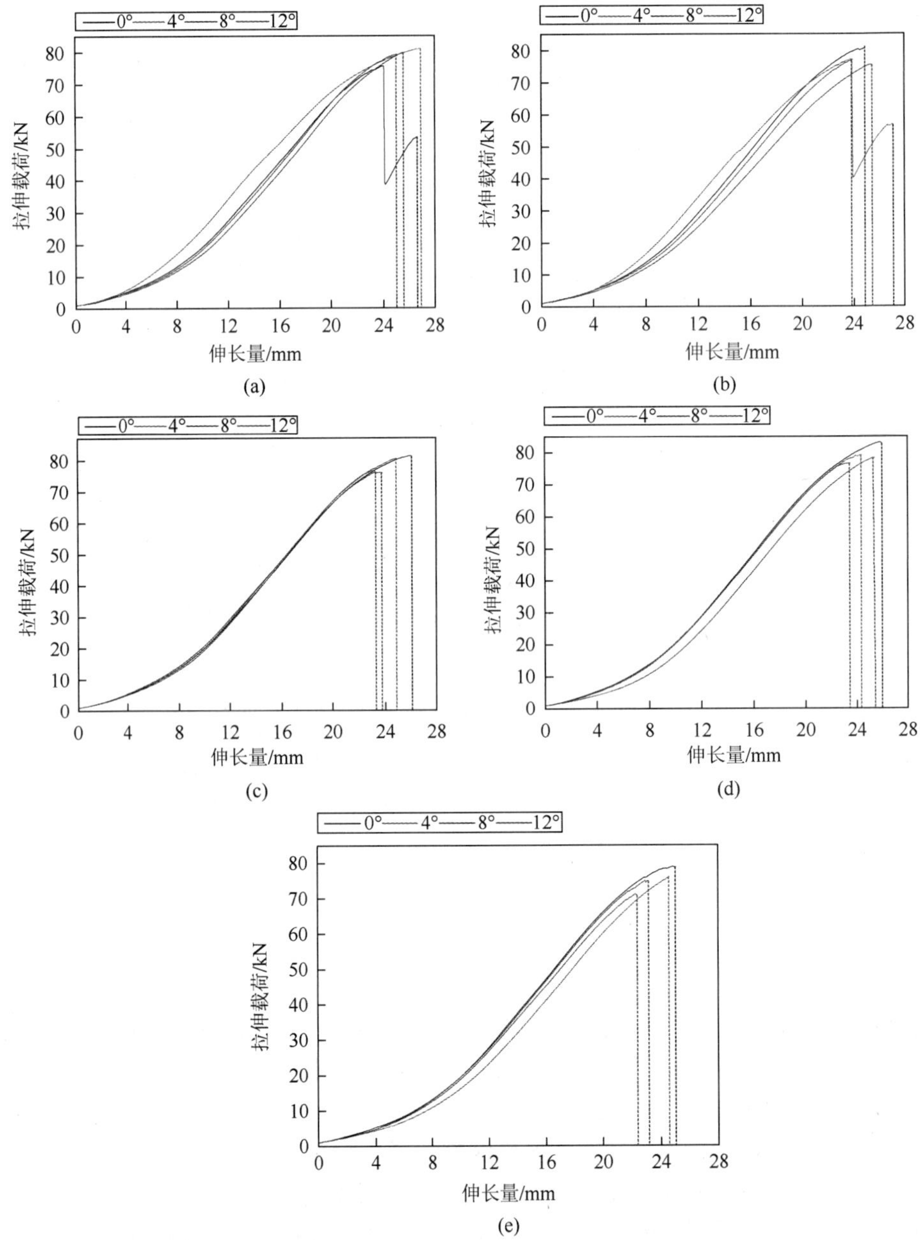

图 6-20　不同工况下磨损三角股钢丝绳力-伸长量曲线图（彩图见二维码）

(a)～(e)分别表示 0.4r/s、0.8r/s、1.2r/s、1.6r/s、2.0r/s

拉伸过程初期，拉伸载荷和伸长量增长缓慢，曲线斜率很小，逐渐进入张紧状态；此后，随着伸长量增加，载荷增加速率加快，进入弹性变形阶段，拉伸载荷经历近似线性增加阶段，这是因为钢丝绳股与股、丝与丝之间存在间隙，且钢丝绳特殊的螺旋状结构，导致钢丝绳试样在受到拉伸载荷时容易发生变形，因此在该阶段伸长量增加迅速；最后，由于钢丝绳的弹塑性特征，当拉伸载荷增加到一定值时，增速随伸长量的增加而逐渐放缓，力-伸长量曲线斜率减小，不同工况的钢丝绳试样表面在磨损处存在应力集中现象，在受到拉伸时从磨损处开始发生断裂，当钢丝绳受力超过弹性极限到达屈服点时，试样发生塑性变形，进入屈服阶段最终达到破断标准并迅速断裂。

当卷筒转速为 0.4 r/s 时，除了交叉角度为 0°时发生二次断裂外，其余交叉角度下三角股钢丝绳破断拉力分别为 80.9 kN、79.8 kN、79.0 kN，轴向伸长量为 26.9 mm、25.5 mm、25.0 mm；此后随着相对速度升高，当卷筒转速为 2.0 r/s、交叉角度从 0°增加至 12°时，破断拉力为 78.6 kN、75.8 kN、74.6 kN、70.8 kN，轴向伸长量为 25.0 mm、24.6 mm、23.1 mm、22.3 mm。由此可见，从宏观角度看，磨损三角股钢丝绳的破断拉力和轴向伸长量随着相对速度升高和交叉角度增大而不断降低。在此过程中，与圆股钢丝绳相比，三角股钢丝绳的破断拉力并非一直呈现下降趋势，当卷筒转速为 1.2 r/s、交叉角度为 0°时，破断拉力为 81.1 kN；当卷筒转速为 1.6 r/s、交叉角度为 0°时，破断拉力为 82.3 kN。因此可知，轻微磨损程度的三角股钢丝绳破断拉力差异较小，分布范围在 80 kN 左右。

在不同工况下，三角股钢丝绳的破断拉伸载荷在 71～82 kN 范围波动，大于未磨损三角股钢丝绳的最小破断拉力。可见对于三角股钢丝绳来说，当磨损深度较浅时，对钢丝绳的承载能力影响很小。此外，三角股钢丝绳在破断时有两股绳发生断裂，基于所选用的三角股钢丝绳型号为 $4V\times39+FC$，因此三角股钢丝绳在破断时的断丝率达到 50%。对于三角股钢丝绳来说，断裂的两股绳在大多数情况下发生同时断裂，这表明三角股钢丝绳表面磨损分布较为均匀。

为了进一步理解表面磨损情况对三角股钢丝绳剩余承载能力的影响，利用 Origin 数据分析软件将不同工况下磨损深度和破断拉力的离散数据点进行数据拟合。在该次拟合中，为了保证拟合曲线的准确度，剔除了磨损三角股钢丝绳在拉伸至破断时出现先后断裂的两种工况，选用非线性拟合方式，最终得到的拟合曲线如图 6-21 所示。

对于三角股钢丝绳来说，当磨损深度为 0.1 mm 时，破断拉力为 81 kN 左右；当磨损深度为 0.3 mm 时，破断拉力为 71 kN 左右。随着磨损深度增加，破断拉力不断下降。对于直径为 11 mm 的 $4V\times39+FC$ 三角股钢丝绳来说，式（6-1）为三角股钢丝绳磨损深度和破断拉力之间的拟合公式：

$$y=\frac{94.65}{1+\mathrm{e}^{3.42(x-0.61)}} \tag{6-1}$$

式中，y 表示不同工况下磨损三角股钢丝绳的破断拉力，kN；x 为不同工况下磨损三角股钢丝绳的磨损深度，mm。

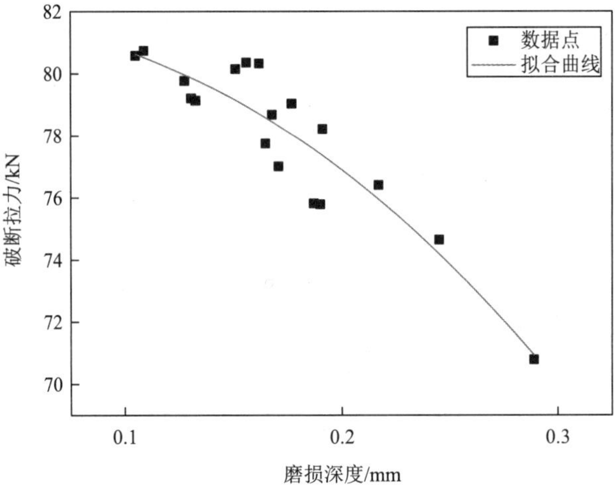

图 6-21　磨损三角股钢丝绳破断拉力-磨损深度拟合曲线

6.3.3　磨损钢丝绳断裂失效机理

拉伸破断钢丝绳试样中包含大量钢丝绳受力特性和断裂失效行为信息。为进一步探究不同表面磨损特征类型对钢丝绳断裂失效行为的影响，利用光学显微镜和扫描电子显微镜对钢丝绳内部断裂绳股和钢丝进行详细观察和分析，从宏观结构和微观形貌角度揭示了不同磨损钢丝绳在拉伸载荷作用下的损伤特性和失效机理。

1. *宏观破断特征*

图 6-22 所示为轻微磨损条件下，损伤断裂钢丝绳股实物图。可清楚发现，当钢丝绳表面磨损比较明显时，外层磨损钢丝在拉伸载荷作用下最先断裂，并导致钢丝绳股

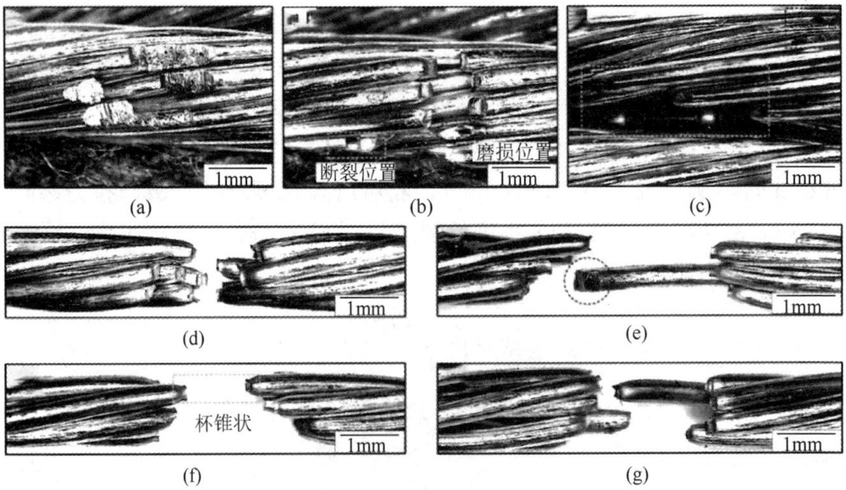

图 6-22　钢丝绳磨损绳股断裂实物图

(a)～(c)外层断丝；(d)～(g)内部断丝

有效横截面积严重减小，造成磨损绳股快速断裂。因此，表面磨损位置为钢丝绳受力薄弱区域，也是其断裂危险区域。当钢丝绳磨损十分轻微时，如图 6-22(b)和(c)所示，钢丝的断裂位置并未出现在磨损区域，而是在相邻绳股的接触位置，主要是由扭转、挤压和拉伸载荷共同作用造成的断裂失效。因此，表面轻微磨损并不会影响钢丝绳破断失效行为，钢丝绳多股螺旋结构本身存在易导致断裂的危险区域，断裂位置不受磨损影响。当磨损达到一定严重程度后，磨损区域则成为钢丝和绳股最先断裂的位置，见图 6-22(a)。与外层钢丝相比，钢丝绳股内部钢丝捻角更小，捻距较大，钢丝在拉力作用下扭转载荷明显减小，造成内部钢丝多同时断裂，且仍保留原有螺旋结构，钢丝断裂位置比较整齐，见图 6-22(d)～(g)。当钢丝绳表面磨损非常严重，出现外层钢丝断裂并造成内部钢丝轻微磨损时，内部磨损钢丝在拉伸载荷下最先断裂，造成磨损钢丝和未磨损钢丝断裂位置不一致，见图 6-22(e)。此外，内部未磨损钢丝在断裂位置出现明显塑性变形，且破断钢丝两端呈杯锥状形貌。

图 6-23 所示为钢丝绳表面严重磨损条件下绳股断裂结构特征。与内部钢丝断裂结构相比，严重磨损绳股的断裂结构比较杂乱。内部未磨损钢丝依旧同步断裂，且保持原有螺旋结构，外层钢丝在断裂处则明显长短不一，呈散开状。一般情况下，外层磨损钢丝在拉伸载荷下最先断裂失效，造成整根绳股应力集中，引发外层未磨损钢丝断裂，最后则是内部钢丝断裂并导致整根绳股完全破断失效。由于内、外层钢丝螺旋结构参数不同，外层钢丝所受扭转载荷较大，在轴向载荷的共同作用下，钢丝断口呈倾斜状，且颈缩现象并不明显。此外，钢丝绳表面磨损区域内钢丝磨损程度不尽相同，当磨损分布比较均匀时，磨痕处钢丝一般较早地同时发生断裂。若磨痕内钢丝磨损程度差距较大，则磨损程度较大的钢丝在试验过程中最先断裂，其剩余强度下降最大，如图 6-23(d)和(f)所示。

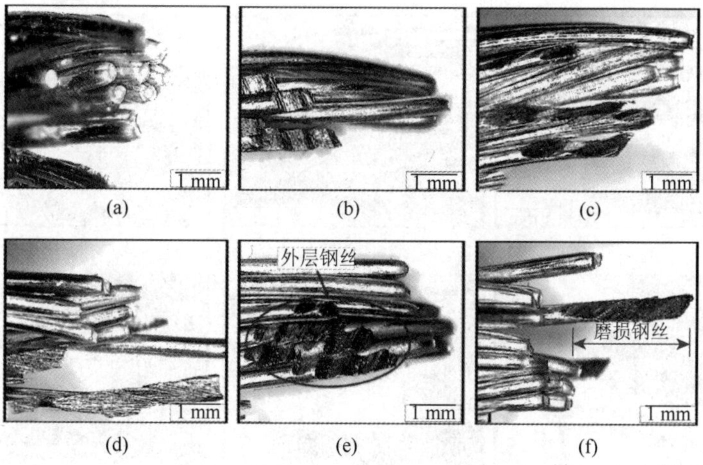

图 6-23　严重磨损绳股断裂失效图

不同接触形式和滑动参数对钢丝绳磨损形貌特征影响较大，且磨痕特征类型和损伤程度将决定钢丝绳的断裂失效行为特性。因此，有必要探究钢丝绳磨损区域内的断丝形貌特征和破断失效行为。图 6-24 所示为磨损钢丝拉伸破断结构特征。首先，当磨损比较轻微或未发生表面磨损时，钢丝断口附近出现明显的颈缩和塑性变形，且断裂位置集中在磨损区域附近，这也是导致钢丝绳磨损区域在拉伸过程中出现明显温升的主要原因(图 6-24(a)和(b))。对磨损断丝进行分析发现，钢丝磨损形貌主要分为两种：一种是过渡平稳，结构完整规则，近似为平面的规则磨损表面(图 6-24(c)和(d))；另一种磨损表面则凹凸不平，出现多个深度不等的小凹槽(图 6-24(g)和(i))。从侧面观察，相对规则的磨损表面整齐光滑，断裂位置一般为磨痕中间位置，且断裂沿着表面犁沟方向扩展，即沿钢丝绳间相对滑动接触的方向。对于带有不规则磨损表面的钢丝，其断裂位置多出现在磨损深度最大凹槽的底部。因此，磨损深度是影响钢丝断裂失效的主要因素，在拉伸条件下，磨损深度最大位置即为钢丝受力最薄弱和危险的区域。

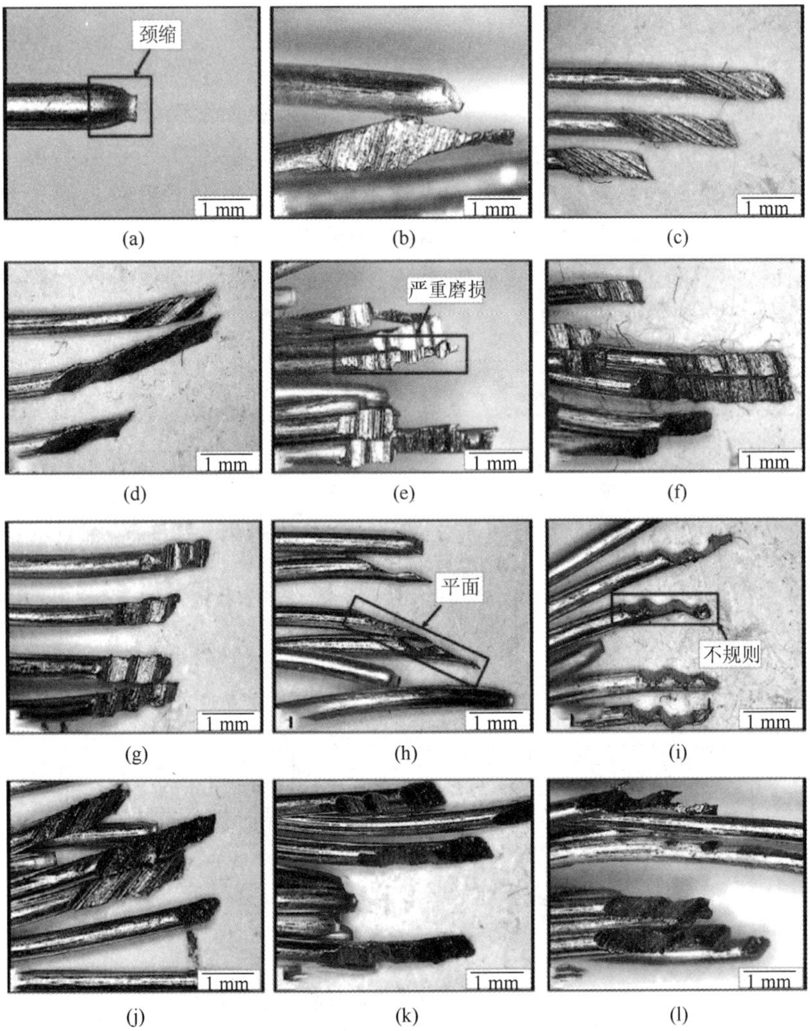

图 6-24　钢丝拉伸破断结构特征图

2. 微观断裂机理

为进一步探究钢丝绳损伤和断裂失效机理，从微观角度对拉伸破断钢丝侧面和断口表面进行观察和分析。图 6-25 所示为断裂钢丝侧面电镜形貌图。断丝侧面损伤主要包括由磨损试验造成的表面磨损(图 6-25(a)～(c))和拉伸过程中钢丝间挤压接触造成的塑性擦伤(图 6-25(d)～(f))。不同接触和滑动参数条件所造成的钢丝表面磨损形貌差异明显。当载荷较小，钢丝间接触不充分时，表面磨损轻微，磨损区域很小，钢丝断裂通常不发生在磨损处。当钢丝接触条件更加恶劣，磨损足够严重，无论磨损表面是相对规则平整，

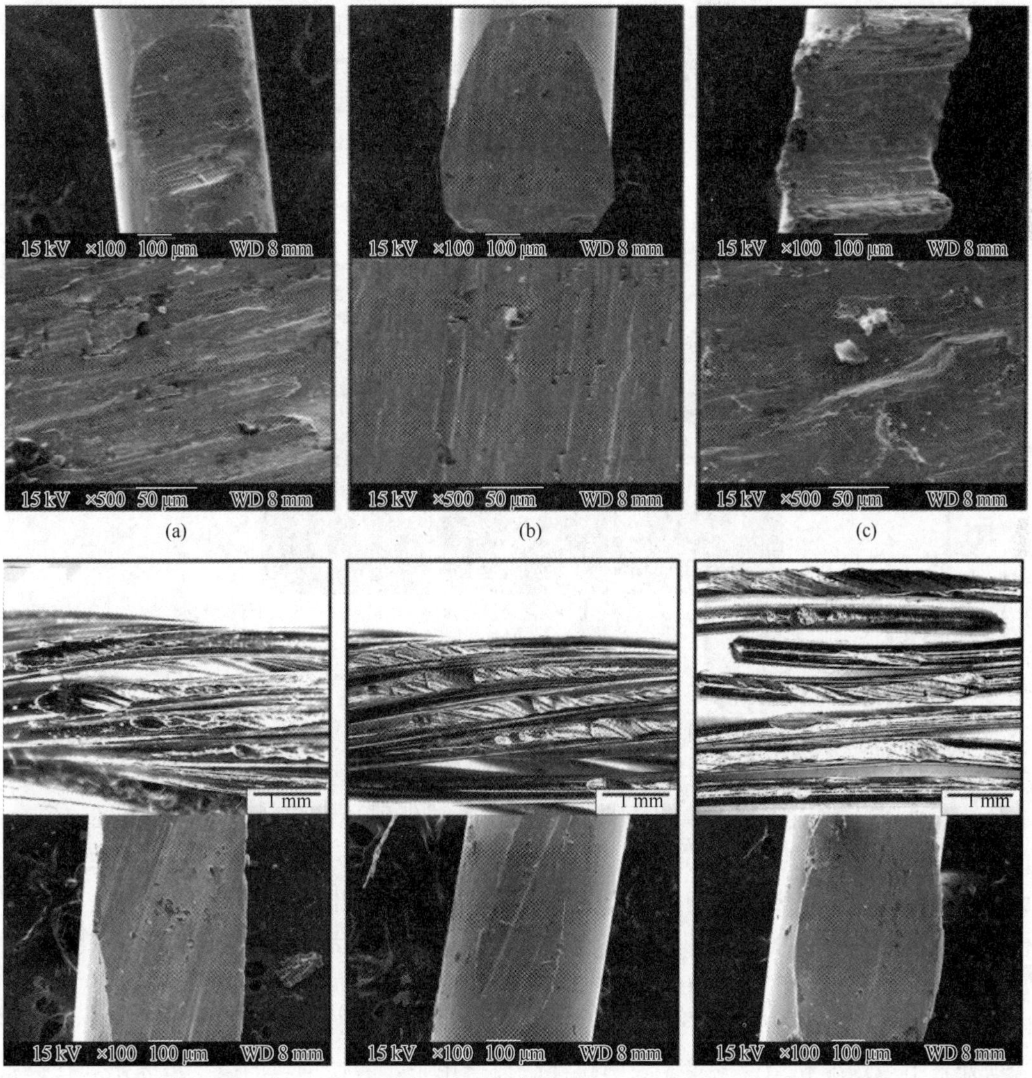

图 6-25　损伤钢丝表面光学显微图和扫描电镜图

(a)～(c)滑动磨损；(d)～(f)表面擦伤

还是凹凸不平、形状不规则，钢丝拉伸断裂位置均出现在磨损区域内，且集中在磨损深度最大的位置。此外，随着拉伸载荷增大，钢丝绳不断伸长，其内部钢丝间和绳股间距离越来越小，直到出现严重挤压接触。钢丝绳表面存在不同磨损，造成钢丝间应力分布不均和伸长变化不同步，导致部分挤压接触的钢丝间和绳股间出现相对运动，并在钢丝表面造成擦伤和塑性变形。表面损伤位置成为拉伸载荷下钢丝绳的危险区域，更容易发生断裂失效。因此，在拉伸载荷下，表面磨损会引发钢丝绳新的表面损伤形式，并进一步降低钢丝绳安全可靠性。

图 6-26 所示为不同磨损钢丝在断裂区域的形貌特征电镜图，发现外层磨损钢丝和未磨损钢丝在断裂处的形貌特征存在明显差异。当钢丝未出现表面磨损时(图 6-26(a))，钢丝在断裂位置处的杯锥状形貌并不完整，出现一半缺失。这是由钢丝受到较大扭转载荷造成的，其剪切力不垂直于钢丝横截面。对于带有不规则磨损表面和相对规则磨损表面的钢丝，断裂位置几乎没有发生塑性变形，且断口边缘比较随机。表明严重磨损钢丝的断裂失效是一个瞬态过程，在破断之前并未出现明显的特征变化。

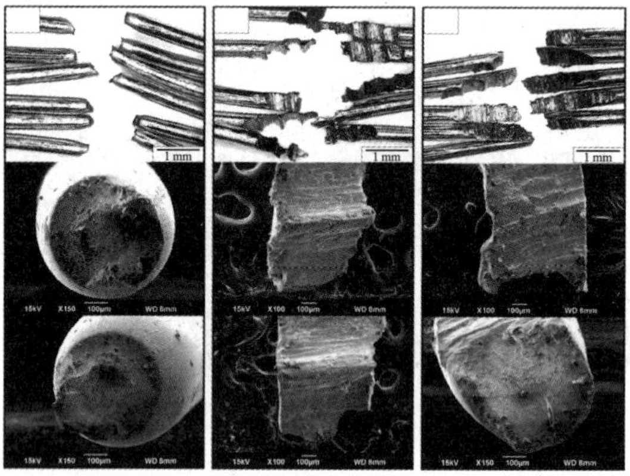

(a) 未磨损表面　(b) 不规则磨损表面　(c) 相对规则磨损表面

图 6-26　断裂钢丝光学显微图和扫描电镜形貌图

图 6-27 所示为不同磨损钢丝的断口形貌电镜图。分析发现，在钢丝表面磨损轻微条件下，钢丝断口表面特征主要分为位于中间位置的纤维区和分布在四周的剪切唇两个部分。在两者均比较完整的情况下，断裂钢丝两端出现杯锥状断口形貌，见图 6-27(a)和(b)。此时，裂纹首先出现在钢丝塑性变形最大的区域，并沿着剪切唇扩展到纤维区，直到完全断裂。通过钢丝断口局部放大图，能够看到表面出现大小不等的韧窝，在拉伸和扭转载荷的共同作用下，韧窝倾斜着分布在断口表面。因此，钢丝绳断裂失效机理主要是韧性断裂。随着钢丝绳表面磨损加剧，钢丝磨损区域扩大，横截面积减小，钢丝断口区域内的纤维区和剪切唇变得不再完整，在钢丝表面磨损区域出现明显缺失，且钢丝磨损处未出现颈缩和塑性变形。表明拉伸载荷作用下，磨损钢丝的裂纹最先出现在磨痕区域内，并由此引发钢丝、绳股断裂失效。此外，在严重磨损钢丝断口处，表面韧窝较小且形状均匀，如图 6-27(f)所示，进一步证明严重磨损钢丝在拉伸载荷下破断失效较快，未发生明显塑性变形。

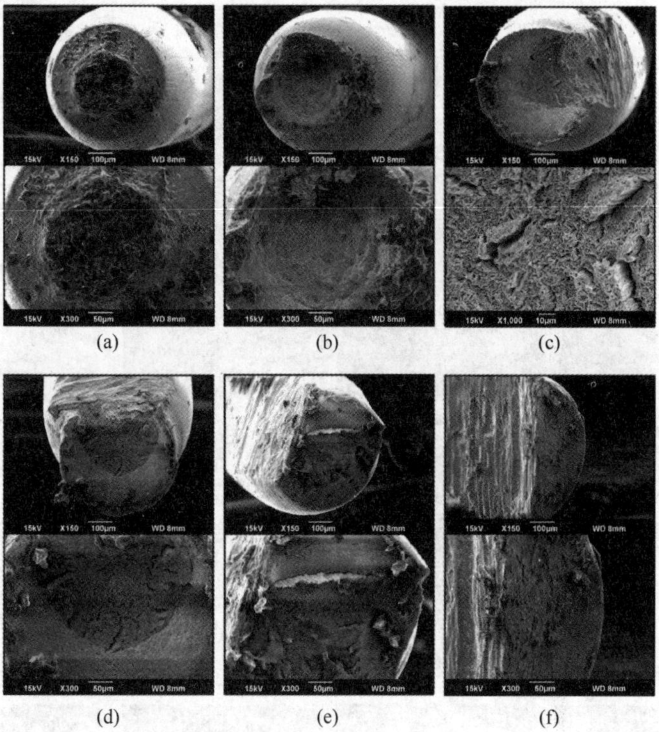

图 6-27　磨损钢丝断口表面扫描电镜形貌图

6.4　磨损钢丝绳可靠性分析

6.4.1　钢丝绳磨损特征尺寸参数

为进一步探究磨损程度对钢丝绳使用性能的影响，掌握钢丝绳剩余寿命随磨损过程的退化规律，开展了不同滑动时间下的钢丝绳摩擦磨损试验，其试验参数如表 6-2 所示。通过控制试验时间和滑动距离，得到带有不同表面磨痕的钢丝绳试样，其表面磨损分布变化规律如图 6-28 所示。随着滑动磨损时间从 2 min 增大到 40 min，钢丝绳表面磨损不断恶化，磨痕变得越来越明显。

表 6-2　不同时间下钢丝绳滑动磨损试验参数

参数	数值
试验时间/min	2；4；6；8；10；12；14；16；18；20； 22；24；26；28；30；32；34；36；38；40
交叉角度/(°)	90
接触载荷/N	100
滑动速度/(mm/s)	12

续表

参数	数值
振幅/mm	20
滑动距离/mm	1440；2880；4320；5760；7200；86400；10080；11520；12960；14400；15840；17280；18720；20160；21600；23040；24480；25920；27360；28800
张紧力/N	1000

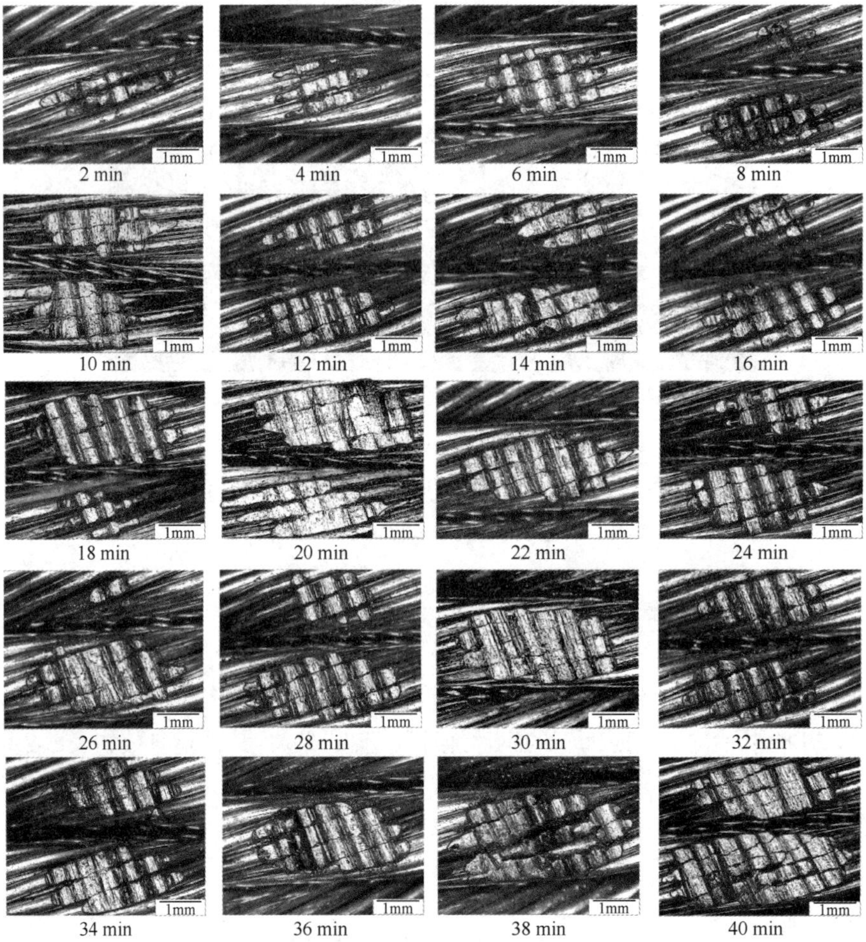

图 6-28　不同试验时间下钢丝绳试样表面磨痕

通过测量不同试验时间下钢丝绳表面磨痕的磨损特征参数，得到钢丝绳磨损量、磨损面积和磨损深度的变化过程曲线，如图 6-29 所示。各磨损特征参数随试验时间的增大整体上呈上升趋势。其中，磨损量从 2.1 mg 增大到 53.2 mg 左右；磨损面积大约从 4.2 mm^2 增大到 21.2 mm^2 左右；磨损深度的变化相对比较平稳，从 0.2 mm 增大到 0.7 mm 左右。通过前面对磨损钢丝绳剩余机械强度的分析发现，钢丝绳表面磨损深度对其剩余使用强度的影响最为明显。

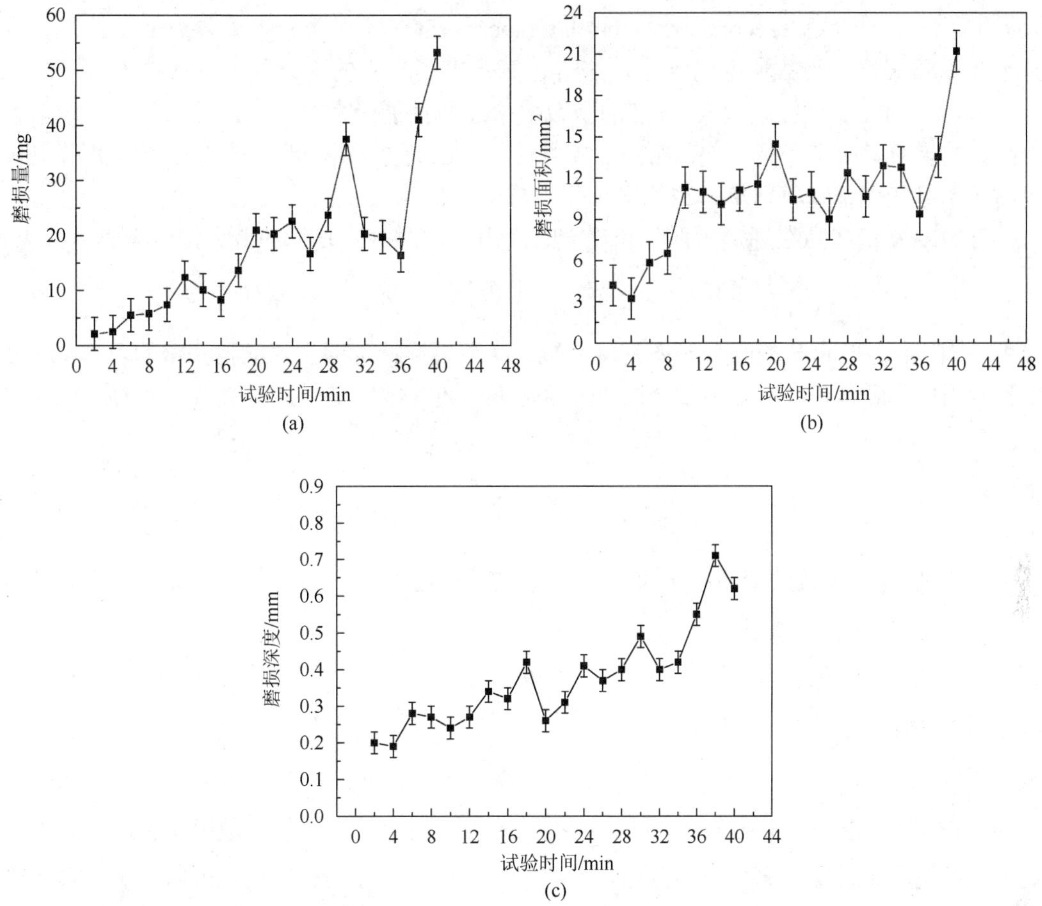

图 6-29　不同试验时间下钢丝绳磨痕特征参数

6.4.2　磨损钢丝绳可靠性分析

1. 可靠性分析的基本概念与假设

可靠性分析属于不确定性量化的数学理论范畴，综合运用统计学、力学等学科知识评估机械产品在规定条件下和规定时间内，完成（或保持）规定功能的能力。目前，根据表征不确实性源的方法，结构可靠性模型可以分为概率模型、非概率模型、混合模型、时变模型、模糊模型等。概率模型中最有效的数值模拟方法是 Monte Carlo 方法，其有很高的计算精度，但需要消耗昂贵的计算资源，很难适用于复杂的工程问题。针对一般 Monte Carlo 方法计算效率低的问题，吕震宙通过改变抽样范围，提出了方向抽样法和重要抽样方，虽然可以提高有限的计算效率，但抽样方法需要建立在大量抽样基础上的本质未曾改变，故通过改进抽样方法试图提高计算效率的空间非常有限。线性逼近方法发展历史悠久，可以解决抽样法效率低的问题，其计算精度也能得到保证，追溯历史，发展而来的线性逼近方法有一次二阶矩（first order second moment，FOSM），FOSM 只考虑了性能函数泰勒级数展开线性项上的平面，未曾考虑性能函数泰勒级数展开二次项上的曲面，鉴于此，有人提出了二次四阶矩（second order fourth moment，SOFM），泰勒级数展开到二次项，会带来计算求解性能函数梯度的困难，这给计算带来了极大的不方便。点估计方法（point estimation method）通过一些特殊点的函数值来近似性能函数的矩，此方法不需要求解性能函数的梯度，应用极其方便。相比抽样方法，矩法通过利用高阶矩来求解可靠度，既能提高效率又能保证计算精度，也能在工程中广泛应用。

可靠度 R 指产品在规定条件下和规定时间内，完成规定功能的概率，数学表达式为

$$R=\int_D f(X)\mathrm{d}X \tag{6-2}$$

式中，$f(X)$ 是变量 X 的联合概率密度函数；D 是根据特定的失效准则获得的可靠域。在工程应用中，很难获取变量的联合概率密度函数，通常做法是引入与失效率相对应的可靠性指标 β，β 的数学表达式为

$$\beta=\frac{\mu_{\mathrm{g}}}{\sigma_{\mathrm{g}}} \tag{6-3}$$

式中，μ_{g} 是性能函数的期望；σ_{g} 是性能函数的标准方差。利用可靠性指标可以直接计算可靠度，其数学表达式为

$$R=\Phi(\beta) \tag{6-4}$$

对应的失效概率为

$$P_{\mathrm{f}}=1-\Phi(\beta) \tag{6-5}$$

式中，$\Phi(\cdot)$ 是标准正态分布函数。可靠性指标的引入是建立在性能函数服从正态分布的前提下，即要求随机变量服从正态分布。当随机变量不服从正态分布时，可以运用等边缘概率变换或者 Rosenblatt 变换等方法把非正态变量转换成当量正态变量。

随机变量的可靠域 D 和性能函数 G 都需要根据特定的失效准则来获得，具体运用哪种失效准则需要结合工况做出判断，有时某种工况会有多种失效准则，这时就需要求出多个可靠域 $D_1,D_2,\cdots,D_k$，或者构造多个性能函数 $G_1,G_2,\cdots,G_k$。常见的机械产品失效准则有应力-强度干涉模型、疲劳强度失效等。

1）应力-强度干涉模型

传统的机械产品设计通过给定大的安全系数来提高产品的可靠性，但未把强度和应力考虑成分布变量，导致按照传统设计方法的安全裕度远小于实际的安全裕度，特别是在应力和强度干涉区内，传统的设计方法劣势更加显著。与传统的设计方法相比，应力-强度干涉模型考虑了随机不确定性因素（图 6-30），加工和装配会导致几何尺寸误差，并进一步造成不同批次材料的离散型和载荷的随机分布。这些不确定性因素会导致机械结构强度和应力的随机性，统计强度和应力的随机性才能确定机械产品的可靠性，提出可靠的设计方案，如图 6-31 所示。应力和强度随机分布的干涉区域对应着机械产品的失效域，当应力和强度干涉区域的面积减少时，机械产品的可靠度会相应地提高。机械产品的可靠性设计，就是通过改善机械结构的几何尺寸来改变机械结构应力和强度的随机分布，减少应力和强度干涉区域的面积，达到提高机械产品可靠性的目的。

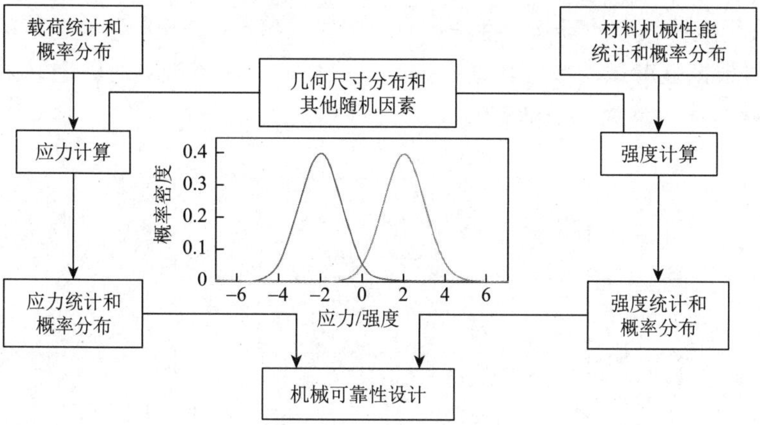

图 6-30　应力-强度干涉模型

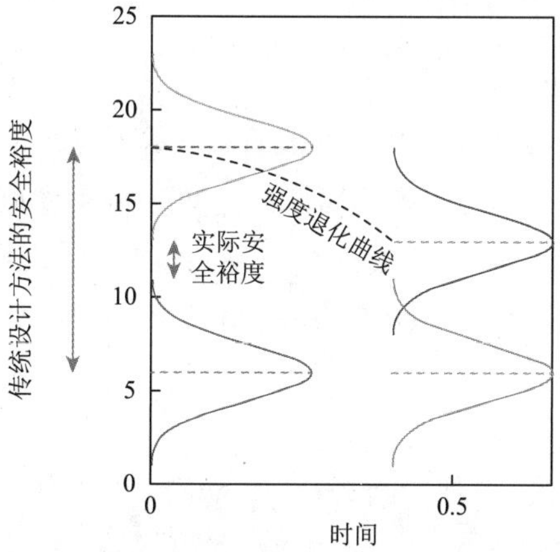

图 6-31　基于应力-强度干涉模型的可靠性设计

2）疲劳强度失效

机械产品在运行的过程中受到循环载荷或交变载荷的作用，导致机械结构疲劳失效。据统计，绝大多数机械产品都是疲劳导致的失效。机械产品疲劳强度失效的可靠性通常可以从 *P-S-N* 曲线和疲劳累积损伤这两个角度去评估。*P-S-N* 曲线又称概率 *S-N* 曲线，概率 *S-N* 曲线是通过试件的疲劳试验得到的，由于材料的离散性，结构尺寸、试验设备、试验环境和操作过程的不确定性，疲劳试验的结果会有随机性，在给定的应力范围内进行同一组疲劳试验，试验的结果也会不一样，所以统计给定应力范围下疲劳寿命 N 的随机性，才能有效评估受疲劳作用的机械产品的可靠性。机械产品的 *P-S-N* 曲线如图 6-32 所示，当概率 *S-N* 曲线向上平移时，对于给定的疲劳寿命，其可靠性会下降。工程设计人员可根据产品的可靠性要求选择相应的概率 *S-N* 曲线进行设计。疲劳累积损伤的常用理论是 Miner 线性累积损伤，但有时试件发生破坏时累积损伤度并不等于 1，这时就需要把疲劳破坏时的损伤度考虑成随机变量，结构的疲劳寿命可以表示为

$$T_{\mathrm{f}}=\frac{\Delta A}{B^{m}\Omega} \tag{6-6}$$

式中，A 反映了疲劳强度的不确定性，是疲劳曲线的参数；B 反映了疲劳载荷计算过程的不确定性，可根据疲劳试验或经验选取；Δ 是损伤度，可以根据经验选取；m 是疲劳曲线的参数；Ω 是应力参数，是确定值。

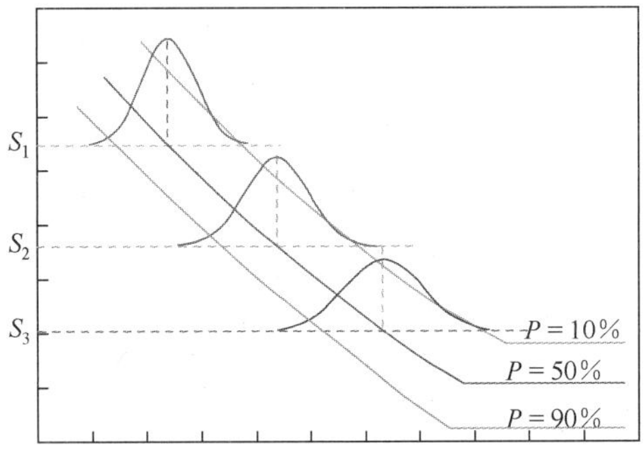

图 6-32　*P-S-N* 曲线

关于运用可靠性指标 β 的前提条件是性能函数服从正态分布的具体证明如下。

假设性能函数服从正态分布，则已知性能函数的概率密度函数，具体表达式为

$$f(y)=\frac{1}{\sqrt{2\pi}\sigma_g}e^{-\frac{(y-\mu_g)^2}{2\sigma_g^2}} \tag{6-7}$$

根据式（6-2），可靠度为

$$R=\int_0^{+\infty}f(y)\mathrm{d}y \tag{6-8}$$

把性能函数转换成标准正态变量，令 $z=\dfrac{y-\mu_g}{\sigma_g}$，则式（6-8）改写为

$$\begin{aligned}R&=\int_{-\frac{\mu_g}{\sigma_g}}^{+\infty}\phi(z)\mathrm{d}z\\&=\Phi\left(\frac{\mu_g}{\sigma_g}\right)\end{aligned} \tag{6-9}$$

式中，$\phi(\cdot)$ 是标准正态分布概率密度函数；$\Phi(\cdot)$ 是标准正态分布函数。即证 $\beta=\dfrac{\mu_g}{\sigma_g}$。

2. 基于 Bootstrap 极小子样退化函数的参数估计

如果一个样本的容量足够大，那么就能精确地得到变量的分布函数，但由于试验对象是昂贵的试验元件，试验周期是漫长的试验过程，进行 n（$n>10$）组试验，财力上和试验周期上都让人难以承受，往往只能做 1 组或 2 组极小子样试验，虚拟增广样本方法可以把试验样本容量 $n=1$ 虚拟增广至 $n=13$。当试验样本容量 $n=1$ 时，只能近似地取 T_0 为均值（T_0 为一次试验所得的样本值），根据均值以及经验估计得到的分布形式和标准差，可以

很容易虚拟增广样本，虚拟增广样本方法要求虚拟增广后的样本均值与试验样本的均值相等，虚拟增广后的样本标准差与经验得到的标准差相等。考虑到 Bootstrap 方法适用于样本容量 $n>10$ 的情况，现将样本虚拟增广至 13。许多文献表明，机械的磨损量可视为正态分布，大多数的磨损量只与磨损量的大小和磨损时间有关。现假定磨损量的变异系数 $C_V=0.005$，根据以下近似公式虚拟增广样本：

$$T_i=T_0\pm\left(0.017\times(i-3)^3+\xi\right)\sigma,\quad i=1,2,\cdots,m/2 \tag{6-10}$$

式中，现已知均值 T_0 和标准差 σ；ξ 为参变量；T_i 为虚拟增广的样本值；m 为虚拟增广的样本数量。根据虚拟增广样本要求，应满足以下方程组：

$$\begin{cases}\dfrac{T_0+\sum\limits_{i=1}^{12}T_i}{13}=T_0\\ \dfrac{\sum\limits_{i=1}^{12}\left(T_0-T_i\right)^2}{13-1}=\sigma^2\end{cases} \tag{6-11}$$

可以求解得 $\xi=0.009236$，故虚拟增广后的样本可表示为

$$T_0\begin{bmatrix}T_0-2.134236\sigma & T_0+2.134236\sigma\\ T_0-1.097236\sigma & T_0+1.097236\sigma\\ T_0-0.468236\sigma & T_0+0.468236\sigma\\ T_0-0.145236\sigma & T_0+0.145236\sigma\\ T_0-0.026236\sigma & T_0+0.026236\sigma\\ T_0-0.009236\sigma & T_0+0.009236\sigma\end{bmatrix}$$

Bootstrap 方法是由美国斯坦福大学统计学教授 Bradley 提出的用于解决极小子样参数评估的方法。Bootstrap 方法又称为自助法，其基本思想就是利用原始样本进行有放回抽样，得到一个随机样本，利用这个随机样本代替原始样本的特性，对参数进行估计。Bootstrap 方法的大致步骤如下。

（1）根据原始样本 $X=\{x_1,x_2,\cdots,x_n\}$ 构造样本的经验累积分布函数 F_n，表示为

$$F_n=\begin{cases}0, & x<x_{(1)}\\ \dfrac{i}{n}, & x_{(i)}\leqslant x<x_{(i+1)}\\ 1, & x\geqslant x_{(n)}\end{cases}$$

式中，$x_{(1)},x_{(2)},\cdots,x_{(n)}$ 是原始样本 X 按从小到大的顺序排列的次序统计量。

（2）根据经验累积分布函数 F_n 用仿真法随机抽取大样本，得到抽样集合 $\left\{X^{(1)},X^{(2)},\cdots,X^{(N)}\right\}$，$N$ 为抽样次数，$X^{(k)}$ 是一个子样，表示为

$$X^{(k)}=\left\{x_1^{(k)},x_2^{(k)},\cdots,x_n^{(k)}\right\},\quad k=1,2,\cdots,N$$

根据分布函数未知参数 θ 的极大似然估计，分别求出每个子样的 θ，最后求出 θ 的均值。

根据实验获取 6×19+FC 钢丝绳横截面积损失量，如表 6-3 所示。

表 6-3 6×19+FC 钢丝绳横截面积损失量

磨损时间/min	横截面积损失量/mm²	磨损时间/min	横截面积损失量/mm²	磨损时间/min	横截面积损失量/mm²
0	0	12	0.251	28	0.441
2	0.141	16	0.291	30	0.457
4	0.152	18	0.306	34	0.574
6	0.199	20	0.334	36	0.681
8	0.224	22	0.379	38	0.812
10	0.237	24	0.425	40	0.991

已知钢丝绳磨损量服从正态分布，先对磨损时间为 2 min 的样本虚拟增广至 13，虚拟增广后的样本如图 6-33 所示。

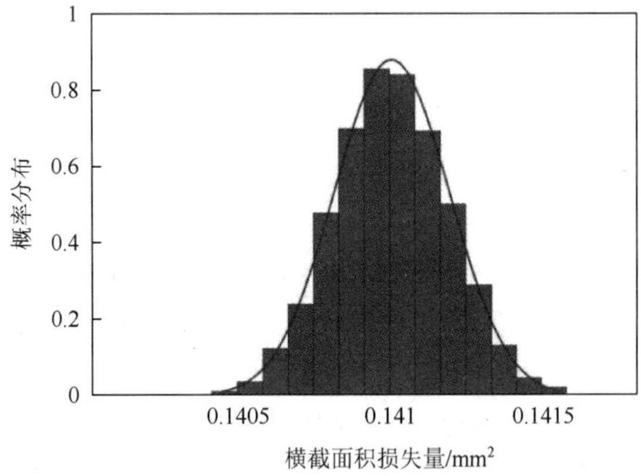

图 6-33 钢丝绳磨损量的虚拟增广样本（磨损时间 2 min）

运用 Bootstrap 方法对均值进行估计，得到在磨损时间 2 min 时的均值为 0.1118，运用相同的方法分别对磨损时间为 4～40 min 的磨损量均值进行估计，运用最小二乘法拟合出均值随时间变化的函数，如图 6-34 所示。

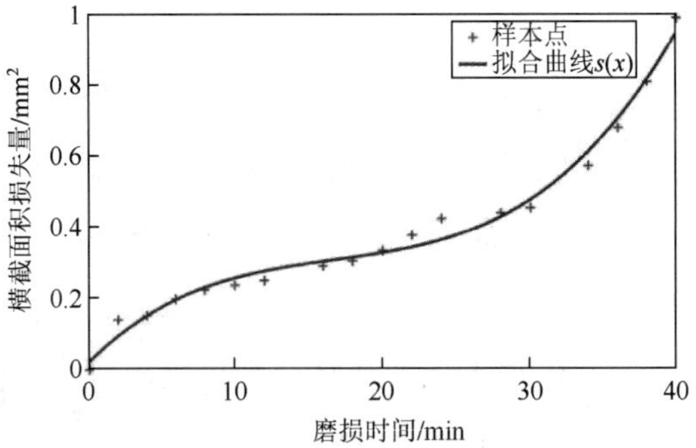

图 6-34 基于横截面积损失量的钢丝绳退化曲线

3. 基于鞍点逼近的钢丝绳可靠性分析

鞍点逼近方法最初是由统计学家 Daniels 提出来的，是获得功能函数概率分布的一个重要工具，基于鞍点逼近方法估计功能函数的概率分布取决于功能函数的累积量母函数，可定义为

$$K_Y(t)=\ln\left(\int_{-\infty}^{+\infty}\mathrm{e}^{ty}f_Y(y)\mathrm{d}y\right) \tag{6-12}$$

式中，$\ln(\cdot)$ 是自然对数；$f_Y(y)$ 是功能函数的概率密度函数。

若基本随机变量 X_i ($i=1,\cdots,N$)的累积量母函数为 $K_{X_i}(t)$（常见分布的累积量母函数如表 6-4 所示），极限状态函数 $Z=g(X)=g(X_1,\cdots,X_N)$，在随机变量均值处的一阶泰勒级数展开式可得 Z 的累积量母函数的估计表达式为

$$K_Z(t)\approx\left[g(\mu)-\sum_{i=1}^{n}\left.\frac{\partial g(X)}{\partial X_i}\right|_{\mu}\right]t+\sum_{i=1}^{n}K_{X_i}\left[\left.\frac{\partial g(X)}{\partial X_i}\right|_{\mu}t\right] \tag{6-13}$$

然后由鞍点逼近理论即可得到，极限状态函数 Z 的概率密度函数为

$$f_Z(y)=\left[\frac{1}{2\pi K_Z''(t_s)}\right]^{1/2}\exp\left[K_Z(t_s)-t_s z\right] \tag{6-14}$$

式中，$K_Z''(\cdot)$ 是式（6-12）所示累积量母函数 $K_Z(\cdot)$ 的二阶导函数；t_s 为鞍点，是式（6-15）的解：

$$K_Z'(t)=z \tag{6-15}$$

其中，$K_Z'(\cdot)$ 是式（6-13）所示累积量母函数的一阶导函数。

表 6-4　常见分布的累积量母函数

分布	概率密度函数	累积量母函数
均匀分布	$f(x)=\frac{1}{b-a}$	$K(t)=\ln(\mathrm{e}^{bt}-\mathrm{e}^{at})-\ln(b-a)-\ln(t)$
正态分布	$f(x)=\frac{1}{\sqrt{2\pi}\sigma}\mathrm{e}^{-\frac{(x-\mu)^2}{2\sigma^2}}$	$K(t)=\mu t+\frac{1}{2}\sigma^2t^2$
指数分布	$f(x)=\frac{1}{\beta}\mathrm{e}^{-\frac{x}{\beta}}$	$K(t)=-\ln(1-\beta t)$
极值分布	$f(x)=\frac{1}{\sigma}\mathrm{e}^{-\frac{x-\mu}{\sigma}}\mathrm{e}^{-\mathrm{e}^{-\frac{x-\mu}{\sigma}}}$	$K(t)=\mu t+\ln\Gamma(1-\sigma t)$
伽马 Γ 分布	$f(x)=\frac{\beta^\alpha}{\Gamma(\alpha)}x^{\alpha-1}\mathrm{e}^{-\beta x}$	$K(t)=\alpha$
χ^2 分布	$f(x)=\frac{1}{\Gamma\left(\frac{n}{2}\right)2^{\frac{n}{2}}}x^{\frac{n}{2-n}}\mathrm{e}^{\frac{1}{2x}}$	$K(t)=-\frac{n}{2}\ln(1-2t)$

极限状态函数 Z 的累积分布函数为

$$F_Z(z)=P\{Z\leqslant z\}=\Phi(w)+\phi(w)\left(\frac{1}{w}-\frac{1}{v}\right) \tag{6-16}$$

式中，$\Phi(\cdot)$和$\phi(\cdot)$分别为标准正态分布函数和标准正态密度函数；w和v可分别由式(6-17)和式（6-18）表示：

$$w=\operatorname{sgn}(t_s)\left\{2[t_s z-\tilde{K}_Z(t_s)]\right\}^{1/2} \tag{6-17}$$

$$v=t_s\left[\tilde{K}_Z''(t_s)\right]^{1/2} \tag{6-18}$$

式（6-17）中，$\operatorname{sgn}(\cdot)=1$，0 或$-1$，取决于括号内的值为正值、负值还是零。

随机响应的失效概率为极限状态函数 $Z\leqslant 0$ 的概率，即

$$P_{\mathrm{f}}=\Pr\{Z\leqslant 0\}=F_Z(0) \tag{6-19}$$

本例以$6\times19+\mathrm{FC}$钢丝绳为例，钢丝绳在提升过程中，受力情况复杂，无法精确计算其所受应力，但可以估计出其主要受拉应力和弯曲应力作用，拉应力是在提升过程中由重物引起的，可表达为

$$\sigma_1=\frac{F\left(1+a_0/g\right)}{\varphi(A-W)} \tag{6-20}$$

式中，F是最大静拉力；a_0是起动、制动时的加（减）速度；g是重力加速度；A是钢丝绳截面积；W是钢丝绳磨损的截面积；φ是充满率，对于 6 股点接触绳，$\varphi=0.47$。钢丝绳缠绕在卷筒上时，受到弯曲应力作用，可表达为

$$\sigma_2=0.4E\delta/D \tag{6-21}$$

式中，E是钢丝绳弹性模量；δ是钢丝直径；D是卷筒直径。故钢丝绳受到的总应力为

$$\sigma=\sigma_1+\sigma_2 \tag{6-22}$$

根据应力-强度干涉模型，建立钢丝绳的功能函数，其表达为

$$G(X)=r-\sigma \tag{6-23}$$

钢丝绳功能函数各变量参数如表 6-5 所示。

表 6-5 钢丝绳各变量统计特征

变量	符号	均值	变异系数
X_1	F	49900 N	0.1
X_2	a_0	$0.5\ \mathrm{m/s^2}$	0.1
X_3	A	$32.216\mathrm{mm}^2$	0.005
X_4	L	2.4×10^{-4}	0.006
X_5	E	1.95×10^{3}	0.08
X_6	W	$0.0000403503t^3-0.00202701t^2+0.0397078t+0.0227801$	0.005
X_7	r	1550	0.08

根据鞍点逼近方法可得钢丝绳可靠性曲线如图 6-35 所示。

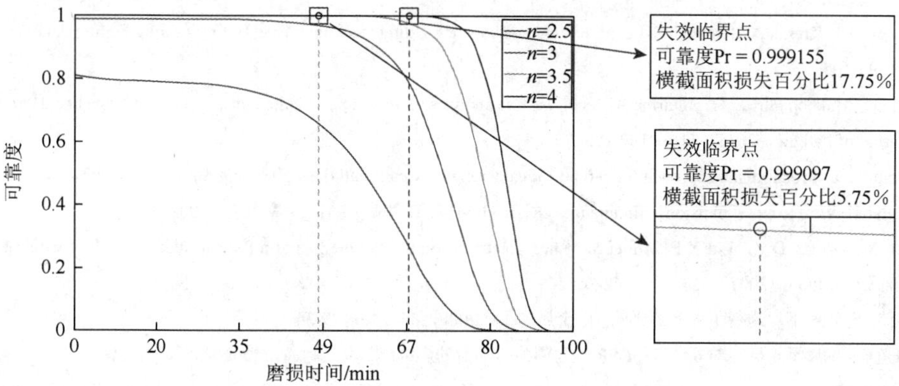

图 6-35　钢丝绳可靠性曲线（彩图见二维码）

参 考 文 献

[1] Cappa P. An experimental study of wire strains in an undamaged and damaged steel strand subjected to tensile load[J]. Experimental Mechanics，1988，28（4）：346-349.

[2] Phillips J W，Costello G A. Analysis of wire ropes with internal-wire-rope cores[J]. Journal of Applied Mechanics，1985，52（3）：510-516.

[3] Ru Y，Yong H，Zhou Y. Contact force and mechanical loss of multistage cable under tension and bending[J]. Acta Mechanica Sinica，2016，32（5）：891-904.

[4] Onur Y A. Experimental and theoretical investigation of prestressing steel strand subjected to tensile load[J]. International Journal of Mechanical Sciences，2016，118：91-100.

[5] Xiang L，Wang H Y，Chen Y，et al. Modeling of multi-strand wire ropes subjected to axial tension and torsion loads[J]. International Journal of Solids and Structures，2015，58：233-246.

[6] Páczelt I，Beleznai R. Nonlinear contact-theory for analysis of wire rope strand using high-order approximation in the FEM[J]. Computers & Structures，2011，89（11/12）：1004-1025.

[7] Gabriel K. On the fatigue strength of wires in spiral ropes[J]. Journal of Energy Resources Technology，1985，107（1）：107-112.

[8] Kaczmarczyk S，Ostachowicz W. Transient vibration phenomena in deep mine hoisting cables. Part 1：Mathematical model[J]. Journal of Sound and Vibration，2003，262（2）：219-244.

[9] Kaczmarczyk S，Ostachowicz W. Transient vibration phenomena in deep mine hoisting cables. Part 2：Numerical simulation of the dynamic response[J]. Journal of Sound and Vibration，2003，262（2）：245-289.

[10] Matejić M，Blagojević M，Marjanović V，et al. Tribological aspects of the process of winding the steel rope around the winch drum[J]. Tribology in Industry，2014，36（1）：90-96.

[11] Chaplin C R. Failure mechanisms in wire ropes[J]. Engineering Failure Analysis，1995，2（1）：45-57.

[12] Schrems K，Maclaren D. Failure analysis of a mine hoist rope[J]. Engineering Failure Analysis，1997，4（1）：25-38.

[13] Torkar M，Arzenšek B. Failure of crane wire rope[J]. Engineering Failure Analysis，2002，9（2）：227-233.

[14] Piskoty G，Zgraggen M，Weisse B，et al. Structural failures of rope-based systems[J]. Engineering Failure Analysis，2009，16（6）：1929-1939.

[15] Rebel G，Verreet R，Schmitz B. Degradation mechanism of wire ropes operating on multi-layer crane and mine hoisting drums[C]. OIPEEC Conference，College Station，2011.

[16] Singh R P，Mallick M，Verma M K，et al. Studies on metallurgical properties of wire rope for safe operation in mines[J]. Journal of Mines，Metals & Fuels，2011，59（8）：224-229.

[17] Peterka P，Krešák J，Kropuch S，et al. Failure analysis of hoisting steel wire rope[J]. Engineering Failure Analysis，2014，45：96-105.

[18] Pal U，Mukhopadhyay G，Sharma A，et al. Failure analysis of wire rope of ladle crane in steel making shop[J]. International Journal of Fatigue，2018，116：149-155.

[19] Cremona C. Probabilistic approach for cable residual strength assessment[J]. Engineering Structures，2003，25（3）：377-384.

[20] Feyrer K. Wire Ropes：Tension，Endurance，Reliability[M]. Berlin：Springer-Verlag，2007.

[21] Yan X J，Yang D Z，Liu X P. Influence of heat treatment on the fatigue life of a laser-welded NiTi alloy wire[J]. Materials Characterization，2007，58（3）：262-266.

[22] 李伟. 滑轮对钢丝绳使用寿命的影响[J]. 金属制品，2008，34（4）：29-34.

[23] 马光全. 钢质滑轮硬度对 6×19W+IWR 钢丝绳疲劳寿命的影响[J]. 金属制品，2009，35（3）：50-52.

[24] Schrems K K. Wear-related fatigue in a wire rope failure[J]. Journal of Testing and Evaluation，1994，22（5）：490-499.

[25] Argatov I I，Gómez X，Tato W，et al. Wear evolution in a stranded rope under cyclic bending：Implications to fatigue life estimation[J]. Wear，2011，271（11/12）：2857-2867.

[26] Wang D G，Zhang D K，Ge S R. Finite element analysis of fretting fatigue behavior of steel wires and crack initiation characteristics[J]. Engineering Failure Analysis，2013，28：47-62.

[27] Wang D G，Zhang D K，Wang S Q，et al. Finite element analysis of hoisting rope and fretting wear evolution and fatigue life estimation of steel wires[J]. Engineering Failure Analysis，2013，27：173-193.

[28] 于克勇，徐文晋. 电梯曳引钢丝绳疲劳寿命研究[J]. 金属制品，2014，40（4）：59-66.

[29] 田庄强，安志勇. 电梯用钢丝绳疲劳寿命试验受力分析[J]. 天津冶金，2017，（3）：16-19.

[30] 高正凯. 电梯用钢丝绳润滑与维护[J]. 金属制品，2018，44（4）：42-45.

[31] 贾社民，张平萍，张德英，等. 钢丝绳使用寿命与安全评估[J]. 煤矿安全，2015，46（1）：85-93.

[32] Chang X D，Peng Y X，Zhu Z C，et al. Experimental investigation of mechanical response and fracture failure behavior of wire rope with different given surface wear[J]. Tribology International，2018，119：208-221.

[33] Chang X D，Peng Y X，Zhu Z C，et al. Effect of wear scar characteristics on the bearing capacity and fracture failure behavior of winding hoist wire rope[J]. Tribology International，2019，130：270-283.

[34] Chang X D，Peng Y X，Zhu Z C，et al. Breaking failure analysis and finite element simulation of wear-out winding hoist wire rope[J]. Engineering Failure Analysis，2019，95：1-17.

[35] Chang X D，Huang H B，Peng Y X，et al. Friction，wear and residual strength properties of steel wire rope with different corrosion types[J]. Wear，2020，458-459：203425.

第 7 章　基于双级永磁励磁的钢丝绳无损检测装置及方法

7.1　概　　述

钢丝绳断裂引发事故一般都会带来人员死亡，这主要与钢丝绳使用的特种行业有关。钢丝绳一般用于大吨位物体的起吊、牵引，一旦断绳滑落，具有极大的冲击破坏力，容易造成人员伤亡和财产损失；事故具有普遍性，发生的事故不仅涉及建筑行业塔吊、升降机等设备，还涉及煤矿、工厂、缆车、港口等领域，某些行业还属于技术密集型行业，或者国家重点监察安全生产的领域，但事故仍然时有发生。究其原因在于钢丝绳结构复杂，其缺陷表现也极其复杂，目前监测手段仍具有一定的局限性。国内外对于钢丝绳损伤检测虽然已有 100 多年历史，并且市场上成熟的无损检测产品众多，但仍未能对钢丝绳损伤情况做出准确可靠的识别，因此不能对钢丝绳的寿命做出准确估计。准确识别钢丝绳损伤情况并预测钢丝绳服役寿命，可以提高钢丝绳合理服役期限，一定程度上能够减少资源浪费，符合国家节约资源的号召并能减少企业生产成本，同时降低安全事故发生的概率。综上所述，能够准确检测识别钢丝绳损伤发生情况，预测钢丝绳寿命具有十分重要的经济效益和社会效益。

钢丝绳无损检测包括三方面的内容：检测截面损失（loss of metallic area，LMA），即大面积的磨损、锈蚀和钢丝绳绳径缩细等；检测局部损伤（local flaw，LF），如断丝、锈蚀等；检测结构缺陷（structure fault，SF），即正常结构的畸变，如松丝、变形和机械损伤等[1]。在钢丝绳无损检测发展过程中，由于借鉴了许多应用于其他领域的检测技术，其检测手段有十几种之多，其中具有代表性的有电磁法、声发射-超声波法、电涡流法、电流法、射线法和光学法。在以上诸方法中，电磁法因为具有成本低、易于实现等优点长期以来受到人们的重视，是目前技术最成熟、判伤结果最可靠的钢丝绳无损检测方法；其他方法或因检测信号易受干扰，检测结果难以记录，或因设备费用太高，检测局限性太大，均未得到推广。根据传感器的不同，电磁法可分为感应线圈检测法、霍尔元件检测法、磁通门检测法及磁致伸缩检测法。

1. *感应线圈检测法*[2]

永磁体将钢丝绳的被测区域沿轴向磁化至饱和，通过测量钢丝绳的轴向主磁通，可以定量检测钢丝绳的截面损失，通过测量钢丝绳表面的漏磁可识别局部损伤。感应线圈检测法最大的缺点是传感器的输出与检测速度有关，检测速度不均匀时传感器输出信号产生畸变，极低速时无输出。同时，速度不均匀会造成检测信号在时间轴上的压缩或拉伸，不利于后续信号处理，因此需将等时采样信号转换成等空间采样信号以消除速度影响。为了提高检测精度，线圈传感器要求稳定的检测速度。

由于成本低、易实现等优点，线圈检测法已获得广泛的应用。1906 年出现的第一台钢丝绳探伤仪采用了交流励磁的感应线圈传感器，励磁方式也从交流励磁、直流励磁发展为当前大量采用的永久励磁方式且技术日趋成熟。在 Wörnle 和 Müllur 发明了分体式差动线圈可方便地将线圈绕在钢丝绳上后，感应线圈传感器得到了广泛的推广。美国 NDT Technology 的钢丝绳探伤仪和哈尔滨工业大学的 GST 系列钢丝绳探伤仪均采用感应线圈传感器，可定性检测局部损伤，定量检测截面损失的精度为 0.1%，其中，NDT Technology 各系列探头可分辨长度超过 50 mm 的截面损失，GST-III 钢丝绳探伤仪对局部损伤定性检测的准判率为 95%，定量检测的准判率为 85%，截面损失的检测精度为 0.1%；波兰的 Zawada NDT 采用感应线圈和霍尔元件相结合的混合传感器，线圈传感器检测截面损失的精度可达 0.05%，可分辨的截面损失的最小长度为 30～50 mm[3, 4]。线圈传感器由于精度低在局部损伤的检测中逐渐被淘汰，现在已趋于用霍尔元件来代替。

2. 霍尔元件检测法[5-7]

目前，钢丝绳缺陷漏磁场的检测趋于采用线性霍尔元件来实现，霍尔元件的最大优点是输出信号不受速度影响，从而弥补了线圈传感器的不足，同时霍尔元件体积小，对小间隙的空间磁场测量有很大的优越性。

霍尔元件传感器检测法原理为置于钢丝绳表面附近的霍尔元件感应钢丝绳表面的漏磁场，将磁场信号转化为与磁场强度相关的电信号，通过分析该信号从而确定钢丝绳局部损伤。然而单纯的霍尔元件测磁灵敏度较低(约为 12 mV/(mA·T))，温漂大，制成的传感器电路结构复杂且不可靠。集成霍尔元件的出现解决了这个问题，目前 Allegro 公司生产的集成霍尔元件 A1321 线性灵敏度可达 5V/(mA·T)。霍尔元件的输出虽与检测速度无关，但检测速度不稳定时也不能避免信号在时间轴上的拉伸和压缩，故应采用等空间采样。

国外对霍尔元件传感器的研究和实践包括：Zawada 公司的霍尔元件探头能准确无误地检测所有严重缺陷，并确定缺陷的位置和深度，检测局部损伤的精度为钢丝绳横截面积的 0.2%[8]；南非 AATS 公司的 AATS Model 817、俄罗斯 Intron Plus Ltd.的 MH&F 系列均采用了霍尔元件传感器，后者检测断丝的灵敏度为横截面积的 0.5%～1%，截面损失的检测精度为 1%～2%，可分辨长度在 250～500 mm 以上的截面损失；Zawada 公司和 Intron Plus Ltd.的探伤仪可检测不同尺寸的扁平钢丝绳[3]；德国斯图加特大学于 1999 年设计了一种霍尔阵列传感器，检测到信号由传统的一维信号变为包含更多缺陷信息的二维信号，用图解法分析该信号可以清晰地描述钢丝绳轴向和周向的磁场形态[9]，可作为检测钢丝绳周向分散损伤的依据。

国内对霍尔元件检测法的研究和应用包括：华中科技大学的康宜华等用硅钢片模拟有缺陷的钢丝绳，采用霍尔元件传感器，深入地研究了漏磁场与裂纹深度、漏磁场与裂纹宽度以及漏磁场与裂纹埋藏深度之间的定量关系，实验结果表明，裂纹的实际尺寸和检测结果之间的相对误差小于±4%[7]；华中科技大学的武新军等采用霍尔传感器开发了可检测断丝与磨损的探伤设备，对大直径钢丝绳的断丝定量检测准判率大于 70%，对磨损量的定量检测精度可达到 0.05%[8]。

3. 磁通门检测法[10-12]

磁通门器件具有很高的测磁灵敏度和定向性，可以静态地检测磁场，对局部损伤的检测效果优于线圈传感器。磁通门检测法利用磁芯材料磁导率在交变磁场的饱和激励下，由于钢丝绳缺陷漏磁场的影响而使线圈感应的电压发生“非对称性”变化来检测漏磁场。目前，用于钢丝绳检测的磁通门传感器多为单磁芯单绕组磁通门，在传感器内壁沿钢丝绳周向均匀布置这种单磁芯单绕组的检测回路就构成了磁通门探头。对钢丝绳进行励磁，根据每个检测回路的输出即可获取钢丝绳表面被检测区域的磁场信息。在轴向上，每路以一个股距间隔反向串联两个磁通门，通过差动式连接可方便地消除股波对信号的影响，并有效抑制检测中的各种共模干扰[12]。与线圈检测法相比，磁通门检测法的优越性在于：线圈传感器对极小的 GAP 只能检测到漏磁场的平均值，因此无法判定其真实的属性；而磁通门检测法在理论上可以检测到 GAP 周围磁感应强度的近似值，有利于缺陷尺寸的测量。缺点是磁通门检测法需要外加交流激励，运算比较烦琐，而且运算过程中存在系统误差。

使用磁通门传感器的仪器有加拿大 Rotesco 的 Rotescograph 2D 和 2C-TAG88M，该传感器对局部损伤的检测精度为截面积的 0.05%，对截面损失的检测精度为 0.1%，可分辨的截面损失的最小长度为 250～530 mm[9]。国内在这方面的研究主要包括：上海海事大学的应力等[10]基于该方法，设计了基于单磁芯单绕组磁通门的钢丝绳无损检测传感器探头，获得了清晰易辨的漏磁场信号，建立了基于磁通门传感器的钢丝绳损伤信号的数学模型，同时分析了单磁芯单绕组磁通门的灵敏度和抗干扰性，通过实验得出磁通门传感器能可靠地检测钢丝绳局部损伤和截面损失。

4. 磁致伸缩检测法

磁致伸缩检测法克服了传统方法钢丝绳必须穿过传感器的缺点，可实现钢丝绳全过程检测[13, 14]。磁致伸缩检测法的依据为，铁磁材料棒在外磁场的作用下会沿磁力线方向产生伸长或缩短（磁致伸缩效应）；反之，当极化了的铁磁棒发生形变时，在棒内会引起磁场强度的变化（逆磁致伸缩效应）。脉冲发生器产生的信号经功率放大后由激励线圈对钢丝绳施加瞬间的激励磁场，钢丝绳中产生的机械波将沿其轴向传播，如有缺陷，机械波反射回来，由于逆磁致伸缩效应，接收线圈感生电压信号，通过分析该信号可判别被测钢丝绳的损伤状况。

磁致伸缩检测法能实现大范围、非接触的快速检测，可有效探测被覆盖或深埋的钢铁构件，检测时间短、效率高。然而存在的问题是磁致伸缩效应产生的信号频带很宽，要完整地采集信号各频段的信息有难度。该方法目前还处于理论研究和传感器的研究与试验阶段，华中科技大学设计了可用于磁致伸缩无损检测传感器的大电流功率放大器[15]；北京理工大学研制了一种磁致伸缩式超声波激发/接收传感器，并通过实验验证了传感器的可靠性，该传感器已用于材料弹性模量的测量研究[16]，但目前还没有可用于钢丝绳无损检测的产品出现。

5. 其他方法[17]

河南洛阳涧西矿冶机电研究所窦毓棠等自行研制了一种静态感应线圈传感器并在此基础上开发了 TCK 型钢丝绳探伤仪，探头的灵敏度高达 50V/(mA·T)，因此可采用剩磁检测，即检测前对钢丝绳直流励磁，检测时则无须励磁至饱和。探头的设计消除了振动、晃动及股波的影响，检测信号与检测速度无关，对单项缺陷的检测精度大于 95%，混合缺陷大于 90%，在实际中对直径为 125 mm 的大桥斜拉钢缆进行检测取得了较好的效果[17]。

通过以上分析可知，国内外学者对钢丝绳无损检测设备及方法开展了大量试验研究，并取得了一定的成果。但相关领域的研究尚存在如下问题。

（1）检测工况单一：现有研究多基于实验室中稳定工况，在较少外界干扰因素环境下开展钢丝绳无损检测研究，未考虑实际工况中矿井提升钢丝绳在高速、振动情况下对检测结果的影响，检测结果偏向理论性，对实际应用指导较少。

（2）仪器结构单一：目前市面已有产品以及实验室中用于钢丝绳无损检测的仪器均采用单级励磁区间的设计，由此产生的漏磁场信号单一，只能通过后期软件算法降低噪声信号以及判断有效损伤信号，容易造成误判以及检测精度不高等情况。

（3）检测结果单一：绝大多数探伤仪仅给出 LMA 和 LF 曲线，结合辅助的判别方法初步给出断丝根数，结果缺乏说服力；不能给出钢丝绳损伤的类别，而且通用性较差。一种解决方法为先对钢丝绳进行损伤类别的估计，在区分损伤类别后分别进行定量信息检测统计。

为此，本章主要设计了一种具有新型励磁结构的钢丝绳无损检测装置，实现一定程度上识别钢丝绳断丝损伤，为钢丝绳损伤定量识别提供有效数据支撑，最终为实现钢丝绳寿命准确预测提供帮助[18]。首先讨论了钢丝绳不同损伤特征参数及无损检测装置参数对漏磁场信号的影响。然后设计了双级永磁励磁结构，进而实现损伤信号采集。随后，基于该装置提出了一种双级信号偏移叠加降噪方法，从而得到更加准确可靠的钢丝绳漏磁场信号。最后，通过对不同损伤程度的钢丝绳进行无损检测，验证了基于该结构的钢丝绳无损检测装置检测能力。

7.2　钢丝绳局部缺陷漏磁场检测原理

钢丝绳采用具有高磁导率的碳素钢作为材料。检测时，采用励磁源对钢丝绳进行励磁，钢丝绳在外部磁场作用下被磁化。磁感线在材质连续、均匀且表面无损伤的材料内部通过，材料表面不存在磁感线泄漏。但当被测材料产生损伤时，如蚀坑、磨损等，其受损处磁阻将增大，磁通减小，造成被测材料内部磁感线发生变形、扭曲。虽然材料内部仍有大部分磁感线通过，但一小部分磁感线将穿过损伤表面，泄漏到空气中进行传播。这样，在表面损伤处泄漏出的磁场，即为漏磁场。通过检测材料表面漏磁场强度变化，即可反映损伤严重程度和发生位置。如图 7-1 所示。

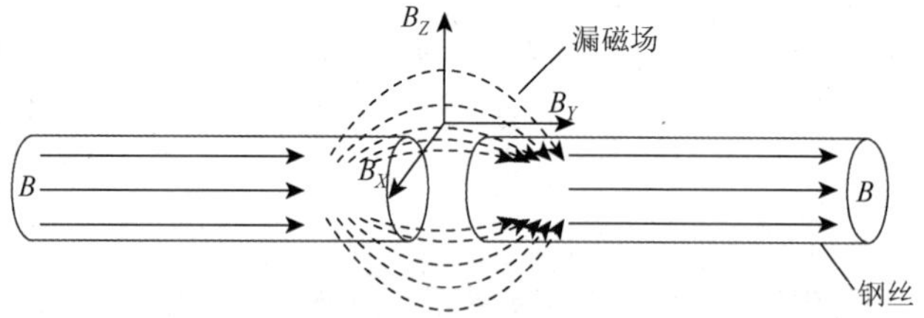

图 7-1　钢丝绳损伤漏磁场示意图

断丝漏磁场通常被分解为轴向分量和径向分量两部分，图 7-2(a)所示为断丝漏磁场 Y 方向分量波形，图 7-2(b)所示为断丝漏磁场 Z 方向分量波形。轴向分量曲线关于对称轴左右对称呈轴对称分布，径向分量曲线相对断口中心呈中心对称分布。

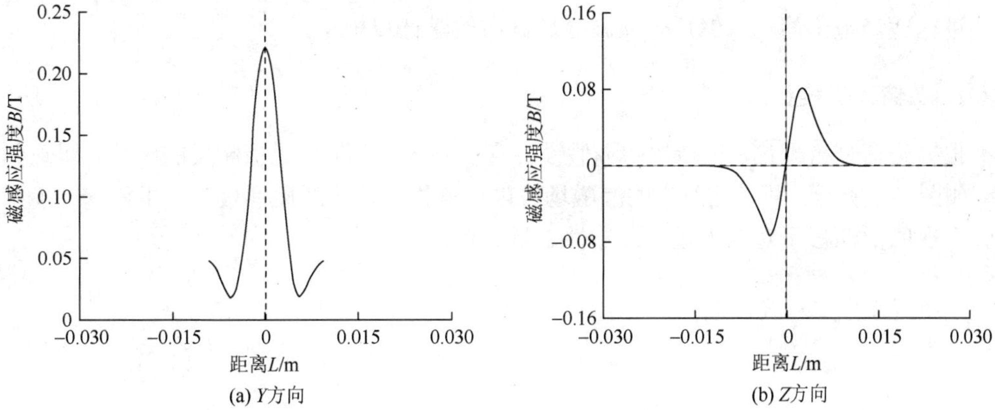

图 7-2　漏磁场信号分量波形图

钢丝绳漏磁场检测装置主要由两部分组成：永磁励磁器与漏磁场检测元件，如图 7-3 所示，其中永磁励磁器部分包括励磁源、磁靴等。永磁励磁器、钢丝绳以及两者间气隙共同形成磁通路，并且在钢丝绳表面轴向设置漏磁场检测元件进行漏磁场信号检测。

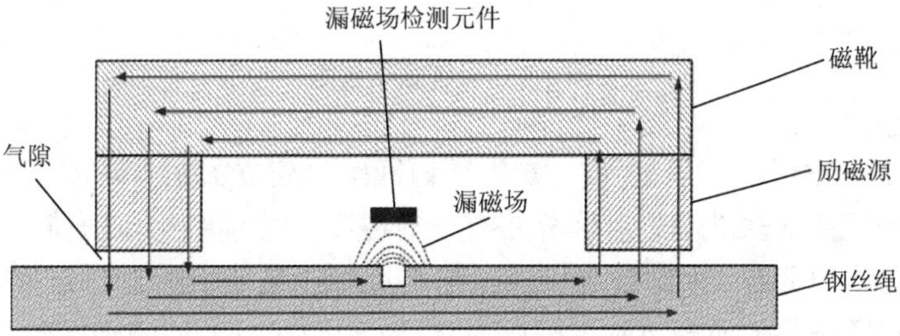

图 7-3　漏磁场检测装置结构图

通过设计能够检测漏磁场信号的装置，实现磁-电信号转换，获得损伤信号。下一步需要解决的问题就是分析已知损伤信号后反演出钢丝绳损伤状况，包括断丝数量、位置等。

7.3　钢丝绳损伤漏磁场建模仿真分析

钢丝绳漏磁场检测的最终目的是对损伤信号进行反演。若对损伤情况进行精确反演判断，则需要清楚缺陷特征以及装置参数对漏磁场信号检测的影响。对于钢丝绳漏磁场检测，可以通过对损伤漏磁场进行建模仿真来分析缺陷信号形式。

7.3.1 钢丝绳损伤磁偶极子模型

钢丝绳自身结构具有复杂性，实际产生的断丝漏磁场也非常复杂，因此应先对断丝漏磁场进行适当理论简化，然后建立漏磁场分布数学计算模型。

1. 点偶极子模型

根据磁荷分析理论，在断丝两端假设各存在一大小相同、磁极相反的磁荷，即磁偶极子，如图 7-4 所示。断口处产生的漏磁场可以近似为由这一对磁偶极子产生，下一步可由假设存在的磁偶极子对漏磁场进行定性定量分析。

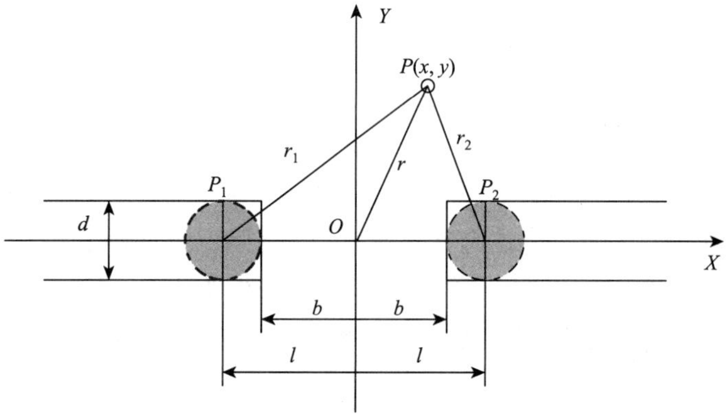

图 7-4　点偶极子模型

模型中设 d 为钢丝绳钢丝直径，$2b$ 为断口间距，建立如图 7-4 所示的平面坐标系，假设在 Y 轴两侧距离 Y 轴为 l 且对称分布有一对磁荷，分别带有点磁荷 $-Q$ 和 Q。由于断丝漏磁场沿周向均匀分布，因此仅分析漏磁场在过轴线某一平面上的分布情况即可。根据磁荷分析理论与磁场叠加原理可知，平面内任意点 P（x，y）处的磁感应强度可以等效为一对磁荷在该点处产生磁场的矢量和。可令磁感应强度 B_1 为磁荷 P_1 在 P 处产生，则根据磁偶极子方程：

$$B = B_1 + B_2 = \frac{-\sigma}{4\pi\mu_0 r_1^3} r_1 + \frac{\sigma}{4\pi\mu_0 r_2^3} r_2 \tag{7-1}$$

磁感应强度 B_1 如式（7-2）所示，其中真空磁导率 $\mu_0=4\pi\times10^{-7}$H/m：

$$B_1 = \frac{-Q}{4\pi\mu_0 r_1^3} r_1 = \frac{Q}{4\pi\mu_0} \cdot \frac{(x+l)i + yj}{[(x+l)^2 + y^2]^{3/2}} = B_{x1} i + B_{y1} j \tag{7-2}$$

$$B_{x1} = \frac{Q}{4\pi\mu_0} \cdot \frac{x+l}{[(x+l)^2 + y^2]^{3/2}} \tag{7-3}$$

$$B_{y1} = \frac{Q}{4\pi\mu_0} \cdot \frac{y}{[(x+l)^2 + y^2]^{3/2}} \tag{7-4}$$

式中，B_{x1} 为 B_1 的 X 轴分量；B_{y1} 为 B_1 的 Y 轴分量。

同理可得，点磁荷 P_2 在 P 处产生的磁感应强度 B_2 为

$$B_2=\frac{Q}{4\pi\mu_0 r_2^3}r_2=-\frac{Q}{4\pi\mu_0}\cdot\frac{(x-l)i+yj}{[(x-l)^2+y^2]^{3/2}}=B_{x2}i+B_{y2}j \tag{7-5}$$

$$B_{x2}=-\frac{Q}{4\pi\mu_0}\cdot\frac{x-l}{[(x-l)^2+y^2]^{3/2}} \tag{7-6}$$

$$B_{y2}=-\frac{Q}{4\pi\mu_0}\cdot\frac{y}{[(x-l)^2+y^2]^{3/2}} \tag{7-7}$$

式中，B_{x2} 为 B_2 的 X 轴分量；B_{y2} 为 B_2 的 Y 轴分量。

因此，P（x，y）处磁感应强度 B_p 为

$$B_p=B_1+B_2 \tag{7-8}$$

$$B_{xp}=B_{x1}+B_{x2}=\frac{Q}{4\pi\mu_0}\left\{\frac{x+l}{[(x+l)^2+y^2]^{3/2}}-\frac{x-l}{[(x-l)^2+y^2]^{3/2}}\right\} \tag{7-9}$$

$$B_{yp}=B_{y1}+B_{xy2}=\frac{Q}{4\pi\mu_0}\left\{\frac{y}{[(x+l)^2+y^2]^{3/2}}-\frac{y}{[(x-l)^2+y^2]^{3/2}}\right\} \tag{7-10}$$

式中，B_{xp} 为 B_p 的 X 轴分量；B_{yp} 为 B_p 的 Y 轴分量。

由式（7-9）、式（7-10）可知，P 点处磁感应强度 B_p 与 Q、l 有关，而 Q、l 是与钢丝绳钢丝直径 d、断口间距 $2b$ 有关的参数。Q 与钢丝绳磁感应强度 B_0 及磁荷直径 d_0 有关，在该模型中可认为 d_0 与 d 数值相等，则有

$$Q=\frac{1}{4}\pi B_0\cdot d_0^2=\frac{1}{4}\pi B_0\cdot d^2 \tag{7-11}$$

因此，若断丝情况已知，可以通过式（7-9）、式（7-10）对简化后的磁偶极子模型进行轴向与径向漏磁场分布情况分析。

2. 带偶极子模型

根据磁荷分析理论，在磨损缺陷两端两平面均布磁荷，即带磁偶极子，如图 7-5 所示。缺陷处产生的漏磁场可以近似为由这一对平面处均布磁荷产生，下一步可由假设存在的磁偶极子对漏磁场进行定性定量分析。

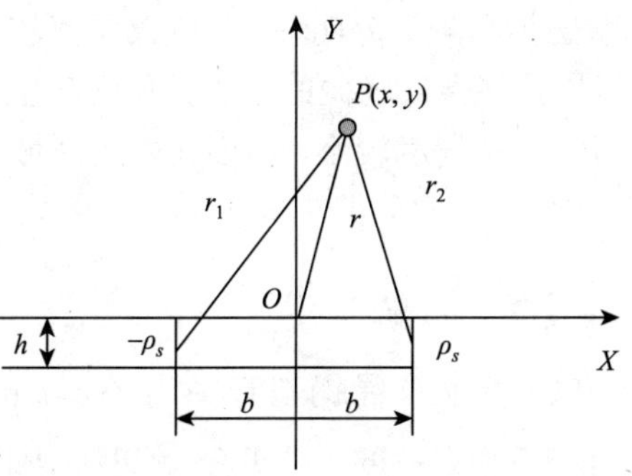

图 7-5　带偶极子模型

假设磁荷面密度为 ρ_s，两载荷带磁荷间距为 $2b$，缺陷深度为 h，带偶极子在 P 点处产生的磁感应强度 B_p 的 X、Y 轴分量如式（7-12）、式（7-13）所示。

$$B_{xp}=\frac{\rho_s}{2\pi\mu_0}\left[\arctan\frac{h(x+b)}{(x+b)^2+y(y+b)}-\arctan\frac{h(x-b)}{(x-b)^2+y(y+b)}\right] \tag{7-12}$$

$$B_{yp}=\frac{\rho_s}{2\pi\mu_0}\ln\frac{\left[(x+b)^2+(y+h)^2\right]\left[(x-b)^2+y^2\right]}{\left[(x+b)^2+y^2\right]\left[(x-b)^2+(y+h)^2\right]} \tag{7-13}$$

式中，ρ_s 为磁荷面密度；μ_0 为真空磁导率。

7.3.2　断丝漏磁场磁偶极子模型仿真分析

1. 检测元件提离距离对漏磁场信号检测的影响

基于本书所用 6×19+FC 型钢丝绳钢丝直径为 0.6 mm，设钢丝绳中磁感应强度 B_0=1 T，断口间距 $2b$ 取 1 mm，提离距离 y 分别取 1 mm、2 mm、3 mm、5 mm、7 mm，根据式（7-9）～式（7-11）得到断口间距为 1 mm 时断丝漏磁场轴向与径向分量如图 7-6 所示。

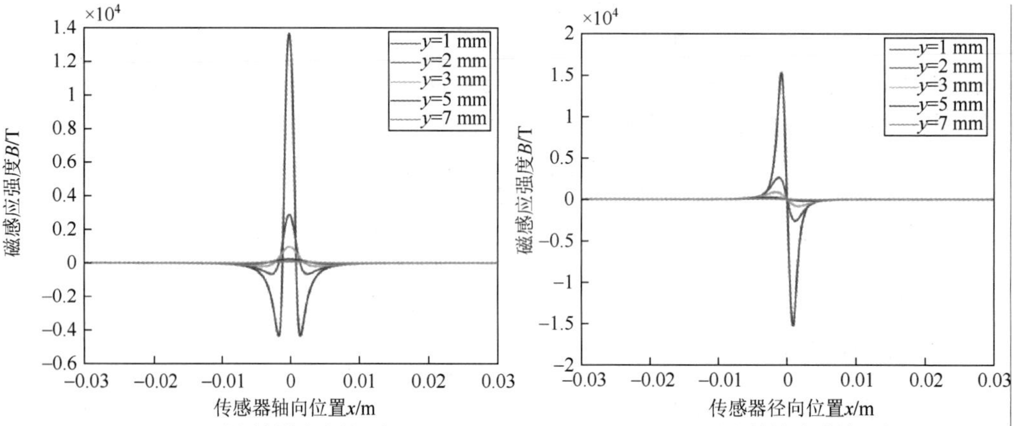

(a) 漏磁场轴向分量形态　　(b) 漏磁场径向分量形态

图 7-6　断丝漏磁场随提离距离变化情况（彩图见二维码）

检测元件提离距离对漏磁场影响十分明显。当提离距离较短时，提离距离对漏磁场信号影响程度较大，漏磁场信号强度会受轻微的距离变化而产生较大的变化；当提离距离较远时，提离距离对漏磁场信号影响程度较小，由于在较远区域磁场强度本身较弱，磁场信号强度受距离影响将减弱。

2. 断口间距对漏磁场信号检测的影响

基于本书所用 6×19+FC 型钢丝绳钢丝直径为 0.6 mm，设钢丝绳中磁感应强度 B_0=1 T，断口间距 $2b$ 分别取 1 mm、2 mm、3 mm、4 mm、6 mm，提离距离 y 取 2 mm，根据式（7-9）～式（7-11）得到断丝漏磁场轴向与径向分量如图 7-7 所示。

在保证其他影响因素不变的情况下，漏磁场信号宽度随断口间距增加而增加；断口间距增大后，信号强度即峰峰值基本不变。当增加断口间距超过提离距离后（b=3 mm 时），开始出现双峰状信号。

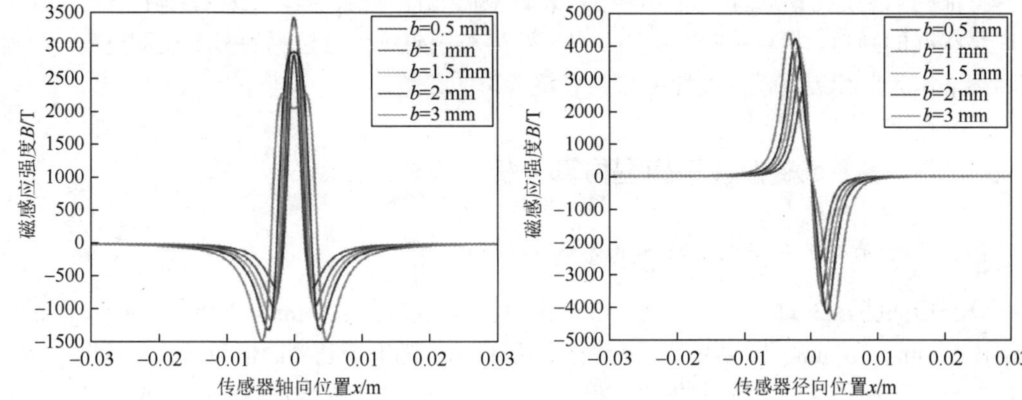

(a) 漏磁场轴向分量形态　　(b) 漏磁场径向分量形态

图 7-7　断丝漏磁场随断口间距变化情况（彩图见二维码）

3. 钢丝直径对漏磁场信号检测的影响

设钢丝绳中磁感应强度 B_0=1 T，断口间距 $2b$ 取 1 mm，提离距离 y 取 2 mm，钢丝直径分别取 0.3 mm、0.6 mm、1 mm、1.6 mm、2.4 mm，根据式（7-9）～式（7-11）得到断丝漏磁场轴向与径向分量如图 7-8 所示。

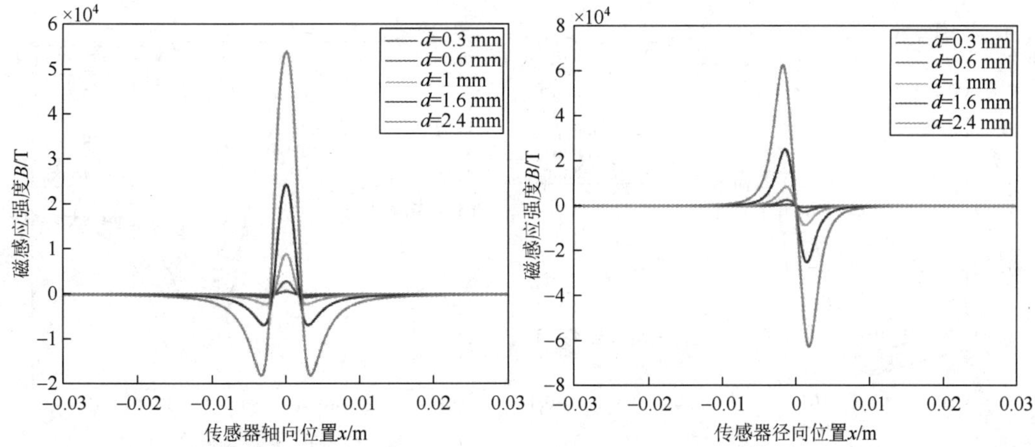

(a) 漏磁场轴向分量形态　　(b) 漏磁场径向分量形态

图 7-8　断丝漏磁场随钢丝直径变化情况（彩图见二维码）

在保证提离距离与断口间距不变的前提下，随着钢丝绳直径增大，漏磁场信号强度将增大；当钢丝直径过小时，保持提离距离不变情况下不能有效提取到漏磁场信号，此时应相应减小提离距离；同时，由于钢丝直径较小，产生的漏磁场较弱，抵抗外部磁场干扰的能力也较弱。

通过上述三种因素对漏磁场信号检测的影响规律的总结，可以看出提离距离直接影响断丝损伤信号的强弱，随提离距离增加信号幅值将减小，并且一旦提离距离小于断口间距，测得信号将出现双峰状，所以应保证设置较小的提离距离；断口间距直接影响对断丝损伤本身特征的识别，而钢丝直径将影响检测装置检测元件排布位置，以及对绳中不同直径钢丝断丝状况的判断。相较于断口间距，提离距离对漏磁场信号检测的影响权重更高，故提离距离 y 作为后续装置设计过程中需要着重考虑的参数。

7.3.3 磨损漏磁场磁偶极子模型仿真分析

1. 磨损长度对漏磁场信号检测的影响

设磨损深度 h=3 mm，提离距离 y=3 mm，磨损长度分别取 1 mm、2 mm、3 mm、4 mm、6 mm、8 mm、10 mm。图 7-9 所示为磨损漏磁场信号随磨损长度的信号变化。从图 7-9(a)中可以看出，漏磁场轴向分量的幅值随磨损长度增加呈现出先增加后减小的变化趋势，某个信号最大值将对应多个磨损长度，仅依据轴向信号幅值作为磨损长度判断依据不够准确，但磨损长度增加后的损伤信号宽度随之增加，且变化明显，将信号宽度与信号幅值结合可以作为磨损长度判断的依据；并且，随磨损长度增加，信号波峰开始出现平台形状，当磨损长度继续增加将会出现双峰状波形。另外，从图 7-9(b)中可以看出，当磨损长度在较小数值范围内变化时，损伤信号径向分量幅值变化明显，变化程度较大；当磨损长度增加到较大数值时，信号幅值变化趋于平缓，变化程度较小，信号宽度变化情况同轴向分量类似，当磨损长度增大，信号宽度随之变宽。

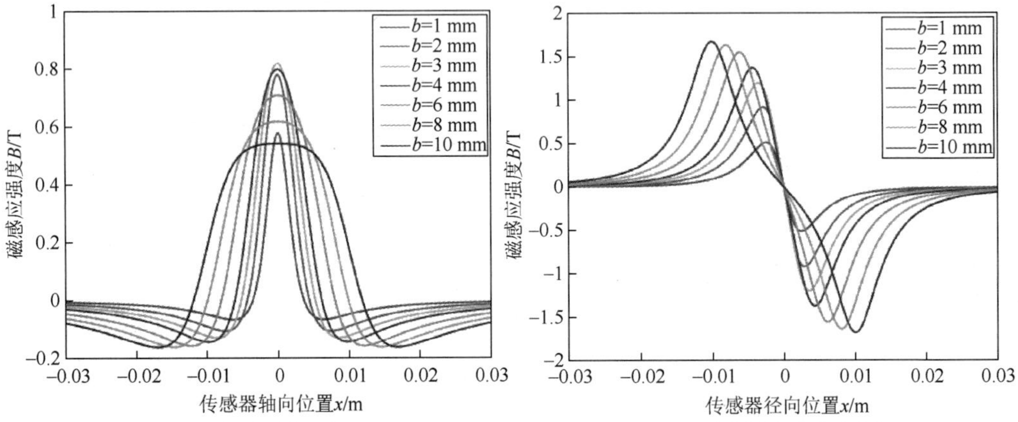

(a) 漏磁场轴向分量形态　　(b) 漏磁场径向分量形态

图 7-9　漏磁场信号随磨损长度变化情况（彩图见二维码）

2. 磨损深度对漏磁场信号检测的影响

设磨损长度为 4 mm，提离距离 y=3 mm，磨损深度分别取 0.3 mm、0.6 mm、1 mm、1.6 mm、2.4 mm、3mm 和 6 mm。图 7-10 所示为保证磨损长度与提离距离不变情况下，磨损漏磁场信号随磨损深度的信号变化。从图中可以看出漏磁场信号分布情况说明漏磁场信号强度随磨损深度加深逐渐增加，并且轴向分量信号对磨损深度变化更敏感。

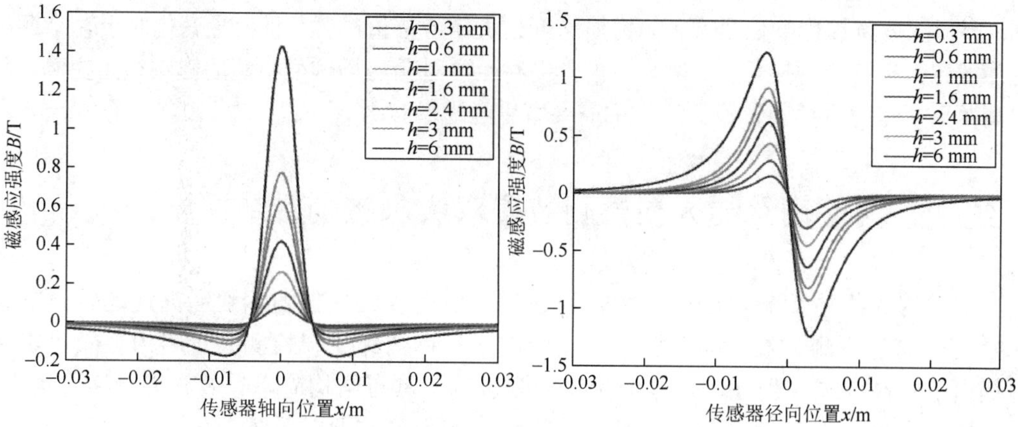

(a) 漏磁场轴向分量形态　(b) 漏磁场径向分量形态

图 7-10　漏磁场信号随磨损深度变化情况（彩图见二维码）

3. 检测元件提离距离对漏磁场检测的影响

设磨损长度为 4 mm，磨损深度 h=3 mm，提离距离分别取 1 mm、2 mm、3 mm、4 mm、6 mm、8 mm、10 mm。在保证磨损长度与磨损深度不变的情况下，磨损漏磁场信号随提离距离的变化如图 7-11 所示，从轴向与径向分量中同时可以看出，当提离距离数值较小时，信号幅值对提离距离变化更加敏感，即在较小提离距离数值范围内变化时，幅值变化更加明显，当提离距离增加至一定范围时，信号强度变化幅度则减小，同时信号幅值也非常微弱难以进行采集。

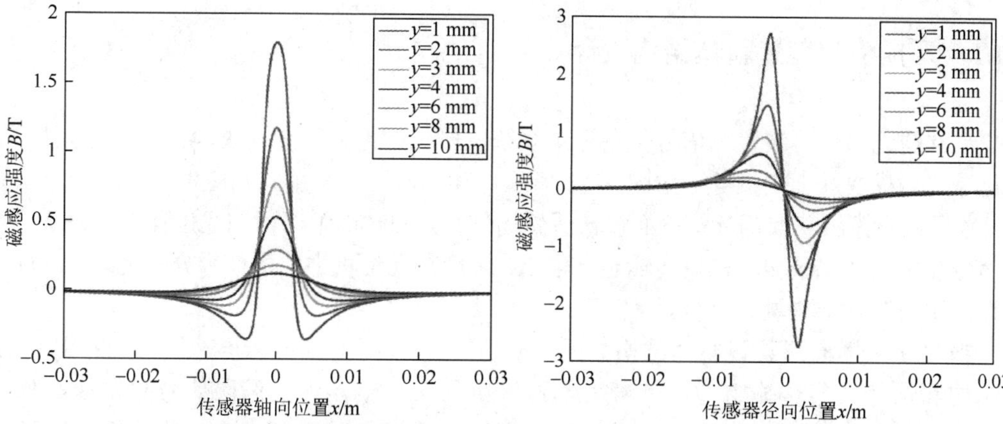

(a) 漏磁场轴向分量形态　(b) 漏磁场径向分量形态

图 7-11　漏磁场信号随提离距离变化情况（彩图见二维码）

通过上述三种因素对漏磁场信号检测的影响规律的总结，可以看出提离距离对磨损漏磁场信号的影响结果与断丝漏磁相似，均直接影响断丝损伤信号的强弱，随提离距离增加信号幅值将减小，但不会出现双峰状信号；磨损长度直接影响对断丝损伤本身特征的识别，只分析轴向分量幅值不能准确判断磨损长度，综合考虑信号宽度可作为磨损长度判断依据；磨损深度直接影响信号幅值，磨损深度越大信号幅值越强，且信号变化对于较小磨损更加敏感。相较于磨损长度、磨损深度，提离距离对漏磁场信号检测的影响权重更高，故提离距离 y 作为后续装置设计过程中需要着重考虑的参数。

7.4 钢丝绳无损检测装置双级永磁励磁结构设计

钢丝绳无损检测装置应用环境较为恶劣，使用过程中伴随钢丝绳高速运行、振动以及钢丝绳与检测装置之间摩擦等。这些因素对钢丝绳无损检测装置耐用性及可维护性提出了较高要求。因此，钢丝绳无损检测装置应具有结构简单有效、运行稳定可靠、采集数据准确、故障后易于更换维护等特点。基于这些要求，本节设计一种基于双级永磁励磁结构的钢丝绳无损检测装置，具有简单可靠、易于更换维修的模块化结构，可操作性强。

目前，钢丝绳漏磁场检测技术已经相当成熟，基于该检测原理的设备已大量投入实际工程使用，并具有一定检测精度，可为实际工程提供合理建议。虽然市面设备种类繁复，但其内部励磁结构大同小异未见创新，多数采用高精度传感器与改进信号识别方法提高损伤信号识别精度。

本节主要对基于双级永磁励磁结构的钢丝绳无损检测装置及系统进行整体设计，并结合漏磁场励磁基本原理与已有设备基本结构，创新设计一种新型双级永磁励磁结构，使钢丝绳中产生不同的励磁强度，并通过仿真验证结构合理性，为后期新的信号处理识别方法提供基础。

7.4.1 无损检测装置整体结构设计

钢丝绳无损检测装置及信号传输记录系统主要包括无损检测模块、数据采集模块、数据记录传输模块及上位机等，如图 7-12 所示。其中，钢丝绳轴向励磁由永磁励磁方法完成，数据采集模块获取钢丝绳表面损伤漏磁场信号，同时由编码器完成位移信号采集，并将信号经由数据记录传输模块传输至上位机，最后在上位机中完成信号分析处理，进行钢丝绳损伤情况判定与量化分析。

钢丝绳无损检测装置整体结构如图 7-13 所示，主要包括电磁屏蔽组件（外壳）、励磁结构和信号采集传输组件；信号采集传输组件采集钢丝绳的漏磁信号并发送给外部计算机进行信号离线分析处理；励磁结构为钢丝绳提供励磁源；电磁屏蔽组件既可以防止励磁结构对其他设备产生电磁干扰，也可以防止其他设备对钢丝绳无损检测装置产生电磁干扰；励磁结构设置在电磁屏蔽组件内部，信号采集传输组件与励磁结构间隔设置。

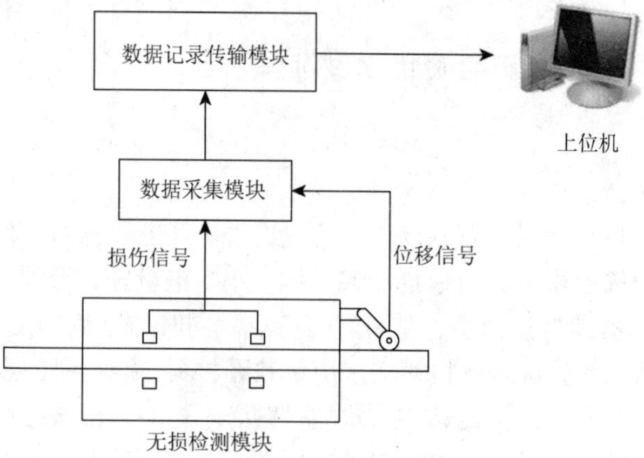

图 7-12　钢丝绳无损检测系统结构图

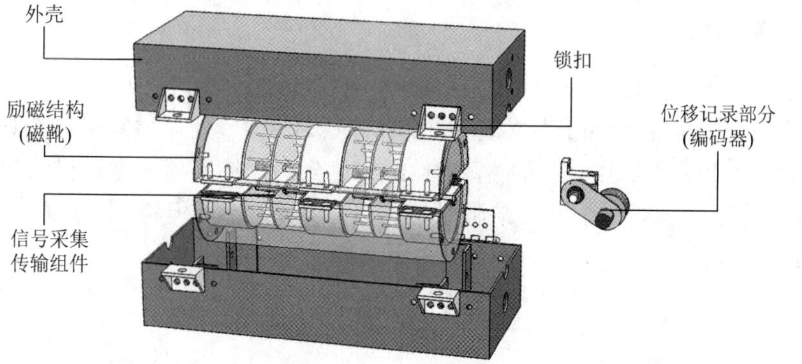

图 7-13　钢丝绳无损检测装置整体结构图

为便于安装且保证结构简单，无损检测装置由上下两部分组成并通过铰链连接实现安装拆卸过程中装置开合。装置上下两部分闭合后，通过铰链另外一侧的锁扣配合螺栓螺母进行固定。励磁结构包括上励磁构件和下励磁构件，上励磁构件嵌装在电磁屏蔽组件的上开合部分中，下励磁构件嵌装在下开合部件中。信号采集传输组件包括四块信号传输单元以及用于支撑信号传输单元的四组支撑架，支撑架两端支撑在励磁结构侧面，防止信号传输单元倾倒，漏磁传感器相对于钢丝绳沿轴向运动，测量漏磁场的径向分量的变化情况，通过信号传输单元电路，最终将信号传递到外部计算机中进行信号离线处理。

如图 7-13 所示，位移信号采集由装置一端的编码器实现，编码器转动轴连接滚轮，钢丝绳运行时，滚轮随钢丝绳转动，产生脉冲信号并传入数据采集模块；编码器与摇臂通过螺丝连接并固定于支架上，摇臂与支架间设置扭转弹簧以增加滚轮对钢丝绳表面的正压力，同时在滚轮表面做滚花处理进而提高摩擦力以减小滚轮与钢丝绳之间的相对滑动，保证位移信号采集的准确性。励磁结构在磁靴两侧面设计均匀排布的螺纹孔，通过螺栓与外壳内部支架固接，保证结构简单、稳定可靠。

7.4.2 漏磁场检测磁化方法与磁化强度选择

1. *磁化方法*

该装置采用永磁磁化方法，以永磁体作为励磁源。此方法与直流励磁方法相比，不便于调整励磁强度。但稀土永磁具有磁能积高、体积小、重量轻、无须电源等特点，使得采用永磁励磁的检测仪器具有体积小、重量轻等特点。同时与直流励磁相比励磁结构简单，因此使用方便、灵活。目前永磁体材料均采用钕铁硼材料，该材料的永磁体为目前具有最强磁力的永久磁体。在永磁磁化结构中，软磁材料必不可少，在该结构中起减小磁阻和引导磁场的作用。软磁材料一般选择电工纯铁或低碳钢，本章考虑零件加工特性及成本问题后，采用低碳钢 Q235 作为软磁材料。

2. *磁化强度选择*

本章主要检测对象为 6×19+FC 型钢丝绳，图 7-14 所示为 6×19+FC 型钢丝绳在不同磁化强度下，磁感应强度和相对磁导率的变化曲线。在 P_m 处，材料磁导率最大，$M_{\mu m}$ 为磁导率最大时磁化强度。由于磁滞性，钢丝绳未达到磁化饱和状态前，磁感应强度不具有单值性，即传感器正反向扫描同一缺陷时检测信号会不一致。但将钢丝绳磁化至饱和状态时，可以消除该差异。

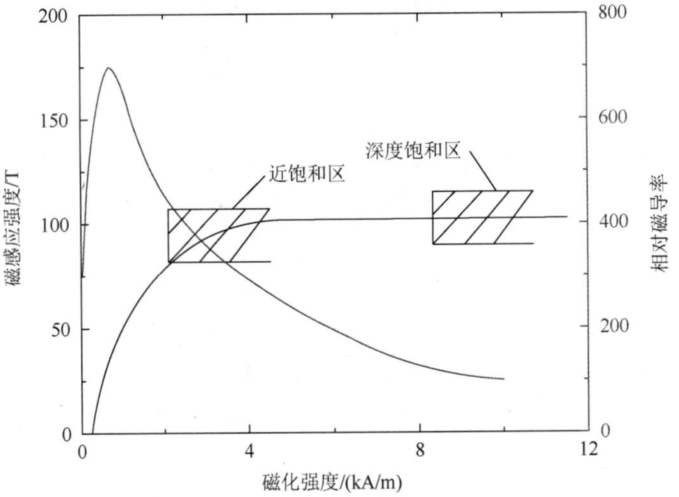

图 7-14　钢丝绳磁感应强度和相对磁导率随磁化强度变化曲线

同时，检测过程中，钢丝绳运行速度导致的磁化状态变化等都会影响绳中磁感应强度。这一现象被称为磁化后效现象：当钢丝绳运行速度较快时，磁化结构提供的磁场在钢丝绳中形成的磁场会发生滞后，进而减弱磁化效果。另外，钢丝绳横截面积变化（磨损、锈蚀）导致的磁化状态变化等也会影响钢丝绳磁感应强度，进而影响检测精度。综上所述，在钢丝绳漏磁场检测中，应将钢丝绳磁化至深度饱和状态，并且测试过程中应保证钢丝绳在检测装置中以慢速通过。

7.4.3　双级永磁励磁结构设计

目前市面常见无损检测装置多为单级励磁结构，即由左右两组磁极按一定规则排布磁体与磁靴组成。该结构较为成熟，应用广泛，但存在励磁强度单一，励磁强度受外界因素影响较大且难以验证等不足。因此，本章中采用一种创新设计的双级永磁励磁结构，即由左、中、右三组磁极按一定规则排布的钕铁硼永磁体以及磁靴组成。其中，三组永磁体与磁靴之间形成两个独立励磁区间，并且采用不同牌号磁体。因此在两个励磁区间可使钢丝绳获得不同磁感应强度，进而在深度饱和状态下产生强度不同的漏磁场，为后续损伤识别提供基础。双级永磁励磁结构主要由磁靴（软磁材料）、励磁永磁体（钕铁硼永磁体）组成，如图 7-15 所示。同时为防止由于磁极相斥导致永磁体沿中心轴发生旋转，在永磁体两端增加挡块，通过螺栓与磁靴固接。

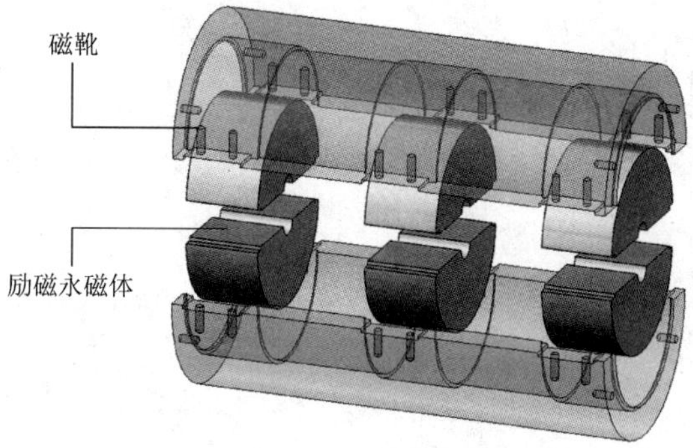

图 7-15　双级永磁励磁结构图

为了实现装置方便开合以装卸钢丝绳，励磁结构采用双励磁回路，如图 7-16 所示。六块钕铁硼永磁体为半环形，组 1 与组 3 为径向充磁，组 2 为轴向充磁。其中，组 1 两极极性为内 N 外 S，组 2 两极极性为左 S 右 N，组 3 两极极性为内 S 外 N。永磁体组 1、3、磁靴与被测钢丝绳构成一个整体磁感线回路，其中永磁体组 2 轴向充磁，使得在整体回路

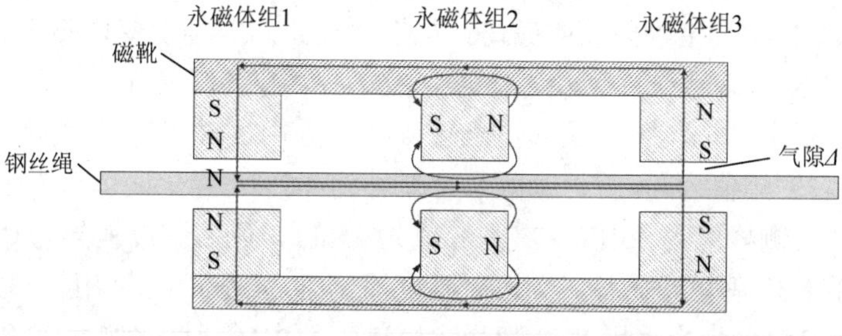

图 7-16　双级永磁励磁结构磁极及磁感线分布示意图

被分为左右两个独立区间。在此磁路中，钢丝绳与励磁结构间存在气隙 Δ，且气隙 Δ 决定了主磁路中磁阻大小，因此应当减小气隙 Δ。本章主要针对 6×19+FC 钢丝绳（直径 10 mm）进行设计，保证气隙 Δ 范围为 1～2 mm，减少气隙对励磁效果的影响。

7.4.4　双级永磁励磁结构励磁效果有限元分析

1. 双级永磁励磁结构仿真模型建立

根据前面介绍的新型双级永磁励磁结构模型，借助 Solidworks 软件进行三维建模，同时为了简化有限元仿真分析将模型进行简化，去除复杂特征避免不规则形状出现，减少单元形状误差。三维模型中挡块等辅助零件均为铁磁材料，在仿真过程中将其省略对仿真结果影响较小，去除磁体挡块等辅助结构有利于减少仿真过程中操作步骤、减少网格划分、提高计算效率，故仅保留永磁体及磁靴模型。该模型中钢丝绳模型曲面复杂，不利于提高计算效率，简化后仍能客观反映其励磁效果，能够为后续分析提供可靠依据，故将其简化为圆柱体简化计算。因此，简化后双级永磁励磁结构如图 7-17 所示。

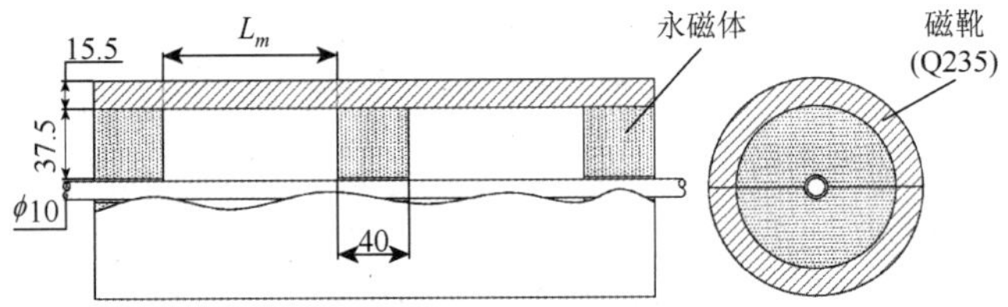

图 7-17　双级永磁励磁结构简化三维模型

单位：mm；L_m 表示长度

2. 钕铁硼永磁体牌号对磁场分布影响

该仿真分析以固定磁极间距 60 mm 为基础，将永磁体组 1 设置为三种不同牌号钕铁硼永磁体，得到钢丝绳励磁强度分布云图如图 7-18 所示。从图中可以看出，永磁体组 2 下方出现一部分磁感应强度降低的区域，出现该区域是由于磁感线相互抵消，使得钢丝绳在组 2 中的部分被一定程度消磁并在下一区间重新励磁，减少前一区间励磁影响。

通过表 7-1 可以看出，当永磁体组 1 采用 N52 牌号钕铁硼永磁体时，永磁体组 1、2 间产生励磁强度最强，采用 N40 牌号钕铁硼永磁体时次之，采用 N35 牌号钕铁硼永磁体时，永磁体组 1、2 间产生励磁强度最弱。从钢丝绳磁感应强度变化曲线中可以看出，当永磁体组 1 采用 N35 牌号钕铁硼永磁体时，图 7-18 中左侧励磁区峰值为 40.4T，右侧峰值为 43.5T，励磁强度差异为 7.7%；当永磁体组 1 采用 N40 牌号钕铁硼永磁体时，左侧峰值为 42.3T，右侧峰值为 44.3T，励磁强度差异为 4.7%；当永磁体组 1 采用 N52 牌号钕铁硼永磁体时，左侧峰值为 45.1T，右侧峰值为 45.4T，励磁强度差异为 0.7%。同时，当永磁体组 1 采用 N35 牌号永磁体时，去磁强度比例为 34.7%；当采用 N40 牌号永磁体时，去磁强度比例为 34.3%；当采用 N52 牌号永磁体时，去磁强度比例为 33.9%。

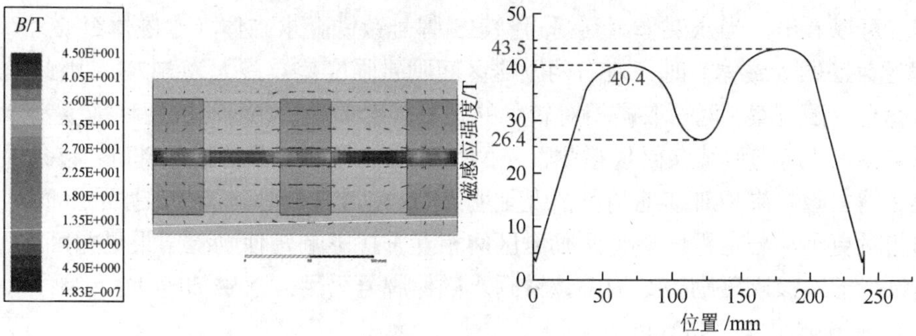

(a) 永磁体组1牌号：N35

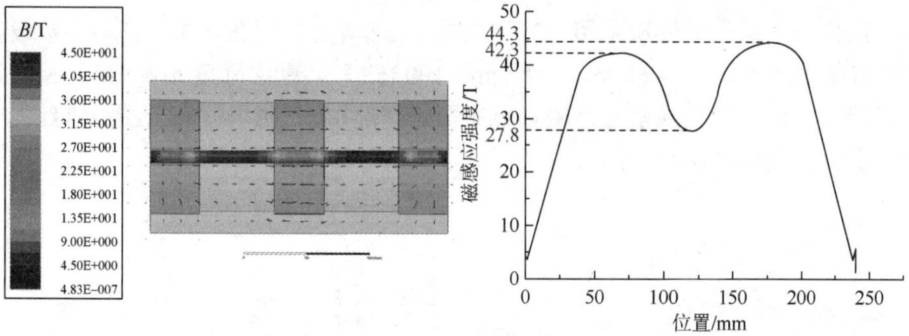

(b) 永磁体组1牌号：N40

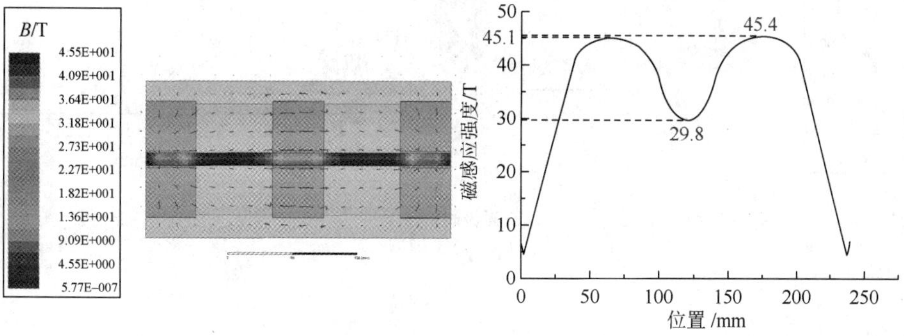

(c) 永磁体组1牌号：N52

图 7-18　不同牌号永磁体产生磁场分布云图与钢丝绳磁感应强度变化曲线（彩图见二维码）

表 7-1　永磁体牌号与励磁强度对应关系

永磁体组 1 牌号	左侧励磁强度/T	右侧励磁强度/T	去磁强度/T	励磁强度差异	去磁强度比例
N35	40.4	43.5	26.4	7.7%	34.7%
N40	42.3	44.3	27.8	4.7%	34.3%
N52	45.1	45.4	29.8	0.7%	33.9%

综上可以看出，当永磁体组 1 采用 N35 牌号钕铁硼永磁体（永磁体组 2、3 均采用 N52 牌号钕铁硼永磁体）时，左右两励磁区间励磁强度差异最大为 7.7%，因此采用该种永磁体牌号分配方案，可以取得相对较大的励磁强度差异，进而形成两种强度差异明显的损伤漏磁场，从而为后续漏磁场检测以及两种强度信号识别分析提供基础；该条件下，永磁体组 2 的去磁效果相对其他两种情况更明显，这使得右侧励磁能力较强的区间对左侧区间影响相对更小，一定程度避免两励磁区间相互干扰影响，使励磁结果更加可靠。因此，本章所设计的双级永磁励磁结构中钕铁硼永磁体牌号采用：永磁体组 1：N35；永磁体组 2：N52；永磁体组 3：N52。

3. *磁极间距对磁场分布影响*

励磁结构内永磁体组依次采用 N35、N52、N52 牌号，因此，本节在该参数设置基础上，分别将磁极间距设置为 60 mm、80 mm、100 mm，其励磁强度如表 7-2 所示。讨论这三种磁极间距参数对钢丝绳励磁后磁场分布影响情况，得到磁场分布云图与钢丝绳内部磁感应强度变化曲线如图 7-19 所示。

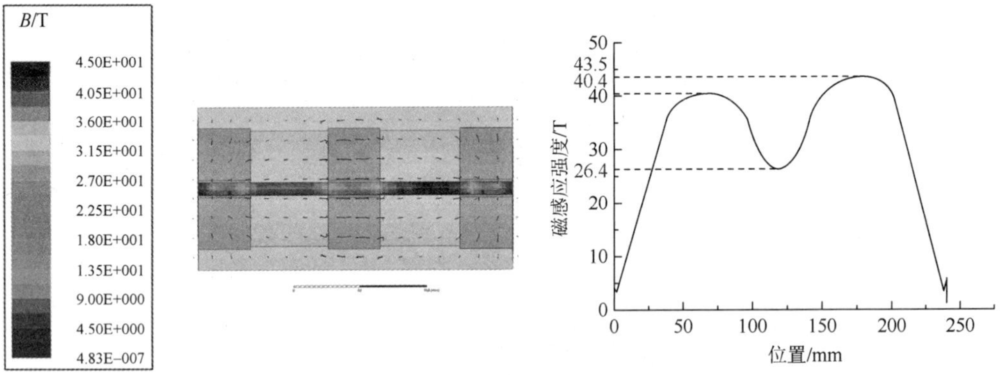

(a) 磁极间距60 mm

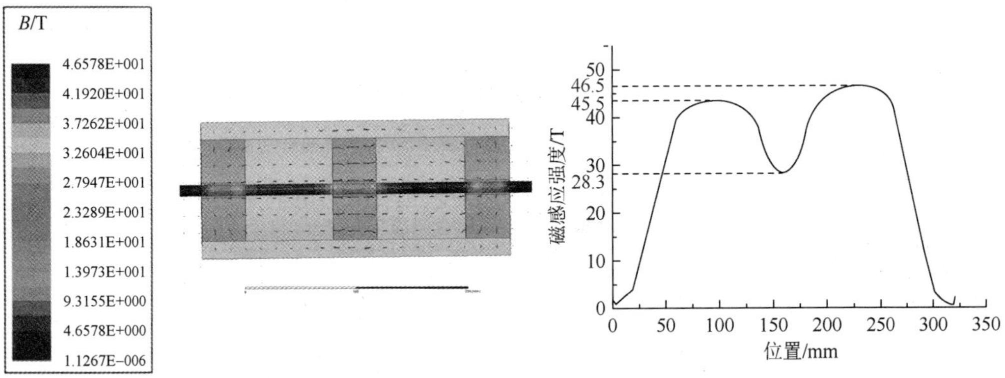

(b) 磁极间距80 mm

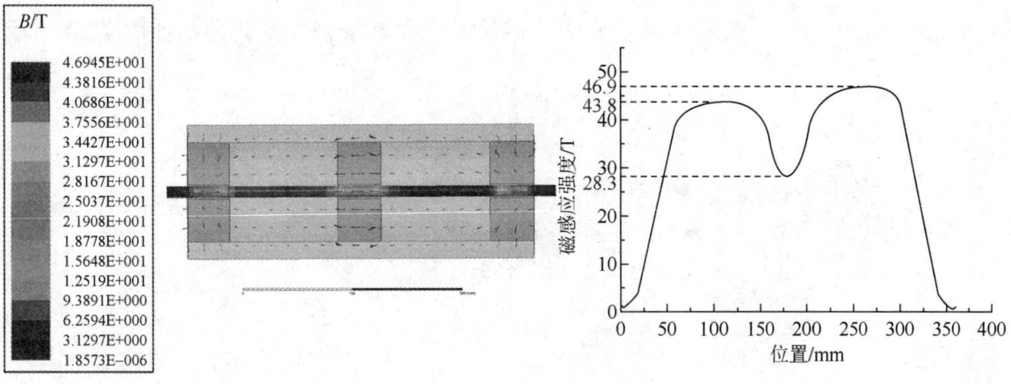

(c) 磁极间距100 mm

图 7-19　不同磁极间距产生磁场分布云图与钢丝绳磁感应强度变化曲线（彩图见二维码）

表 7-2　磁极间距与励磁强度对应关系

磁极间距/mm	左侧励磁强度/T	右侧励磁强度/T	去磁强度/T	励磁强度差异	去磁强度比例
60	40.4	43.5	26.4	7.7%	34.7%
80	45.5	46.5	28.3	2.2%	37.8%
100	43.8	46.9	28.3	7.1%	35.4%

三组仿真结果中，处于励磁结构中的钢丝绳段励磁强度均为过饱和状态，满足前面所述励磁强度要求，同时永磁体组 1、2 和永磁体组 2、3 之间均存在两个励磁区间且励磁强度大小存在差异。并且，在两个励磁区间中，即永磁体组 2 下方，存在一处明显去磁区域，说明磁极间距不会本质上影响磁场分布。通过磁感应强度云图可以看出，随磁极间距增加，钢丝绳磁感应强度呈现先增加后减小的趋势。当磁极间距为 60 mm 时，励磁强度差异最大为 7.7%；当磁极间距为 80 mm 时，虽然左右两侧励磁区间内钢丝绳均产生较高的励磁强度，但励磁强度差异仅为 2.2%，远小于磁极间距 60 mm 时的 7.7%，同时也小于磁极间距 100 mm 时的 7.1%。因此，取磁极间距 60 mm 具有更佳励磁强度差异。另外，三种磁极间距下去磁强度比例依次为 34.7%、37.8%、35.4%，呈现随间距增大而先增加后减小的趋势。由于去磁强度比例是励磁效果衡量中的次要因素，虽然当磁极间距为 80 mm 与 100 mm 时去磁强度比例均大于间距 60 mm 时去磁强度比例，但优先考虑励磁强度差异以及综合考虑结构尺寸及增加间距对整个装置体积、质量的影响，故本章将采用 60 mm 磁极间距作为该装置的设计参数。

4. 钢丝绳缺陷漏磁场有限元仿真分析

通过研究励磁结构参数对钢丝绳励磁效果的影响，确定本章中励磁结构选用 N35、N52 牌号钕铁硼永磁体，磁极间距设为 60 mm。基于上述研究结果本节将在钢丝绳表面设置两处断口间距为 1 mm，深度分别为 0.6 mm、1 mm、1.6 mm 的断口缺陷，以模拟钢丝绳表面直径分别为 0.6 mm、1 mm、1.6 mm 钢丝的集中断丝损伤。将损伤模型导入

ANSYS Maxwell 中得到磁感应强度云图及钢丝绳表面磁场强度变化曲线如图 7-20 所示。

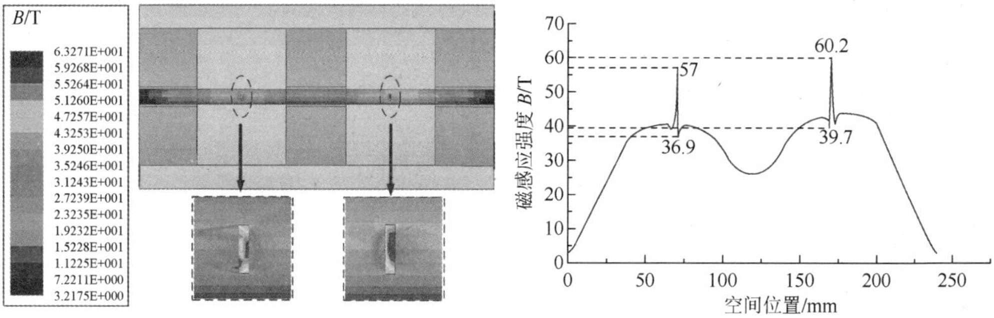

(a) 断口深度0.6 mm

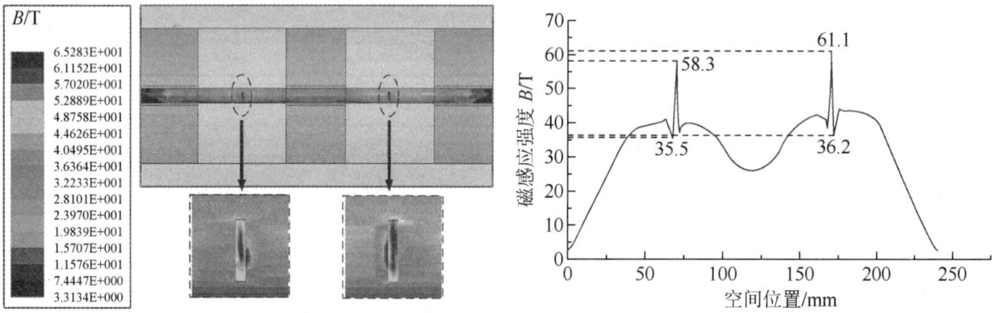

(b) 断口深度1 mm

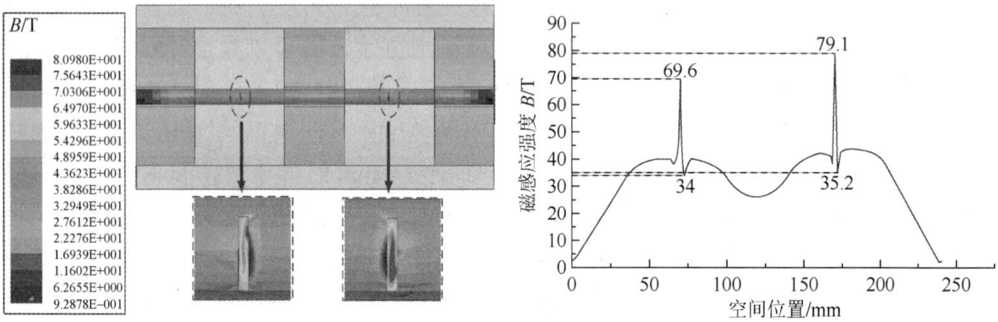

(c) 断口深度1.6 mm

图 7-20　钢丝绳损伤漏磁场仿真结果（彩图见二维码）

由图 7-20 可以看出，双级永磁励磁结构在钢丝绳上产生了两个磁感应强度不同的励磁区间，并在此基础上，断口处产生了一定强度的漏磁场。从图中可以看出，磁感应强度云图中颜色越深表示该处磁感应强度越强，上述云图中右侧断口处云图颜色明显较深，说明不同断口深度对应的右侧断口处相较于左侧断口均产生了强度不同的漏磁场，具体漏磁场变化幅值可以从图中曲线变化看出，数值结果统计如表 7-3 所示。从漏磁场幅值变化中可以看出，随断口深度即模拟断丝直径增加，漏磁场幅值变化也逐渐增加，这一结果与基于磁偶极子模型得到的仿真结果一致，由此可以判断该仿真结果与理论分析一致。通过上述结果分析可以得出结论，本节所设计的双级永磁励磁结构能够在钢丝绳表面产生两种不同强度的漏磁场信号，与预期设计目的一致，并且漏磁场强度随断丝直径增加而增加，符合理论分析结果。

表 7-3　断口深度与损伤漏磁场强度对应关系

断口深度/mm	左侧漏磁场峰峰值/T	右侧漏磁场峰峰值/T
0.6	20.1	20.5
1	22.8	24.9
1.6	35.6	43.9

经过上述对钢丝绳无损检测装置结构、双级永磁励磁结构设计，以及有限元仿真对励磁结构参数的确定，利用 Solidworks 软件完成装置整体结构设计，后将三维模型.sldprt 文件转换为.dwg 文件并完成工程图绘制，最后完成对钢丝绳无损检测装置及励磁结构加工与组装，得到检测装置如图 7-21 所示。由于在检测过程中，钢丝绳从检测装置中间通过，而永磁体对钢丝绳具有巨大的吸引力，使钢丝绳表面与永磁体之间发生紧密接触并随移动产生摩擦，两者长时间摩擦将导致钢丝绳在检测过程中产生二次摩擦磨损。为避免钢丝绳在检测过程中发生二次损伤，本装置在永磁体内部与钢丝绳接触部分设置起到润滑作用的导套，其材料采用聚四氟乙烯，该种材料具有化学性质稳定、耐磨、润滑性好的优点。

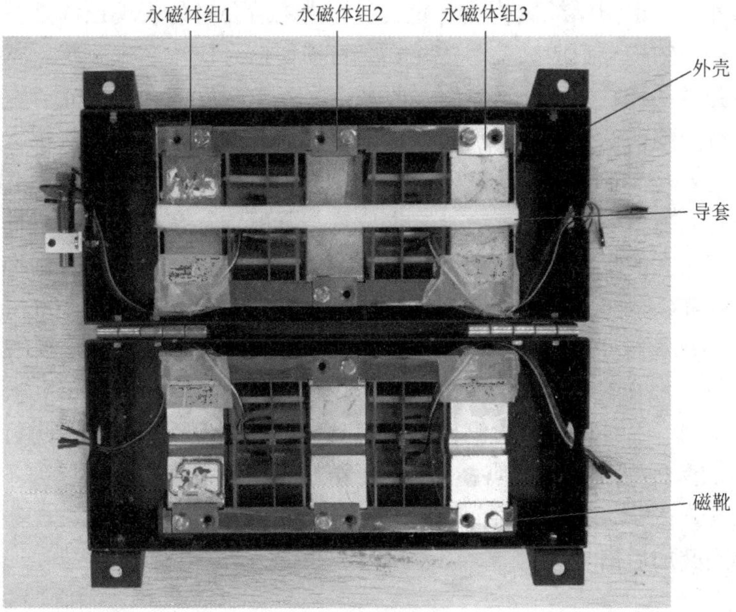

图 7-21　钢丝绳无损检测装置

7.5 钢丝绳损伤信号提取与识别

钢丝绳是先由多层钢丝捻成股，再以绳芯为中心，由一定数量股捻绕成螺旋状的绳。由于自身结构特点，钢丝绳即使结构完整、不存在缺陷，也会使部分磁场泄漏至周围空间。并且钢丝绳结构在每个捻距上具有重复结构，因此漏磁场信号表现为在钢丝绳外表面呈现有规律的周期性波动信号，该信号为股波信号。股波信号具有规律性和重复性，在信号强度范围内会对较弱的漏磁场信号产生干扰，影响损伤信号采集。因此，为抑制股波信号，本节结合所设计的新型双级永磁励磁结构，提出一种股波噪声抑制方法。

本节内容主要针对断丝损伤进行信号提取、识别及量化方法研究，将双级传感器提取到的信号偏移叠加，降低股波与噪声信号的影响，得到断丝信号峰峰值与断丝数量之间的函数关系。随后，利用本章所设计的钢丝绳无损检测装置开展钢丝绳磨损断丝损伤检测试验，验证基于双级永磁励磁结构的钢丝绳无损检测装置的损伤检测能力。

7.5.1 股波噪声信号的抑制

由前面讨论可知，钢丝绳损伤处产生的漏磁场信号与励磁强度及损伤形式等因素有关，而励磁强度直接决定同一损伤形式下所产生的漏磁场信号的强弱。又由励磁强度选择可知，钢丝绳在检测过程中处于深度磁饱和状态，此时漏磁场信号较强，采集转化后电压信号幅值较大。励磁强度虽在一定程度上改变了漏磁场信号强度，但相对损伤信号幅值来说变化幅度较小。由于钢丝绳结构具有重复性，励磁后会对外表现出周期性信号，但幅值较弱。钢丝绳自身结构导致股波信号产生，会对损伤信号检测产生干扰。当改变励磁强度时，股波信号强度同样发生变化。但由于股波信号本身强度较弱，抵抗励磁强度变化能力不强，相对于有效损伤信号来说，励磁强度减小使股波信号减小的比例更大，因此励磁强度减小能够一定程度抑制股波信号产生。与此同时，伴随损伤信号一同产生的还有噪声信号，但噪声信号为随机偶发信号，信号发生位置与强度均存在很强的随机性，若选择一次采样检测，幅值较大的噪声信号很有可能被误判为断丝信号。国家相关标准中要求，以本章采用的 6×19+FC 型（直径 10 mm）钢丝绳为例，部分工况下，在 300 mm 范围内可见断丝数量最多不能超过 10 根。因此幅值较大的噪声信号将会对损伤检测结果产生较大影响，甚至影响钢丝绳在役寿命的判断。

基于上述原理，本章将双级检测模块采集到的两种强度不同的信号进行叠加处理，将同一位置产生的两种强度信号对应叠加。由于结构设计及采集程序的原因，初步采集得到两级信号并非一一对应，需要先经过信号位置偏移对应后再进行叠加。则根据式（7-14）、式（7-15）得到叠加后信号 X_i：

$$X_i = \frac{x_i + x_{i+n_0}}{2}, \quad i = 1,2,\cdots,m \tag{7-14}$$

$$n_0 = \frac{L}{d_0},\ d_0 = \frac{\pi D}{N_0} \tag{7-15}$$

式中，i 为信号对应脉冲序号；m 为最大脉冲数；n_0 为偏移脉冲间隔；L 为传感器间距；d_0 为每个脉冲对应采集距离；D 为摩擦轮直径；N_0 为编码器脉冲数。经过叠加处理后，初步采集得到的 12 路信号合成为 6 路信号，原本较强的损伤漏磁场信号强度大幅增加。而相比于损伤磁场信号，股波信号增加幅度不明显。与此同时，噪声信号的随机性使得其发生位置及幅值不确定，经叠加后，幅值也将减小。图 7-22 所示为损伤钢丝绳 6 组信号其中一组信号经叠加处理前后的损伤曲线图。

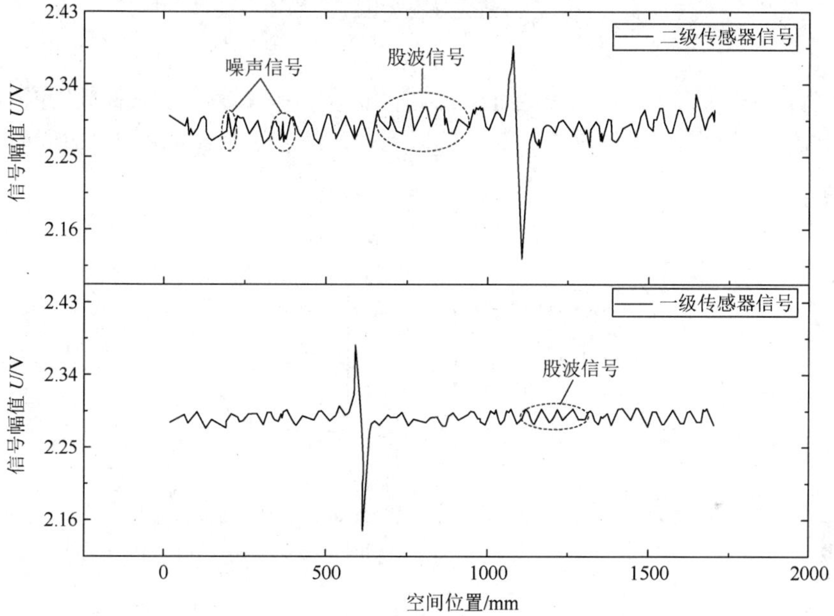

(a) 两级传感器采集信号曲线

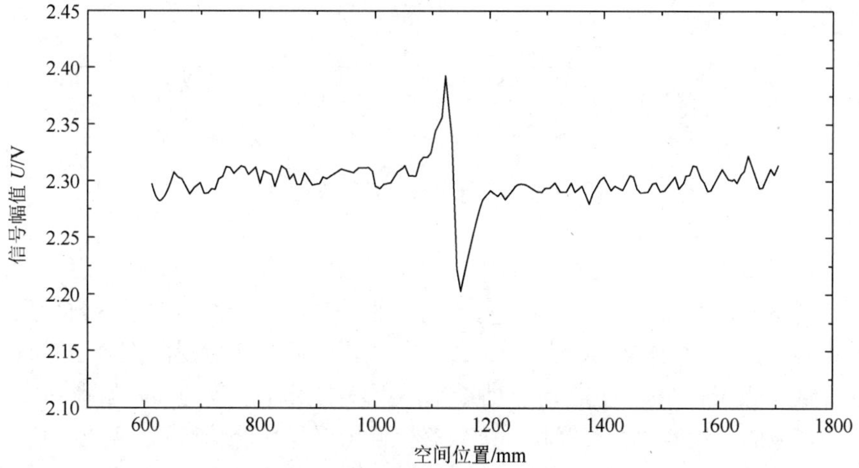

(b) 偏移叠加后信号曲线

图 7-22　损伤信号偏移叠加效果图

从图 7-22 中可以看出，经过叠加处理后，损伤信号幅值显著增强，一定程度上减弱了股波信号和噪声信号在损伤信号曲线中的表现程度。处理得到的信号曲线有利于后续损伤特征提取识别，但仍存在部分紊乱噪声信号，因此下一步将采用滑动平均滤波算法实现进一步降噪。

由于偏移叠加方法并不能保证完全消除随机噪声信号产生的信号尖峰，因此选用滑动平均滤波算法做进一步降噪处理。滑动平均滤波算法在一定采样周期内进行取平均值处理。该方法将连续 N 个连续数值作为一个循环队列，每次采样得到的数据遵循队列“先进先出”原则，然后求 N 个数据平均值，以此数值作为采样数值使用。该算法原理为

$$f_n(x)=\frac{x_{n-m+1}+x_{n-m+2}+\cdots+x_{n-1}+x_n}{m} \tag{7-16}$$

式中，$f_n(x)$为第 n 个采样周期输出信号值；$x_{n-m+1}, x_{n-m+2}, \cdots, x_n$ 为当前采样周期内信号值。

根据上述原理，采用不同采样个数 N，得到损伤信号波形图如图 7-23 所示。

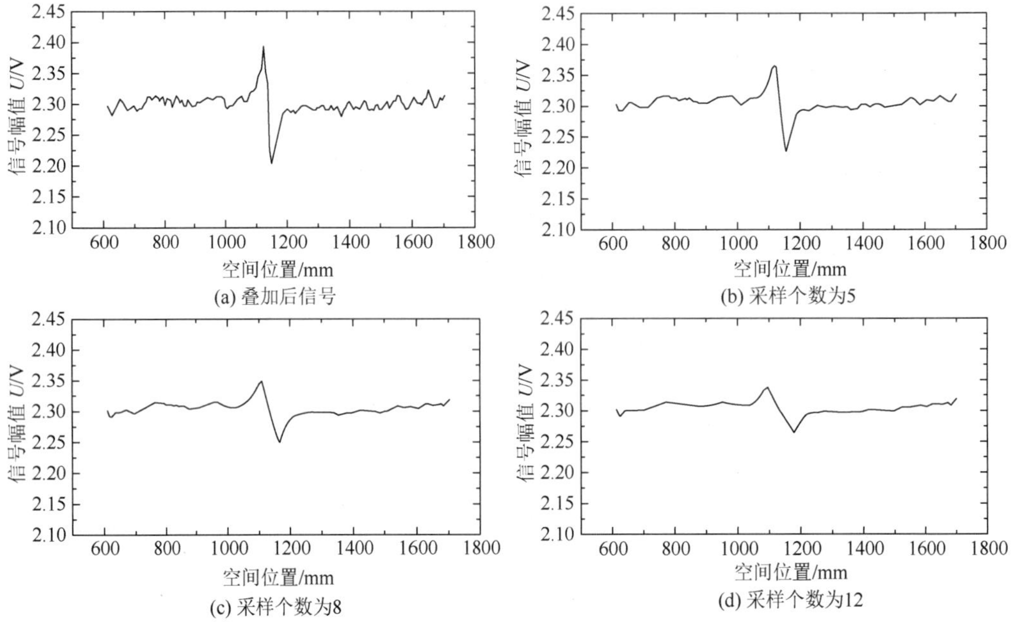

(a) 叠加后信号　(b) 采样个数为5　(c) 采样个数为8　(d) 采样个数为12

图 7-23　不同采样个数降噪结果

从图中可以看出，原始叠加后信号中虽无明显股波信号，但仍有尖点存在。经过采样个数为 5 的滑动平均滤波后，信号尖点得到有效去除，峰峰值在一定程度内受到影响；当采样个数为 8 时，相对采样个数为 5 时曲线更加平滑，但峰峰值受滤波算法影响，发生一定程度的降低；当采样个数为 12 时，曲线平滑程度与采样个数为 8 时差别不大，但峰峰值变化明显，减弱程度较大，若损伤程度较轻，损伤信号峰峰值较低，可能导致损伤信号被滤波算法去除，影响损伤识别。因此通过比较，将采用采样个数为 5 的滑动平均滤波算法，对经过偏移叠加后的损伤信号进行进一步降噪处理。

7.5.2　损伤检测信号的提取与标定

1. 标准试样设定

根据损伤信号对断丝数量进行判别过程包括以下步骤：首先，利用检测装置在待测钢丝绳检测信号中确定局部异常信号；然后，将找到的异常信号与已知典型损伤信号进行对比，并进行数值计算，从而获得断丝位置与断丝数量。上述过程采用设置标准值方法实现，确定钢丝绳损伤信号典型值是该方法实现的关键。

本章主要通过模拟断丝损伤并测定其信号的方法实现损伤信号典型值的确定。试验取完好钢丝绳作为试验基础件，在钢丝绳段中间位置通过电火花刻蚀方法分别加工深度为 0.6 mm、1.2 mm、1.8 mm、3 mm、6 mm，宽度为 1 mm 的缺陷，如图 7-24 所示。其中分别包含 3、6、13、24、36 根外部断丝。

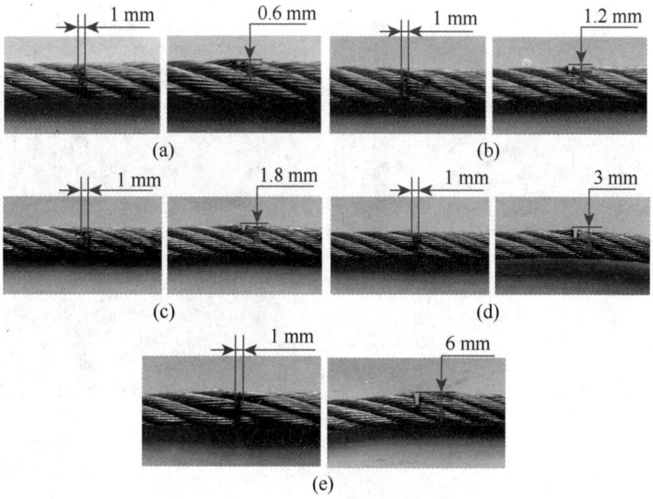

图 7-24　钢丝绳损伤试样

2. 试样损伤信号识别

将钢丝绳损伤试样与完好钢丝绳分别通过检测装置进行信号提取，提取结果曲面图与等高线图如图 7-25 所示。其中，曲面图 X 轴表示损伤信号波峰与波谷位置，即损伤发生位置，数值表示与检测开始位置相距脉冲个数；Y 轴表示周向布置传感器编号，Y 轴上数据变化可以反映出损伤发生在钢丝绳表面的周向位置信息；Z 轴表示提取到的损伤信号幅值及传感器电压值，单位为伏特（V）。等高线图 X 轴同曲面图 X 轴，同时反映出损伤发生位置；Y 轴同曲面图 Y 轴；信号幅值变化通过图中不同颜色直观表现出来。通过检测完好钢丝绳的信号，确定该钢丝绳基础漏磁水平，以所得电压值作为损伤信号判断基础值；再将所得信号通过本节所述信号处理方法进行信号偏移与叠加处理后，所得结果作为后续钢丝绳断丝信号识别标准值。

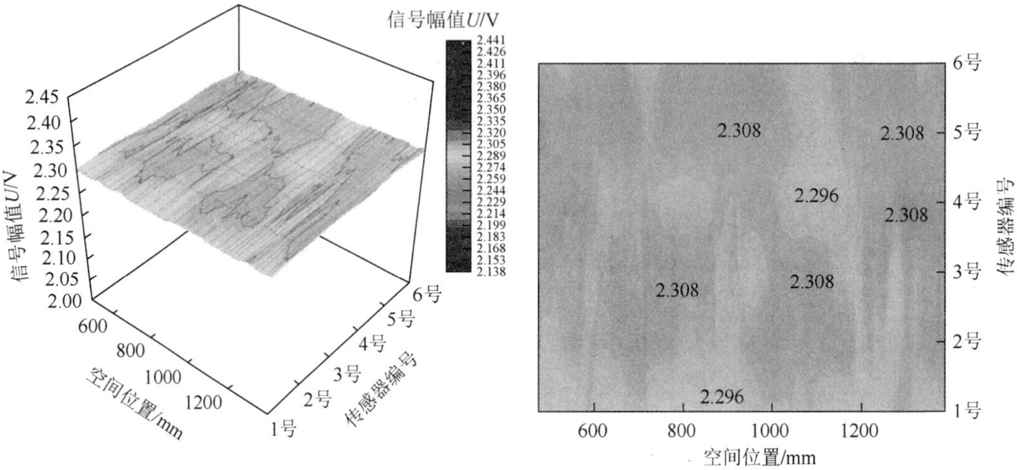

(a) 完好钢丝绳

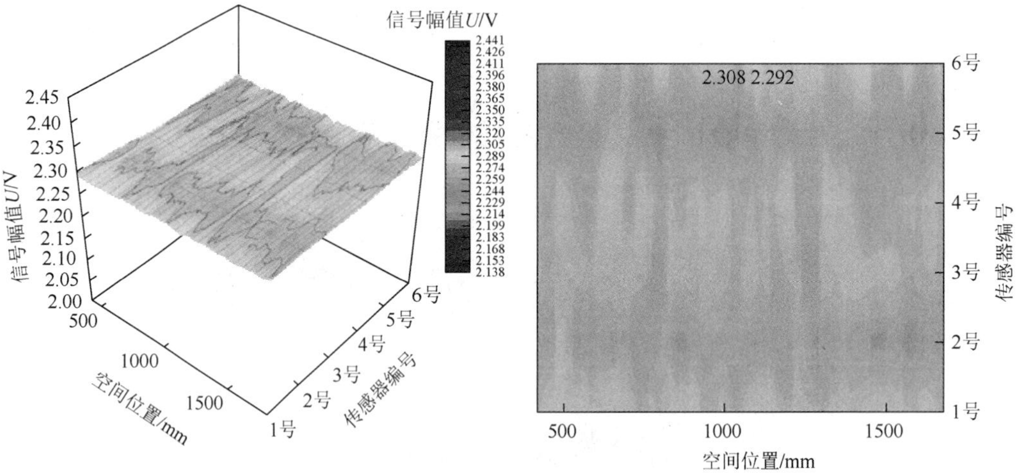

(b) 3根断丝

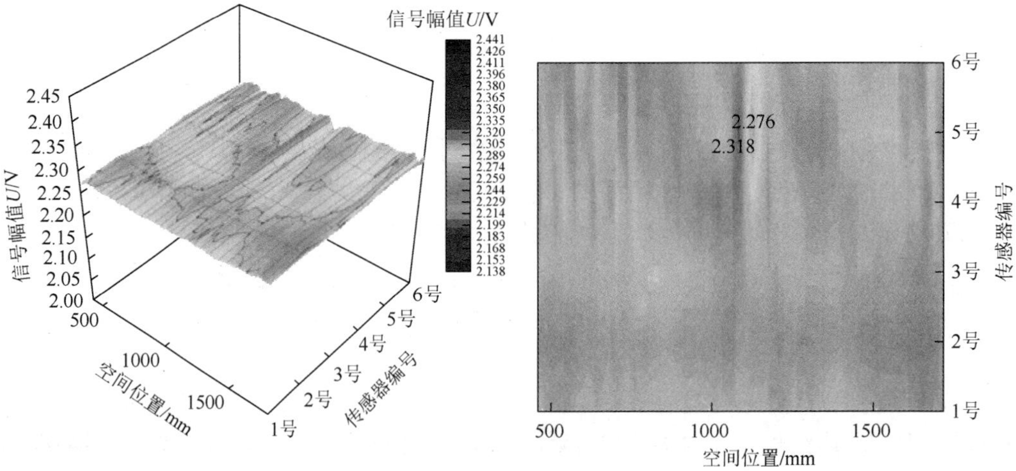

(c) 6根断丝

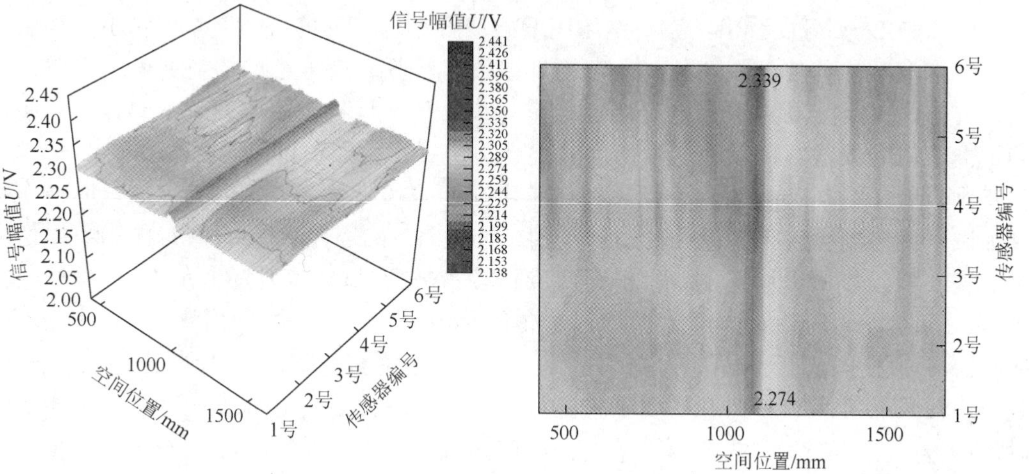

(d) 13根断丝

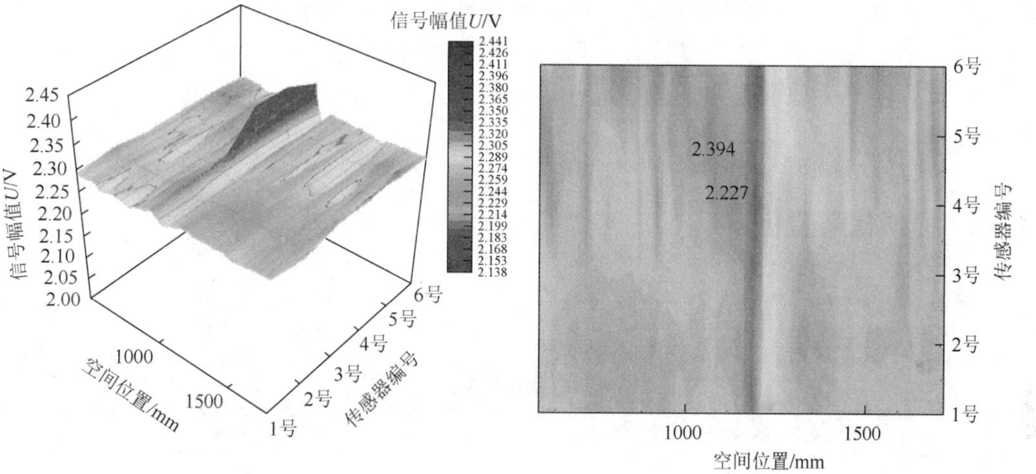

(e) 24根断丝

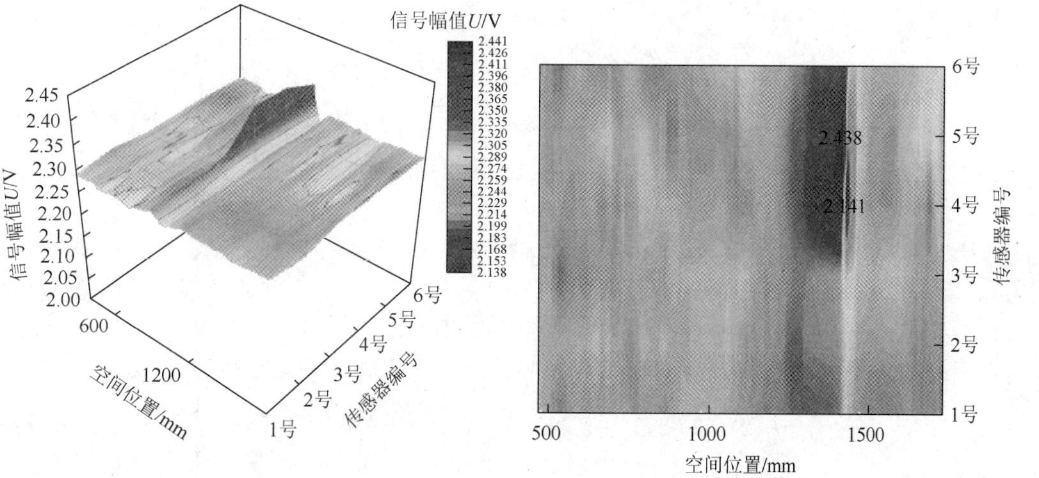

(f) 36根断丝

图 7-25　标准试样损伤信号（彩图见二维码）

由图 7-25(a)可以看出，完好钢丝绳漏磁场分布均匀，信号强度差异较小，且由于钢丝绳本身结构使信号图像呈现一定的规律性，但股波信号经过抑制后表达不明显。图 7-25(b)对应钢丝绳损伤较浅，断丝数量较少，损伤信号在图中表达不明显，但通过确定损伤信号幅值，可以确定损伤信号大小与位置，由图中可以看出损伤发生在 6 号传感器附近；图 7-25(c)对应钢丝绳损伤发生在 5 号传感器下方，由于该钢丝绳损伤深度加深，漏磁场强度得到提升，周向范围延伸至 4、6 号传感器；图 7-25(d)中损伤深度加深，断丝数量增加到 13 根，信号中波峰波谷较明显，主要发生在 4、5 号传感器下方，同时漏磁场延伸至 1、2、3、6 号传感器下方，即损伤处四周均有漏磁场影响；图 7-25(e)中损伤深度 3 mm，而损伤宽度几乎与钢丝绳直径相同，因此在图中表现形式为损伤信号在 4、5、6 号传感器下方区域，并且 1、2、3 号传感器同时可以采集到漏磁场信号；图 7-25(f)中损伤信号幅度大，在图中可以明显看出，与前 4 种深度损伤相比，漏磁场信号跨度增加较大，并且 1、2、3 号传感器同时采集到较强的漏磁场信号，这是由于深度为 6 mm 的损伤已经超过钢丝绳半径，并在钢丝绳未损伤表面产生一定的漏磁场，然而此种深度损伤情况在实际使用过程中不会发生（损伤深度远超报废标准，在役钢丝绳在产生该深度损伤之前已被更换），该损伤情况仅在定量识别与量化标定过程中使用。

7.5.3　损伤信号量化

对每种损伤产生的损伤信号进行峰峰值统计，其结果如表 7-4 所示。

表 7-4　断丝损伤信号峰峰值

外部断丝数量/根	峰峰值/V
0	0.012
3	0.014
6	0.042
13	0.065
24	0.113
36	0.297

由于钢丝绳具有特殊结构及表面形貌，损伤信号峰峰值与断丝数量之间不呈线性变化关系，因此将所得损伤信号峰峰值与外部断丝数量分别进行二阶多项式与三阶多项式拟合，得到原始变化曲线与拟合曲线对比如图 7-26 所示。

由二阶多项式拟合得到外部断丝数与漏磁场信号峰峰值变化函数关系为

$$f_1(x)=0.02711+2.23353\times10^{-4}x+1.9307\times10^{-4}x^2 \tag{7-17}$$

此处决定系数 $R^2=0.966$。

由三阶多项式拟合得到外部断丝数与漏磁场信号峰峰值变化函数关系为

$$f_2(x) = 0.00407 + 0.00883x - 4.88021\times10^{-4}x^2 + 1.30157\times10^{-5}x^3 \tag{7-18}$$

此处决定系数 $R^2 = 0.995$ 。

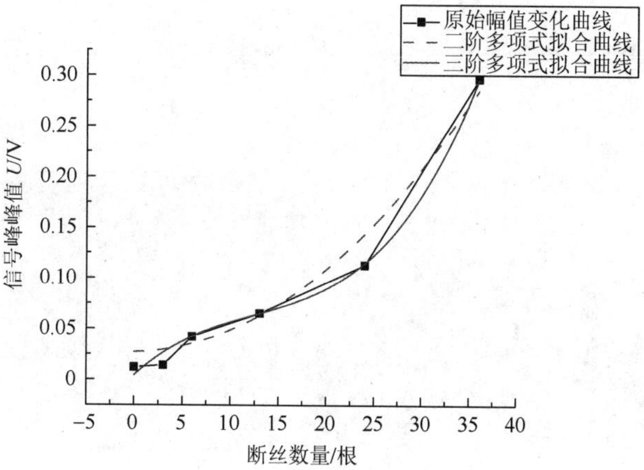

图 7-26　损伤信号峰峰值随外部断丝数量变化曲线

从图 7-26 中曲线变化可以看出，二阶多项式拟合所得函数决定系数 R^2 为 0.966，与三阶多项式拟合结果的决定系数 0.995 相比较低，说明由三阶多项式拟合得到的函数关系能够更准确地反映断丝数量与信号峰峰值的变化关系，故二阶多项式不做考虑。三阶多项式拟合所得函数曲线为单调递增曲线，且曲线斜率随断丝数量先减小后大，与试验结果所得结论相符，因此将式（7-18）作为量化识别函数。但需要指出的是，对于钢丝绳断丝损伤、磨损损伤或者截面积损伤缺陷，其漏磁场信号表现并非一成不变，如前面所述，漏磁场信号强度与断口间距、传感器提离距离、励磁强度等因素均有关。因此，本节所得拟合函数仅适用于本章所设计制造的无损检测装置。

7.6　钢丝绳断丝损伤试验分析

7.6.1　钢丝绳损伤漏磁场检测试验设计

1. 试验目的

通过将上述信号量化识别，确定了外部断丝数量与漏磁场信号峰峰值之间的函数关系，可以借此对实际使用中钢丝绳进行损伤识别。实际工况中钢丝绳损伤多种类型同时存在，但主要损伤形式为磨损损伤与断丝损伤。其中，断丝损伤包括磨损断丝，因此该损伤类型既包含磨损损伤，又包括断丝损伤，对实际使用中的钢丝绳服役性能造成较大影响。由于磨损断丝是钢丝绳表面接触磨损发展到一定程度后产生的，因此在断丝产生的过程中还伴随发生磨损但未断丝的情况，会对漏磁场的产生以及信号识别产生影响，甚至造成误判，使得磨损断丝损伤识别具有一定难度。因此针对这一损伤类型，下一步将利用已经确定的定量识别方法，对损伤钢丝绳进行损伤漏磁场检测，确定损伤程度，同时验证量化识别方法的准确性。

2. 试验试样

利用自制钢丝绳滑动摩擦磨损试验机，在 7 根钢丝绳表面产生不同程度的损伤，其损伤形貌如图 7-27 所示。

(a)

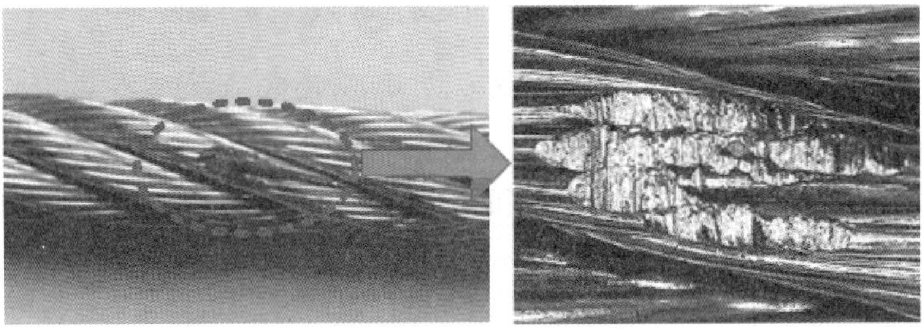

(b)

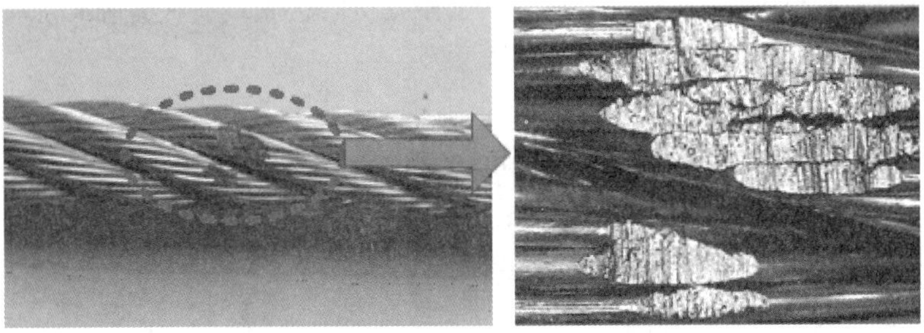

(c)

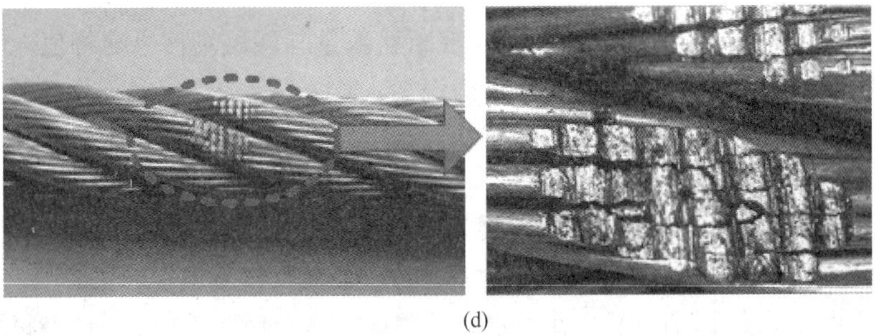

(d)

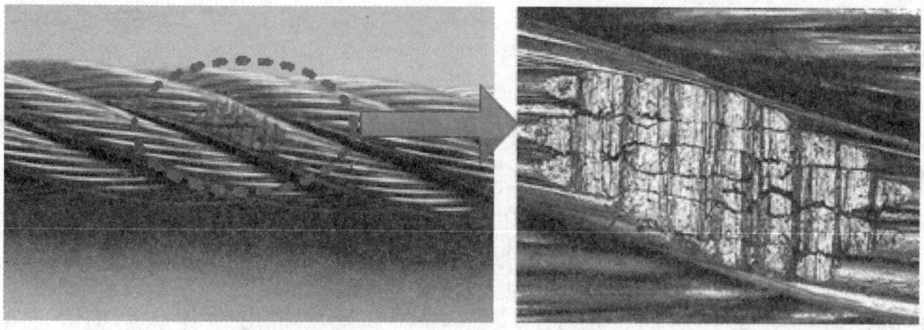

(e)

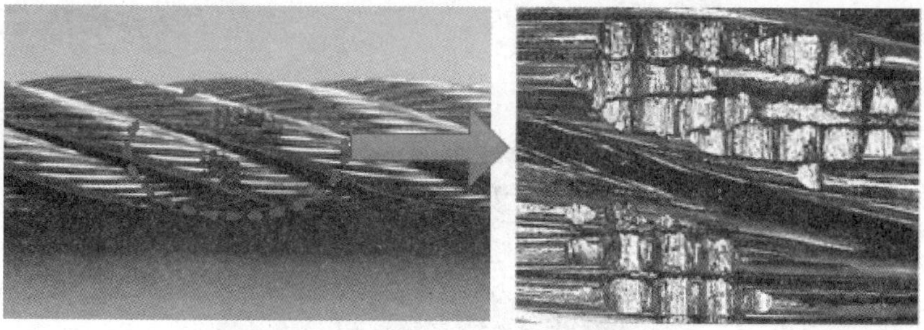

(f)

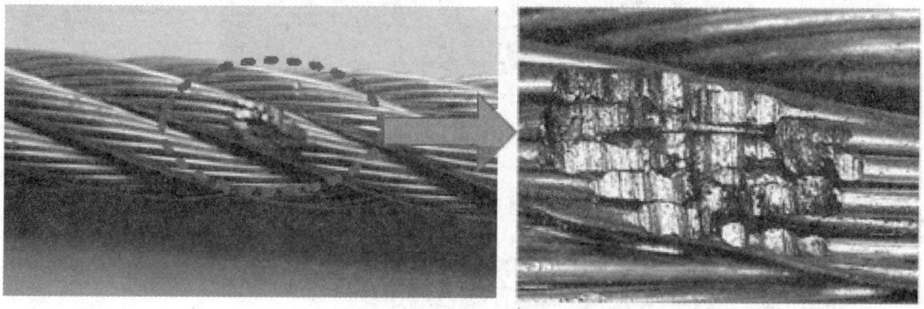

(g)

图 7-27　损伤检测试样

通过观察测量，图中损伤程度如表 7-5 所示。

表 7-5　试样断丝数量

试样编号	断丝数量/根
（a）	5
（b）	3
（c）	5
（d）	6
（e）	6
（f）	6
（g）	5

3. 试验内容

在实际使用中，钢丝绳表面发生磨损与断丝损伤将对钢丝绳服役性能产生影响。由于磨损程度不同，磨损与断丝损伤可能同时存在，因此试验内容主要针对钢丝绳表面发生摩擦磨损时产生的磨损与断丝损伤进行检测。首先，利用本章所设计的钢丝绳无损检测装置（图 7-28）对制备的钢丝绳试样进行损伤信号提取；其次，依据信号处理方法对损伤信号进行偏移叠加、降噪处理；然后，根据所得信号判断磨痕宽度，并利用拟合函数关系判断断丝损伤数量；最后，将试验所得损伤检测结果与实际观测数值进行对比，判断损伤信号识别以及函数关系准确性。

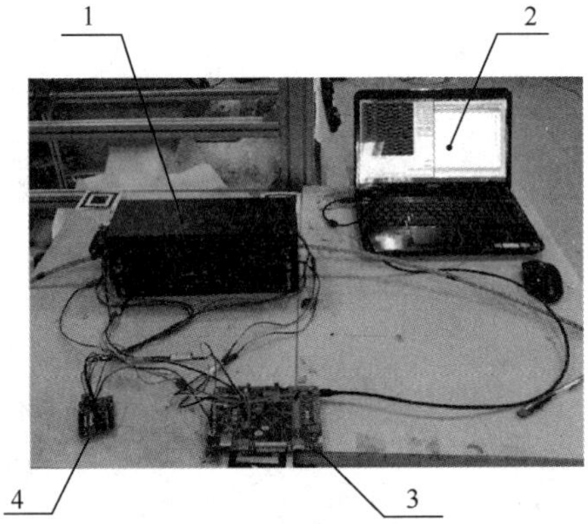

图 7-28　钢丝绳无损检测试验系统

1-钢丝绳无损检测装置；2-信号记录上位机；3-信号采集传输单片机；4-传感器电源模块

7.6.2　钢丝绳损伤漏磁场检测试验结果分析

基于上述试验装置及试样，对 7 根损伤钢丝绳试样进行信号采集处理，获取损伤信号峰峰值，得到 7 组试样损伤信号曲面图如图 7-29 所示。

图 7-29(a)～(g)依次对应损伤试样(a)～(g)。从图中可以看出，损伤发生处会产生明显信号强度变化，损伤程度决定损伤信号强度变化程度。此外，通过曲面图中曲面起伏变化程度可以直观看出信号变化趋势。通过提取损伤信号峰峰值得到统计结果如表 7-6 所示。从表中可以看出，峰峰值的大小与断丝数量有直接关系，但相同断丝数量之间测得峰峰值并不完全相同。主要原因是在试样制备过程中，经过摩擦磨损试验后，虽有断丝产生，但与此同时断丝周围发生不同程度磨损损伤，磨损长度、宽度及深度存在差异，因此产生的漏磁场信号峰峰值存在一定差异。另外，在图中可以看出，磨损后的钢丝绳漏磁场信号产生了一定程度的周期性起伏，曲面图中表现形式为波浪形曲面，但周期小于股波信号。分析认为该现象产生的原因是：在摩擦磨损试验机中，需要对钢丝绳施加预紧力，保持紧绷与弯曲状态；试验结束后将钢丝绳从试验机上取下，此时钢丝绳由紧绷弯曲状态恢复为松弛状态，此时预紧力消失，导致钢丝绳发生一定程度的回弹，因此造成股松弛以及丝与丝间距变大的现象。

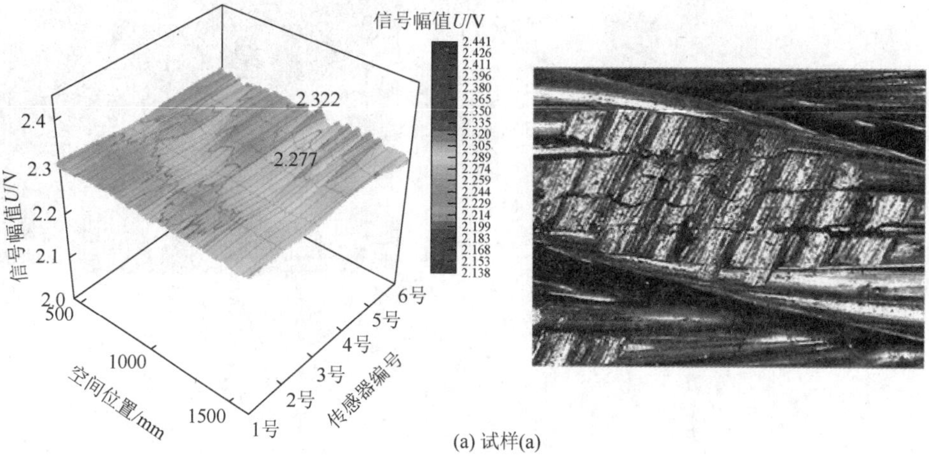

(a) 试样(a)

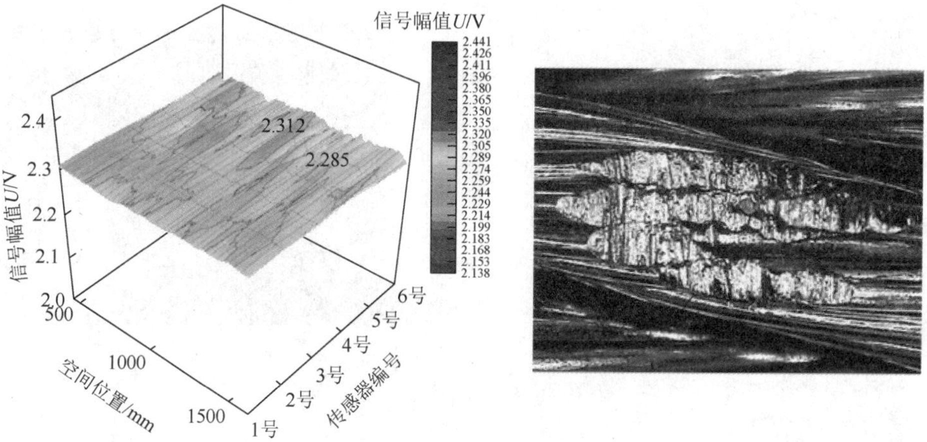

(b) 试样(b)

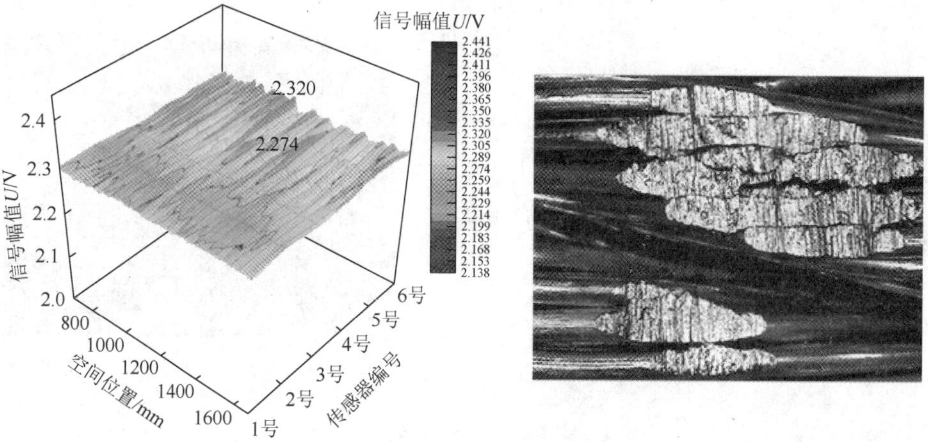

(c) 试样(c)

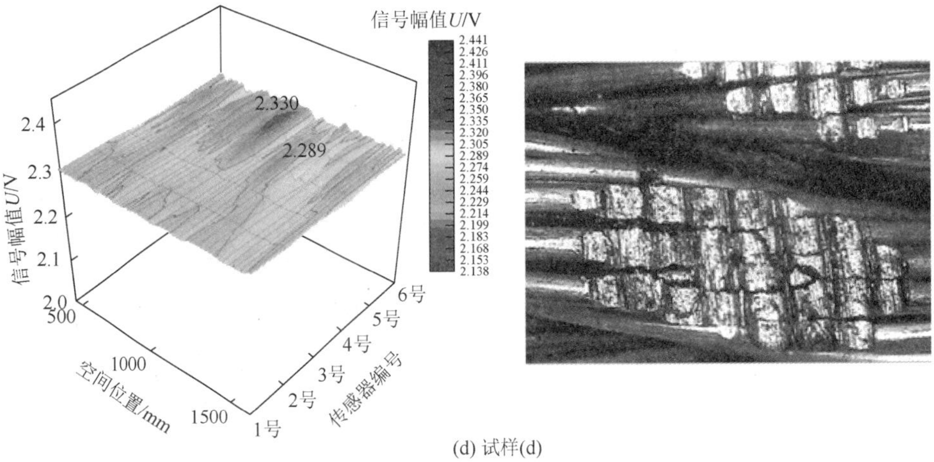

(d) 试样(d)

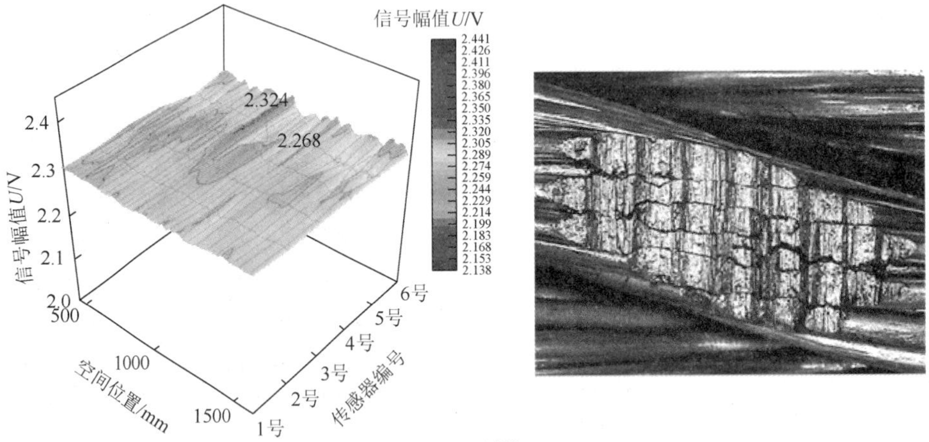

(e) 试样(e)

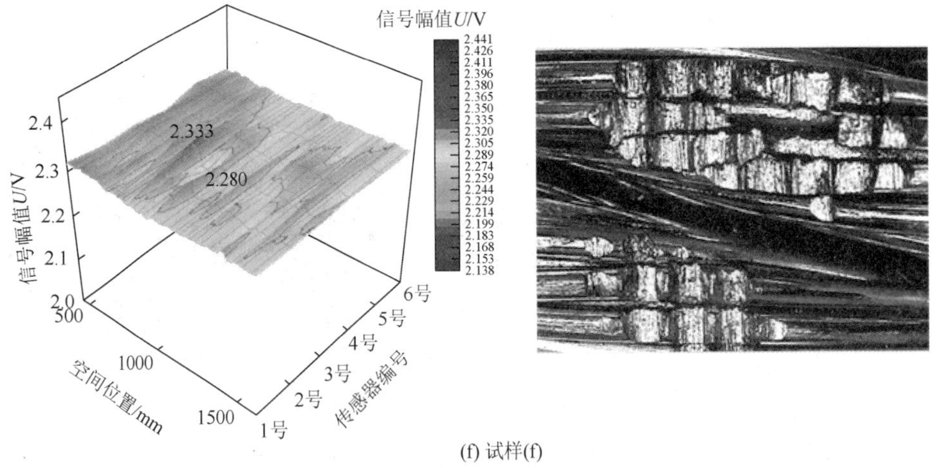

(f) 试样(f)

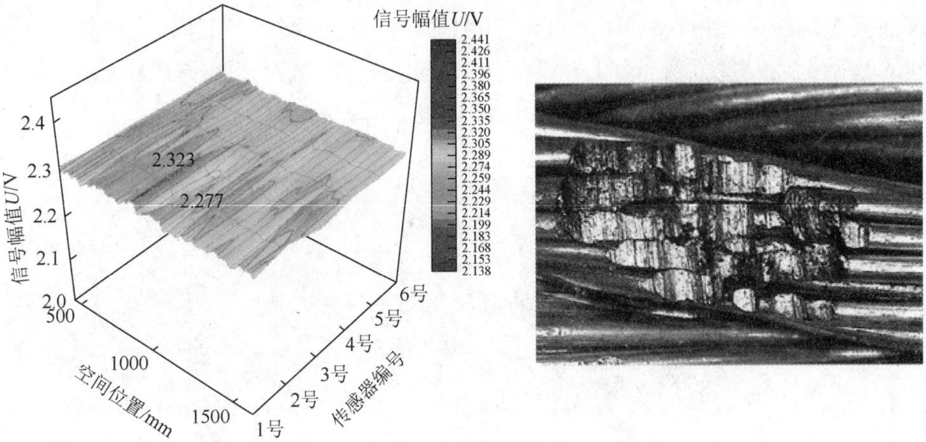

(g) 试样(g)

图 7-29　无损检测试验试样检测结果（彩图见二维码）

表 7-6　损伤试样检测结果

编号	实际断丝数/根	峰峰值/V	拟合断丝数/根	误差
(a)	5	0.045	6.32	26.4%
(b)	3	0.027	3.08	2.7%
(c)	5	0.046	6.43	28.6%
(d)	6	0.049	6.77	12.8%
(e)	6	0.056	7.65	27.5%
(f)	6	0.056	7.65	27.5%
(g)	5	0.046	6.43	28.6%

下一步，将测得峰峰值结合缺陷量化函数关系，可以得到表 7-6 中拟合断丝数。通过比较可以看到，拟合得到的断丝数量与实际断丝数量之间有一定偏差，造成偏差的原因主要有两点：一是摩擦磨损与断丝损伤同时会产生漏磁场，而试样通过摩擦磨损试验机制备得到，其摩擦磨损与断丝损伤集中产生在同一位置，两种损伤产生的漏磁场信号相互叠加，使得利用测得的峰峰值信号进行拟合得到断丝数量高于实际断丝数量；二是由于拟合函数关系是对试验数据进行数值计算拟合得到，函数拟合方法本身存在一定误差，该误差由方法本身以及数据样本容量决定，因此对于断丝数判断存在一定偏差。另外，测量结果出现误差是由除断丝外的磨损损伤产生的漏磁场所致。从结果中可以看出，断丝数量越多，结果误差相对越大，进而说明磨损损伤程度更加严重，与观察损伤形貌结果相符，可以证明该装置对磨损损伤也具有一定的检测能力。

为了进一步验证本章所设计的无损检测装置的损伤检测性能，在试验过程中选用市面上某型号钢丝绳无损检测仪作为对照。该装置要求检测试样应具有一定长度，因此，选用与本章同型号的 6×19+FC 型钢丝绳，长度为 14 m，直径 10 mm。试验开始前，先在钢丝绳表面人工制造两处损伤（图 7-30），其中 1 号损伤处的三根断丝较为严重，断口两端在断丝的基础上还发生了弯折；2 号损伤处磨损也较为严重，其磨损深度已达股中第 2 层钢丝处且存在部分磨损断丝，损伤具体情况如表 7-7 所示。

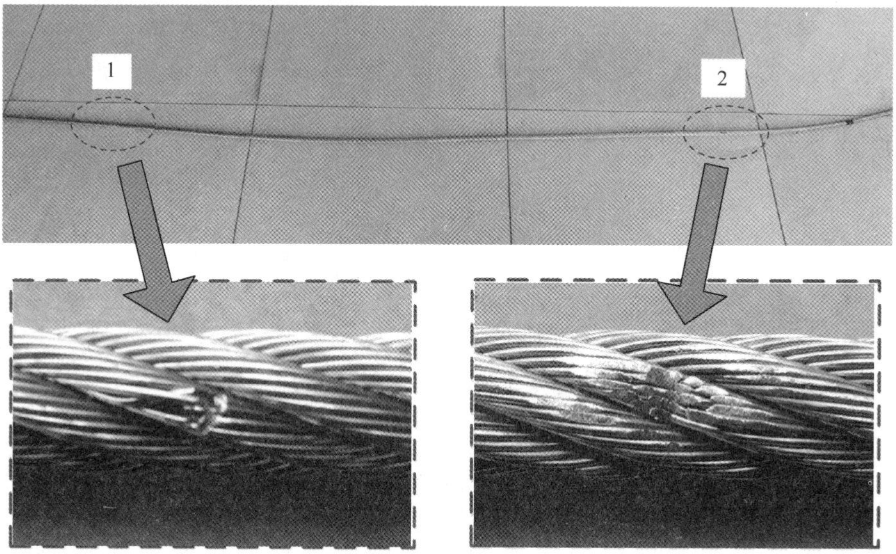

图 7-30　试样损伤形貌

表 7-7　试样损伤情况

损伤序号	损伤位置/m	损伤类型	损伤程度
1	9	断丝	3 根（断丝变形）
2	10.5	磨损、断丝	1.2 mm；11 根

该型号无损检测仪采用弱磁激励剩磁检测法，检测方法具体描述如下：首先，利用检测仪的励磁单元对钢丝绳进行整体励磁；然后，取钢丝绳中完好部分作为基准值取值点进行装置参数设定：最后，完成装置参数设定开始检测。检测完成后，无损检测仪自动生成探伤结果及探伤数据曲线如图 7-31 所示。

绳子状态

绳号：17　探伤长度：14.0米　型号：06*19-10.0　判定限值：12%　损伤个数：4个　最大伤位：4.30米　最大伤值：1.87%

次数：1　坏点数：76个　捻距：0　探伤日期：2019 年 3 月 30 日　第二大伤位：13.85米　第二大伤值：0.95%

表名：损伤序列表　显示长度：0～14.0米　标定值：296　加载日期：2019 年 3 月 30 日　第三大伤位：10.50米　第三大伤值：0.57%

序号	损伤位置（M）	损伤量值（%）	参考类型	断丝当量（根）	径缩当量（mm）
1	4.07	0.56	锈磨		0.03
2	4.36	1.87	锈磨		0.09
3	10.50	0.57	锈磨		0.03
4	13.85	0.95	综合		0.05

(a) 检测结果数据

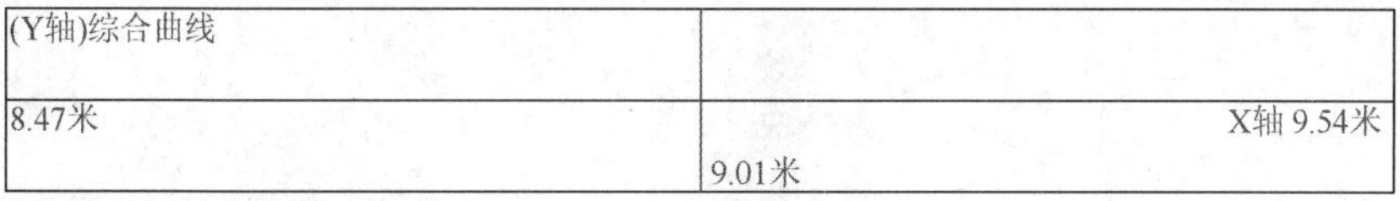

1号损伤

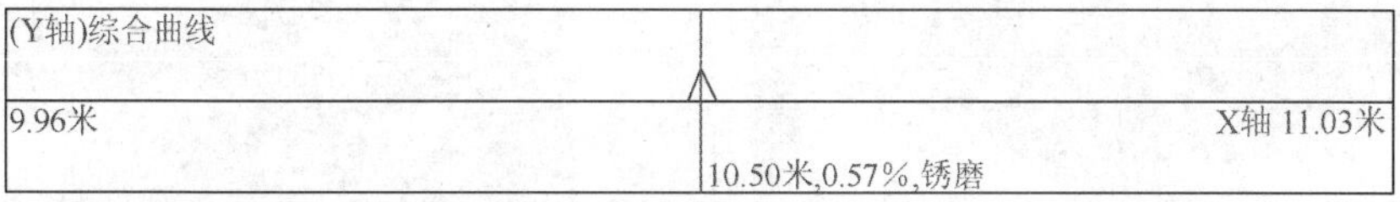

2号损伤

(b) 检测结果曲线

图 7-31　钢丝绳无损检测仪检测结果

从检测结果中可以看出，该型号无损检测仪共检测到四处损伤情况，其中发生在 10.5 m 处的损伤 3 对应表 7-7 中的 2 号损伤，然而其检测损伤量仅为 0.57%，径缩当量仅为 0.03 mm，与实际损伤情况出入较大；并且未检测出表 7-7 中 1 号损伤处的三根断丝；同时，另外三处损伤发生位置，经过人工检查并未发现明显锈磨损伤情况。

作为对比，利用本章设计完成的钢丝绳无损检测装置对上述损伤钢丝绳进行检测，得到损伤信号曲面图如图 7-32 所示。其中损伤信号峰峰值及断丝数量识别结果如表 7-8 所示。从检测结果中可以看出，本章所设计的钢丝绳无损检测装置对损伤钢丝绳 1 号损伤（3 根断丝）识别较为准确。由于断丝一端发生弯曲形变，断口形状不规则，产生的漏磁场信号分布复杂，因此损伤信号钢丝绳轴向波动区域较大。对 2 号损伤识别为 12.1 根断丝，断丝数量多于实际断丝数量，原因如前面所述：磨损损伤严重且磨损区域面积较大，导致该检测结果偏高。从图 7-32(b)中可以看出，由于 2 号损伤沿钢丝绳轴向磨损范围较大，图中表现为在损伤信号峰值出现前，存在一段信号幅值较高区域。因此损伤检测结果可以在一定程度上反映出钢丝绳磨损损伤情况。

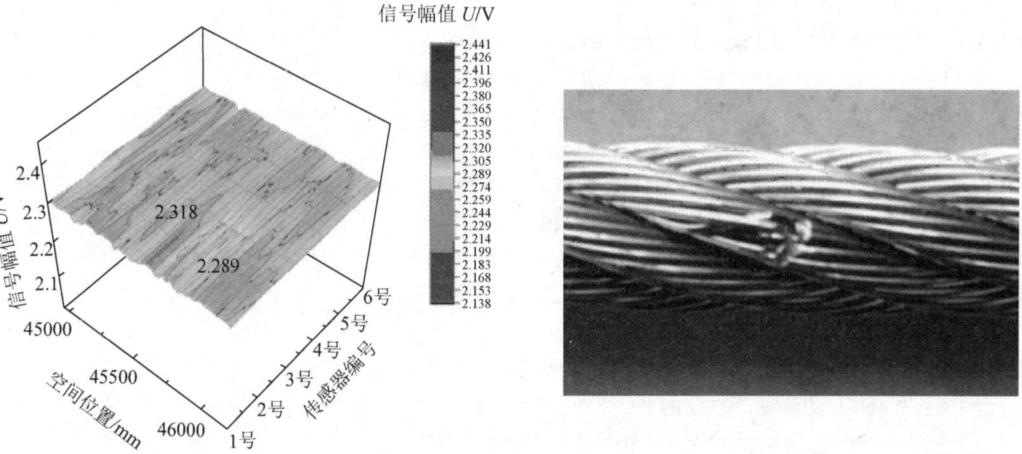

(a) 1号损伤

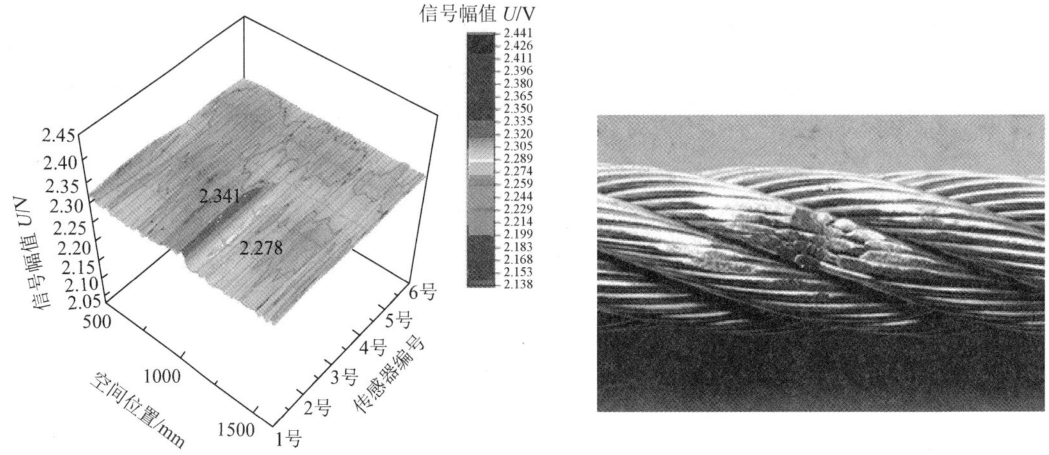

(b) 2号损伤

图 7-32　本章所得损伤钢丝绳检测结果（彩图见二维码）

表 7-8　本章所得损伤钢丝绳检测结果统计

损伤序号	损伤类型	损伤程度	检测结果	误差
1	断丝	3 根	3.4 根	13.3%
2	磨损、断丝	1.2 mm；8 根	12.1 根	51.3%

通过以上对比试验可以看出：一定情况下，市面现有的该型号钢丝绳无损检测仪器对钢丝绳损伤定量检测结果仍存在精确度较低的情况，存在一定误差和漏检、错检情况；与该无损检测仪相比，本章所设计的钢丝绳无损检测装置针对较少断丝检测，有一定的检测能力并且误差相对较小。

参 考 文 献

[1]　贾社民. 关于钢丝绳电磁检测和强度评估的一些看法[J]. 无损检测，2002，24（12）：522-525.

[2]　郑植. 基于 PCB 线圈的钢丝绳无损检测技术研究[D]. 哈尔滨：哈尔滨工业大学，2012.

[3]　Hanasaki K，Tsukada K. Estimation of defects in a PWS rope by scanning magnetic flux leakage[J]. NDT & E International，1995，28（1）：9-14.

[4]　张东来，徐殿国. 基于线性 B-小波的钢丝绳信号数据压缩和特征提取[J]. 仪器仪表学报，1998，19（3）：249-255.

[5]　高寒. 矿井提升钢丝绳霍尔元件检测法[J]. 机械制造与自动化，2012，41（1）：45-46.

[6]　胡忠建，王红尧，华钢，等. 基于霍尔元件的矿井提升钢丝绳断丝检测方法[J]. 煤炭科学技术，2008，（7）：64-67.

[7]　康宜华，杨克冲，杨叔子，等. 基于钢丝绳结构特征的断丝漏磁霍尔效应检测方法[J]. 华中理工大学学报，1992，（S1）：207-213.

[8]　武新军，王峻峰，杨叔子. 钢丝绳无损检测技术的研究现状[J]. 煤炭科学技术，2000，28（11）：22-24，49.

[9]　The University of Reading. Wire rope non-destructive testing-survey of instrument manufacturers[R]. London：Health and Safety Executive，Offshore Technology Report-OTO 2000064，2000.

[10]　应力，顾伟，张琳. 基于磁通门检测技术的钢丝绳探伤传感器的设计原理及方法[J]. 上海海运学院学报，1999，20（1）：6-10.

[11]　应力. 用于钢丝绳无损探伤的磁通门数学模型及其信号采集[J]. 上海海运学院学报，1998，（3）：41-46.

[12] 褚建新，顾伟. 钢丝绳缺陷漏磁场的磁通门检测法[J]. 仪器仪表学报，1997，18（4）：437-440.

[13] Laguerre L，Aime J C，Brissaud M. Magnetostrictive pulse-echo device for non-destructive evaluation of cylindrical steel materials using longitudinal guided waves[J]. Ultrasonics，2002，39（7）：503-514.

[14] Kwun H，Teller C M. Detection of fractured wires in steel cables using magnetostrictive sensors[J]. Material Evaluation，1994，（9）：503-507.

[15] 金纪东，武新军，康宜华. 磁致伸缩无损检测传感器用大电流功率放大器的设计[J]. 无损检测，2003，25（7）：340-342.

[16] 冯红亮，肖定国，徐春广，等. 一种磁致伸缩式超声波激发/接收传感器的研究[J]. 仪表技术与传感器，2003，（7）：4-6.

[17] 窦毓棠，杨旭，窦伯莉. 钢丝绳（缆）全息定量无损检测[J]. 矿山机械，2001，（5）：49-54.

[18] 熊力群. 基于双级永磁励磁的钢丝绳无损检测装置设计及试验研究[D]. 徐州：中国矿业大学，2019.

第 8 章　钢丝绳复合润滑脂抗磨机理研究

8.1　概　述

润滑不良造成钢丝绳内部钢丝之间摩擦系数增大，使钢丝微动磨损速率加快，润滑失效同时导致钢丝被腐蚀速率加快，磨损与腐蚀的共同作用通常表现为彼此加速。减磨润滑脂能有效降低钢丝绳摩擦磨损。随着我国钢丝绳应用领域的逐渐扩展，在对钢丝绳性能提出高要求的同时，对钢丝绳用润滑油脂也提出了更严苛的要求，钢丝绳润滑脂产品由非专业用脂逐渐演变为专业性的特殊用脂。然而，现有润滑脂还不能满足多层缠绕钢丝绳抗磨润滑需求，因此，亟须提高恶劣工况条件下脂润滑性能，解决多层缠绕钢丝绳磨损严重、服役寿命较短的问题。因此，通过结合实际应用对钢丝绳润滑脂进行改性研究，将在降低钢丝绳表面摩擦系数、延长其使用寿命、降低运行维护成本等方面发挥重要作用。

1. 钢丝绳脂润滑

钢丝绳应用工况恶劣，因润滑不足而导致的腐蚀及磨损问题，显著缩短了钢丝绳的使用寿命。早期，秦万信和李树发等[1, 2]对钢丝绳的润滑及润滑管理等问题提出了总结和建议；之后，崔影[3]通过分析润滑对钢丝绳使用寿命的影响机制，提出针对钢丝绳内部钢丝表面的磨损采取润滑等技术措施可以延长钢丝绳使用寿命；郑伯鑫[4]同样研究了钢丝绳润滑状态对电梯曳引力的影响，表明钢丝绳润滑状态是影响电梯安全运行的重要因素；McColl 等[5]研究了高强度共析钢丝绳的润滑微动磨损行为，表明加入润滑油脂能有效降低钢丝绳表面摩擦系数，减少摩擦磨损；刘丽君等[6]同样对钢丝绳润滑脂的抗摩擦学性能做了进一步的研究。另外，田科奇等[7]总结了我国钢丝绳表面脂的发展状况，刘方杰[8]对钢丝绳润滑脂的选用提出了建议，而王先会等[9]则对日本钢丝绳维护润滑脂的产品现状及应用作出了简要的介绍；为了改善钢丝绳润滑效果，张晓楠等[10]通过采用新稠化剂取代原稠化剂制备了一种新型钢丝绳润滑表面脂。

2. 石墨烯润滑脂

目前，石墨烯的制备研究不断取得重要进展，制备方法主要有微机械剥离法、外延生长法、石墨插层法、溶液剥离法、化学气相沉积法和氧化还原法[11]。然而，纯度较高的石墨烯制备较为困难，价格较高，不适合在某些工况下使用。复合石墨烯指由多层、少层石墨烯及纳米石墨混合而成的石墨烯产品，其价格相较于石墨烯更低，在一些工况下适用性更强。本章在结合前人相关研究的基础上，创新性提出机械剥离与溶液剥离相结合制备复合石墨烯方法，通过结合行星式高能球磨机破碎与超声波清洗器剥离两种作用机制，旨在探究两种机制共同作用下的复合石墨烯剥离机理，为机械法制备复合石墨烯提供重要理论依据。

现有研究表明，石墨烯纳米材料作为润滑添加剂能够有效改善润滑性能。早先，Senatore 等[12]发现以石墨烯氧化物纳米片作为添加物的矿物质油能够有效减少摩擦磨损；接着，蒲吉斌等[13]详细介绍了石墨烯纳米摩擦学性能，及其充当纳米润滑薄膜、润滑添加剂和润滑填料的研究进展，总结出石墨烯的摩擦机理，并指出石墨烯作为高性能润滑材料仍需解决的问题及未来的研究趋势。在具体的试验中，Zheng 等[14]研究了石墨烯纳米片在 RTCr2 合金铸铁板与 GCr15 钢球间接触润滑油中的作用，发现在 PAO 基础油中添加石墨烯纳米片后，磨损减少了 50%，并且在纹理表面的磨损减少量高达 90%；Fan 等[15]则脱离润滑油脂，只研究了不同固体纳米粒子的摩擦学性能和摩擦机理，包括石墨烯量子点，发现球形纳米粒子相对于层状纳米粒子具有更好的摩擦学性能。除了矿物质油之外，Ni 等[16]研究了石墨烯添加剂对植物油润滑性能的影响，证实植物油基石墨烯悬浮液可以作为常规矿物质油基金属加工液的替代品。在进一步的对润滑脂的研究中，Cheng 等[17]通过标准摩擦试验机研究了石墨烯基半固态润滑脂的摩擦性能，研究发现摩擦系数和磨损量均降低了约 50%。为了与其他材料进行对比，乔玉林等[18, 19]通过往复摩擦试验机研究了石墨烯的减摩抗磨性能，发现石墨烯较液状石蜡的减摩抗磨性能有明显改善。

综合上述研究现状，本章在结合前人相关研究的基础上，创新性提出机械剥离与溶液剥离相结合制备复合石墨烯方法，为机械法制备复合石墨烯提供重要理论依据；同时使用石墨烯、复合石墨烯及微米石墨烯对钢丝绳润滑脂进行改性试验[20]，提高其抗磨性能，从而保证钢丝绳润滑脂在钢丝绳多层缠绕工况中的稳定润滑性能，降低钢丝绳摩磨损，并延长其安全服役寿命。

8.2　改性复合润滑脂制备

8.2.1　复合石墨烯制备及表征

以复合石墨烯作为润滑脂添加剂是一种新的研发思路。由于高纯度石墨烯成本较高，不适用于润滑脂改性，因此进行了复合石墨烯制备试验，旨在为钢丝润滑脂改性试验提供材料。拟采用行星式高能球磨机球磨法制备复合石墨烯。在尝试制备复合石墨烯的过程中需要解决两个关键问题。

（1）复合石墨烯薄片的剥离。由天然石墨获得复合石墨烯，需要克服石墨片层之间的范德瓦耳斯力，本试验采用的方法是利用磨球产生的剪切力来实现这一目标。

（2）复合石墨烯的团聚。石墨之间的团聚势能由范德瓦耳斯力能和库仑力能合并而成，范德瓦耳斯力能为团聚能的主要部分，库仑力能的作用非常微弱[21]。由此可知，克服复合石墨烯团聚的主要任务就是克服任意两层薄片间的范德瓦耳斯力。

1. 试验材料及仪器

本试验所使用石墨粉购于国药集团化学试剂有限公司，相对分子质量 12.01，CAS 号 7782-42-5，烧灼残渣≤0.15%（质量分数，下同），颗粒度(≤30μm）≥95%，含量≥99.85%；

用于制备复合石墨烯分散液的十二烷基苯磺酸钠购于天津市恒兴化学试剂制造有限公司，品级为分析纯（AR）；用于湿相球磨的溶剂为去离子水。

试验过程中所使用仪器设备如表 8-1 所示。

表 8-1　机械法制备复合石墨烯试验仪器

仪器名称	型号	厂家
磁力加热搅拌器	79-1	常州市金坛新航仪器有限公司
行星式高能球磨机	DECO-PBM-V-4L	长沙德科仪器设备有限公司
超声波清洗器	KQ-100DE	江苏昆山超声仪器有限公司
台式高速离心机	TGL-16G	盐城市凯特实验仪器有限公司
真空抽滤装置	FS3310	上海领德仪器有限公司
真空干燥装置	DZF-6020	上海捷呈实验仪器有限公司
电子天平	YP-B	上海光正医疗仪器有限公司
量筒、烧杯	1L	华北卓越实验仪器中心

2. 复合石墨烯制备

1）球磨机剥离石墨

行星式高能球磨机湿相剥离石墨的机理有两种。第一种是利用剪切应力。在磨球横向切过石墨片层时，摩擦力形成剪切应力，配合石墨的横向自润滑性，很容易克服石墨片层间的范德瓦耳斯力，从而实现剥离效果。第二种是磨球的垂直冲击作用。这种作用会粉碎石墨烯薄片，导致产品结构缺陷。选取不同直径的磨球相互混合，增加磨球与石墨的表面接触，以此期望减小第二种机理作用，从而制得高质量复合石墨烯。

用量筒量取 400 mL 去离子水加入干净的烧杯中，称取 0.4 g 十二烷基苯磺酸钠，加入去离子水中磁力加热搅拌 5 min，配比出浓度为 1 g/L 的 SDBS 分散液。称取 32 g 天然石墨加入球磨罐，同时将上述配制的分散液加入球磨罐中。上述步骤严格重复四次。完成上述步骤之后，将球磨罐放至行星式高能球磨机中，运转机器。为对比不同球磨时间和转速对试验产品的影响，本章开展两次球磨试验，试验各项参数如表 8-2 所示。

表 8-2　行星式高能球磨机试验各项参数

试验序号	球磨时间/h	行星盘转速/(r/min)	太阳盘转速/(r/min)	每罐加石墨/g	每罐加分散液/mL
1	18	300	150	32	400
2	36	600	300	32	400

溶液中的天然石墨经过行星式高能球磨机球磨破碎之后，即可进行下一步试验。

2）超声振荡

超声振荡是液相超声剥离法制备石墨烯的常用手段。超声剥离石墨烯机理如下：超声振荡时，溶剂选用含有表面活性剂的去离子水或与石墨烯表面能相匹配的介质，然后利用超声波所产生的机械力就能将石墨烯从石墨基中剥离出来。同时，由于石墨烯与溶剂分子存在作用力，分离出来的石墨烯能稳定地悬浮于溶剂中[22-25]。

为防止被球磨剥离出的复合石墨烯薄片团聚，将机械剥离与超声剥离相结合，在球磨试验完成之后，将球磨后得到的复合石墨烯溶液再次进行超声振荡，以期望复合石墨烯薄片能稳定地分散于溶液之中。超声剥离有超声粉碎和超声清洗两种工作模式，为了较小地破坏石墨烯薄片的横向尺寸，采用超声波清洗器来完成超声剥离工作，超声频率为40 kHz、超声时间为 10 min。

3）高速离心

球磨及超声振荡完成之后，得到的料液是一种混浊液。想要得到稳定的复合石墨烯悬浮液，需要将其高速离心。本章试验使用的离心机为台式高速离心机，离心机转子所容纳的试管为 12 支，每支试管容积为 10 mL，离心机转速为 12000 r/min，离心时间为 20 min。料液经高速离心后，取其上层清液，即为稳定的复合石墨烯悬浮液。

4）真空抽滤及真空干燥

经上一步骤得到复合石墨烯悬浮液之后，将悬浮液倒入真空抽滤装置抽滤，可获得湿润的固体复合石墨烯沉积物。将沉积物放入真空干燥箱内真空干燥，即可获得最终的复合石墨烯产品。真空抽滤装置过滤膜孔径为 5μm；真空泵为干泵，功率为 60W；抽滤时的相对真空度均为–0.08MPa。真空干燥装置中的真空泵为油泵，功率为 370W。试验中，真空干燥箱的相对真空度均为–0.1MPa，温度均为 100℃。

3. 复合石墨烯表征

1）拉曼光谱表征

拉曼光谱是一种损伤程度低、检测速度快的材料表征技术手段[26]。拉曼光谱具有较高分辨率，对碳材料的发展起着非常重要的推动作用。从石墨烯被发现至今，拉曼光谱一直是石墨烯检测领域的重要手段。

拉曼光谱的测试条件均为：532 nm 激光，2 mW 激光功率，2 s 积分时间，10 次累积次数，9～18 cm^{-1} 分辨率。试验 1 所得复合石墨烯的拉曼光谱图如图 8-1 所示，试验 2 所得复合石墨烯的拉曼光谱图如图 8-2 所示。

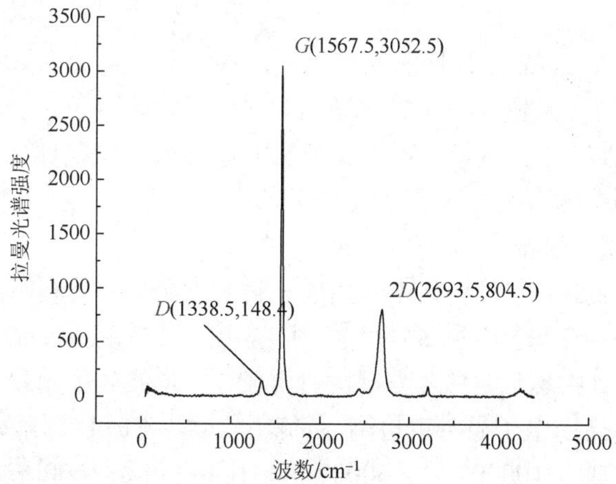

图 8-1　试验 1 拉曼光谱

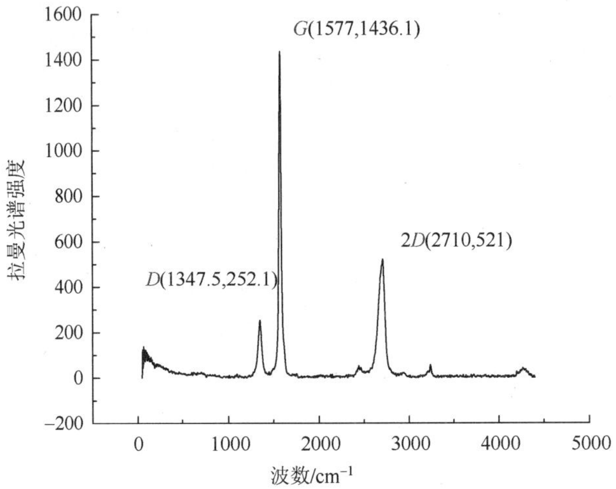

图 8-2　试验 2 拉曼光谱

用拉曼光谱来判断复合石墨烯层数的主要依据为 G 峰强度。由上面两张拉曼光谱图可以看出，两次试验所得复合石墨烯拉曼光谱图的 G 峰均高于 $2D$ 峰，由此可知，两次试验所得复合石墨烯的层数都在 4 层以上[26, 27]。对比图 8-1 及图 8-2 可以看出，图 8-2 中的 G 峰强度较低。由于 G 峰强度越高代表复合石墨烯层数越多，可以得出结论：试验 2 中的复合石墨烯产品层数比试验 1 所得产品的层数少，即更大的球磨机转速和更长的球磨时间有助于复合石墨烯的层数减少。

在对复合石墨烯的检测及评价中，质量的好坏是一项重要评价指标。对于复合石墨烯拉曼光谱来说，复合石墨烯的缺陷会反映在其 D 峰上[28]，D 峰与 G 峰的强度比是表征复合石墨烯中缺陷密度的重要参数[29]。吴娟霞等[26]研究表明，通过计算拉曼光谱 D 峰与 G 峰的强度比 I_D/I_G 就可以估算出复合石墨烯中的缺陷密度。I_D/I_G、缺陷密度 n_D 和激光能量 E_L 之间存在如下关系：

$$n_D = (7.3 \pm 2.2) \times 10^9 E_L^4 \left(\frac{I_D}{I_G} \right) \tag{8-1}$$

由式（8-1）可知，D 峰与 G 峰的比值越大，缺陷密度越大，即复合石墨烯的缺陷越多，质量越差。对比图 8-1 及图 8-2 可知，试验 1 所得拉曼光谱中的 I_D 与 I_G 比值约为 0.049，比试验 2 对应比值 0.176 小，因此，试验 1 复合石墨烯产品缺陷比试验 2 少，质量更好。由此可得结论：较小的球磨机转速和较短的球磨时间有助于复合石墨烯的品质提升。

2）扫描电子显微镜表征

扫描电子显微镜（SEM）是科研中常用的一种观察手段，其利用高能电子束来扫描物品，物品在电子束的轰击下会产生多种信号。扫描电子显微镜通过光束与物质间的相互作用，并对其产生的各种物理信息收集、放大、再成像，最终表征出物质的微观形貌。对试验 2 复合石墨烯进行扫描电子显微镜检测，所使用仪器为 SEM 冷场发射扫描电子显微镜。本试验分别在显微镜放大 100000 倍、50000 倍、10000 倍和 1000 倍条件下完成，得到的结果如图 8-3 所示。

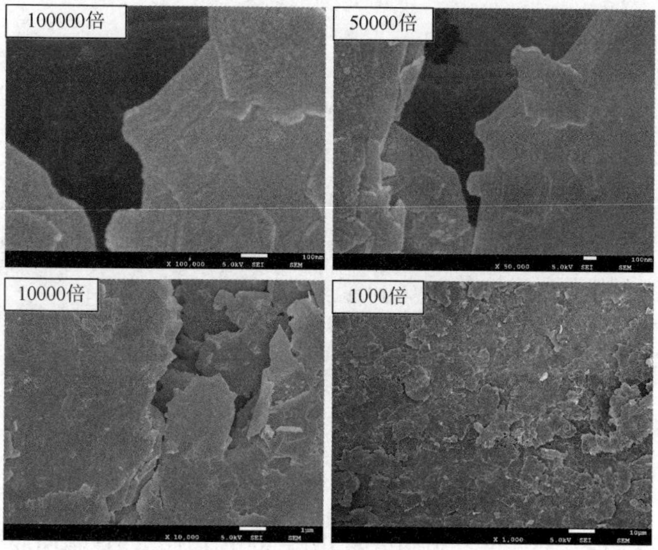

图 8-3　扫描电子显微镜检测结果

图 8-3 中复合石墨烯片层层次感清晰，薄片有大有小，有的相对完整，也有很多细碎的片层依附于较大的片层之上。由此可以推测，复合石墨烯中含有一定量的少层石墨烯及多层石墨烯，并且含有大量的纳米石墨碎片。从 10000 倍放大图中可以看出，在 1μm 这个尺寸等级上，复合石墨烯薄片层次分明，较为均匀，横向尺寸较大，且能清晰地观察到每个片层之上依附着的更小的片层。从 1000 倍放大图中可以看出，复合石墨烯薄片的横向尺寸大多在 10μm 这一等级，且薄片分散均匀。

8.2.2　复合润滑脂改性试验

在工程实际中，润滑脂性能不佳将直接造成钢丝绳过度磨损，缩短使用寿命，甚至直接影响到提升安全性能。为进一步提高钢丝绳润滑脂抗磨性能，拟制备复合抗磨润滑脂，通过向原润滑脂中添加多层石墨烯等抗磨剂来提升钢丝绳润滑脂的抗磨性能，以达到延长钢丝绳使用寿命的目的。

1. 复合润滑脂改性研究

由于润滑脂具有触变性，多层石墨烯等添加剂能够很好地混入润滑脂。从润滑脂结构变化的角度来看，由于润滑脂具有屈服剪切应力，在受热情况下，当其受到的剪切应力大于屈服剪切应力时，稠化剂纤维接触点间的联系开始被破坏，并且时间越久，被破坏的部分越多。与此同时，在热运动的作用下，润滑脂中稠化剂纤维在彼此接近到范德瓦耳斯力作用的范围时重新连接[30]。在这个过程中，润滑脂稠化剂纤维的相互作用力起关键作用。因此，本试验拟采用加热和搅拌的方法将原润滑脂结构破坏，在此期间掺入石墨烯等添加剂，再根据其稠化剂纤维的自恢复性重新构架润滑脂。该变化过程如图 8-4 所示。

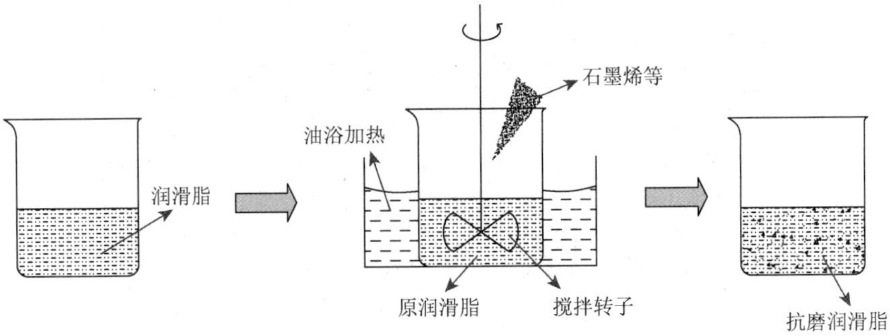

图 8-4　抗磨润滑脂制备流程

2. 试验材料及仪器

1）润滑脂

本试验选用缠绕提升钢丝绳专用润滑脂 IRIS-200BB 作为改性用原润滑脂。该润滑脂是一种高性能钢丝绳表面脂，具有较好的极压润滑性、抗腐蚀性、抗氧化性和高滴点，其各项质量指标如表 8-3 所示。

表 8-3　IRIS-200BB 质量指标

项目	主要指标
外观	褐色油膏
滴点	≥80℃
闪点	≥240℃
运动黏度（100℃）	≥90 mm^2/s
黏附率	≥95%
脆性点（75 g/m^2）	–30℃
施油温度	110～130℃
湿热试验（钢片，30 天）	合格
盐雾试验（钢片，75 g/m^2）	≥200 h

2）司盘 80

在润滑脂中，复合石墨烯等添加剂容易出现团聚现象。本试验选用司盘 80（Span80）作为分散剂，使复合石墨烯等添加剂能够均匀稳定地分散在润滑脂中[31]。本试验所用司盘 80 购置于酷尔化学科技（北京）有限公司，其各项参数如表 8-4 所示。

表 8-4　司盘 80 各项参数

项目	参数
CAS 编号	1338-43-8
分子式	$C_{24}H_{44}O_6$
相对分子质量	428.61

续表

项目	参数
酸值/(mg KOH/g)	≤10
皂化值/(mg KOH/g)	140～160
羟值/(mg KOH/g)	190～220
亲水亲油值（HLB）	4.3
熔点	≥25℃
水分	≤1.5%（质量分数）

3）添加剂

本试验拟采用自制复合石墨烯、多层石墨烯及微米石墨作为润滑脂改性添加剂，对比不同试验结果，以期获得减摩抗磨性能较好的改性润滑脂。多层石墨烯购置于苏州恒球石墨烯科技有限公司；微米石墨购置于国药集团化学试剂有限公司，CAS 号为 7782-42-5。

多层石墨烯各项参数如表 8-5 所示。

表 8-5　多层石墨烯各项参数

项目	参数
纯度	>95%（质量分数）
厚度	3.4～8 nm
片层直径	10～50 μm
层数	6～10
金属杂质含量	100 ppm
比表面积	360～450 m^2/g
外观	黑色粉末

注：ppm 表示百万分比浓度。

微米石墨的质检指标信息如表 8-6 所示。

表 8-6　微米石墨质检信息

质检项目	指标值
灼烧残渣	≤0.15%（质量分数）
颗粒度（≤30 μm）	≥95%（质量分数）
含量	≥99.85%（质量分数）

4）试验仪器

抗磨润滑脂制备试验系统主要由油浴加热装置和搅拌装置两部分组成，其中油浴导热载体选用二甲基硅油。试验所用仪器如表 8-7 所示。

表 8-7　抗磨润滑脂制备试验仪器

设备名称	型号/精度	厂家
集热式恒温加热磁力搅拌器	DF-101S	力辰科技
恒速电动搅拌器	JJ-1B	金坛市新瑞仪器厂
烧杯链夹、德式十字夹		科盾办公用品
电子天平	0.001 g	上海光正医疗仪器有限公司

选用集热式恒温加热磁力搅拌器作为油浴加热装置，其特点是加热温度稳定，且利于搅拌装置的固定及配合。搅拌装置选用恒速电动搅拌器，具有转速稳定、搅拌转子剪切能力强的特点。此外，考虑到油浴温度较高，选用不易破碎的烧杯作为润滑脂容器，借助烧杯链夹及德式十字夹将烧杯稳固在油浴锅中。所有材料均用电子天平精密称量。

3. 试验配比

本试验拟选用多层石墨烯（multilayer graphene，MG）、微米石墨（graphite，G）以及自制复合石墨烯（composite graphene，CG）作为润滑脂添加剂。试验材料与润滑脂的质量配比如表 8-8 所示。考虑到成本问题，多层石墨烯及微米石墨价格相对较低，在工业上有大量使用的条件，作为润滑脂添加剂时可以添加较多的量；而自制复合石墨烯成本较高，本试验只考虑较少量添加时的效果。

表 8-8　添加剂及含量

产品序号	添加物及比例	司盘 80 比例
1	0.01%CG	1%
2	0.1%CG	1%
3	0.1%MG	1%
4	1%MG	1%
5	2%MG	2%
6	3%MG	3%
7	4%MG	4%
8	1%G	1%
9	2%G	2%
10	3%G	3%
11	4%G	4%

4. 制备试验流程

在制备过程中，用烧杯称取 200 g 润滑脂，用烧杯链夹将其固定在油浴锅中。然后，待润滑脂融化，启动搅拌机，缓慢搅拌 1 min，破坏润滑脂稠化剂纤维接触点间的联系。接着，向润滑脂中加入一定量的司盘 80 及复合石墨烯等添加剂，将搅拌转子转速调至 500 r/min，持续搅拌 30 min，停止后自然冷却即可获得改性抗磨润滑脂。

8.2.3　改性润滑脂性能检测

对于钢丝绳而言，润滑脂的润滑极压性能、抗腐蚀性能以及抗氧化性能极为重要。本章开展的润滑脂性能检测评价主要分析抗磨润滑脂的上述性能与原润滑脂之间的区别，并评价添加剂及其比例对钢丝绳润滑脂的影响。

1. 润滑极压性能

表征润滑脂润滑性能的参数为最大无卡咬负荷（P_B），P_B值采用四球摩擦试验机测定，指的是在一定温度、转速下钢球在润滑状态下不发生卡咬的最大负荷，代表着油膜的强度。本章依据《润滑剂承载能力的测定　四球法》（GB/T 3142—2019）开展 P_B 测定试验，此标准用于标定润滑脂的极压性能。使用此标准时，仅根据试验结果确定润滑脂的极压性能，无须考虑与实际使用及其他模拟试验机有无相关性。设置四球机转速为 1450 r/min，每次试验时间 10 s，按标准方法反复试验，最终得到的 P_B 值数据如表 8-9 所示。

表 8-9　P_B值

产品序号	润滑脂种类	P_B值/kg
0	IRIS-200BB	92
1	IRIS+1%MG	92
2	IRIS+2%MG	92
3	IRIS+0.1%MG	92
4	IRIS+0.1%CG	92

结果表明：在 5 组试验中，当静载荷 P 加至 921 N（94 kg）时，四球机钢球磨斑直径均远大于 P～D 补偿表中补偿直径 0.46 mm；当静载荷 P 加至 902 N（92 kg）时，钢球磨斑直径均小于补偿直径 0.46 mm。故判定 5 种润滑脂的 P_B 值均为 92 kg。由此可知，多层石墨烯等添加剂对润滑脂的润滑极压性能影响较小。

2. 抗腐蚀性能

润滑脂在多层缠绕提升钢丝绳上的化学腐蚀可能引起钢丝绳失效。本部分主要开展润滑脂的抗腐蚀性能测定，判断添加剂对润滑脂抗腐蚀性能的影响程度。本章采用《润滑脂铜片腐蚀试验法》（GB 7326—1987），选用 IRIS-200BB 润滑脂以及添加剂分别为 0.1%、1%、2%、3%、4%多层石墨烯的改性润滑脂为试样，开展润滑脂对铜的腐蚀性试验测定。具体方法为：将准备好的铜片全部浸入润滑脂试样中，在 100℃的烘箱中加热 24 h，试验结束后取出铜片洗涤，与铜片腐蚀标准色板进行比较，确定腐蚀级别。

试验结束后，将铜片用分析纯石油醚洗涤擦拭，得到 6 组铜片如图 8-5 所示。按国标规定与标准比色卡比较显示，6 组润滑脂都对铜片造成轻微腐蚀，铜片全部呈现洋红色彩，腐蚀等级属于 3a 级别，表明少量多层石墨烯的添加对润滑脂的化学腐蚀性能几乎没有影响。由此可以推断，复合石墨烯、微米石墨等碳基润滑脂改性材料对润滑脂的抗腐蚀性能影响不大。

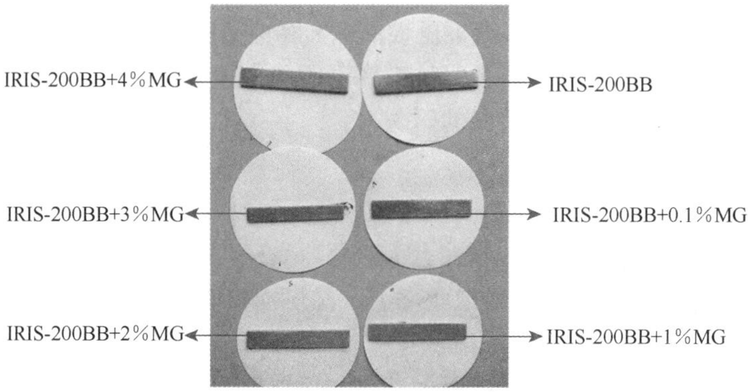

图 8-5　腐蚀铜片

3. 抗氧化性能

润滑脂的抗氧化性能用氧化安定性来表示。润滑脂的氧化安定性是指润滑脂在长期储存或长期高温情况下使用时，抵抗热和氧的作用以免发生质量变化的能力[32]。对多层缠绕提升钢丝绳润滑脂进行改性后，需要检测其氧化安定性是否会变差，避免对润滑脂的正常使用造成影响。我国润滑油氧化安定性测试方法标准大体上可以分为四类方法：旋转氧弹试验法、氧化管试验法、设备模拟试验法和仪器分析试验法。

本章选用仪器分析试验法，采用差示扫描量热（DSC）法开展对润滑脂氧化安定性的评价。试验仪器选用 PerkinElmer 公司 DSC8000 型差示扫描量热仪，如图 8-6 所示。

图 8-6　差示扫描量热仪

选用 IRIS-200BB 润滑脂以及添加剂分别为 0.1%、3%多层石墨烯的改性润滑脂为试样，最终得到热流率-温度曲线，如图 8-7 所示。

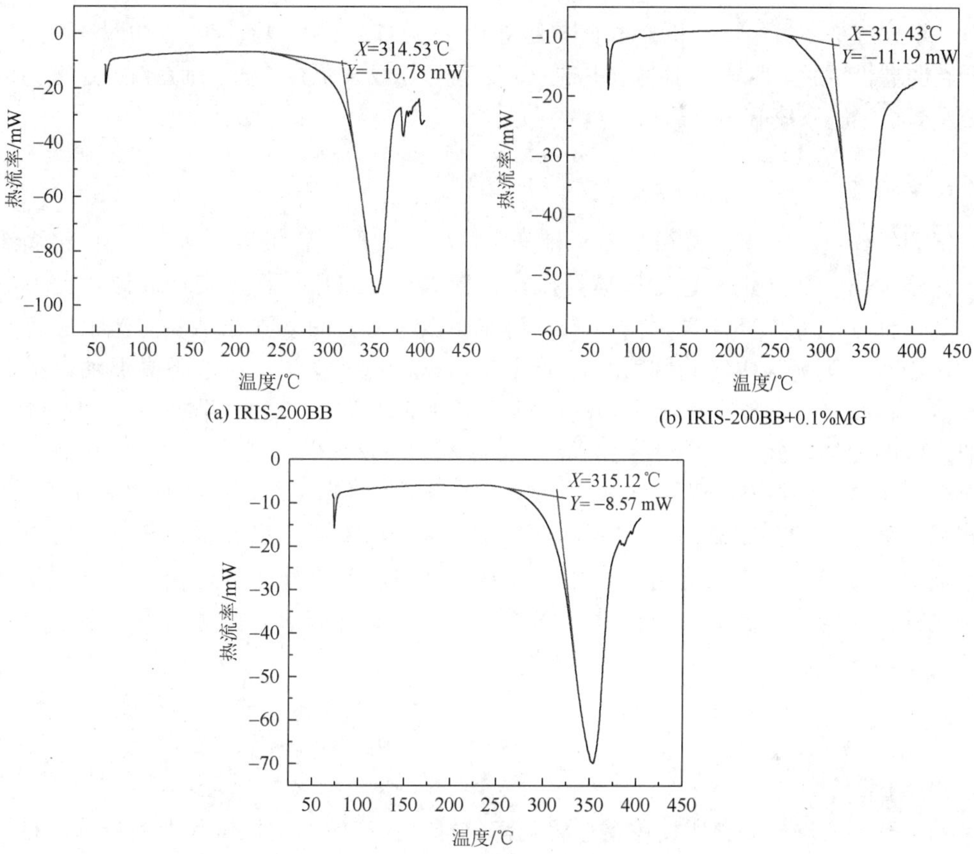

(a) IRIS-200BB

(b) IRIS-200BB+0.1%MG

(c) IRIS-200BB+3%MG

图 8-7　热流率-温度曲线图

试验结果表明，三种润滑脂都在 311～315℃区间内开始剧烈氧化，说明它们的氧化安定性相差不大，即少量多层石墨烯对润滑脂的抗氧化性能几乎没有影响。由此推断，复合石墨烯、微米石墨等碳基润滑脂改性材料对润滑脂的抗氧化性能影响很小。

8.3　抗磨润滑脂润滑特性

钢丝绳改性抗磨润滑脂的摩擦磨损性能受添加剂材料种类、比例等因素影响。为测试抗磨润滑脂的抗磨性能，揭示抗磨润滑脂润滑特性，本章依据《润滑脂抗磨性能测定法（四球机法）》（SH/T 0204—1992）开展四球机试验。依据所得试验结果，对不同抗磨润滑脂的润滑特性，包括钢球摩擦系数、磨斑特征尺寸及磨损形貌的变化规律及特点进行分析研究。

8.3.1 试验方案

本章通过济南恒旭试验机技术有限公司生产的SGW-10A型微控全自动四球摩擦试验机开展四球机试验。四球机主要由主轴驱动系统、加载系统、温度控制系统、摩擦力测定系统及微机控制系统等部分组成。

1. 试验操作流程

试验操作过程如下：接通电源，打开主机控制软件，让机器空转3 min；将润滑脂抹入高温油盒，放入钢球并用压球环压住，放入压圈将压球环锁定在高温油盒内，将罩头套筒嵌入压圈内环，最后用罩头套筒扭矩扳手将压圈紧固在高温油盒上；将一颗钢球压嵌入弹簧夹头中，将弹簧夹头固定在四球机转动主轴上；取下高温油盒上的罩头套筒，将高温油盒放至可上下移动的试验平台安装固定，套上挡油环；控制加热器，将油盒内温度加热到 75℃；在控制界面点击各参数设置栏，设置参数后，控制试验平台上升，预紧试验钢球，然后卸载，卸载至完全不接触后，将试验力及摩擦力矩清零，重新加载至所设置的试验力，点击开始试验。试验结束后，提取试验数据，待冷却后取下油盒，擦净钢球表面润滑脂，用磨斑测量系统测量钢球磨斑直径。上述试验操作开始之前，步骤中涉及的高温油盒、钢球、压球环等与润滑脂接触的零件必须用石油醚清洗干净并干燥。

2. 试验材料

1）钢球

本章开展四球机试验所使用钢球为上海钢球厂生产的四球机试验专用钢球，材料为GCr15，直径12.7 mm，洛氏硬度HRC64～66。

2）润滑脂试样

本章开展四球机试验的试样为 IRIS-200BB 润滑脂以及以 IRIS-200BB 为基础制备的抗磨润滑脂，具体石墨烯添加剂及含量如表8-10所示。

表 8-10 石墨烯添加剂及含量

试样序号	润滑脂添加剂	添加比例
1	无	0
2	复合石墨烯	0.01%
3	复合石墨烯	0.1%
4	多层石墨烯	0.1%
5	多层石墨烯	1%
6	多层石墨烯	2%
7	多层石墨烯	3%
8	多层石墨烯	4%

续表

试样序号	润滑脂添加剂	添加比例
9	微米石墨	1%
10	微米石墨	2%
11	微米石墨	3%
12	微米石墨	4%

3. 试验参数

本章依据《润滑脂抗磨性能测定法（四球机法）》（SH/T 0204—1992）开展四球机试验，其所规定的试验参数如表 8-11 所示。

表 8-11　四球机试验参数

温度	转速	试验加载力	试验时间
75℃	1200 r/min	392 N（40 kg）	60 min

8.3.2　添加剂含量对摩擦系数的影响

为探究各抗磨润滑脂试样摩擦磨损性能之间的差异，对四球机试验钢球摩擦系数进行处理，通过对比，探究不同添加剂含量对摩擦系数的影响。

1. 不同含量复合石墨烯对摩擦系数的影响

图 8-8 所示为在相同试验条件下分别以 IRIS、IRIS+0.01%CG 及 IRIS+0.1%CG 为试样的四球机试验摩擦系数变化曲线。图中显示，在稳定磨损阶段初期，试样 IRIS+0.1%CG 对应的摩擦系数曲线与 IRIS+0.01%CG 对应的摩擦系数曲线基本一致。试验时间在 1200～3600 s，添加 0.1%复合石墨烯的润滑脂试样摩擦系数开始持续下降，并在下降的过程中无较大波动；在 1700～2500 s，该润滑脂试样摩擦系数与原润滑脂试样摩擦系数基本一致；在 2500～3600 s，该润滑脂试样摩擦系数小于原润滑脂试样摩擦系数。对比试样 IRIS+0.01%CG 对应的摩擦系数曲线，说明添加 0.1%复合石墨烯会改善润滑脂的抗磨性能。

2. 不同含量多层石墨烯对摩擦系数的影响

图 8-9 所示为相同试验条件下分别以 IRIS、IRIS+0.1%MG、IRIS+1%MG、IRIS+2%MG、IRIS+3%MG 及 IRIS+4%MG 为试样的四球机试验摩擦系数变化曲线。对比以 IRIS 为试样和以 IRIS+1%MG 为试样的摩擦系数曲线发现，试样 IRIS+1%MG 代表的曲线整体较高，说明向原润滑脂中加入 1%多层石墨烯并不能增强其抗磨性能，反而在一定程度上加剧磨损。

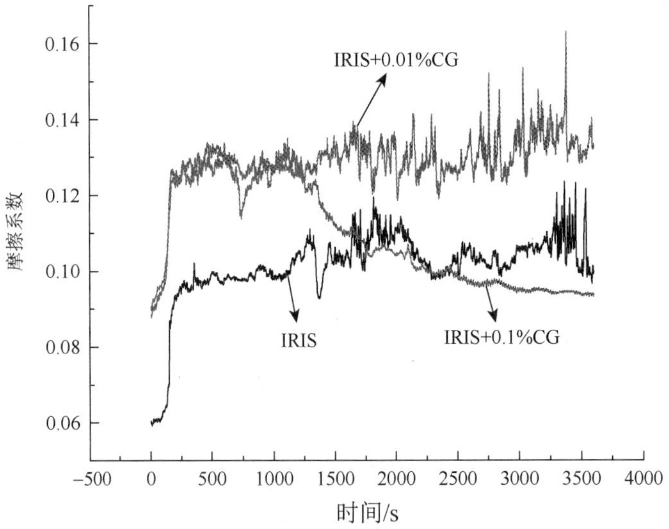

图 8-8　不同含量复合石墨烯对摩擦系数的影响

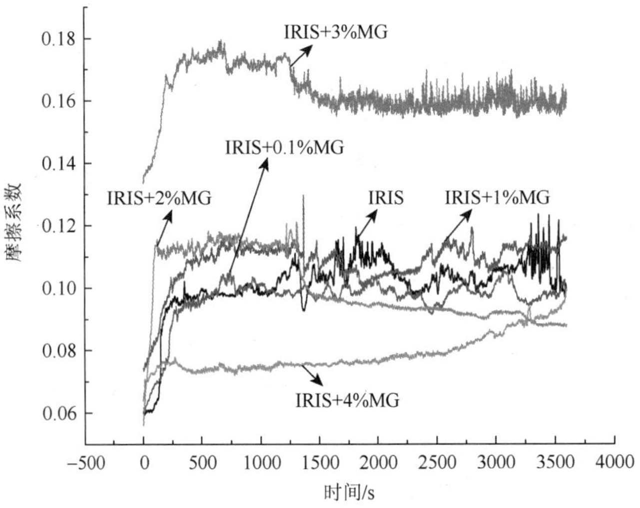

图 8-9　不同含量多层石墨烯对摩擦系数的影响

研究以 IRIS+2%MG 为试样的摩擦系数曲线发现，该摩擦系数在试验初期急剧增加，试验时间在 0～1300 s 始终高于原润滑脂摩擦系数；然而，试验从 1300 s 开始，该摩擦系数急剧下降直至低于原润滑脂摩擦系数，并在之后的试验时间内始终保持下降趋势。通过分析摩擦系数曲线，发现向原润滑脂中加入 2%多层石墨烯有利于形成物理减磨层，能够显著改善其抗磨性能。

观察试样 IRIS+3%MG 代表的摩擦系数曲线，发现其始终高于原润滑脂试样的摩擦系数曲线，说明向 IRIS 中加入 3%多层石墨烯并不能增强其抗磨效果。

观察试样 IRIS+4%MG 代表的摩擦系数曲线，发现其在试验阶段始终小于原润滑脂摩擦系数，且试验时间在 0～3000 s 表现较好，远低于其他试样摩擦系数曲线；然而，在 3000～

3600 s，该摩擦系数曲线急剧上升，并在 3600 s 时几乎与原润滑脂摩擦系数相同。说明向 IRIS 中加入 4%多层石墨烯可以在初始阶段很好地提升其抗磨减摩性能，但其后续抗磨潜力极低，在长时间范围内起不到较好的抗磨增益效果。

总体看来，向 IRIS 中加入多层石墨烯，当添加比例在 0%～1%时，其抗磨性能呈现先增强后减弱的趋势。试样 IRIS+0.1%MG 及 IRIS+1%MG 代表的摩擦系数曲线均处于原润滑脂摩擦系数曲线附近，说明添加 1%以内的多层石墨烯对原润滑脂的抗磨性能影响较小。当添加比例处于 1%～3%时，其抗磨性能呈现先增强再减弱的趋势，添加比例为 2%时抗磨效果较好。当添加比例从 3%提升到 4%时，润滑脂短时间内的抗磨性能有很好的提升，但长时间的抗磨潜力较小。

3. 不同含量微米石墨对摩擦系数的影响

图 8-10 所示为相同试验条件下分别以 IRIS、IRIS+1%G、IRIS+2%G、IRIS+3%G 及 IRIS+4%G 为试样的四球机试验摩擦系数变化曲线。对比以 IRIS 为试样和以 IRIS+1%G 为试样的摩擦系数曲线发现，试验时间在 0～2000 s，两种试样摩擦系数差别较小；2000 s 之后，试样 IRIS+1%G 代表的摩擦系数开始增加并在 3000 s 之后出现较大波动。说明向 IRIS 中加入 1%微米石墨不能改善润滑脂的抗磨性能，反而会在一段时间之后降低其抗磨性能。

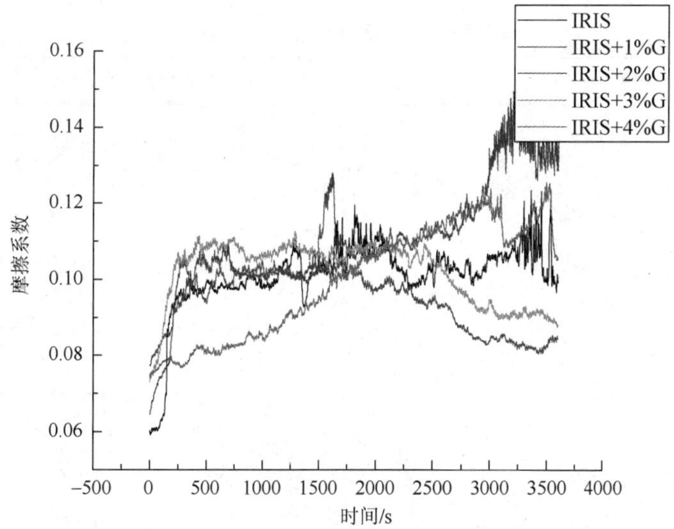

图 8-10　不同含量微米石墨对摩擦系数的影响（彩图见二维码）

研究试样 IRIS+2%G 的摩擦系数曲线发现，试验时间在 0～1700 s，该摩擦系数与原润滑脂摩擦系数基本一致；在 1700～3600 s，该摩擦系数持续降低，并始终低于原润滑脂摩擦系数。说明向 IRIS 中加入 2%微米石墨能够有效增强其抗磨性能。

研究试样 IRIS+3%G 的摩擦系数曲线发现，试验时间在 0～1500 s，该摩擦系数略大于原润滑脂摩擦系数；在 1500～2500 s，该摩擦系数与原润滑脂摩擦系数基本一致；

在 2500～3600 s，该摩擦系数持续下降并低于原润滑脂摩擦系数。说明向 IRIS 中加入 3%微米石墨能够在一段时间之后改善其抗磨性能。然而，对比试样 IRIS+2%G 的摩擦系数曲线，发现加入 3%微米石墨对原润滑脂抗磨性能的改善效果比加入 2%微米石墨差。

观察试样 IRIS+4%G 的摩擦系数曲线，发现其初始摩擦系数较低，却呈现持续增长趋势；在 2200 s 之后，该摩擦系数始终比原润滑脂摩擦系数高，说明向 IRIS 中加入 4%微米石墨能够短时间内改善其抗磨效果，但长时间使用会使润滑脂的抗磨性能降低。

总体来看，向 IRIS 中添加微米石墨，当添加比例从 1%增加到 4%时，其抗磨性能呈现先减弱再增强最后再减弱的趋势；当添加比例为 1%及 4%时，微米石墨会降低润滑脂的抗磨性能；当添加比例为 2%及 3%时，微米石墨会改善润滑脂的抗磨性能，改善效果在添加比例为 2%时较佳。

综合上述分析，对各润滑脂试样摩擦系数曲线提取特征参数如表 8-12 所示。其中，摩擦系数平均值代表磨损程度，其数值越小越好；最后 10 min 平均斜率在一定程度上代表该摩擦系数稳定状态下的变化趋势，其数值越小越好，但由于摩擦系数曲线上各点数值的随机性，该特征参数同样存在一定的随机性；摩擦系数主要趋势代表该摩擦系数曲线在试验过程中的大致走向，下降趋势代表相应改性润滑脂有较大的抗磨潜力；摩擦系数标准差反映各摩擦系数取样点的离散程度，代表该摩擦系数曲线的稳定度，其数值越小相应改性润滑脂性能越好。

表 8-12　摩擦系数特征参数

试样	摩擦系数平均值	最后 10 min 平均斜率/($\times10^{-7}$)	摩擦系数主要趋势	摩擦系数标准差
IRIS	0.1011	−95	→	0.0096
IRIS+0.01%CG	0.1279	−118.3	→	0.0086
IRIS+0.1%CG	0.1094	−21.7	↓	0.0138
IRIS+0.1%MG	0.0965	−183.3	→	0.0076
IRIS+1%MG	0.1080	148.3	→	0.0072
IRIS+2%MG	0.9987	−65	↓	0.0109
IRIS+3%MG	0.1625	−11.7	→	0.0078
IRIS+4%MG	0.0787	255	↑	0.0058
IRIS+1%G	0.1104	133.3	↑	0.0144
IRIS+2%G	0.0946	8.3	↓	0.0093
IRIS+3%G	0.1019	−101.7	↓	0.0082
IRIS+4%G	0.0996	−215	↑	0.0147

从表 8-12 中可以看出，摩擦系数平均值比原润滑脂小的改性润滑脂分别为：IRIS+0.1%MG、IRIS+2%MG、IRIS+4%MG、IRIS+2%G 和 IRIS+4%G。其中，IRIS+4%MG 和 IRIS+2%G 对应摩擦系数平均值最小。

8.3.3　添加剂含量对钢球磨斑特征尺寸的影响

钢球磨斑特征尺寸能够反映改性抗磨润滑脂的摩擦磨损特性，磨斑直径是四球机试验钢球磨斑的重要特征尺寸。根据《润滑脂抗磨性能测定法（四球机法）》（SH/T 0204—1992），测量钢球磨斑直径应取三颗钢球磨斑直径的算术平均值作为参考。

1. 不同含量复合石墨烯对钢球磨斑直径的影响

同等试验条件下，分别以 IRIS、IRIS+0.01%CG、IRIS+0.1%CG 为试样开展四球机试验，得到钢球磨斑如图 8-11 所示。图中磨斑直径分别为 0.83 mm、0.83 mm 及 0.51 mm。由此推测，IRIS 及 IRIS+0.01%CG 对应的磨斑直径相差不大，IRIS+0.1%CG 对应钢球磨斑较小，说明向 IRIS 中加入 0.1%的复合石墨烯可以明显改善其抗磨性能。

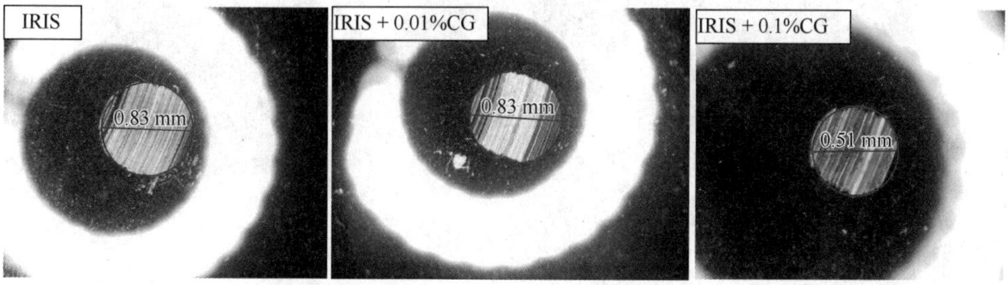

图 8-11　钢球磨斑

以不同含量复合石墨烯改性润滑脂为试样的四球机试验钢球磨斑直径算术平均值如表 8-13 所示。综合三组数据可知：向润滑脂中加入同样的复合石墨烯，当添加量为 0.01%时，对润滑脂的抗磨性能无改善效果；当添加量达到 0.1%时，复合石墨烯可以改善润滑脂的抗磨性能。

表 8-13　磨斑直径算术平均值（复合石墨烯）

试验序号	试验样品	磨斑直径/mm
1	IRIS	0.83
2	IRIS+0.01%CG	0.83
3	IRIS+0.1%CG	0.51

2. 不同含量多层石墨烯对钢球磨斑直径的影响

同等试验条件下，分别以 IRIS、IRIS+0.1%MG、IRIS+1%MG、IRIS+2%MG、IRIS+3%MG 和 IRIS+4%MG 开展四球机试验得到钢球磨斑如图 8-12 所示。图中磨斑直径从左至右、从上至下分别为 0.83 mm、0.58 mm、0.68 mm、0.59 mm、0.63 mm、0.54 mm。

从图中数据可以推测，添加多层石墨烯可以提升润滑脂的抗磨性能，其中提升效果较好的含量分别为 0.1%、2%、4%。

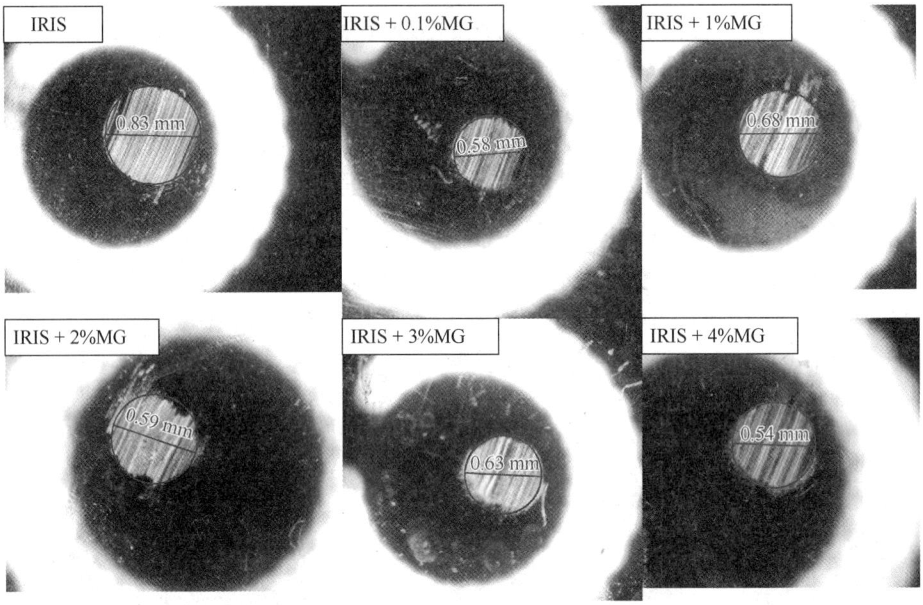

图 8-12　钢球磨斑

以不同含量多层石墨烯改性润滑脂为试样的四球机试验钢球磨斑直径算术平均值如表 8-14 所示，不同含量多层石墨烯对磨斑直径的影响变化曲线如图 8-13 所示。

表 8-14　磨斑直径算术平均值（多层石墨烯）

试验序号	试样	钢球磨斑直径/mm
1	IRIS	0.83
4	IRIS+0.1%MG	0.58
5	IRIS+1%MG	0.68
6	IRIS+2%MG	0.59
7	IRIS+3%MG	0.63
8	IRIS+4%MG	0.54

由图 8-13 可知，不同含量多层石墨烯对原润滑脂的抗磨性能都有一定的提升，但随着含量的增加，试验中的抗磨性能表现出一定的波动。当多层石墨烯的含量在 0%～1%时，润滑脂抗磨性能增益效果随含量的增加呈现先提升后降低趋势；当多层石墨烯含量在 1%～4%时，润滑脂抗磨性能增益效果随含量的增加呈现先提升后降低再提升的趋势。对于 IRIS 润滑脂抗磨性能增益效果，多层石墨烯含量最优排序为 4%＞0.1%＞2%＞3%＞1%＞0%。

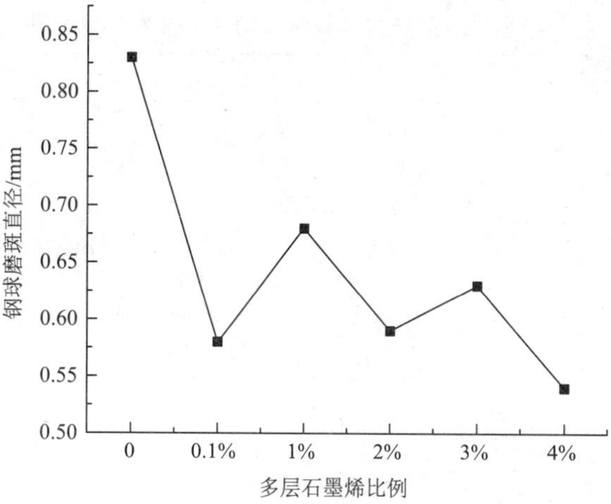

图 8-13　不同含量多层石墨烯对应磨斑直径变化曲线

3. 不同含量微米石墨对钢球磨斑直径的影响

同等试验条件下，分别以 IRIS、IRIS+1%G、IRIS+2%G、IRIS+3%G 和 IRIS+4%G 开展四球机试验得到钢球磨斑如图 8-14 所示。图中磨斑直径从左至右、从上至下分别为 0.83 mm、0.77 mm、0.53 mm、0.55 mm、0.60 mm。从图中数据可以推测，添加 2%、3%、4%微米石墨可以提升润滑脂的抗磨性能，其中提升效果较好的含量为 2%和 3%。

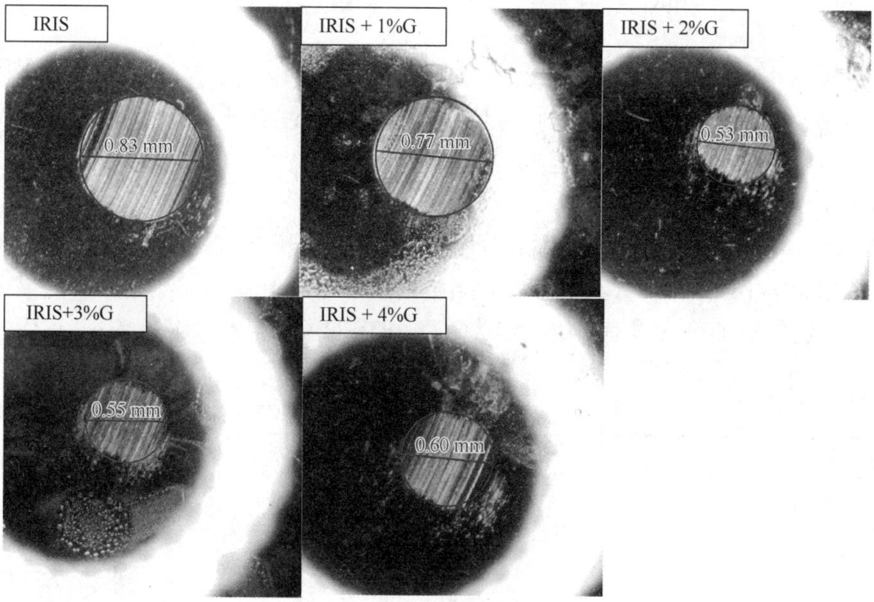

图 8-14　四种试样钢球磨斑

以不同含量微米石墨改性润滑脂为试样的四球机试验钢球磨斑直径算术平均值如表 8-15 所示，不同含量多层石墨烯对磨斑直径的影响变化曲线如图 8-15 所示。

表 8-15　磨斑直径算术平均值（微米石墨）

试验序号	试样	钢球磨斑直径/mm
1	IRIS	0.83
9	IRIS+1%G	0.77
10	IRIS+2%G	0.53
11	IRIS+3%G	0.55
12	IRIS+4%G	0.60

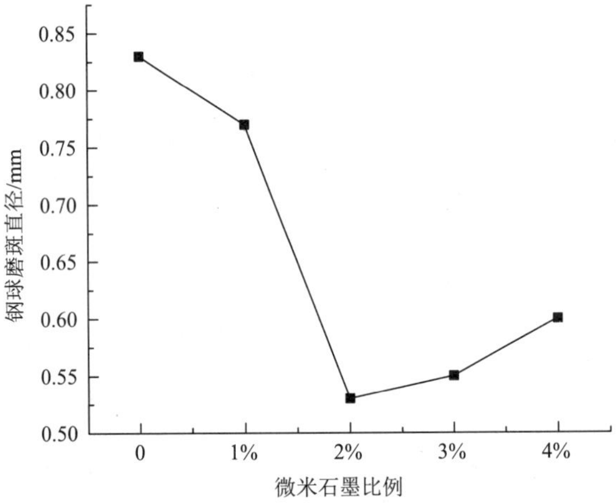

图 8-15　不同比例微米石墨对应磨斑直径变化曲线

从图 8-15 中可以看出，当添加微米石墨的含量在 1%～4%时，润滑脂抗磨性能增益效果随添加含量的增加呈现先提升后降低趋势。其中，在微米石墨含量为 2%时抗磨性能增益效果较佳。对于 IRIS 润滑脂抗磨性能增益效果，微米石墨含量最优排序为 2%＞3%＞4%＞1%＞0%。

综上，本节针对不同含量三种添加剂改性润滑脂共开展 12 组四球机试验，相应钢球磨斑直径如表 8-16 所示。从表中可以看出：根据钢球磨斑直径大小判断，能显著改善润滑脂抗磨性能的添加剂含量有 IRIS+0.1%CG、IRIS+2%G、IRIS+4%MG 和 IRIS+3%G。

表 8-16　钢球磨斑直径

试验序号	试样	钢球磨斑直径/mm
1	IRIS	0.83
2	IRIS+0.01%CG	0.83
3	IRIS+0.1%CG	0.51
4	IRIS+0.1%MG	0.58
5	IRIS+1%MG	0.68
6	IRIS+2%MG	0.59
7	IRIS+3%MG	0.63
8	IRIS+4%MG	0.54

续表

试验序号	试样	钢球磨斑直径/mm
9	IRIS+1%G	0.77
10	IRIS+2%G	0.53
11	IRIS+3%G	0.55
12	IRIS+4%G	0.60

8.3.4　添加剂含量对钢球磨损形貌的影响

四球机试验钢球经过一段时间的磨损会形成具有一定特点的磨损形貌。通常钢球磨损会形成具有一定深度的磨斑，磨斑的大小、表面形貌以及具体的磨损体积随着四球机试验试样的不同都会呈现一定的变化。本试验通过 SM-1000 三维形貌仪对钢球磨斑形貌进行扫描，分析钢球磨斑形貌特性以及不同添加剂含量对磨损的影响机理。

1. 不同含量复合石墨烯对钢球磨损形貌的影响

以 IRIS、IRIS+0.01%CG 及 IRIS+0.1%CG 改性润滑脂为试样开展四球机试验，使用三维形貌仪对钢球磨斑进行扫描分析，获得钢球磨斑形貌如图 8-16 所示。

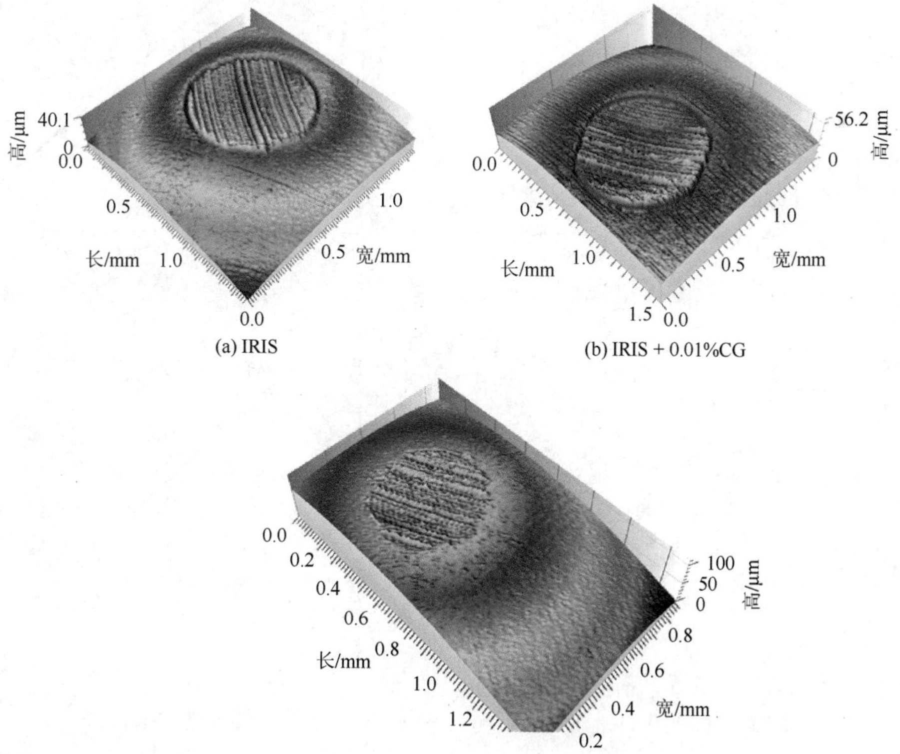

(c) IRIS + 0.1%CG

图 8-16　不同含量复合石墨烯对应钢球磨斑形貌

从三维形貌图中可以发现，添加了 0.01%复合石墨烯后，以该改性润滑脂为试样的钢球磨斑比以原润滑脂为试样的钢球磨斑略显粗糙，磨斑中央堆积物略微增多，说明有复合石墨烯在此堆积；当复合石墨烯含量为 0.1%时，堆积情况更为严重。对比有无复合石墨烯添加的钢球磨斑形貌，发现添加复合石墨烯后，在沿摩擦速度方向的磨斑两端残余堆积更多。

根据上述分析判断，向润滑脂中添加复合石墨烯后，部分添加物会残留在磨损区域，一方面导致磨损区域粗糙度增加，另一方面又会增加磨损区域的厚度，形成磨损防护层。

图 8-17 所示为钢球磨斑 4 种测量数据变化点线图，每组试验取三颗钢球数据的平均值。在孔弧面表面积方面，复合石墨烯含量从 0%增加至 0.01%时，孔弧面表面积有略微下降趋势；含量为 0.1%时，孔弧面表面积达到最低值 0.08 mm^2，有明显下降趋势。在钢球磨损体积方面，当复合石墨烯含量从 0%增长至 0.01%时，磨损体积同样呈现略微下降的趋势；当含量增加到 0.1%时，钢球磨损体积呈现急剧下降趋势，达到最低值 $2.58\times10^5\mu m^3$，类似于孔弧面表面积的变化特点。在磨斑最大深度方面，随着复合石墨烯

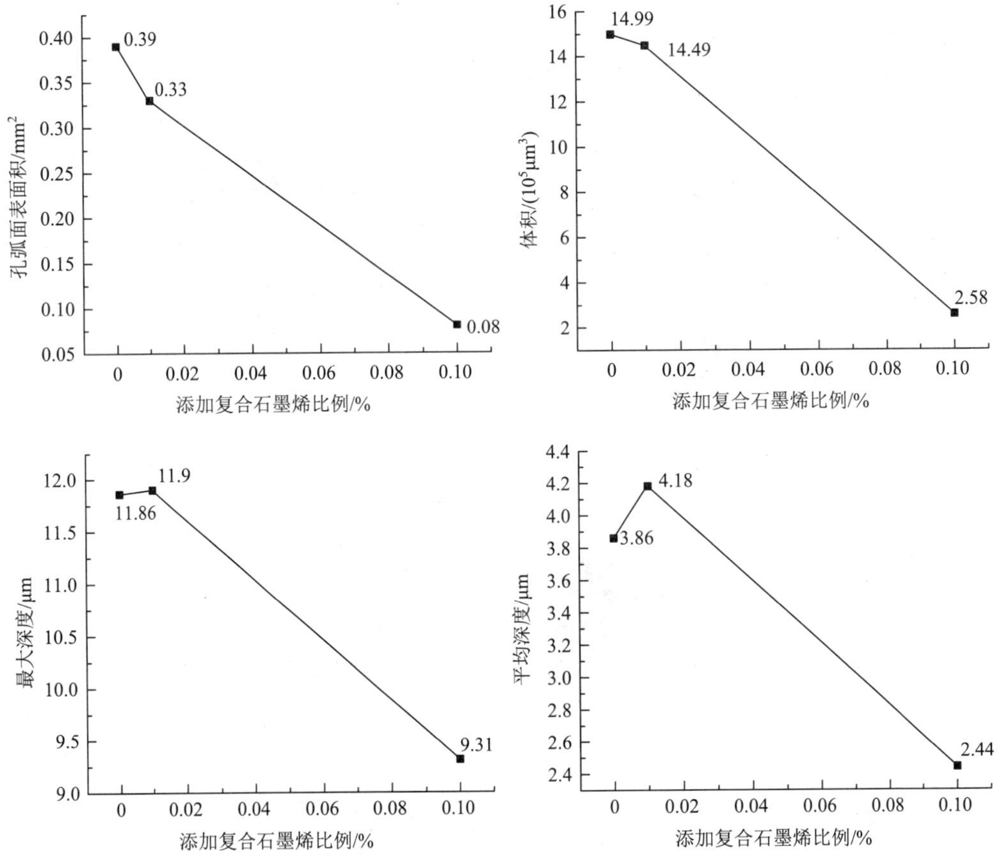

图 8-17　钢球磨斑测量数据变化点线图（试样：IRIS、IRIS+0.01%CG、IRIS+0.1%CG）

含量增加，最大深度呈现先略微增加再急剧减小的趋势。这是由于当添加复合石墨烯较少时，添加物会造成摩擦副表面粗糙度增加，但又不足以起到形成抗磨层的作用，加剧了钢球的磨损；当含量达到 0.1%时，添加剂的量足以在磨斑表面形成抗磨层，减小了钢球的磨损。在磨斑平均深度方面，变化规律和最大深度类似：当复合石墨烯含量从 0%增长至 0.1%时，深度呈现先轻微增加再急剧减小的趋势。

综上，当复合石墨烯含量从 0%增长至 0.1%时，改性润滑脂抗磨性能随着含量的增加呈现先减弱再增强的趋势。另外，通过观察钢球磨痕的三维形貌，发现向润滑脂中添加复合石墨烯会导致钢球磨痕内沿摩擦速度方向两端的堆积物增多，即添加剂更容易堆积在沿速度方向的磨痕两端。

2. 不同含量多层石墨烯对钢球磨损形貌的影响

以 IRIS、IRIS+0.1%MG、IRIS+1%MG、IRIS+2%MG、IRIS+3%MG 及 IRIS+4%MG 润滑脂为试样开展四球机试验，使用三维形貌仪对钢球磨斑进行扫描分析，获得磨斑形貌如图 8-18 所示。

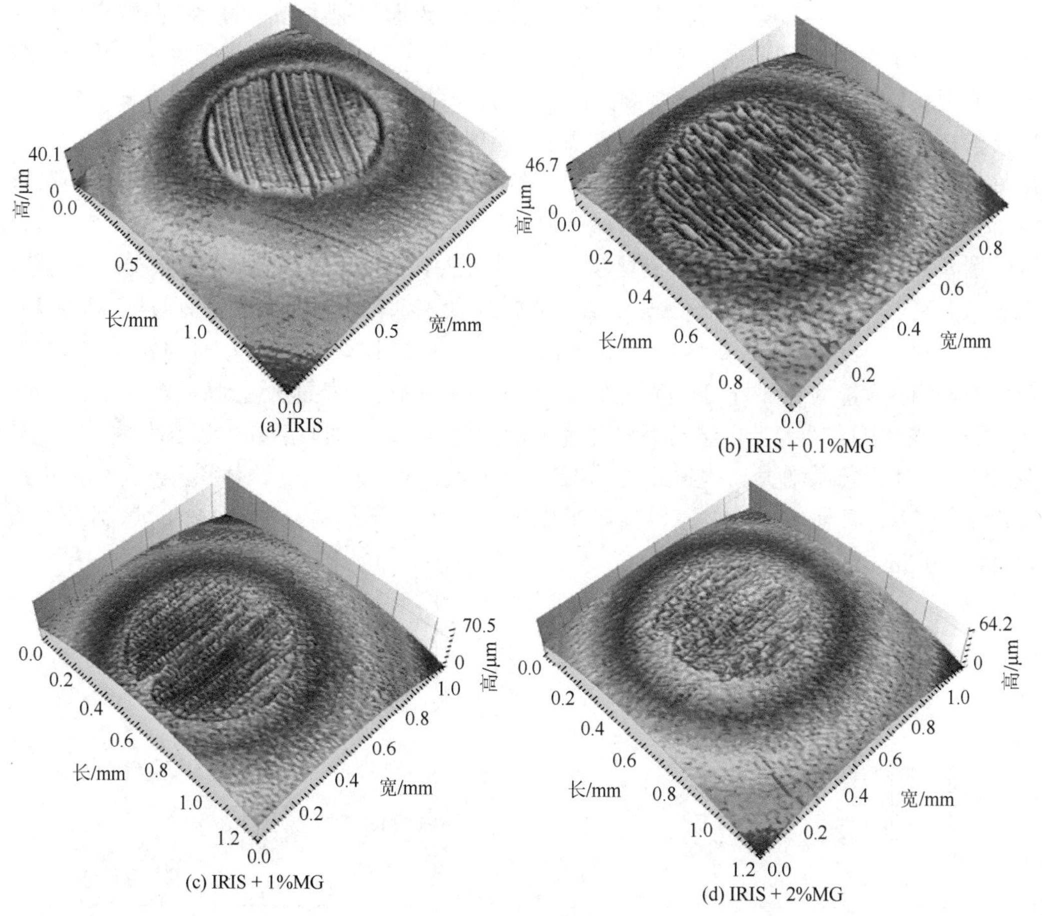

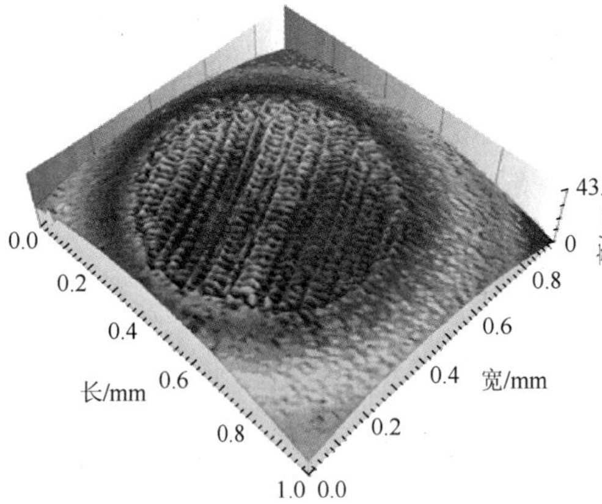

(e) IRIS + 3%MG

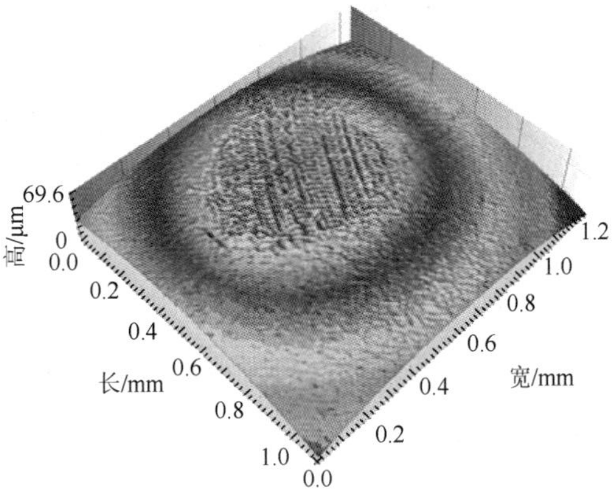

(f) IRIS + 4%MG

图 8-18　以多层石墨烯改性润滑脂为试样的钢球磨斑形貌

从图 8-18 中可以看出，对比原润滑脂的钢球磨斑，当多层石墨烯含量为 0.1%时，磨斑山峰排布略显杂乱，磨斑深度略大，但边缘堆积不明显。多层石墨烯含量为 1%时，钢球磨斑清晰，磨斑中部有一道较为明显的堆积山峰，沿摩擦速度方向的磨斑两端有一定量的堆积，与磨斑中部形成明显对比。多层石墨烯含量为 2%时，钢球磨斑较浅，且磨斑表面山峰模糊；磨斑边缘曲线不是规则圆形，说明沿摩擦速度方向的磨斑两端堆积物起到了较好的抗磨作用。多层石墨烯含量为 3%时，钢球磨斑形貌较为清晰，沿摩擦速度方向的山峰排列整齐，且磨斑较深。多层石墨烯含量为 4%时，钢球磨斑形貌比较平整，但磨斑内部及边缘有较为明显的堆积。

图 8-19 所示为钢球磨斑 4 种测量数据变化点线图，每组试验取三颗钢球数据的平均值。在孔弧面表面积方面，多层石墨烯含量从 0%增长至 0.1%时，孔弧面表面积有明显减小趋势；含量为 1%时，表面积增大，达到 0.303 mm^2；含量为 2%时，表面积又有所减小，与 0.1%时大致相当；含量为 3%时，表面积再次增大；含量为 4%时，表面积达到最小值 0.203 mm^2。

在磨损体积方面，当多层石墨烯含量从 0%增长至 0.1%时，磨损体积略微减小；含量为 1%时，体积急剧增大，达到最大值 $22\times10^5\mu m^3$；含量为 2%时，体积再次急剧减小；当含量较高，即为 3%、4%时，体积呈现先上升后下降趋势，并在 4%时达到最小值 $10.24\times10^5\mu m^3$。

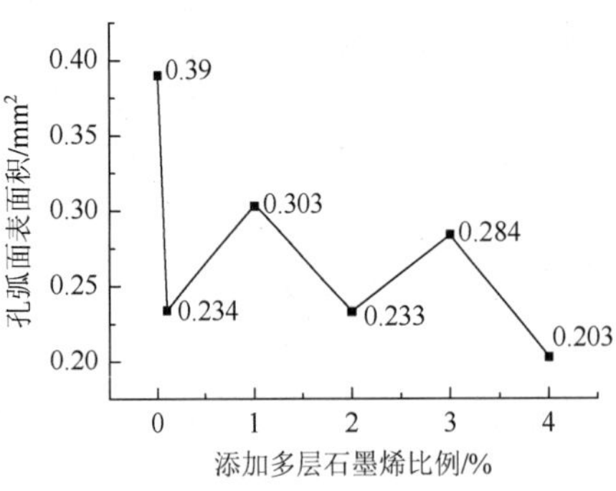

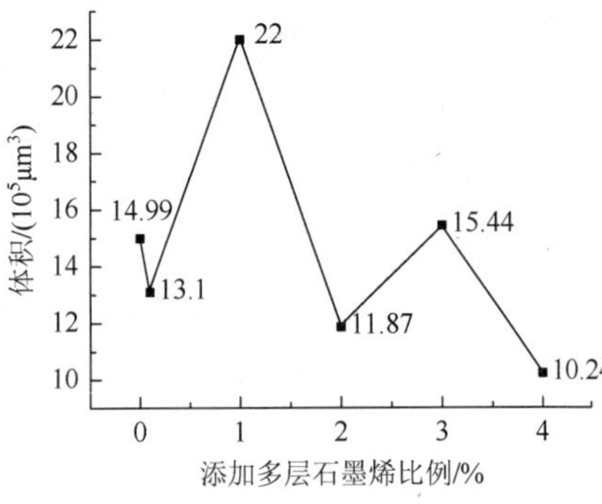

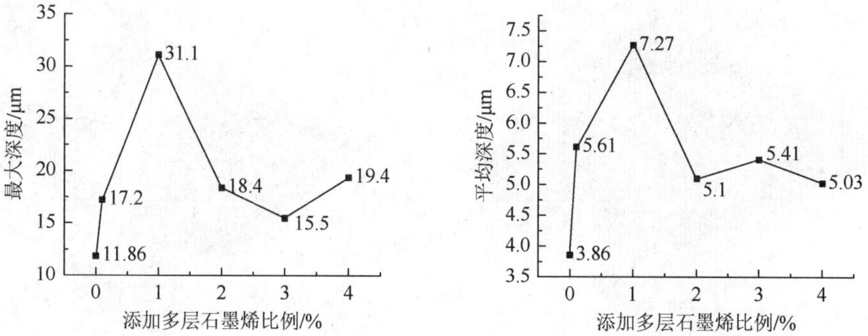

图 8-19　钢球磨斑测量数据变化点线图（试样：IRIS、IRIS+0.1%MG、IRIS+1%MG、IRIS+2%MG、IRIS+3%MG、IRIS+4%MG）

在磨斑最大深度方面，当多层石墨烯含量为 0%时，磨斑最大深度处于最小值 11.86μm；含量为 0.1%、1%时，最大深度呈快速增大趋势，并在含量为 1%时达到最大值 31.1μm；含量为 2%、3%时，最大深度呈减小趋势；含量为 4%时，最大深度再次增大。在磨斑平均深度方面，与最大深度的变化规律相似，在多层石墨烯含量为 0%时达到最小值 3.86μm，含量为 1%时达到最大值 7.27μm，且含量为 3%时比含量为 2%、4%时大。

综上，在以上述 6 种润滑脂为试样的四球机试验中，多层石墨烯含量为 2%及 4%时的改性润滑脂抗磨性能比原润滑脂好，含量为 1%及 3%时的改性润滑脂抗磨性能比原润滑脂差。其中，含量为 2%及 4%时的改性润滑脂抗磨性能相差不大，综合比较，比例为 4%时效果更好。

3. 不同含量微米石墨对钢球磨损形貌的影响

以 IRIS、IRIS+1%G、IRIS+2%G、IRIS+3%G 及 IRIS+4%G 润滑脂为试样开展四球机试验，使用三维形貌仪对钢球磨斑进行扫描分析，获得磨斑形貌如图 8-20 所示。

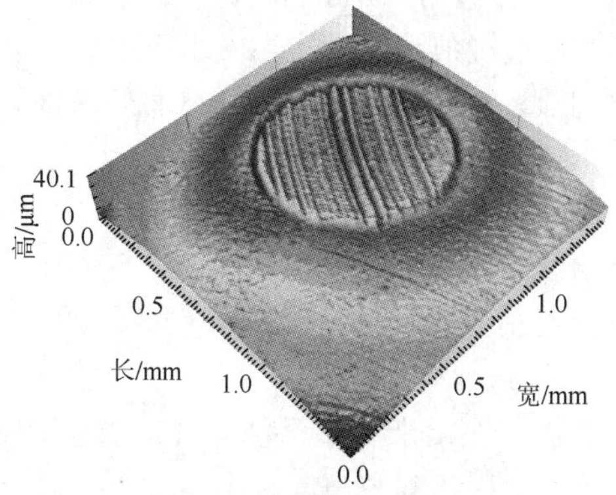

(a) IRIS

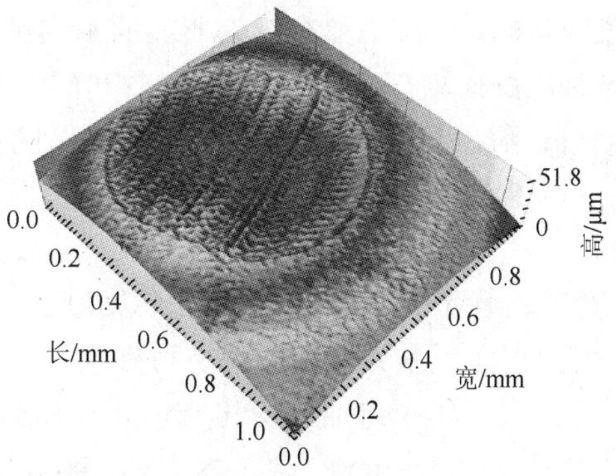

(b) IRIS + 1%G

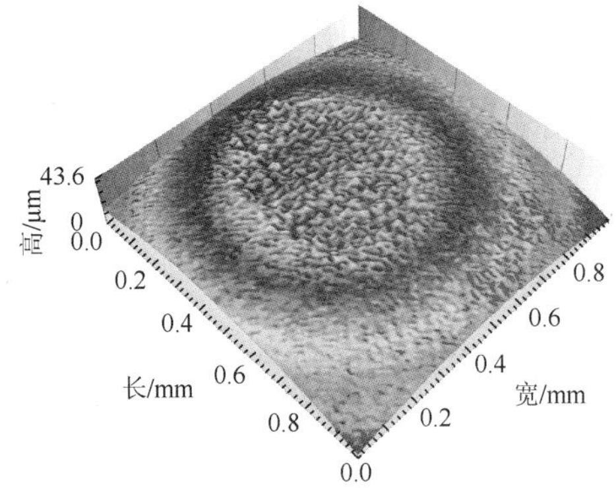

(c) IRIS + 2%G

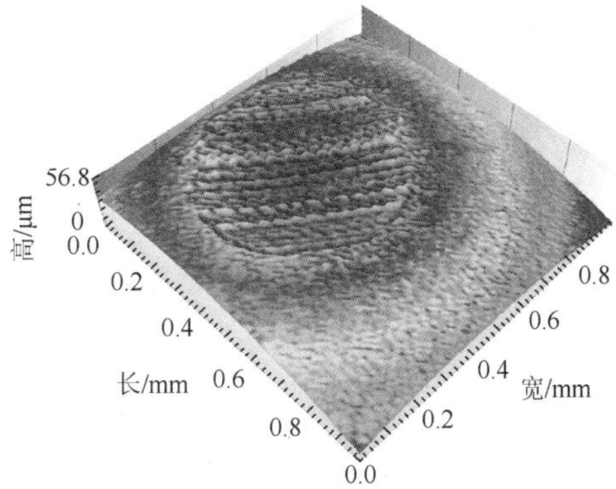

(d) IRIS + 3%G

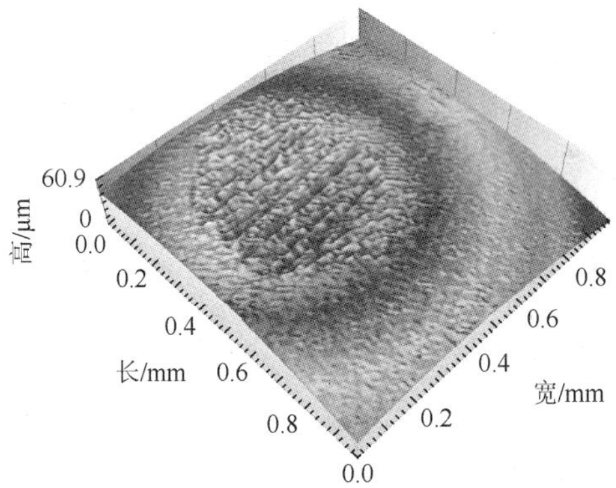

(e) IRIS + 4%G

图 8-20　不同比例微米石墨下的钢球磨斑形貌

从图 8-20 中可以看出，当微米石墨含量为 1%时，钢球磨斑比较清晰，沿摩擦速度方向的磨斑两端堆积明显，磨斑中央有较为明显的犁沟和山峰。当微米石墨含量为 2%时，钢球磨斑较浅，磨斑内存在堆积山峰，磨斑边缘不是规则圆形，沿摩擦速度方向的磨斑两端磨损轻微，有一定堆积。当微米石墨含量为 3%时，相较于 2%时的磨斑，此磨斑形貌较为清晰，磨斑中部有较为明显的犁沟和山峰，磨斑边缘痕迹清晰。当微米石墨含量为 4%时，磨斑内部存在大量堆积，山峰和犁沟对比明显，说明大量的添加物在磨斑内部残留，既增加磨斑表面粗糙度又形成较厚的抗磨层。

图 8-21 所示为钢球磨斑 4 种测量数据变化点线图，每组试验取三颗钢球数据的平均值。在孔弧面表面积方面，当微米石墨含量从 0%增长至 1%时，孔弧面表面积呈略微增大趋势；含量为 2%时，表面积急剧减小，并达到最低值 0.169 mm^2；含量为 3%、4%时，孔弧面表面积呈先增大后减小趋势。

在磨损体积方面，变化规律和孔弧面表面积类似，在微米石墨含量为 1%时达到最大值 $39.28\times10^5\mu m^3$；含量为 2%、3%、4%时，磨损体积呈现先急剧减小再增大再减小的趋势。

在磨斑最大深度方面，4 种改性润滑脂对应最大深度都比原润滑脂大，并且在微米石墨含量为 1%时达到最大值 23.9μm。最大深度变化规律类似于体积变化规律，随着微米石墨含量的增长呈现先急剧增大再急剧减小再增大再减小的趋势。

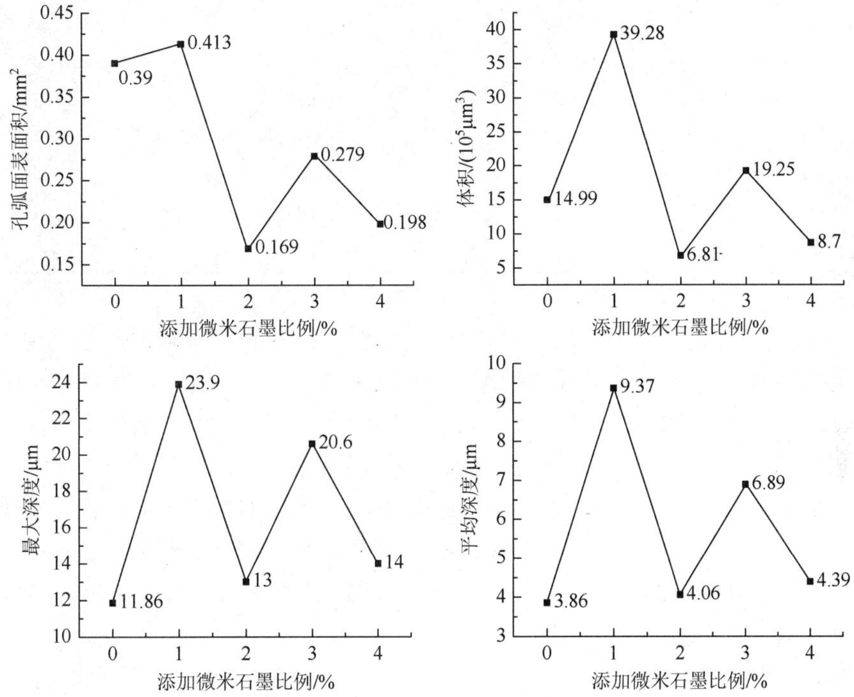

图 8-21　钢球磨斑测量数据变化点线图（试样：IRIS、IRIS+1%G、IRIS+2%G、IRIS+3%G、IRIS+4%G）

在磨斑平均深度方面，类似于最大深度变化规律。在微米石墨含量为 2%和 4%时，改性润滑脂接近原润滑脂对应平均深度；含量为 1%和 3%时平均深度较大。

综上，在以上述 5 种润滑脂为试样的四球机试验中，微米石墨含量为 2%及 4%时，改性润滑脂抗磨性能比原润滑脂性能好；含量为 1%及 3%时，改性润滑脂抗磨性能比原润滑脂差。其中，微米石墨含量为 2%时，改性润滑脂抗磨性能较好。

综合上述分析，对各润滑脂试样对应的钢球磨斑形貌提取特征参数如表 8-17 所示。其中，磨损体积和平均深度代表磨损量，其数值越小说明润滑脂抗磨性能越好；粗糙值用钢球磨斑的最大深度减去平均深度来表示，其在一定程度上代表相应润滑脂的抗磨潜力，数值越小越好。

表 8-17　钢球磨斑形貌特征参数

试样	磨损体积/($10^5\mu m^3$)	平均深度/μm	粗糙值/μm
IRIS	14.99	3.86	8
IRIS+0.01%CG	14.49	4.18	7.72
IRIS+0.1%CG	2.58	2.44	6.87
IRIS+0.1%MG	13.10	5.61	11.59

续表

试样	磨损体积/($10^5\mu m^3$)	平均深度/μm	粗糙值/μm
IRIS+1%MG	22.00	7.27	23.83
IRIS+2%MG	11.87	5.1	13.3
IRIS+3%MG	15.44	5.41	10.09
IRIS+4%MG	10.24	5.03	14.37
IRIS+1%G	39.28	9.37	14.53
IRIS+2%G	6.81	4.06	8.94
IRIS+3%G	19.25	6.89	13.71
IRIS+4%G	8.70	4.39	9.61

从表 8-17 中可以看出，大多改性润滑脂的粗糙值比原润滑脂略大，这是由于润滑脂添加剂在摩擦过程中造成了一定程度的磨粒磨损。其中，粗糙值与原润滑脂相近的改性润滑脂有 IRIS+0.01%CG、IRIS+0.1%CG、IRIS+2%G 和 IRIS+4%G；磨斑平均深度比原润滑脂小的仅有 IRIS+0.1%CG；磨损体积比原润滑脂小的改性润滑脂有 7 种，其中较好的 3 种分别为 IRIS+0.1%CG、IRIS+2%G 和 IRIS+4%G。由此可以得出结论：根据磨损形貌所得抗磨效果较好的改性润滑脂有 IRIS+0.1%CG、IRIS+2%G 和 IRIS+4%G。

综合上述四球机试验摩擦系数分析、钢球磨斑特征尺寸分析及钢球磨损形貌分析，可得抗磨性能较好的改性润滑脂如表 8-18 所示。

表 8-18 抗磨性能较好改性润滑脂

评价依据	抗磨性能较好改性润滑脂
摩擦系数	IRIS+4%MG、IRIS+2%G
磨斑直径	IRIS+0.1%CG、IRIS+4%MG、IRIS+2%G、IRIS+3%G
磨损形貌	IRIS+0.1%CG、IRIS+2%G、IRIS+4%G

从表 8-18 中可以看出，三种评价指标下均有较好抗磨表现的改性润滑脂为 IRIS+2%G。

8.4 基于改性润滑脂的钢丝绳滑动摩擦磨损特性

8.4.1 改性润滑脂下钢丝绳摩擦磨损试验方案

不同改性润滑脂下钢丝绳摩擦磨损试验选用滑动摩擦磨损试验机，试验参数如表 8-19 所示。每组钢丝绳摩擦磨损试验所用上、下 2 根钢丝绳长度不等，均采用局部润滑处理，以保证后续磨损试验过程中，钢丝绳滑动接触区域完全受到润滑。试验中所选改性润滑脂如表 8-20 所示。分别添加不同比例的多层石墨烯和微米石墨。润滑处理后，静置 12 小时，得到不同润滑钢丝绳试样。

表 8-19　改性润滑脂下钢丝绳摩擦试验参数

参数	数值
试验时间/min	120
交叉角度/(°)	90
接触载荷/N	200
滑动速度/(mm/s)	12
振幅/mm	20
滑动距离/mm	86400
张紧力/N	1000

表 8-20　不同添加剂含量改性润滑脂

试样序号	润滑脂添加剂	添加比例
1	无	0
2	多层石墨烯	1%
3	多层石墨烯	2%
4	多层石墨烯	3%
5	多层石墨烯	4%
6	微米石墨	1%
7	微米石墨	2%
8	微米石墨	3%
9	微米石墨	4%

8.4.2　改性润滑脂下钢丝绳摩擦特性

1. 不同含量多层石墨烯润滑脂对钢丝绳摩擦系数的影响

图 8-22 所示为涂抹 IRIS、IRIS+1%MG、IRIS+2%MG、IRIS+3%MG 及 IRIS+4%MG 改性润滑脂钢丝绳的试验结果。整体来看，钢丝绳摩擦系数在试验初期时均呈现摩擦系数瞬时增加，波动下降，趋于稳定的状态。对比以 IRIS 为试样和以 IRIS+3%MG 为试样的摩擦系数曲线发现，试样 IRIS+3%MG 代表的曲线整体较高，说明向原润滑脂中加入 3%多层石墨烯并不能增强其抗磨性能，反而在一定程度上加剧磨损。

研究以 IRIS+4%MG 为试样的摩擦系数曲线发现，在试验初期摩擦系数瞬时增加，高于原润滑脂；然后该摩擦系数急剧下降直至 0.15 左右，低于原润滑脂摩擦系数，并在之后的试验时间内始终保持稳定。通过分析摩擦系数曲线，发现向原润滑脂中加入 4%多层石墨烯有利于形成物理减磨层，能够显著改善其抗磨性能。

观察试样 IRIS+2%MG 代表的摩擦系数曲线，发现其初始阶段高于原润滑脂试样的摩擦系数曲线；循环 25～150 次时，以 IRIS 为试样和以 IRIS+2%MG 为试样的钢丝绳摩擦系数曲线相差不大，基本重合；随着钢丝绳摩擦行程的增加，以 IRIS+2%MG 为试样的钢丝绳摩擦系数小于原润滑脂摩擦系数。分析认为在初始阶段，IRIS+2%MG 改性润滑脂不能很好地润滑钢丝绳，但随着循环的进行，接触摩擦导致温度升高，很好地提高了改性润滑脂的润滑效果，增强其抗磨减摩效果，在大行程范围内起到较好的抗磨增益效果。

观察试样 IRIS+1%MG 代表的摩擦系数曲线，发现其在试验阶段几乎与原润滑脂摩擦系数相同。说明向 IRIS 中加入 1%多层石墨烯几乎没有提升其抗磨减摩性能。

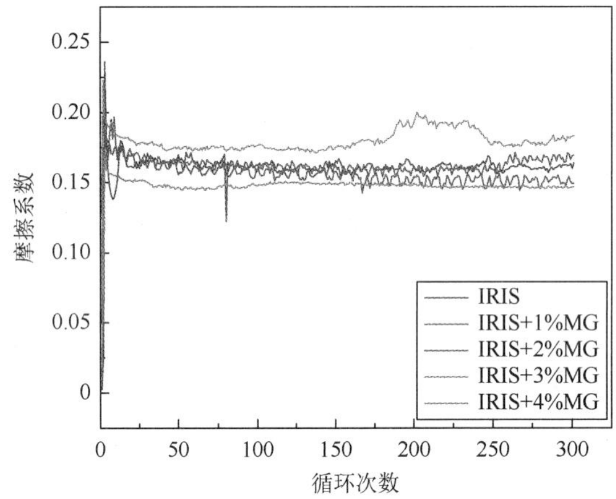

图 8-22　不同含量多层石墨烯润滑脂对钢丝绳摩擦系数的影响（彩图见二维码）

总体看来，向 IRIS 中加入多层石墨烯，试样 IRIS+1%MG 代表的摩擦系数曲线均处于原润滑脂摩擦系数曲线附近，说明添加 1%以内的多层石墨烯对原润滑脂的抗磨性能影响较小。当添加比例处于 1%～4%时，其抗磨性能呈现先减弱再增强的趋势，添加比例为 2%时抗磨效果最差，添加比例 4%时改性润滑脂的抗磨性能有很好的提升。

2. 不同含量微米石墨润滑脂对钢丝绳摩擦系数的影响

图 8-23 所示为相同试验条件下分别以 IRIS、IRIS+1%G、IRIS+2%G、IRIS+3%G 及 IRIS+4%G 为改性润滑脂涂抹钢丝绳进行钢丝绳试验摩擦系数变化曲线。与不同含量微米石墨在四球机上的试验相比，改性润滑脂下钢丝绳摩擦系数的变化趋势基本一致。对比以 IRIS 为试样和以 IRIS+1%G 为试样的钢丝绳摩擦系数曲线发现，在 0～20 次循环，涂抹试样 IRIS+1%G 钢丝绳的摩擦系数高于涂抹原润滑脂钢丝绳；20 次循环后，涂抹试样 IRIS+1%G 的摩擦系数保持基本平稳，略高于涂抹原润滑脂。说明向 IRIS 中加入 1%微米石墨不能改善润滑脂的减摩性能。

研究试样 IRIS+2%G 的摩擦系数曲线发现，其摩擦系数远远低于原润滑脂摩擦系数。说明向 IRIS 中加入 2%微米石墨能够有效增强其减摩性能。

研究试样 IRIS+3%G 的摩擦系数曲线发现，该摩擦系数低于原润滑脂摩擦系数，说明向 IRIS 中加入 3%微米石墨能够改善其抗磨性能。然而，对比试样 IRIS+2%G 的摩擦系数曲线，发现加入 3%微米石墨对原润滑脂抗磨性能的改善效果比 2%微米石墨差。

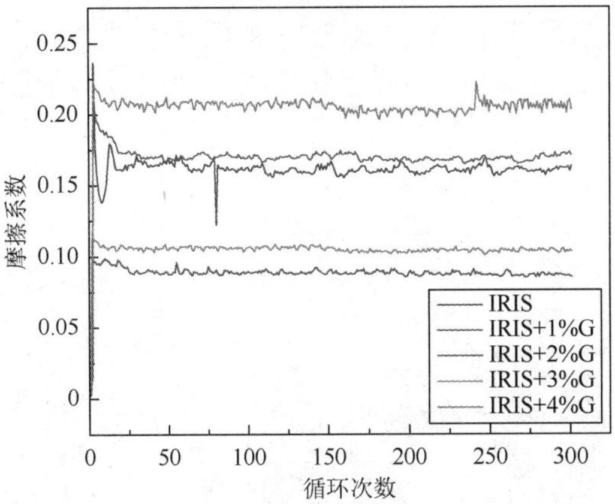

图 8-23　不同含量微米石墨润滑脂对钢丝绳摩擦系数的影响图（彩图见二维码）

观察试样 IRIS+4%G 的摩擦系数曲线，发现其摩擦系数始终比原润滑脂摩擦系数高，说明向 IRIS 中加入 4%微米石墨会使润滑脂的减摩性能降低。

总体来看，向 IRIS 中添加微米石墨，当添加比例从 1%增加到 4%时，其抗磨性能呈现先减弱再增强最后再减弱的趋势；当添加比例为 1%及 4%时，微米石墨会降低润滑脂的抗磨性能；当添加比例为 2%及 3%时，微米石墨会改善润滑脂的抗磨性能，改善效果在添加比例为 2%时较佳。

3. 不同含量多层石墨烯润滑脂对钢丝绳摩擦温升的影响

改性润滑脂试验下的钢丝绳主要生热方式是摩擦。因试验参数均保持一致，所以摩擦生热量基本相同，从而影响温升的主要原因是散热量。不同的改性润滑脂有不同吸热性、散热性及传热性，导致涂抹不同改性润滑脂的钢丝绳向外界环境和底层钢丝绳传递热量不同。

图 8-24 所示为相对稳定阶段不同含量多层石墨烯润滑脂状态下钢丝绳摩擦温升变化图。与摩擦系数相比，温升变化呈现出不一样的变化趋势。不同含量多层石墨烯润滑脂下的温升差异明显，涂抹改性润滑脂钢丝绳的摩擦温升均低于原润滑脂状态下的试验结果。原润滑脂下的摩擦温升最大，达到 6℃左右，说明改性润滑脂能够有效降低摩擦温升；试样 IRIS+4%MG 时，钢丝绳摩擦温升最小，约 3.9℃，说明改性润滑脂 IRIS+4%MG 在钢丝绳摩擦运动过程中吸热散热效果最为显著。因为此时摩擦系数最小，产热相对较少，改性润滑脂带走一定的热量，导致温升最小。说明不同含量多层石墨烯润滑脂传热散热性能不同。

4. 不同含量微米石墨润滑脂对钢丝绳摩擦温升的影响

不同含量微米石墨润滑脂对钢丝绳摩擦温升的影响如图 8-25 所示，改性润滑脂添加剂不同时钢丝绳摩擦引起的温升变化不同。改性润滑脂为 IRIS+3%G 时，温升达到最大，约 6.9℃，高于原润滑脂时温升（约 6℃）。然而，改性润滑脂为 IRIS+1%G 时，钢丝绳摩擦温升最小，4.1℃左右，此时有效改善钢丝绳滑动时的摩擦温升过大问题。但是，相同试验条件下，改性润滑脂为 IRIS+4%G 时，绳间滑动摩擦温升大小与原润滑脂相差不大，相差 0.2℃左右。综上所述，不同含量微米石墨改性润滑脂对钢丝绳滑动摩擦温升效果不同。

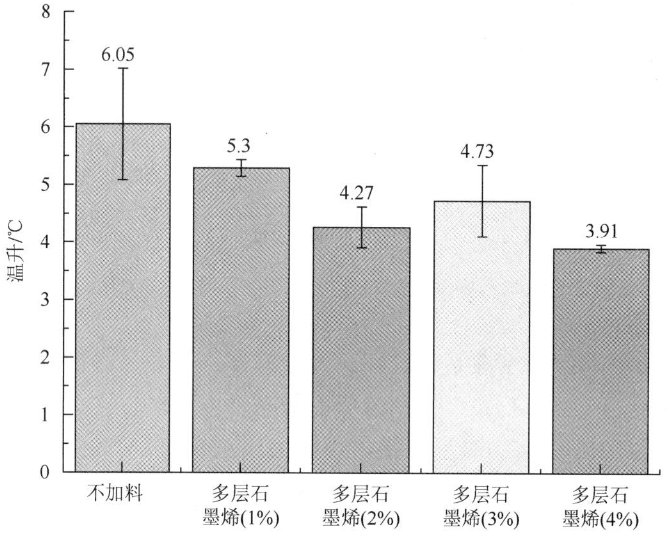

图 8-24　不同含量多层石墨烯润滑脂下钢丝绳摩擦温升

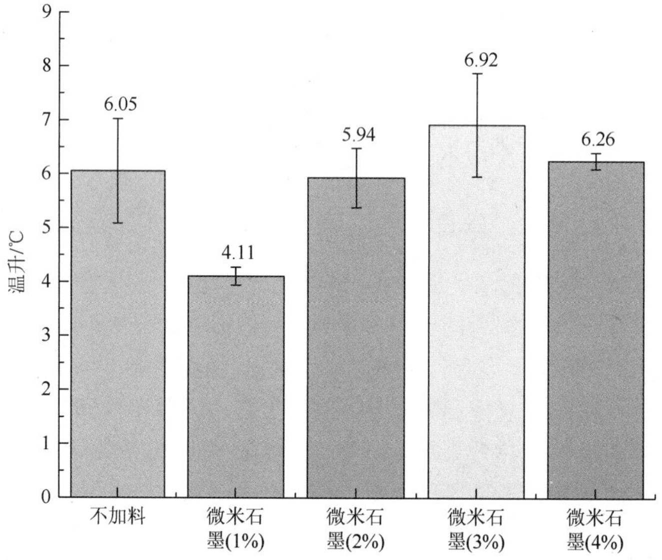

图 8-25　不同含量微米石墨润滑脂对钢丝绳摩擦温升的影响

8.4.3　改性润滑脂下钢丝绳磨损特性

不同改性润滑脂下钢丝绳滑动磨损形貌如图 8-26 和图 8-27 所示。分析上、下钢丝绳试样的磨损特征可以发现，两种润滑脂添加剂（多层石墨烯和微米石墨）均能够提高原润滑脂的降磨防护性能，对应润滑钢丝绳试样的表面磨损程度较轻，且磨痕光滑完整。当改性润滑脂为 IRIS+MG，且多层石墨烯添加剂含量为 2%和 4%时，钢丝绳的磨损程度最轻微。这表明该条件下钢丝绳润滑改性效果较好，且与前面四球机试验结果吻合，进一步验证了研究结果的准确性。当润滑脂为 IRIS+G 时，钢丝绳表面磨痕变化差距不大，但仍可看出当微米石墨添加剂含量为 2%时，钢丝绳表面磨损相对较轻。表明此配比条件下钢丝绳润滑脂的改性效果较好。

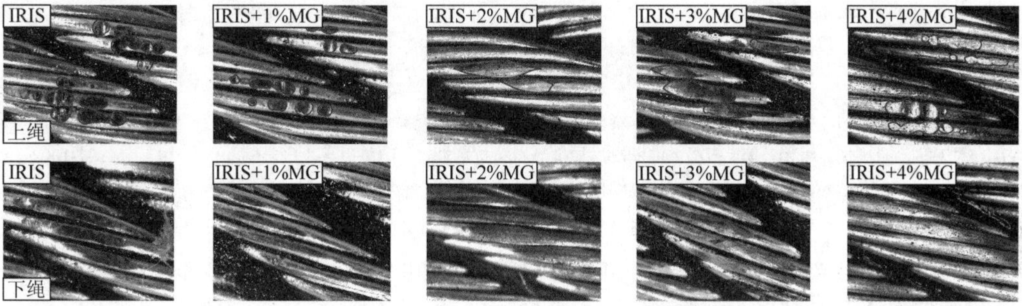

图 8-26　不同含量多层石墨烯润滑脂下钢丝绳磨损形貌

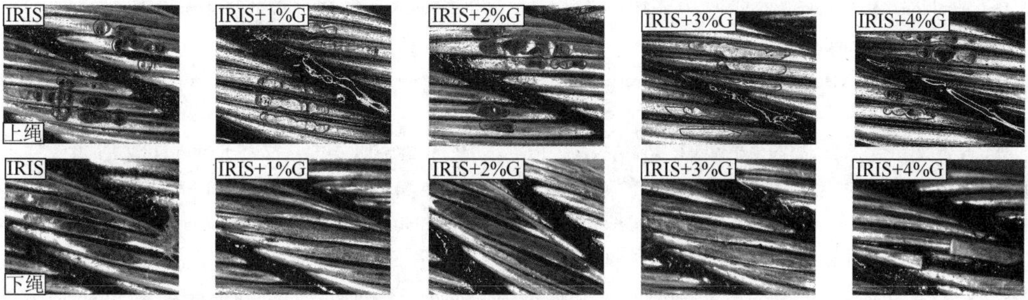

图 8-27　不同含量微米石墨润滑脂下钢丝绳磨损形貌

参 考 文 献

[1] 秦万信，王强. 对钢丝绳润滑问题的认识[J]. 金属制品，2009，35（5）：1-4.

[2] 李树发. 钢丝绳的润滑管理[J]. 润滑与密封，2000，（6）：26.

[3] 崔影. 润滑对钢丝绳使用寿命的影响机制[J]. 金属制品，2013，39（1）：60-62.

[4] 郑伯鑫. 钢丝绳润滑状态对电梯曳引力的影响分析[J]. 中国设备工程，2017，12：90-91.

[5] McColl I R，Waterhouse R B，Harris S J，et al. Lubricated fretting wear of a high-strength eutectoid steel rope wire[J]. Wear，1995，185（1/2）：203-212.

[6] 刘丽君，强永席，张遂心. 钢丝绳润滑脂抗摩擦学性能研究[J]. 科学技术与工程，2014，14（34）：259-261.

[7] 田科奇，韦逊，吴文革. 我国钢丝绳表面脂发展现状[J]. 石油商技，2011，29（6）：40-42.

[8] 刘方杰. 钢丝绳润滑脂的选用[J]. 金属制品，2004，30（6）：39-40.

[9] 王先会，田宁宁，李素，等. 日本钢丝绳维护润滑脂产品现状及应用[J]. 石油商技，2011，29（6）：34-39.

[10] 张晓楠，武跃，白长岭. 一种新型钢丝绳润滑表面脂的制备[J]. 大连大学学报，2014，6：58-61.

[11] 袁小亚. 石墨烯的制备研究进展[J]. 无机材料学报，2011，26（6）：561-570.

[12] Senatore A，D'Agostino V，Petrone V，et al. Graphene oxide nanosheets as effective friction modifier oil lubricant：Materials，methods and tribological results[J]. ISRN Tribology，2013，2013：1-9.

[13] 蒲吉斌，王立平，薛群基. 石墨烯摩擦学及石墨烯基复合润滑材料的研究进展[J]. 摩擦学学报，2014，34（1）：93-109.

[14] Zheng D，Cai Z B，Shen M X，et al. Investigation of the tribology behaviour of the graphene nanosheets as oil additives on textured alloy cast iron surface[J]. Applied Surface Science，2016，387：66-75.

[15] Fan X Q，Li W，Fu H M，et al. Probing the function of solid nanoparticle structure under boundary lubrication[J]. ACS Sustainable Chemistry & Engineering，2017，5：4223-4233.

[16] Ni J，Feng G，Meng Z，et al. Reinforced lubrication of vegetable oils with graphene additive in tapping ADC12 aluminum alloy[J]. International Journal of Advanced Manufacturing Technology，2017，94：1031-1040.

[17] Cheng Z L，Qin X X. Study on friction performance of graphene-based semi-solid grease[J]. Chinese Chemical Letters，2014，25：1305-1307.

[18] 乔玉林，赵海朝，臧艳，等. 多层石墨烯水分散体系的摩擦磨损性能研究[J]. 摩擦学学报，2014，34（5）：523-530.

[19] 乔玉林，崔庆生，臧艳，等. 石墨烯油润滑添加剂的减摩抗磨性能[J]. 装甲兵工程学院学报，2014，6：97-100.

[20] 施雨雨. 钢丝抗磨润滑脂制备及摩擦磨损特性研究[D]. 徐州：中国矿业大学，2019.

[21] 邓钏，葛晓陵，尹力，等. 石墨烯的制备及石墨的剥离与团聚力学性能研究[J]. 中国粉体技术，2016，（1）：56-62.

[22] Hernandez Y，Nicolosi V，Lotya M，et al. High-yield production of graphene by liquid-phase exfoliation of graphite[J]. Nature Nanotechnology，2008，3（9）：563-568.

[23] Lotya M，Hernandez Y，King P J，et al. Liquid phase production of graphene by exfoliation of graphite in surfactant/water solutions[J]. Journal of the American Chemical Society，2009，131（10）：3611-3620.

[24] Hamilton C E，Lomeda J R，Sun Z，et al. High-yield organic dispersions of unfunctionalized graphene[J]. Nano Letters，2009，9（10）：3460-3462.

[25] Bourlinos A B，Georgakilas V，Zboril R，et al. Liquid-phase exfoliation of graphite towards solubilized graphenes[J]. Small，2009，5（16）：1841-1845.

[26] 吴娟霞，徐华，张锦. 拉曼光谱在石墨烯结构表征中的应用[J]. 化学学报，2014，72（3）：301-318.

[27] 李坤威，郝欢欢，刘晶冰，等. 拉曼光谱表征石墨烯材料研究进展[J]. 化学通报，2017，80（3）：236-240，245.

[28] Das A，Chakraborty B，Sood A K. Raman spectroscopy of graphene on different substrates and influence of defects[J]. Bulletin of Materials Science，2008，31（3）：579-584.

[29] Deng B，Pang Z，Chen S，et al. Wrinkle-free single-crystal graphene wafer grown on strain-engineered substrates[J]. Acs Nano，2017，11（12）：12337-12345.

[30] 李刚. 苛刻条件下润滑脂成膜机理及润滑特性研究[D]. 北京：清华大学，2010.

[31] 赵磊. 石墨烯作为润滑油添加剂在青铜织构表面的摩擦学行为研究[D]. 成都：西南交通大学，2015.

[32] 谢凤，刘熔，胡建强. 润滑脂的安定性[J]. 合成润滑材料，2006，（3）：33-37.